高职高专"十二五"规划教材

应用心理学基础

主　编　许丽遐
副主编　樊莉莉　马　腾
主　审　肖　凌

北　京
冶金工业出版社
2022

内容提要

本书分上、下两篇，共18章。上篇为现代心理学基本原理，包括感觉与知觉、注意与意识、记忆的密码、行为的动机、情绪与情感、思维与语言、人格的魅力、人的发展性、人的社会性等；下篇为现代心理学应用，涉及心理学原理在管理、营销、消费、旅游、酒店、服务、婚恋、社交和职场等领域中的应用。

本书为高等职业院校经济管理和社会服务类非心理学专业教材，也可作为相关专业的培训教材或参考书。

图书在版编目(CIP)数据

应用心理学基础/许丽遐主编. —北京：冶金工业出版社，2015.1（2022.12重印）

高职高专“十二五”规划教材

ISBN 978-7-5024-6825-5

Ⅰ.①应… Ⅱ.①许… Ⅲ.①应用心理学—高等职业教育—教材 Ⅳ.①B849

中国版本图书馆CIP数据核字（2015）第004000号

应用心理学基础

出版发行	冶金工业出版社	**电　　话**	(010)64027926
地　　址	北京市东城区嵩祝院北巷39号	**邮　　编**	100009
网　　址	www.mip1953.com	**电子信箱**	service@mip1953.com

责任编辑 俞跃春　美术编辑 吕欣童　版式设计 葛新霞

责任校对 卿文春　责任印制 窦　唯

北京虎彩文化传播有限公司印刷

2015年1月第1版，2022年12月第5次印刷

787mm×1092mm　1/16；18.5印张；447千字；286页

定价 40.00元

投稿电话　(010)64027932　投稿信箱　tougao@cnmip.com.cn

营销中心电话　(010)64044283

冶金工业出版社天猫旗舰店　yjgycbs.tmall.com

（本书如有印装质量问题，本社营销中心负责退换）

前言

高等职业院校是培养高素质应用型人才的基地，肩负着造就千百万具有良好综合素质的技能型人才的重任，而心理素质是学生综合素质的重要组成部分。良好的心理素质是青年学生适应社会竞争、胜任未来事业、协调人际关系、解决各类问题与保障身心健康的主观条件。我国高等职业院校的各级领导与教师已充分认识到培养青年学生良好心理素质的重要性。目前，许多高等职业院校都将心理学作为非心理学专业学生的公共课，以提高和塑造学生良好的心理素质。学生们也对能从心理学课程中获得的收获抱有很高的期望——他们希望能学到更多对个人发展有价值的东西，希望能借此改善他们的生活。我们在多年的心理学教学实践中，不断修改教学体系与教学内容，力求使本书内容既能反映现代心理学的最新研究成果，又能体现实用性，特别是要符合高等职业院校非心理学专业学生学习心理学的需求，能对他们的生活、学习和未来的职业生涯有实际指导意义。

本书在编写过程中，力图遵循以下几条原则：

（1）实用性。力求通俗易懂，深入浅出。本书适用于没有系统学过心理学基础知识的学生，希望通过本书的教学和学习，学生或读者能对现代心理学的主要原理及其主要应用领域有一个概括的了解，既满足高职非心理学专业学生学习心理学的需求，也能为今后的生活、学习和职业生涯提供心理指导。

（2）应用性。本书在体系的确立、内容的取舍方面，坚持了应用性原则，即尽可能多地介绍心理学的应用性知识，及其对现实生活有指导意义的相关内容。即使在阐述基本原理时，也十分注重原理的应用，引导读者运用原理去解决学习、生活中的现实问题，牢固掌握优化自身素质的基本途径和主要方法。

（3）趣味性。本书每一章开头设计一个有趣的故事，引读者入胜，文中插入相关的图片，以直观、形象的方式，将复杂的概念简单化，使学生一看就懂，一学就会，迅速掌握心理学的基本知识和原理，提高学习兴趣。

（4）创新性。本书在内容的安排上彻底改变了现有应用心理学类教材的套路，全面剖析了心理学在社会生活各个领域的广泛应用以及心理学规律对生活的巨大作用。使教材成为非心理学专业学生学习心理学的通识课本。

本书由石家庄职业技术学院许丽遐担任主编，具体编写分工如下：许丽遐编写上篇，下篇的第十八章；樊莉莉编写第十一、十五、十六章；马腾编写第十三、十四章；王晓磊编写第十二、十七章。许丽遐负责全书的统稿以及修改工作。

石家庄职业技术学院肖凌教授对全书进行了审阅。

书中广泛汲取并引用或参考了近年来国内外有关研究成果，选用了相关图表和文献，在此对有关著作或文章的原作者表示最诚挚的谢忱！

由于编者水平所限，书中不妥之处，敬请广大读者批评指正。

编　者

2014 年 10 月

目录

上篇　现代心理学基本原理

下篇　现代心理学应用领域

上篇

现代心理学基本原理

心理学的研究对象是人类个体，你会希望心理学家研究你个人生活的哪些方面？

第一章 认识心理学

你知道什么是心理学吗？从小学到中学再到大学，你有没有学过心理学？你也许从别人那里听说过心理学家在干些什么，但你没学过心理学；也许你有兴趣读过几本有关于如何提高记忆力、如何培养观察力、如何调节自己情绪的心理学科普读物，但没有系统的学习过心理学的科学知识，对它的了解也不深。那么心理学究竟研究什么呢？

单元一 心理学充满魅力

心理学也许是现代生活中人们最广泛涉及的主题，因为，其实人的生活主要是由人的心理与行为支撑的。无论生活中的衣食住行，还是工作中的为人处世，都离不开心理学，都需要心理学的知识和帮助。

人们经常会有这样的一些问题：我们是如何认识世间万物的？人为什么会有语言，又是如何利用语言进行沟通与交际呢？人是怎么记住各种经验的，如何通过记忆、思维来思考和学习？为什么我们会做梦、坠入爱河、感到害羞、做出侵犯性行为？所谓人那么有个性是怎么回事？智力对人的生活和工作的成功有什么意义？人为什么会有压力：所有的行为都有动机吗…这些问题不胜枚举。

一、心理学概述

心理学是一门内容广泛的学科，一般可分为理论心理学和应用心理学。将两者区分开来只具有相对的意义，因为两者除研究的目的不同之外，在其他方面，如研究的领域、研究的对象，乃至运用的概念和研究的方法等都是相互交叉的。理论心理学着重于理论体系的建立和基本规律的探讨，包括普通心理学、生理心理学、发展心理学、社会心理学和临床心理学五个部分。应用心理学则将心理学的理论运用于社会实践活动，服务于提高人们的生活质量和工作质量。

心理现象人皆有之，它是宇宙中最复杂的现象之一，从古至今为人们所关注，科学家们对它进行了不懈的探索。人的心理活动中，意识是心理发展的最高层次，只有人才有意识。但是，心理的本质是什么，意识的本质又是什么；心理活动遵循什么样的规律，掌握这些规律怎样为人类的实践活动服务，所有这些问题都是心理学研究要解决的问题，如图1-1所示。因此，心理学是研究心理现象发生、发展和活动规律的科学。

心理现象可以从它的发生、发展的维度上进行研究，这形成了动物心理学和比较心理学两个分支。从人类个体心理的发生和发展的维度上进行研究，形成了发展心理学和儿童发展心理学。研究社会对心理发展的制约和影响，形成了社会心理学。研究心理现象的神经机制，形成了生理心理学。把心理学研究的成果运用于解决人类实践活动中的问题，以服务于提高人的工作水平，改善人的生活质量，这又形成了应用心理学的众多分支，例如服务于人类健康的医学心理学、变态心理学、心理卫生、心理咨询和心理治疗；服务于教育的教育心理学、学习心理学；服务于职场的管理心理学、职场心理学；服务于市场的消费心理学、营销心理学；服务于第三产业服务行业的酒店心理学、旅游心理学、会展心理学；此外还有工程心理学、环境心理学、体育运动心理学、司法心理学、航空航天心理学、文艺心理学、恋爱心理学等心理学分支。

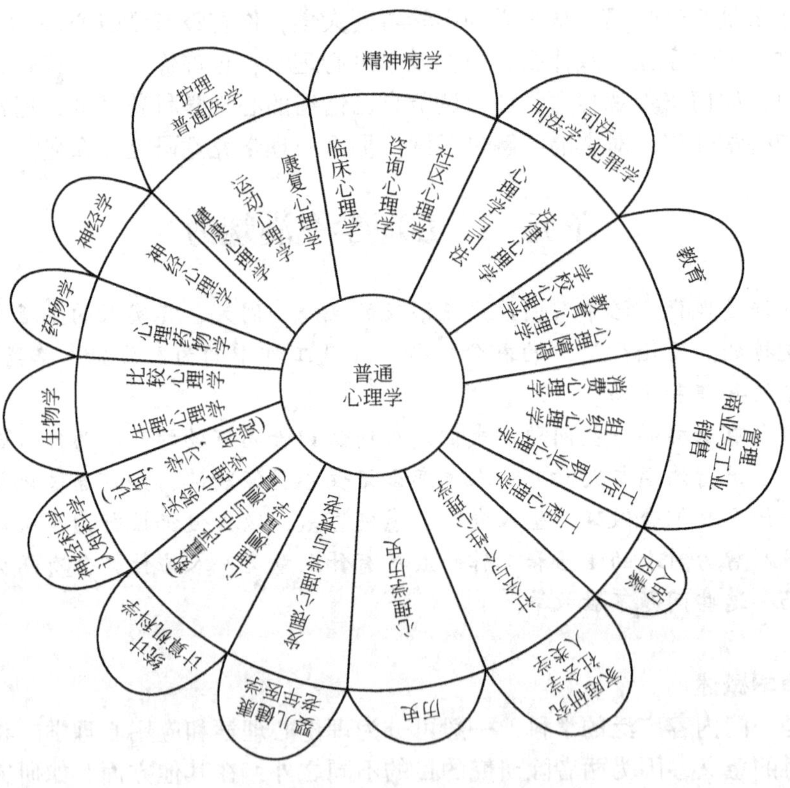

图1-1　心理学的研究领域

（资料来源：《普通心理学》. 彭聃龄主编. 北京：北京师范大学出版社，2004年3月第三版，第15页）

二、理论心理学

（一）普通心理学

普通心理学，它以正常成人的心理活动为对象，阐述心理活动最基本的规律。是把上述研究成果集中起来加以概括和总结得出的。因为正常成人已经发展成熟，在他们身上能够表现出心理活动最一般的规律，所以，普通心理学是以正常成人的心理现象为研究对象，总结心理活动最普遍、最一般规律的心理学的基础学科。普通心理学总结出来的规律，对心理学各个分支的研究又具有一定的指导意义。

普通心理学的内容可以分为两大类，即心理过程和人格。认知、情绪情感和意志是以过程的形式存在的，它们都要经历发生、发展和结束的不同阶段，所以属于心理过程。人格也称个性，是指一个人区别于他人的，在不同环境中一贯表现出来的，相对稳定的，影响人的外显和内隐行为的心理特征的总和。需要、动机是人的心理活动的动力，表现了人格的倾向性；能力、气质和性格是人格的特征，他们都是人格的组成部分。在一定意义上，人格不是独立存在的，而是通过心理过程表现出来的。

（二）生理心理学

生理心理学是从人体生理和神经生理、神经解剖、神经生物化学等方面进行关于心理的生理基础和机制研究的学科，是心理学基础研究的重要组成部分。生理心理学在现代脑科学研究成果和现代技术方法的基础上，揭示各种心理现象在脑的解剖部位及脑功能上发生的规律。生理心理学还包括神经心理学、心理生物学、动物心理学等分支。

（三）社会心理学

人在独处和在群体中的行为是不一样的，每个人的成长环境不同，受教育水平不同，造成人在社会环境中的行为的千差万别。社会心理学是研究人的社会或文化行为发生、发展、变化的过程及规律的一门科学。它是研究人的社会行为的，包括社会化、社会认知、社会动机、社会沟通、社会态度、群体心理、群体中的人际关系等。

（四）发展心理学

发展心理学是研究人的毕生发育、发展及其变化规律的一门学科。人的心理随着年龄的增长以一定的规律而不断发展。在发展中的个体，无论处在发展的哪一个阶段，他们的心理发展既包括心理的各个过程及各个特征，又分别有着主要的发展方面和主要的矛盾。在全面发展的基础上，每一阶段主要矛盾得到解决，即将向下一阶段过渡。发展心理学就要研究个体心理发展各个阶段各方面的矛盾与变化。

（五）临床心理学

心理异常可由遗传和社会适应不良而产生。临床心理学是研究心理异常的发生原因、发病机制、症状与诊断、预防与治疗的学科，并从中分化出心理治疗与心理咨询的面对社会和医疗服务的专门事业。临床心理学的研究既包括严重的心理变态疾病（如精神分裂症），也包括轻度的单纯由心理因素所引起的神经症（如焦虑症、抑郁症），还包括由心理因素所引起的躯体疾病（如高血压）。后者称为心身医学，并从治疗的角度，研究病因、诊断与预防，形成一门新兴的健康心理学。

心理学家将他们的研究集中于行为与经验的各个不同方面，形成了心理学的许多专门领域，也产生了心理学与其他学科的交叉。

三、心理的本质

（一）心理是脑的机能

心理是脑的机能，脑是心理活动的器官。没有脑的心理，或者说没有脑的思维是不存在的。正常发育的大脑为心理的发展提供了物质基础。人的大脑是最为复杂的物质，是物质发展的最高产物。

心理现象是在动物适应环境的活动过程中，随着神经系统的产生而出现，又是随着神经系统的不断发展和不断完善，才由初级发展到高级的。无机物和植物没有心理，没有神经系统的动物也没有心理，只有有了神经系统的动物才有了心理。无脊椎动物的神经系统非常简单，它们只具有某种感觉器官，只能认识事物的个别属性，在它们身上只有感觉心理现象；脊椎动物有了脊髓和大脑，它们有了各种感觉器官，能够认识到整个事物而不是事物的个别属性，即有了知觉的心理现象；灵长类动物，像猩猩、猴子，大脑有了相当高度的发展，他们能够认识事物的外部联系，有了思维的萌芽，但是还不能认识到事物的本质和事物之间的内部联系。只有到了人类，才有了思维、有了意识。人的心理是心理发展的高级阶段，因为人的大脑是最复杂的物质，是神经系统发展的最高产物。所以，从心理现象的产生和发展，也说明了心理是神经系统，特别是大脑活动的结果，神经系统、特别是大脑，是从事心理活动的器官。

脑是心理活动的器官，人们获得这一正确的认识经历了几千年。现在，这一论断得到了人们生活的经验，临床的事实，以及对心理发生和发展过程、生理的科学研究所获得的大量资料的证明，成为常识性的知识了。

（二）心理是客观现实的反映

健全的大脑给心理现象的产生提供了物质基础，但是，大脑只是从事心理活动的器官，有反映外界事物产生心理的机能，心理并不是大脑本身所固有的。心理现象是客观事物作用于人的感觉器官，通过大脑活动而产生的。所以客观现实是心理的源泉和内容。离开客观现实来考察人的心理，心理就变成了无源之水，无本之木。对人来讲，客观事物既包括自然界，也包括人类社会，还包括人类自己。

20世纪20年代，印度发现两个狼孩，即让狼叼走养大的孩子。他们有健全的人的大脑，但是，他们脱离了人类社会，是在狼群里长大的。他们只具有狼的本性，而不具备人的心理。所以心理也是社会的产物，离开了人类社会，即使有人的大脑，也不能自发地产生人的心理。

心理反映不是镜子式的反映，而是能动的反映。因为通过心理活动不仅能认识事物的外部现象，还能认识到事物的本质和事物之间的内在联系，并用这种认识来指导人的实践活动，改造客观世界。

心理是大脑活动的结果，却不是大脑活动的产品。因为心理是一种主观映象，这种主观映象可以是事物的形象，也可以是概念，甚至可以是体验。

心理是在人的大脑中产生的客观事物的映像，这种映像本身从外部是看不见也摸不着的。但是，心理支配人的行为活动，又通过行为活动表现出来。因此，可以通过观察和分析人的行为活动客观的研究人的心理。

心理现象既是脑的机能，又受社会制约，是自然和社会相结合的产物。只有从自然和社会两个方面进行研究，才能揭示心理的实质和规律。所以，研究心理现象的心理学应该是一门自然科学与社会科学相结合的中间学科。研究心理现象的生理机制是自然科学的任务，研究社会对心理活动的制约又是社会科学的任务。一个心理学家，如果他从自然科学的角度去研究心理现象，他就是一个自然科学家；如果他从社会科学的角度研究心理现象，他就是一个社会科学家。但就心理学而言，它是一门中间学科或边缘学科。

单元二　心理学的过去和现在

一、科学心理学的建立

德国著名心理学家艾宾浩斯说过："心理学有一个很长的过去，却只有一个短的历史。"这句话正确地概括了心理学发展的历史事实。

自古以来人们就对心理现象有着浓厚的兴趣，古代中外哲学家、思想家在说明物质和意识的关系的时候，都阐述过他们对心理现象的观点。也有学者通过观察和总结自己的经验，发现一些带有规律性的现象。这些思想观点和发现，有些至今仍有参考的价值，甚至今天看来仍然是正确的。

例如，孔子说："性相近也，习相远也。"即认为人生而俱有的本性是相近的，后天生活才造成人和人之间很大的差别。在人性的善恶问题上，孟子是主张所有的人都是性善的；荀子主张所有的人都是性恶的；世硕主张人性是有善有恶的；告子则主张人性都是无善无恶的。在先天遗传和后天环境对人的发展的影响的争论上，中国已有两千多年的历史。

在西方，两千多年之前，古希腊哲学家、医生，被称为西方医学之父的希波克拉底把人分为四种类型，即胆汁质、多血质、黏液质和抑郁质，并解释说，这四种类型是由人体内四种液体所占的比例不同造成的；后来，古希腊的盖伦提出了气质这个概念，把希波克拉底的分类叫做人的气质类型。由于他们对气质类型的划分比较符合实际，所以至今还沿用这四种气质类型的名称。

古代的心理学思想还可以举出许多有价值的观点，但是，那时对心理现象的研究用的是思辨和总结自己经验的方法，所以对心理现象的看法，只能说是一种心理学思想，而没有使心理学成为一门独立的学科。19 世纪以前，心理学一直隶属于哲学的范畴。直到 19 世纪中叶，由于对心理现象的研究引进了实验的方法，才使心理学成为一门实证的科学，并最终从哲学中分化出来成为一门独立的学科。

虽然这一时期心理学的实验研究有很多成果，例如，德国生理学家韦伯 1840 年发现了差别感觉阈限的定律，即韦伯定律；1860 年德国心理学家费希纳在韦伯定律的基础上开创了心理物理学的新领域；德国心理学家艾宾浩斯开创了记忆的实验研究；等等。但是，对心理学的发展影响最大的要数德国心理学家冯特了。他创建了世界上第一个研究心理现象的实验室，相继创办《哲学研究》和《心理学研究》，出版了大量的心理学著作，培养了大批学生，这些人后来到了世界各地，在世界范围内对推动心理学的发展产生了重大的影响。

为纪念冯特对心理学的贡献，人们把他于 1879 年在莱比锡大学建立世界上第一个心理学实验室，看做是科学心理学诞生的标志。

二、重要心理学派别

19 世纪末 20 世纪初，在心理学发展的初期，人们对心理现象的认识还处于初级阶段。心理现象是十分复杂的现象，人们在这个时期很难对它作出全面的解释，往往会从一个侧面去认识心理现象，并把这种片面的认识当作对心理现象正确的、全面的解释。发现这种片面性的人，为了批评这种片面性，又从另一个侧面去说明心理现象。这样，各种不同观点之间的争论便形成了各种心理学的派别，使心理学处在一个学派林立，相互纷争的时代。这种现象在科学发展的初期是难于避免的，而且百家争鸣的局面对推动学术研究的发展也有一定的积极意义。这个时期比较有影响的学派有构造主义心理学、行为主义心理学、格式塔心理学、机能主义心理学和精神分析心理学。

（一）构造心理学

构造心理学派的创始人是冯特和他的学生铁钦纳。这个学派主张心理学应该采用实验内省的方法，分析意识的内容，并找出意识的组成部分，以及它们如何连接成各种复杂心理过程的规律。也就是企图从意识经验的构造方面来说明整个人的心理，只问意识经验由什么元素构成，不问意识内容的来源、意义和作用。由于构造心理学派把心理学的内容规定的太狭窄，太脱离生活实际，又把实验的内省方法，即由被试者在严格控制的实验条件下进行自我观察的方法，当做心理学的主要研究方法，因而遭到许多心理学家的反对。

（二）行为主义心理学

美国心理学家华生反对构造学派的观点，创立了行为主义。这一学派认为，构造主义研究人的意识，而意识是看不见、摸不着的。研究意识很难使心理学成为一门科学。因而他主张心理学要抛开意识，径直去研究行为。所谓行为就是有机体用以适应环境变化的各种身体反应的组合，这些反应不外是肌肉的收缩和腺体的分泌。例如，思维不过是肌肉，特别是言语器官的变化；情绪不过是内脏和腺体的变化。华生认为，心理学研究行为的任务，就在于查明刺激与反应之间的规律性关系，由此就能根据刺激推知反应，根据反应推知刺激。只要确定了刺激和反应（即S—R）之间的关系，就可以预测行为，并通过控制环境去塑造人的心理和行为。因此这一学派的观点也是一种典型的环境决定论的观点。

（三）格式塔心理学

德国心理学家魏特海墨、克勒和科夫卡认为，整体不等于部分的相加，意识经验也不等于感觉和感情等元素的集合，行为也不等于反射弧的集合。因而反对把心理现象分解为组成它的元素，主张从整体上来研究心理现象，建立了完形心理学，或称为格式塔心理学。完形即整体的意思，格式塔是德文整体的译音。

（四）机能主义心理学

机能主义心理学作为一个自觉的学派始创于杜威，它是在达尔文进化论的影响和詹姆士实用主义思想的推动下建立起来的。詹姆士为这一学派奠定了基本的思想基础。这一学派反对把意识分解为感觉、情感等元素，主张意识是一个连续的整体；反对把心理看做一种不起作用的副现象，强调心理的适应功能；反对把心理学只看作一门纯科学，重视心理学的实际应用。因为它强调心理学应该研究心理在适应环境中的机能作用，所以被称为机能主义心理学。

（五）精神分析心理学

奥地利的弗洛伊德是位精神病医生，他从自己的医疗实践中发展起来了精神分析的治疗方法，同时也建立了精神分析的学说。弗洛伊德认为，人的心理包含着两个主要的部分：意识和无意识。意识是能够觉察得到的心理活动；无意识包含人的本能冲动，以及出生以后被压抑的人的欲望。这种欲望因为社会行为规范不允许满足，而被压抑到内心深处，意识不能将其唤起。它不同于觉察不到的通常意义上的无意识，为区别起见，后来经常将其称做潜意识。后来，弗洛伊德又提出前意识的概念，认为前意识是介于意识和无意识之间的一种中间心理状态。它是那些此时此刻虽然意识不到，但在集中注意认真回忆搜索的情况下，可以回忆起来的经验。弗洛伊德还把人的心理结构分为三个层次：本我、自我、超我。并认为三者发展平衡，就是一个健全的人格，否则就会导致精神疾病的发生。潜意识动机的作用，以及儿童期经验对人的心理及人格的影响，由于弗洛伊德的强调和重视，才为心理学界认识，对心理学理论和临床实践的发展，乃至整个文化艺术的发展产生了深远的影响。

三、当代心理学的研究取向

对心理学来说，由于它研究对象的复杂性，在人们开始自觉地去认识它的时候，想要用一个完善的理论模式概括出心理现象的本质，难免具有局限性，争论是不可避免的。到了20世纪30年代人们在争论中认识到了这一点，逐渐把主要精力转移到对心理现象规律的探讨上，学派之争自然就结束了。学派之争的结束反而为心理学研究的发展开辟了更广阔的天地。第二次世界大战后新的心理学思想相继产生，它们以新的思潮或发展方向影响着心理学的各个研究领域，从而加强了心理学研究的整合趋势。其中最具影响的有新出现的人本主义心理学、认知心理学和生理心理学研究。分别介绍如下。

（一）人本主义心理学

20世纪50年代和60年代的美国，在社会物质文明快速发展的同时，也出现了各种社会问题，在人们心理上造成了很大的压力。以罗杰斯和马斯洛为代表的人本主义心理学家认为，这一切不安的根源在于缺乏对人的内在价值的认识。因此提出，心理学家应该关心人的价值与尊严，研究对人类进步富有意义的问题，反对贬低人性的生物还原论和机械决定论。也就是说，他们既反对把人的行为归结为本能和原始冲动的弗洛伊德主义；也反对不管意识，只研究刺激和反应之间联系的行为主义。由于行为主义和精神分析是近代心理学两大传统流派，人本主义心理学又与他们有明显的分歧，因此在西方，人本主义心理学被称为心理学的第三势力。人本主义认为人有自我的纯主观意识，有自我实现的需要。只要有适当的环境，人就会努力去实现自我，完善自我，最终达到自我实现。所以人本主义重视人自身的价值，提倡充分发挥人的潜能。

（二）认知心理学

20世纪60年代发展起来的认知心理学是心理学研究的新方向。它把人看做是一个类似于计算机的信息加工系统，并以信息加工的观点，即从信息的输入、编码、转换、储存和提取等的加工过程来研究人的认知活动。认知心理学用模拟计算机的程序来建立人的认知模型，并以此作为揭示人的心理活动规律的途径。同时，计算机科学也利用心理学的研究成果，改进计算机的设计。认知心理学和计算机科学的结合，开辟了人工智能的新领域。当前，认知心理学又与认知神经科学相结合，把行为水平的研究与相应的大脑神经过程的研究结合起来，深入探讨认知过程的机制。

（三）生理心理学

生理心理学是心理学研究的重要组成部分，它探讨的是心理活动的生理基础和脑的机制。它的研究包括脑与行为的演化；脑的解剖与发展及其和行为的关系；认知、运动控制、动机行为、情绪和精神障碍等心理现象和行为的神经过程和神经机制。对心理活动的生理基础的研究由来已久，从解剖学、生理学的研究发现大脑机能定位，到心理活动的脑物质变化的生化研究，再到脑电波、脑成像技术的应用，历经一百多年，但其迅速发展还是近几十年。当前它已发展为一个交叉和综合性的学科，其研究对象有人类也有动物；研究方法有实验的也有非实验的；研究的性质既有基础的也有应用的。生理心理学的迅速发展必定会成为推动心理学发展的新的动力。

单元三 心理活动的生理基础

一、神经系统的构造及功能

（一）神经元及其功能

神经系统和机体的其他器官一样，都是由细胞组成的。把组成神经系统的神经细胞称做神经元。神经元是神经系统的基本结构单位和功能单位。神经元由细胞体、树突和轴突三部分组成，如图 1-2 所示。

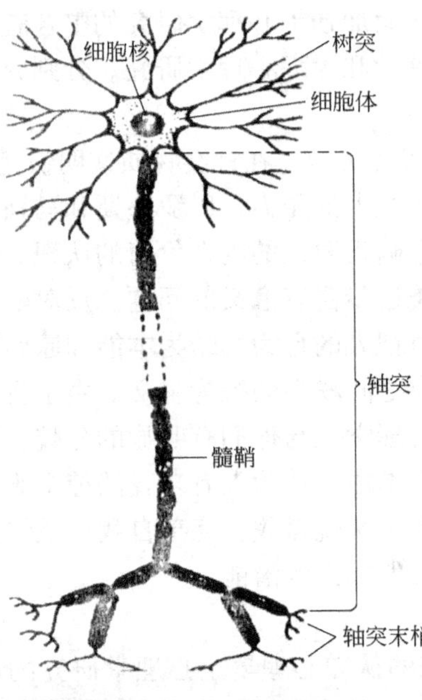

图 1-2 神经元的结构

（资料来源：《心理咨询师培训基础知识》. 北京：民族出版社，2005 年 7 月第一版，第 11 页）

神经元具有接受刺激（信息）、传递信息和整合信息的功能。所谓接受刺激就是把刺激的物理、化学能量转化为神经能，即神经冲动；传递信息就是沿着神经纤维传递神经冲动，或从感觉器官传至神经中枢，或从神经中枢传至效应器官；整合信息就是对信息进行分析和综合。

神经元分为感觉神经元（传入神经元）、运动神经元（传出神经元）和中间神经元（在感觉和运动神经元之间起联络作用的联络神经元）三种。

（二）外周神经系统及其功能

许多神经元的轴突聚集在一起组成神经纤维，构成一根神经。外周神经系统就是由遍布全身的神经组成的。外周神经系统是联系感觉输入和运动输出的神经机构，它包括由 12

对脑神经和31对脊神经组成的躯体神经系统及自主神经系统。

外周神经系统

12对脑神经有嗅神经、视神经、动眼神经、滑车神经、三叉神经、外展神经、面神经、位听神经、舌咽神经、迷走神经、副神经和舌下神经。其中有感觉的，如主管嗅觉、视觉的嗅神经、视神经；主管听觉与身体平衡感觉的位听神经，如主管眼球运动的动眼神经、滑车神经和外展神经；主管咽部和肩部的副神经；主管舌肌运动的舌下神经。也有兼有感觉、运动机能的混合神经，如主管面部、牙齿、鼻腔、角膜、头皮、口唇和咀嚼肌感觉和运动的三叉神经；主管面部肌肉运动和部分味觉，并支配眼泪和唾液分泌的面神经；主管味觉、咽头肌肉运动和唾液腺分泌的舌咽神经，以及调节内脏、血管及腺体等机能的迷走神经等。

31对脊神经均由脊椎两侧的椎间孔发出，分为前、后两支，分管颈部以下身体相关部位的感觉和运动。包括颈神经8对，胸神经12对，腰神经5对，骶神经5对和尾神经1对。脊神经从脊髓发出后总是向下行的，所以任何一节脊髓受到损伤，这节以下的神经所引起的感觉和所支配的运动将受到损伤。

在脑神经和脊神经中，都有支配内脏器官运动的纤维，分布于心脏、血管、呼吸器官、胃肠平滑肌和腺体等内脏器官，称为自主神经，或称为植物神经。根据植物神经的中枢部位和形态特点，可将其分为交感神经和副交感神经。它们两者的活动有拮抗作用。交感神经的功能在于唤醒有机体，调动有机体的能量；副交感神经的功能则在于使有机体恢复或维持安静状态，使有机体储备能量，维持有机体的机能平衡。自主神经一般不受意识支配，经特殊训练，意识或意念可在一定程度上调节自主神经的活动。人在情绪状态下会有明显的生理变化，因此，自主神经的活动与情绪有密切的关系。

（三）中枢神经系统及其功能

大量的神经细胞集中的地方称作神经中枢。中枢神经系统包括脊髓和脑。脑又由脑干、间脑、小脑和端脑构成，如图1-3所示。

1. 脊髓

脊髓呈柱状，自上而下越来越细，中间是个管，其横切面接近于圆；管周围呈H形的灰质部分称为脊髓灰质，其前端主要由大型的运动神经元构成；后端主要由感觉神经元构成；脊髓中段前后端之间集中了自主神经元。

灰质的外边是脊髓的白质，由脊神经的神经纤维构成，负责向脑传送神经冲动，或者把脑发出的神经冲动传递到效应器官。脊髓是中枢神经系统最低级的中枢，除传递信息外，也能完成一些简单的反射，如膝跳反射等。

2. 脑干

脑干位于颅腔内与脊髓相连接的部位，它是脑的最古老的部位，也是维持生命的基本活动的主要机构。包括延脑、脑桥和中脑三部分：

（1）延脑紧接脊髓，是上下行神经纤维的通道。但是，从身体两侧来的神经纤维，经延脑的椎体交叉向对侧传导，使大脑两半球与身体两侧成为对侧传导和对侧支配的状况。

此外，延脑中还有支配呼吸和心跳的中枢。

（2）脑桥在延脑之上，小脑之前，是神经纤维上下行的通道，也是联系大脑与小脑之间神经纤维的通道。

（3）中脑在脑桥之上，是上下行神经纤维的通道，中脑里还有瞳孔反射和眼动的中枢。

脑干网状结构由许多散在于纵横交错的神经网中的大小不等、类型不同的神经元构成，贯穿于脑干的大部分区域。其神经纤维弥散性的投射，调节着脑结构的兴奋性水平，是睡眠与觉醒的神经结构。它使有机体在一定刺激作用下，保持一定的唤醒水平和清醒状态，维持注意并激活情绪。

3. 间脑

间脑位于脑干之上，被大脑两半球覆盖着，由丘脑、上丘脑、下丘脑和底丘脑四部分构成。除嗅觉器官以外，其他感觉器官来的神经元都要在丘脑换一个神经元才能到达大脑，因此，丘脑是大脑皮层下除嗅觉外所有感觉的重要中枢，它对传入的信息进行选择和整合，再投射到大脑皮层的特定部位；上丘脑参与嗅觉和某些激素的调节；下丘脑是内脏系统活动的调节中枢；底丘脑调节肌张力，使运动能够正常进行。同时，间脑还有网状结构的延续部分。

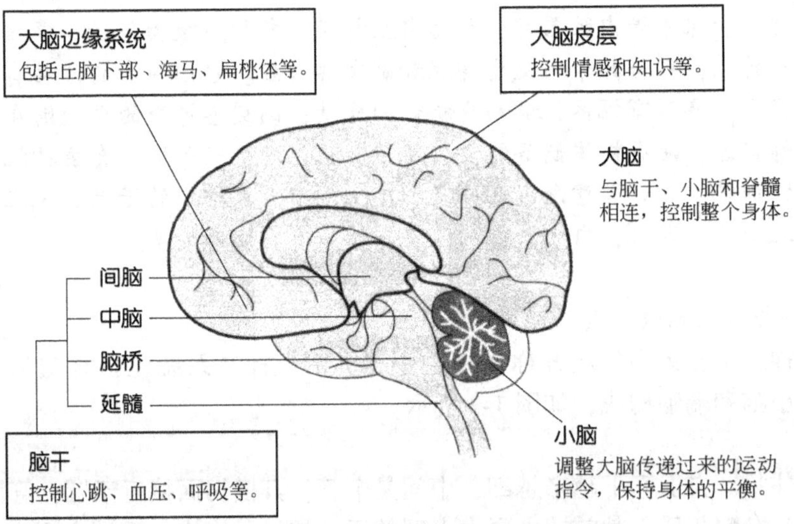

图 1-3　脑的构造

（资料来源：《图解心理学》.［日］深崛元文著，侯铎译. 海口：南海出版社，2010 年 5 月第一版，第 35 页）

4. 小脑

小脑位于延脑和脑桥的后方，通过三对小脑脚与脑桥和延脑相连；小脑两侧半球又通过其间的环状部位连接成为一个整体。小脑的结构与脊髓相反：表层是灰质，深层是白质。其功能是保持身体平衡，调节肌肉紧张度，实现随意和不随意运动。

（四）大脑皮层的结构与功能

端脑，也就是平常所说的大脑，覆盖于脑干、间脑和小脑之上，它中间的裂缝称为纵裂，纵裂把大脑分为左右两个半球。纵裂的底上有一个大的横行纤维束称为胼胝体，它把大脑两半球连接了起来。大脑的外层是密集的神经细胞体，称为大脑灰质，又称为大脑皮质或大脑皮层；大脑的内部是髓鞘化了的神经纤维，称为大脑白质；白质内有灰质核团，称为基底核。大脑皮质的总重量约为600g，占全脑重量约1400g的40%，总面积约为2200cm^2。大脑皮层的高度发达是人脑的主要特征。

每一侧的大脑半球都可分为三个面：宽广隆起的外侧面，平坦的内侧面和不大规则的下面。大脑半球的外侧面除明显可见的外侧裂外，还布满了深浅不等的沟。自半球上缘中点斜跨外侧面的一条沟称为中央沟，它的前边和后边都有一条几乎和它平行的沟，一条称为中央前沟，一条称为中央后沟。相邻两个沟之间隆起的部分称为大脑的回，中央沟前后的两个回分别称为中央前回和中央后回。这些沟回是由于各部分皮质发展的速度不同造成的。发展缓慢的部分陷在深部成为沟；发育快的部分隆起成为回。大脑沟回的形成使得有限的颅腔内容纳了更多的神经细胞。

大脑半球的外侧面以外侧裂、中央沟等为界线可以分为四个叶：外侧裂以上中央沟之前为额叶，中央沟之后枕顶沟之前为顶叶，枕顶沟之后为枕叶，外侧裂之下为颞叶。枕面沟是一条人为划定的界线，大约距枕叶后端的枕极4cm处。额叶最大，约占半球表面的1/3。

大脑皮质的不同区域有不同的机能。颞叶以听觉功能为主，听觉中枢位于颞上回和额中回；枕叶以视觉功能为主，视觉中枢位于枕叶的枕极；顶叶以躯体感觉的功能为主，中央后回是躯体感觉中枢；额叶以躯体运动功能为主，中央前回是躯体运动中枢。前额叶皮层和颞、顶、枕皮层之间的联络区与复杂的知觉、注意和思维过程有关。大脑的底面与大脑半球内侧缘的皮层——边缘叶，以及皮层下的一些脑结构共同构成边缘系统，是内脏功能和机体内环境的高级调节控制中枢，也是情绪的调节中枢。

大脑两半球的解剖结构基本上是对称的，但其功能又是不对称的，这种功能的不对称性称做单侧化，如图1-4所示。大脑两半球的分工和生活中用手的习惯有关，惯用右手的人，左半球言语功能占优势，和言语有关的，像概念形成、逻辑推理、数学运算这些活动左半球也占优势；右半球占优势的功能是不需要语言参加的空间知觉和形象思维活动，像音乐、美术能力，情绪的表达和识别能力等。左利手的人，有的和右利手的人相反，有的则没有单侧化的现象。左右手的分工形成以后，右利手的人如果左半球受损伤，言语功能便会发生障碍，而且难以在右半球再建立起言语的中枢。

1860年法国外科医生布洛卡发现，大脑左半球额叶受损伤导致了运动性失语症，即患者虽然发音器官并没有毛病，却失去了说话的能力。但患者仍保留了听懂别人说话，以及写字和阅读的能力。布洛卡的发现已经证明了左半球的言语优势。为纪念布洛卡的发现，人们把左半球主管言语的区域称做布洛卡区。20世纪60年代，美国神经心理学家罗杰·斯佩里做了“割裂脑”的实验。割裂脑手术就是切断病人联结左右两个半球的神经纤维束——胼胝体，把两个半球分裂开来。做割裂脑手术的两个病人是右利手，他们在手术前都能用左手和右手写字和画画，但在手术后，他们只保留了右手写字，左手画画的能力；右手不再会画画，左手不再会写字了。因为这时右手只受左半球支配，左手只受右半球支配，所以这一实验结果进一步证明，对于右利手的人来说，他的左半球言语功能占优势；对于左利手的人来说，他的右半球空间知觉和形象思维占优势。

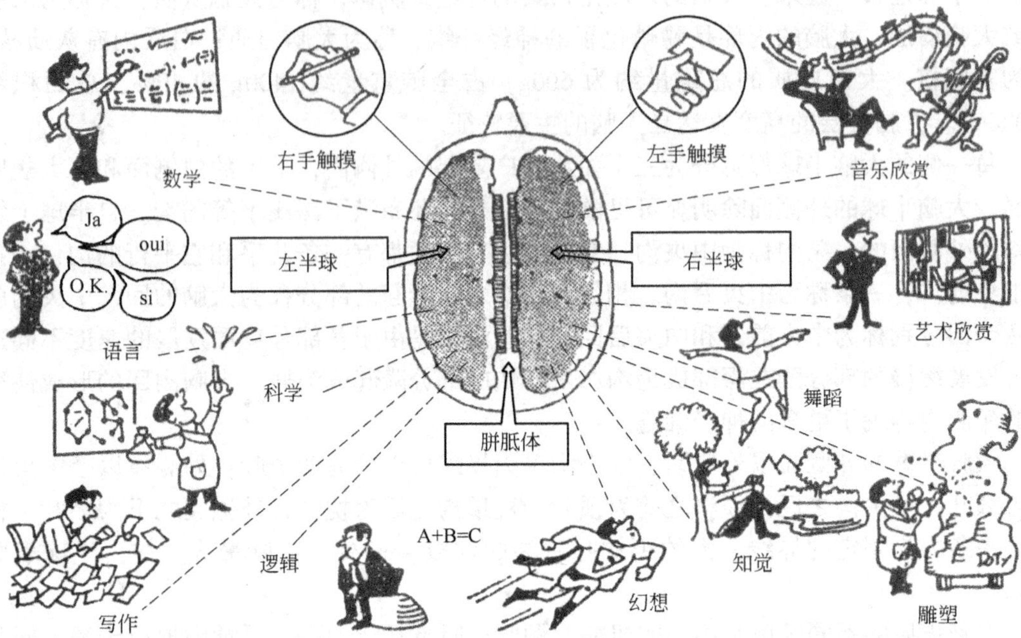

图 1-4　大脑两半球功能的一侧优势

（资料来源：《普通心理学》．彭聃龄主编．北京：北京师范大学出版社，2004 年 3 月第三版，第 66 页）

二、内分泌系统与心理

内分泌系统由垂体腺、甲状腺、胸腺、胰腺、肾上腺、生殖腺等组成。它受自主神经系统支配，各腺体之间又有互相支配的关系。下边介绍的是和人的心理活动联系最为直接的几种内分泌腺，如图 1-5 所示。

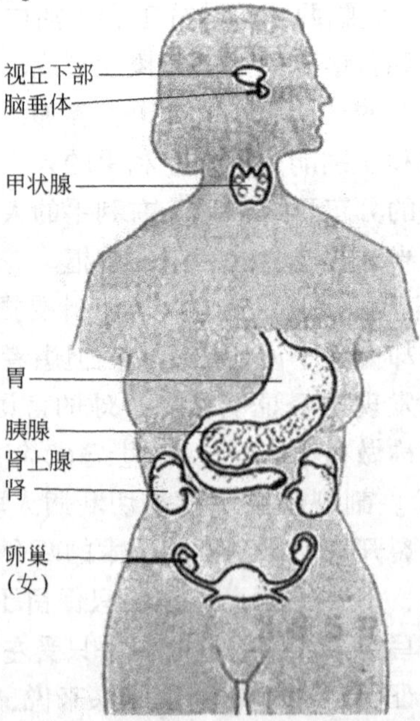

图 1-5　几种主要的内分泌腺在体内的分布

（资料来源：《普通心理学》．彭聃龄主编．北京：北京师范大学出版社，2004 年 3 月第三版，第 72 页）

（一）垂体腺

垂体腺位于丘脑下部，受丘脑控制，由垂体前叶和垂体后叶组成。垂体后叶控制着泌尿、血压，并影响着分娩和乳汁的分泌。垂体前叶直接影响着生长的速度和生长持续的时间，并影响着其他腺体的活动。

（二）肾上腺

肾上腺位于肾脏的上部，由肾上腺皮质和肾上腺髓质两个腺体组成。肾上腺髓质分泌肾上腺素和去甲肾上腺素，它们的作用与自主神经系统中交感神经系统活动所引起的现象类似。肾上腺皮质分泌肾上腺类固醇，其分泌受垂体腺的调节，对有机体的生理平衡和情绪行为有重要的影响。

（三）甲状腺

甲状腺位于气管下端的两侧，分泌甲状腺素，其功能是促进机体代谢，增进机体的发育。甲状腺分泌功能亢进或不足都要造成代谢机能的疾病。亢进者饭量剧增却不增加体重，病人过分敏感、紧张，情绪容易激动。分泌不足者精神萎靡、记忆力减退、容易疲劳。儿童期患者发育受到严重影响，表现为呆小症。

（四）性腺

男性的性腺是睾丸，女性的性腺是卵巢。睾丸分泌睾丸激素，它刺激精子的产生。卵巢分泌雌性激素和孕激素，分别控制排卵、怀孕和月经周期。性腺还促进第二性征的发育。

单元四　如何研究心理学

一、心理学的研究原则

（一）客观性原则

科学就是对客观事物本质的认识，就是按照事物本来的面目来说明，来解释事物。心理现象是世界上最为复杂的现象，认识它、解释它并不是一件轻而易举的事情。古往今来，无数思想家、科学家致力于心理现象的探索，取得过辉煌的成果，也走过许多弯路，甚至犯过不少错误。关键在于，一要有科学的手段，二要有实事求是的态度。

科学心理学诞生以前，心理学靠思辨和总结个人经验的方法，所以心理学只能孕育在哲学的襁褓中。19 世纪中叶，心理学引进了实验的方法，才使心理学从哲学中分离出来，成为一门独立的科学。20 世纪中叶，心理学和先进科学技术，例如和计算机科学结合，使心理学获得了长足的进步。今天，随着科学技术的发展，心理学研究有了更多的手段。脑外科手术的进步，脑化学、电子技术，脑电波、脑成像、记录单细胞活动的微电极技术的应用，为了解和人的行为相联系的脑结构、脑的生物化学活动，以及神经系统加工信息的过程提供了基础，也为心理学的发展开辟了更加广阔的前途。

有了科学的研究手段，还要有科学的态度，这就是实事求是，坚持心理学研究的客观性原则。做到这一点并不容易，人们往往从某一理论假设出发，对调查或实验资料有好恶之分，喜欢支持自己假设的资料，轻视和自己的假设不一致的资料，因而会歪曲事实；人们也往往对心理现象进行主观的猜测，而不去找它的证据，因而以臆想代替事实，像对动物心理或儿童心理进行研究的时候经常发生的那样。

（二）辩证发展原则

心理现象和其他现象一样，都是发展变化的。动物从没有心理到有心理，心理再从低级发展到高级，直至出现人的意识，这是心理现象的种族发展；人从出生，历经幼儿期、学龄期、青年期、中年期，最后到老年期，人的心理也有一个发生、发展和成熟、衰老的过程。就是同一心理现象，例如人的需要，也是发展变化的。婴儿时期，人的生理需要是主要的；随着年龄的增长，人的社会性需要越来越发展。随着时代的发展，人的需要越来越提高；在不同的场合，人的需要也不一样。我们不能用一成不变的眼光看待人的心理。

心理现象也和其他现象一样，都是相互联系，相互制约的。人格在心理过程的基础上形成，又通过心理过程表现出来；人格一旦形成，又会对心理过程产生制约的作用。没有感性认识就不会有理性认识，感性认识越丰富，越有利于对事物本质的认识；同时，只有理解了的东西才能更好地感知它，思维又影响着人的感性认识。所以事物都是相辅相成，相互制约的。我们必须用辩证发展的眼光来看待事物，不能割断事物之间的密切联系。

（三）理论联系实际的原则

心理学的研究有其理论目的，这就是探索心理发生、发展和活动的规律，为解答精神和物质的关系提供科学的依据。心理学还有其实践的任务，这就是运用心理学的规律为人类的实践活动服务，解答教育、医疗卫生、人力资源管理、体育运动、司法、交通、文化艺术、航空航天等领域提出来的各种实际问题，以提高人的工作和生活质量。解决社会实践提出来的问题，这是推动心理学发展的动力。

二、心理学的研究方法

心理学的研究方法多种多样，这些方法因其研究对象的特殊性，也有不同于其他学科研究方法的特点。经过100多年，甚至更长时间的探索，心理学已经形成了自己一套研究心理现象的方法和手段。这些方法和手段可以归为以下四种类型，即观察法、调查法、个案法和实验法。

（一）观察法

在自然条件下，有目的、有计划地系统观察人的行为和活动，从中发现心理现象产生和发展的规律的方法称为观察法，或叫自然观察法。例如，观察儿童的游戏，记录儿童每天所说的话，了解儿童的注意力和儿童的思维活动，比较儿童语言的发展等。在进行观察的时候，观察者不应干预活动的进行，应该客观地进行观察，按事件发生的先后顺序加以记录，然后进行分析。因此，观察法不能控制条件，只能听任活动的自然进行；用观察法获得的资料，也不能按事件发生的先后，简单地作因果联系的解释。但是，用观察法所得到的资料比较客观、真实。通过对观察资料的分析，也可提供现象之间因果关系的假设，为进一步进行实验研究打下基础。

（二）调查法

就某一问题，用口头或书面的形式向被调查的对象提问，让他回答，通过对他的回答的分析来了解他的心理活动的方法称为调查法。用口头提问进行的调查称为访谈法；用问卷的方式提问，让被调查者回答进行的调查称为问卷法，例如民意测验。在进行口头调查的时候，事先要列好提问的问题或提问的提纲；在用问卷进行调查的时候，要按科学的程序制定好问卷，即问卷要有一定的信度和效度。问题的设计要准确、具体，而且不能有暗示的作用，不能让被调查的对象难于理解，或者产生歧义，或者暗示出问题的答案；在选择调查对象的时候，一定要遵循随机的原则，否则调查的结果具有片面性，不能代表调查的总体。

（三）个案法

个案法是对某一被试者所做的多方面的深入详细研究，包括其历史资料、作业成绩、测验结果，以及别人对其的评价等，目的在于发现影响某种心理和行为的原因。个案法又称为个案历史技术，这种方法强调的是个体之间的差异。例如，对超常儿童的跟踪研究就是运用的个案方法。通过对超常儿童的个案研究，可以了解超常儿童的人格特点，影响他们创造性发挥的主客观条件等。此外，像单亲家庭对儿童心理发展的影响，问题儿童所受到的影响等等也都可以运用个案的方法进行研究。个案法是对一个人进行研究所得到的结果，能否加以扩展，应该慎重分析。现实生活中给我们提供的个案，有时是非常难得的机会。因为这样的机会如果不是现实生活提供的话，我们是无法用人为的方法制造出来的。例如，一个先天盲的儿童得到治疗见到了光明，他是如何看世界的，生命早期失明对他的视力的发展有无影响，只有在这个个案中获得资料。举的狼孩的例子，提供了早期脱离社会生活的儿童心理发展会受到何种影响的资料，这也是没法人为制造的事实。对于个案所提供的这样的机会我们应该抓住，而不应该忽视。

（四）实验法

实验研究的方法就是主试者在严格控制的条件下，观察被试者的行为或活动，探索客观条件和人的心理活动之间的因果联系的研究方法。由实验者选择用来引起被试者心理或行为变化的刺激变量称为自变量；由自变量引起的被试者心理和行为的变化称为因变量。所要寻找的就是自变量和因变量之间的因果联系。为了研究的成功，实验者还要控制除自变量之外的一切能够对被试者的心理或行为产生影响的客观条件，这些条件称做无关的额外变量。例如，在研究不同的记忆方法对记忆效果的影响的时候，记忆的方法是自变量，被试者的记忆效果是因变量。但是，除了记忆方法之外，记忆的材料，被试者的性别、年龄、知识经验、个性特点、环境条件等等，都会对记忆效果产生影响。目的是确定记忆方法的优劣，在研究中只能让记忆方法这一个因素起作用，其他条件都要加以控制，不能让它们影响记忆的成绩。控制的办法很多，主要是要保持这些条件的恒定，让它们在各种实验条件下所起的作用相等。如果应该控制的变量没有控制好，也就是在实验中不该起作用的因素起了作用，那么，就会造成自变量和没有控制好的额外因素共同引起了被试者心理和行为的变化，实验就失去了它的效用。

生活中的心理学

心理与环境

人的心理系统及其物质载体——大脑是一个开放的系统，它和周围环境存在着复杂的交互作用。心理现象是由外界输入的信息引起的。客观世界是心理的源泉和内容。人们的颜色视觉依赖于可见光谱中光波的长度，长波使人看到红色，短波使人看到蓝色；人们的声调听觉依赖于物体振动的频率，高频使人觉得声音尖锐，低频使人觉得声音低沉；婴儿情绪的发展依赖于亲子之间的关系，失去父母拥抱的婴儿，会产生退缩的情绪反应；儿童语言的发展依赖于社会交往，在隔绝人际交往的条件下，不可能发展正常的人类语言。总之，外界刺激作用于人，在人脑中产生各种心理现象，这些心理现象又反过来通过人的行为作用于周围环境，进而引起新的心理活动。可见，心理现象和人的外部环境之间存在着规律性的联系。

要点概述

心理学是一门实验科学，1879 年德国心理学家冯特在莱比锡大学建立了世界上第一个心理学实验室，标志着心理学作为一门独立的学科正式诞生。

心理学是研究心理现象的科学。主要研究人的认知、情绪和动机、能力和人格，也研究其他动物的心理现象。既研究意识，也研究无意识；既研究个体心理，也研究群体心理；研究心理的发生发展以及心理与行为的关系。由于社会需求和学科自身的发展，心理学形成了许多重要的研究领域。

心理学的理论学派有：构造主义、机能主义、行为主义、精神分析学派和格式塔心理学等。20 世纪 30 年代以后，新的研究取向生理心理学取向、认知心理学取向、人本主义心理学取向。

复习思考题

1-1　心理学的研究对象是什么，人的心理现象包括哪些方面？

1-2　在学习这门课之前你是怎样认识心理学的？

1-3　心理学有哪些主要的学科分支，它们在人类社会活动中有什么作用？

1-4　心理学有哪些主要的研究方法？

1-5　现代心理学的理论学派有哪些？

1-6　简要说明现代心理学的主要研究取向。

第二章　感觉与知觉

人是怎样认识世界的？人的知识是怎样得到的？这既是一个古老的哲学问题，也是一个古老的心理学问题。人类认识世界是从感觉开始的。感觉提供了内外环境的信息，保持着机体与环境的信息平衡。感觉对人适应周围环境有着重要的意义。感觉是指人们对事物的个别属性的认识，但人们在实际生活中不仅要认识事物的个别属性，而且要认识事物的整体，这就是知觉。

单元一　感觉概述

相传，明朝开国皇帝朱元璋少时家贫，被迫到家乡黄觉寺当了一名小和尚，以图有口饭吃。但是，不久家乡闹了灾荒，寺中香火冷落，他只好外出化缘。有一次，他一连三日没讨到东西，在街上昏倒，被一位老婆婆救起带回家。老婆婆将家里仅有的一块豆腐和一小撮菠菜，加上红根放在一起，浇上一碗剩粥一煮，喂给朱元璋吃。朱元璋吃后，精神大振，问老婆婆刚才吃的是什么，那老婆婆开玩笑说那叫“珍珠翡翠白玉汤”。

后来，朱元璋当了皇帝，尝尽天下美味佳肴，突然有一天想起了当年在家乡乞讨时吃的“珍珠翡翠白玉汤”，于是下令御厨做给他吃。御厨将珍珠、翡翠和白玉混在一起煮成汤，朱元璋尝后觉得不对味，一气之下把御厨杀了，又让人找来一位家乡的厨师。这位厨师很聪明，以鱼茸代珍珠，以红柿子椒切条代翡，以菠菜代翠，以豆腐加馅代白玉，并浇以鱼骨头汤。朱元璋一吃感觉味道与当年老婆婆做给他吃的一样，于是下令重赏那位厨师。

聪明的厨师做的完全不是当年那道用残羹冷炙熬成的“珍珠翡翠白玉汤”，其中的材料比当年那些新鲜名贵得多，朱元璋却认为和当年那道汤的味道一模一样。试想如果厨师按照之前的材料和做法做给朱元璋吃，可能也免不了杀头之罪。为什么在当年尝起来美味十足的“珍珠翡翠白玉汤”，到了今日却可能难以下咽呢？这与我们的感觉有关。

一、感觉的定义

一个物体有它的光线、声音、温度、气味等属性，没有一个感觉器官可以把这些属性统统加以认识，只能通过一个一个感觉器官，分别反映物体的这些属性。眼睛看到了光线，耳朵听到了声音，鼻子闻到了气味，舌头尝到了滋味，皮肤感觉到了物体的温度和光滑程度，等等。每个感觉器官对物体一种属性的反映就是一种感觉。

有时对物体个别属性的反映却不是感觉，例如，回忆起了看到过的一个物体的颜色，虽然反映了这个物体的个别属性，但这种心理活动不属于感觉而属于记忆了。所以，感觉反映的是当前作用于感觉器官的物体。可见，感觉是人脑对直接作用于感觉器官的客观事物个别属性的反映。

二、感觉的种类

感觉是由物体作用于感觉器官引起来的，按照刺激来源于身体的外部还是内部，可以把感觉分为外部感觉和内部感觉。

外部感觉是由身体外部刺激作用于感觉器官所引起的感觉，包括视觉、听觉、嗅觉、味觉和皮肤感觉。皮肤感觉又包括触觉、温觉、冷觉和痛觉。

内部感觉是由身体内部来的刺激所引起的感觉，包括运动觉、平衡觉和机体觉。机体觉又称为内脏觉，包括饿、胀、窒息、恶心、便意、性和疼痛等感觉。

三、感受性和感觉阈限

每个人都有感觉器官，但各人感觉器官的感觉能力却不相同。同一个声音，有人听得到有人听不到；同样亮的光线，有人看得见有人看不见，这就是感觉能力的差别。把感觉器官对适宜刺激的感觉能力称为感受性；能引起感觉的最小刺激量称为感觉阈限。感受性是用感觉阈限的大小来度量的，二者成反比，阈限值低感受性高，阈限值高感受性低。

客观事物对感觉器官所发生的作用称为刺激，发生作用的物体称为刺激物。人们经常用刺激这个概念，某种场合下它指的是对感觉器官发生的作用，另一种场合下它又指的是发生作用的物体，大家很容易分辨得出来。

四、感受性和感觉阈限的种类

感觉阈限可以分为绝对感觉阈限和差别感觉阈限；感受性也可分为绝对感受性和差别感受性。刚刚能够引起感觉的最小刺激强度称为绝对感觉阈限，又称为绝对阈限。绝对阈限表示的是绝对感受性。能够觉察出来的刺激强度越小，表示感受性越高；否则便是感受性低。感觉阈限是一个范围，能够感觉到的最小刺激强度称为下限，能够忍受的刺激的最大强度称为上限。下限和上限之间的刺激都是可以引起感觉的范围。

刚刚能引起差别感觉的刺激的最小变化量称为差别感觉阈限，或称为差别域限，又称为最小可觉差。差别阈限表示的是差别感受性，一个人能够觉察到的差别越小，说明他的差别感受性越强。

单元二　感觉现象

一、感觉适应

从亮的环境到暗的环境，开始看不到东西，后来逐渐看到了东西；从暗的环境到亮的环境，开始觉得光线刺的眼睛睁不开，很快就不觉得光线刺眼了，这是视觉感受性发生变化的现象；刚进开满鲜花的房间，闻见芬芳的香味，时间长了就闻不到香味了，所谓“入芝兰之室久而不闻其香”、“如鲍鱼之肆久而不闻其臭”，说的就是这种嗅觉感受性发生变化的现象；厨师做菜越做越咸，这是味觉的适应现象；手放在温水里，开始觉得热，慢慢就不觉得热了，这是温度感受性发生变化的现象。所有这些感受性发生变化的现象，都是在刺激物的持续作用下发生的。

人们把这种在外界刺激持续作用下感受性发生变化的现象称为感觉适应。从上边举的例子可以看到，各种感觉都能发生适应的现象，有些适应现象表现为感受性的降低，有些适应现象则表现为感受性的提高。

心理学在对感觉适应进行研究的时候，对暗适应受到了特别的注意。因为生活中很多工作是在暗环境下进行的。X 光室的大夫为了看清荧光屏上的图像，不发生漏检的现象，要对暗适应；冲洗胶卷和相片的工作是在暗室里操作的，要能看见室内器具和材料，也得保持对暗适应，等等。但是，对暗适应需要很长的时间，一般需要 30～40min 才能完成。对光适应则非常快，一两分钟即能完成。对暗适应后稍不小心受了光刺激，暗适应就被破坏了。怎样保持对暗适应呢？研究发现，在光的作用下，视网膜上的视紫红质分解，这是对光适应的过程；在暗环境中视紫红质又重新合成，这是对暗适应的过程。不过视紫红质分解的快，合成的慢，所以对光适应快，对暗适应慢。要保护对暗适应就要设法不让视紫红质分解。办法就是戴上红色的眼镜。因为在波长 620nm 以上的红光作用下，视紫红质不会分解，所以红光能保护对暗适应。

二、感觉后像

电灯灭了，眼睛里还保留着亮灯泡的形象；声音停止以后耳朵里还有这个声音的余音在萦绕。外界刺激停止作用后，还能暂时保留一段时间的感觉形象称为感觉后像。

感觉后像有时和刺激物的性质相同，例如，看到的灯光是亮的，灯灭以后留下的视觉形象还是亮的灯，这种后像称为正后像；如果看到灯灭了，眼睛里却留下了一个黑色灯泡的形象，后像的性质与刺激物的性质相反，这种后像称为副后像。彩色的副后像是刺激色的补色，例如红色的负后像是蓝绿色；黄色的负后像是蓝色。正后像和负后像可以互相转换，后像持续的时间与刺激强度成正比。你可以自己做一个感觉后像的实验：在夜间看一个乳白色的灯泡，两三分钟后突然关灯，注意眼睛里出现的后像。后像里的灯泡可能是亮的，也可能是暗的，而且亮暗是交替出现的。因为是乳白灯泡，后像里有时可能出现的是白灯泡，有时出现的是彩色灯泡，而且灯泡的色彩也会交替变换。

三、感觉对比

同时看两张明度相同分别放到黑色背景和白色背景上的灰色纸，你会发现黑背景上的灰显得亮了；白背景上的灰显得暗了，这是对比的结果。不同刺激作用于同一感受器官，使感受性发生变化的现象称为感觉对比。不仅明度有对比的效果，颜色也会发生对比。在一张绿色纸中间放一小块灰纸，注意看绿纸，一会你会发现，绿纸中间的灰色带上了红色。这是彩色对比的结果。人们常说红花还得绿叶配，就是因为绿背景上的红由于对比的结果，看起来更鲜艳了。彩色对比的结果是产生了对比色的补色。视觉有对比，嗅觉、味觉、皮肤觉也都有对比的现象。闻了臭的再闻香的，香味更浓了；吃完苦的再吃甜的，甜的显得更甜了，摸过冷的再摸热的觉得热得更热了。

两种感觉同时发生所形成的对比称为同时对比；两种感觉先后发生所形成的对比称为相继对比。各种感觉通道出现的对比分别叫做视觉对比、嗅觉对比、味觉对比、温度对比等等。

四、联觉

看到红色会觉得温暖，看到蓝色会觉得清凉；听到节奏鲜明的音乐觉得灯光也和音乐节奏一样在闪动。本来是一种刺激引起了一种感觉，现在还是这个刺激却同时引起了另一种感觉。把一个刺激不仅引起一种感觉，同时还引起另一种感觉的现象称为联觉。

联觉现象在日常生活中非常普遍，娱乐场所为了烘托热烈的气氛，其装饰多采用红、橙、黄等暖色调；教室、病房需安静，其装饰常采用蓝、绿等冷色调。电视机可以是深色的，电冰箱却只能是白色的、天蓝色、淡绿色的。如果是红色的会让人产生制冷效果不好的错觉。一幅张贴的广告由于上边有一只老虎张着嘴在吼叫，让你看了这幅广告觉得它宣传的音响声音响亮，质量也很好，产生听觉效果。这些都是联觉作用的例子。

单元三　各种感觉

一、视觉

(一) 视觉的适宜刺激

视觉的适宜刺激是波长在380~780nm之间的电磁波，这一段的电磁波称为光波。纳米是长度单位，1纳米等于百万分之一毫米。比380nm短的电磁波，如紫外线是看不到的；比780nm长的电磁波，如红外线，也是看不到的。光波在整个电磁波中只占很小的一部分。

(二) 视觉器官

视觉器官如图2-1所示。眼球是一个透明的球体，外界光线通过角膜、前房和瞳孔进入水晶体，再通过玻璃体射到视网膜上。视网膜是一个由视觉神经细胞组成的薄膜，分为三层，最外边一层视细胞层是直接接受光刺激的感受器。

视细胞层上有两种视觉神经细胞：锥体细胞和杆体细胞。锥体细胞主要集中在中央窝及其附近，呈圆锥状，在强光下起作用，称为明视觉器官。它能分辨物体的细节和颜色。杆体细胞呈杆状，集中在视网膜边缘及其附近，对弱光敏感，称为暗视觉器官。它不能分辨物体的细节和颜色，只能分辨物体的明暗和轮廓。从视网膜出来的是神经，最终到达大脑皮层产生视觉。

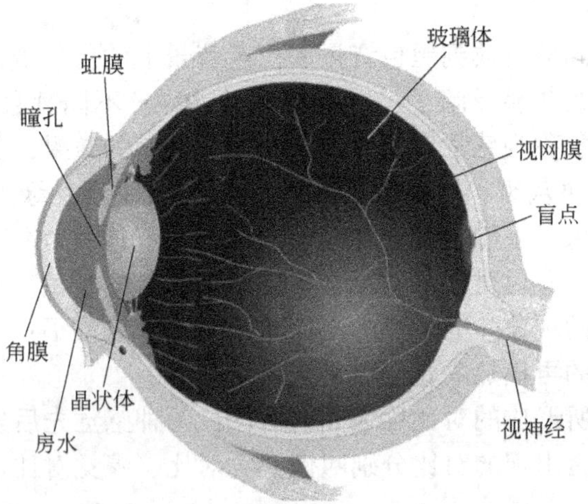

图2-1　视觉器官

(三) 颜色视觉

1. 颜色的特性

在较强的光线下，人眼靠椎体细胞的作用能分辨颜色。本来颜色包括彩色和非彩色，彩色有色调、明度和饱和度的特性；非彩色只有明度一种特性，它是一个由黑到白，其间有各种不同明度的灰组成的系列。但是，人们常常说颜色指的只是彩色。光波的波长决定颜色的色调，从长波的红到短波的蓝紫色，中间有黄、蓝等色彩。明度取决于光波的物理强度；饱和度取决于彩色中灰色所占的比例，灰的比例越大饱和度越小，反之饱和度越大。用三棱镜从太阳光中分出来的彩虹是由各种单色光组成的，它们是最纯的颜色，饱和度为百分之百。

2. 颜色混合

在日常生活中看到的颜色大多是通过颜色混合得来的。颜色混合有两种：色光混合和颜料混合。不同的彩色灯光重叠在一起，像彩色电视的色彩是色光混合；彩色印刷，用水彩画画，颜料染布是颜料的混合。色光和颜料的混合都遵循着一定的规律，但是混合所得到的结果是不同的。色光的混合是相加的混合，混合的结果色光更亮了；颜料的混合是相减的混合，混合的结果是各混合色都不吸收的颜色，所以两种颜色混合的性质是不同的。例如色光混合时，红光和蓝绿色光混合得到的是灰，红和蓝绿色光是互补的颜色。黄和蓝光混合得到的也是灰，黄和蓝也是互补色。红和黄光不是互补色，他们混合的结果得到的是光谱处在它们之间的颜色，即橙色。光谱上最长的波和最短的波混合得到紫色，所以紫色不是光谱上的颜色，而是由色光混合得来的。颜料的混合所得到的结果就不同了，例如，黄颜料和蓝颜料混合得到的是绿而不是灰；红颜料和黄颜料混合得到的是橘红色而不是橙色。

3. 色觉异常

有些人的色觉异常，它们分辨颜色有困难，甚至分辨不了颜色。按照色觉异常的程度，可把色觉异常分为色弱、部分色盲和全色盲。色弱者能分辨颜色，但其感受性差，当波长差别较大时他才能分辨出是不同的颜色。部分色盲又分红绿色盲和黄蓝色盲。红绿色盲的人看不见光谱上的红和绿，但能看到黄和蓝。光谱上红和绿的地方他看到的是不同明度的灰；黄蓝色盲的人相反，能看到光谱上的红和绿却看不到黄和蓝。光谱上黄和蓝的地方他看到的是不同明度的灰。全色盲的人什么颜色都看不见，他们看世界只能看到明度不同的灰，就像正常视觉的人看黑白电视一样。色觉异常的人自己觉察不到自己色觉上的缺陷，别人也难以发现。因为有色觉缺陷的人对明度非常敏感，他们能分辨出很细微的明度上的差别。虽然他们能和正常人一样说出物体的颜色，但他看到的是物体的明度，而不是物体的颜色。他向正常人学到了用某种颜色的名称，来称呼他所看到的那种明度的物体的颜色。这个过程是在儿童成长时期完成的，非常自然，他不知道，别人也不会发觉。只有用检查色盲的工具，如石原氏色盲检查图表才可以检查出色觉的缺陷及其种类。检查色盲的工具，都让颜色的色调不同，而颜色的明度完全一样。色觉有缺陷的人是靠明度的差别来辨认颜色的，明度相同色调不同的颜色他就分辨不出来了。

色觉异常绝大多数是遗传的原因造成的。遗传的途径是，男孩是外祖父通过妈妈传给自己的。外祖父是色盲，妈妈仅仅是遗传基因的携带者，她自己能分辨颜色，是隐性的色盲而不是色盲。她能分辨颜色。如果外祖父是色盲，而且爸爸也是色盲，这时女孩才会是色盲。所以，色盲中男性色盲人数大大高于女性色盲的人数。

二、听觉

（一）听觉的适宜刺激和听觉的感受性

16~20000Hz 的空气振动是听觉的适宜刺激，把这个范围的空气振动称为声波。比 16Hz 低的次声，以及比 20000Hz 高的超声人们都听不到。

在听阈范围内，人们对 1000~4000Hz 的声音最敏感，对这一范围声音的耐受性也比较高。因为人们说话的声音的频率是在这一范围内的，人类世世代代所要分辨的声音主要是言语的声音，所以造成了人类听觉的这一特点。人类听觉的感受性和年龄有关，20 岁以前随年龄的增长感受性逐渐提高；60岁以后随年龄的增长感受性逐渐降低。但老年人听觉感受性降低的特点是，他首先丧失的是对高频声音的听觉，随着年龄的增长听觉丧失的范围逐渐向低频方向发展，当扩展到中频范围时就影响到了言语的听觉。

在声音持续作用下听觉感受性降低的现象称为听觉适应；声音强度太大或作用时间太长，引起听觉感受性在一定时间内降低的现象称为听觉疲劳。如果听觉疲劳不断积累，长期得不到恢复，将会导致永久性听力丧失，职业性耳聋就是这样发生的。

(二) 听觉器官

听觉器官由耳郭、外耳道、鼓膜、听小骨和内耳组成。耳郭具有收集声波的作用，外耳道起着共鸣箱的作用，鼓膜和听小骨把外边来的振动通过卵圆孔传到内耳，内耳中的科蒂氏器官是听觉神经细胞集中的地方。空气振动科蒂氏器官，刺激它的纤毛，引起神经冲动。神经冲动沿着听神经传至大脑皮层颞叶的颞上回和颞中回，引起听觉。

(三) 听觉的特性

声音有音调、响度和音色三种性质。音调由声波的频率决定，频率越高音调越高；响度由声波的振幅决定，振幅越大声音越响；音色由声波的波形决定。平常听到的声音大多是多种声波混合出来的，参与混合的声波的性质决定了最终的波形。不用看就能辨别这是大提琴的声音，那是二胡的声音，因为它们的音色是不同的。

三、嗅觉和味觉

(一) 嗅觉

嗅觉是最古老的感觉。嗅觉的适宜刺激是能挥发、有气味的物质。嗅觉的感受器是鼻腔上膜的嗅细胞。有气味的物质的分子随着呼吸进入鼻腔，嗅细胞接受嗅觉刺激，将嗅觉刺激的化学能量转化为神经能，嗅觉的神经冲动沿嗅神经传至中央后回，产生嗅觉。

嗅觉是难以分类的一种感觉，至今仍用引起嗅觉的物质来标示各种嗅觉。例如果香味、焦臭味等等。人的嗅觉不如有些动物，德国的一种狼狗的嗅觉灵敏度竟是人的嗅觉的20万倍。动物的嗅觉之所以这样灵敏，是因为动物要靠嗅觉来寻找食物，分辨哪些东西能吃，哪些东西不能吃，而且还要靠嗅觉来辨别是否有它的天敌在这里活动过。适应环境的需要造就了动物敏锐的嗅觉。

(二) 味觉

分布在舌面、上颚上面的味蕾是接受味觉刺激的感受器。味觉的适宜刺激是溶于水的、有味道的物质。当味觉刺激随着液体流进舌面的小坑里的时候，味觉刺激就刺激了味蕾，味蕾将味觉刺激的化学能量转化为神经能后，沿舌咽神经传至大脑中央后回，引起味觉。

最基本的味觉有甜、酸、苦、咸四种。平常尝到的各种味道都是这四种味觉混合的结果，而且混合后的味道并不是产生了一种新的味道，而是保留了原来参加混合的各种食物的味道。舌面的不同部位对这四种基本味觉刺激的感受性是不同的：舌尖对甜、舌边前部对咸、舌边后部对酸、舌根对苦最敏感。味觉的感受性和机体的生理状况也有密切的联系，饥饿时对甜和咸的感受性比较高，对酸和苦的感受性比较低；吃饱后就相反了，对酸和苦的感受性提高了，对甜和咸感受性降低了。

味觉的感受性和嗅觉有密切的联系，在失去嗅觉的情况下，如感冒的时候，吃什么东西都没有味道了，香和味是密不可分的。所以食品要讲究色（视觉的效果）、香（嗅觉的效果）和味（味觉的效果），其中每一方面都是评价食品优劣的要素，都会影响食欲。

四、皮肤觉

皮肤感觉包括触觉、压觉、振动觉、温觉、冷觉和痛觉，它们分别有不同的感受器。刺激作用于皮肤，未引起皮肤变形时产生的是触觉，引起皮肤变形时便产生压觉。触、压觉都是被动的触觉；触觉和动觉结合产生触摸觉则是主动触觉了。皮肤表面的温度称为生理零度，和生理零度相同的温度刺激皮肤，不会引起热和冷的感觉。身体各部分皮肤的生理零度是不同的，同一皮肤表面的生理零度也会发生变化。皮肤的冷觉和温觉比较容易适应，痛觉难以适应。

五、平衡觉

平衡觉又称为静觉其感受器是内耳中的前庭器官，前庭器官包括耳石和三个半规管，反映头部的位置和身体的平衡状态。当人体位置与地心引力方向发生变化的时候，三个半规管内的液体的流动以及耳石的运动，都会刺激前庭器官，引起平衡感觉。

平衡器官过于敏感，容易引起前庭器官的高度兴奋，造成恶心、呕吐等反应。晕车、晕船就是平衡器官过于敏锐造成的。

六、运动觉

运动觉又称为动觉，其感受器分布在肌肉、筋腱和关节中。身体运动时动觉感受器受到刺激，产生神经冲动。神经冲动沿着感觉神经经过脊髓后索上行，再经丘脑最后到达中央后回产生运动感觉。

视知觉、触摸觉、言语动觉的产生，以及身体运动的进行，都需要视觉、触觉和言语听觉与动觉的结合，以及动觉提供的反馈信息。所以动觉在心理发展中具有非常重要的作用。

七、内脏感觉

内脏感觉又称为机体觉，它包括饥饿、饱胀和渴的感觉，疲劳的感觉，便秘、性以及痛的感觉等等。当各种内脏器官的工作处于正常状态时，引不起内脏的感觉。而且内脏活动有一定的节律，变化比较少，也比较弱。只有某个内脏器官发生异常或病变的时候，才会引起明显的内脏感觉。

八、痛觉

皮肤感觉和内脏感觉中都有痛觉，各种感觉器官中也都有痛觉，痛觉遍布全身的所有组织中。皮肤痛和内脏痛之间的区别在于，内脏痛的性质不清，定位不准，而且具有放射的现象。内脏痛经常难以说清楚是胀的痛还是拧的痛。皮肤感觉中的痛的性质很清楚，是扎的痛、拧的痛还是烧的痛说得清楚，定位也很准确。

尽管外部和内部的痛有这些区别，但痛觉对机体具有保护作用却是共同的。痛觉的产生发出身体的某个部位受到了伤害，发生了病变，给一个信号，让加以保护。所以痛觉具有生物学意义。正是因为这个原因，痛觉最难以适应。有人没有痛觉，这是很危险的。

人们之间痛觉的感受性有很大差别。有的人怕疼，有的人不怕疼，这在很大程度上和一个人对疼的认识、态度以及性格和意志特点有关系。一般来说，不怕疼反而会减少疼痛带来的痛苦；越怕疼越会觉得疼。

单元四　知觉概述

拇指怎能遮住帝国大厦？把一只手放到面前尽可能远的地方，然后把手移近面孔。当手向面孔靠近时，它在你的视野中占据的面积会越来越大。这时你可能无法看到被手遮住的大楼。手是如何遮住大楼的？手变大了吗？大楼变小了吗？你的回答肯定是“当然不是”。当手离面孔越来越近时，手投射到视网膜上的像越来越大，这就会让你感觉到大楼似乎被手遮住了。但实际上，根据以往的经验，你可以判断出尽管手投射到视网膜上的像在变化，但你手和大楼的实际大小是不变的，这个判断过程就是心理学上所说的知觉。

一、知觉的定义

对客观物体的个别属性的认识是感觉，对同一物体的各种感觉的结合，就形成了对这一物体的整体认识，也就形成了对这一物体的知觉。知觉是直接作用于感觉器官的客观物体的整体在人脑中的反映。

知觉是各种感觉的结合，它来自于感觉，但已不同于感觉。感觉反映事物的个别属性，知觉却认识了事物的整体；感觉是单一感觉器官活动的结果，知觉却是各种感觉协同活动的结果；感觉不依赖于个人的知识和经验，知觉却受个人知识经验的影响。同一物体，不同的人对它的感觉是相同的，但对它的知觉就会有差别，知识经验丰富对物体的知觉越完善、越全面。

知觉虽然已经达到了对事物整体的认识，比只能认识事物个别属性的感觉更高级了，但知觉来源于感觉，而且二者反映的都是事物外部现象，都属于对事物的感性认识，所以感觉和知觉又有不可分割的联系。在现实生活中，当人们形成对某一物体的知觉的时候，各种感觉就已经结合到了一起，甚至只要有一种感觉信息出现，都能引起对物体整体形象的反映。现实生活中很难有单独存在的感觉，人们往往要在实验室里研究感觉。

二、知觉的基本特性

（一）整体性

窥一斑而见全豹。知觉是对物体整体的反映，它已经把对这一物体的各种感觉结合在一起了。这说明知觉具有在过去经验的基础上，把物体的各个部分、各种属性结合起来，知觉成为一个整体的特性，知觉的这种特性称为知觉的整体性。

有人做过这样一个实验，先给被试者呈现一张图片，上面画着一个身穿运动服、正在奔跑的男子，被试者一看就断定该男子是球场上正在锻炼的一位足球运动员。接着给被试者呈现第二张图片，在那个足球运动员的前方，有一位惊慌奔逃的姑娘。这时被试者断定他看到了一幅坏人追逐姑娘的画面。最后实验者拿出第三张图片，在奔跑的两人后面，是一头刚从动物园里逃出来的狮子。这时，被试者才明白画面的真正意思，运动员和年轻姑娘为躲避狮子而拼命奔跑。可见，离开了整体环境，离开了各部分的相互关系，部分就失去了它确定的意义，如图 2-2 所示。

（二）选择性

舞台追光的玄机。在每一时刻人们知觉外部物体的范围是有限的，但每一时刻作用于感觉器官的外界物体又是很多的，人不可能把作用于他感觉器官的所有物体都纳入自己的意识范围，注意到它们。这样，人们就要根据自己的需要，把一部分物体当做知觉的对象，知觉得格外清晰，而把其他对象当做背景，知觉得比较模糊，也就是有选择地知觉外界物体，知觉的这种特性称做知觉的选择性。作为知觉对象的物体并不是固定不变的，随着条件的变化，原来是知觉的对象的物体可能会变成知觉的背景；原来是知觉的背景的物体又可能变成知觉的对象，如图 2-3 和图 2-4 所示。知觉的对象和背景是可以发生变化的。

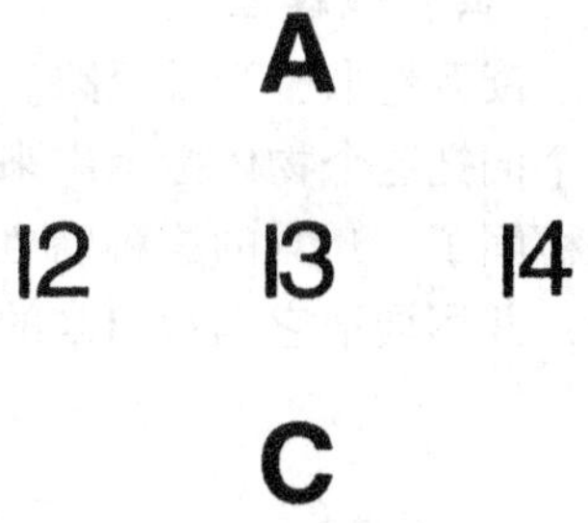

图 2-2　部分对整体的依赖

图 2-3　两歧图形（一）

图 2-4　两歧图形（二）

（三）恒常性

怎么看都一样。当在不同距离看同一个人时，在视网膜上形成的视像的大小是不同的，离近时视像大，远时视像小。但是，并不会因为这个人离我们远了，他在视网膜上的像变小了，就觉得他变矮了。一个人离远点、近点，他在视网膜上的像大了、小了，都会把他知觉为同样的高矮。知觉的这种特性，即在一定范围内，知觉的条件发生了变化，而知觉的映像却保持相对稳定不变的知觉特性称为知觉的恒常性，简称常性，如图 2-5 所示。

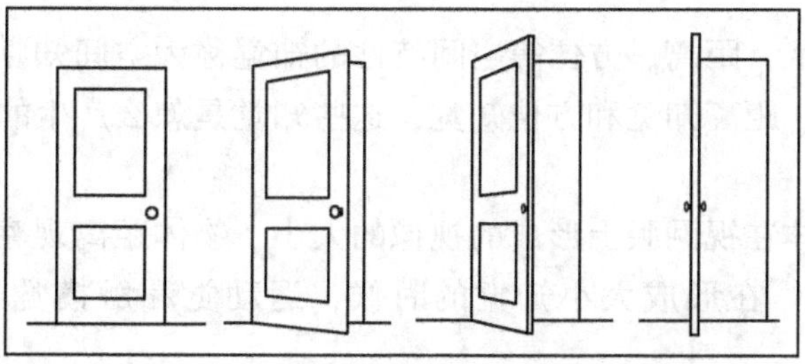
图 2-5　形状恒常性

（四）理解性

读万卷书，行万里路。在知觉某个物体的时候，总想知道它是什么，实际上就是想用一个词把这个物体标示出来。如果用词把这个物体标示出来，对这个物体的知觉就变得比较稳固了。知觉的这种特性，即在知觉外界物体时，人们总要用过去的经验对其加以解释，并用词把它揭示出来的特性称做知觉的理解性，如图 2-6 所示。

图 2-6　不完整图形

日本著名写生画家冈山应举画了一幅《马食草图》。一位农夫看了后，便对画家说："这马是瞎马吧？"冈山应举感到很意外，忙说："怎么会是瞎马呢？那眼睛不是睁着吗？"农夫说："马在吃草时，必须把眼睛闭上，使眼睛不被草尖伤着，这马睁眼吃草，准是瞎马。"后来，冈山应举经过一番仔细观察，证实了农夫所讲的话。可见，对事物的知觉需要已有的经验的作用，知识经验越丰富，理解就越深刻，理解速度也就越快。

单元五　各种知觉

一、空间知觉

对物体大小、形状、距离、方位等空间特性的知觉称为空间知觉，所以空间知觉包括大小知觉、形状知觉、距离知觉和方位知觉，这些知觉是怎么产生的呢？

（一）大小知觉

大小知觉是由物体在视网膜上形成的视像的大小、物体距离观察者的距离，以及周围参照物等因素决定的。在形成大小知觉的时候，运动觉和触摸觉也都起了非常重要的作用。

（二）形状知觉

形状知觉的产生，视网膜象提供了视觉星系，实现沿着物体边界的扫描运动提供了动觉信息，手的触摸提供了触觉信息，这些信息的结合形成了形状知觉。生活经验的积累，这些信息结合的非常牢固了，只要其中一个信息的作用就可引起对物体形状的反应。看到茶杯，尽管视觉提供的可能是一个椭圆形的茶杯口的视网膜像，我们并没有去摸茶杯，也知道茶杯是圆的而不是椭圆形的。

(三) 方位知觉

方位知觉可以以自身作为参照，头顶为上，脚底为下；脸对为前，背对为后；左右也以身体为参照。也可以以双耳听觉提供的信息为参照来判断方位。因为从不同方位来的声音，到达两耳的时间和强度都会发生变化，特别是来自左右的声音，这种差别更大。差别越大判断越准确，来自正前、正后方的声音的方位判断的准确性就比较差。

(四) 距离知觉

距离知觉是判断距离远近的知觉，又称为深度知觉。人们知觉物体的距离和深度，是因为一些因素提供了深度与距离的线索。

1. 单眼线索

(1) 对象的重叠：遮挡的物体看起来离我们近，被挡的物体离我们远。

(2) 线条或空气的透视作用：近的物体看起来大、清晰、稀疏；远的物体看起来小、模糊、密集。例如，站在铁路上往远处看，脚下的两根铁轨离得远，越往远看两根铁轨离得越近，在视线的尽头两根铁轨交到一点上了。

(3) 明暗、阴影：根据光线照射形成的阴影来判断物体的远近。

(4) 运动视差：在做相对位移的时候，离我们近的物体看起来移动的快，离我们远的物体移动的慢。不同距离的物体看起来效果是不同的。

(5) 眼睛的调节作用：要看清楚物体，总要通过眼肌的收缩或舒张，让眼睛的水晶体变得平些或凸些，以调节焦距，使视像聚焦在视网膜上。看近距离物体时水晶体要凸一些；看远距离物体时水晶体要平一些，所以看远距离物体时觉得眼睛松弛，看近距离物体时觉得费劲。眼肌的紧张度也是判断距离远近的信号。

2. 双眼线索

(1) 双眼视轴辐合：用两只眼睛看物体的时候，两只眼睛都要将视线对着物体，让物体在视网膜上的像落在中央窝上。物体越近两只眼睛视线所组成的辐合角越大，视线越要往一起凑，看东西的时候越觉得费劲；物体越远辐合角越小，视线越直，看东西越不费劲。所以，双眼视轴辐合所提供的眼肌动觉信息也是深度知觉的线索。

(2) 双眼视差：两只眼睛相距大约65mm的距离，当用两只眼睛同时看一个物体的时候，这个物体在两个视网膜上的呈像是有差别的，即左眼看左边的物体多一些，右眼看右边的物体多一些。两眼视网膜上形成的两个略有差异的视像称做双眼视差。在没有其他条件可以利用的时候，只要我们用两只眼睛看东西，能够形成双眼视差，就会产生深度知觉。所以双眼视差是形成深度知觉的最主要线索。立体摄影、立体电影都是应用双眼视差的原理制作出来的，他们都能让人获得鲜明的立体知觉。

二、时间知觉

时间知觉是对物质现象的延续性和顺序性的反映。人们对时间的知觉可以以计时器，例如钟表提供的信息为依据，也可以根据自然界昼夜的交替、四季周期性的变化，还可以根据人体生理、心理活动周期性的变化来估计时间。

影响时间知觉准确性的因素，例如，分别用视觉、触觉和听觉来估计时间，听觉估计的准确性最高，视觉最低，触觉居中。较长的时间容易估计短了，即产生低估；太短的时间容易高估。活动内容丰富容易对时间低估；活动内容贫乏容易高估。对所发生的事件所持的态度和它所引起的情绪也影响对时间的估计。看一部引人入胜的电影和在火车站等人同样是一个钟头，在火车站等人的一个钟头会显得长得多。

生物钟是机体内部生理节律性的变化所引起的外部行为的节律性变化。消化系统的周期性变化调节着人的进食行为；体力和精力的充沛与疲乏调节着人的起居和活动，机体生理活动节律性的变化像一个时钟，调节着人的活动，也给人们估计时间提供了依据。

三、运动知觉

运动知觉是对物体在空间中的位移产生的知觉。物体运动的速度在一定范围的时候，人们才能知觉到运动，物体位移的速度太快或太慢人们都不能知觉到运动。例如，能看到手表上秒针的运动，却看不到分针和时针的运动，因为分针和时针走得太慢了。光的运动速度是非常快的，每秒钟能走 30 万公里，但人们却看不到光的运动轨迹。太快的运动人们也看不到。

但是，有时物体在空间中并没有发生位移，却能被知觉为运动，这种现象称为做似动现象，又称为动景现象。电影就是依据似动现象的原理制作出来的，霓虹灯给人造成的动感，路牌广告制作中画面的变化，也都是应用的似动知觉的原理。夜晚我们看到月亮从云层里钻出来，谁都知道是云彩在移动，但视觉的效果却是月亮在动，这称为诱导运动。屏幕上的一个亮点，本来它并没有运动，盯着它看时有时会觉得它在移动，这是因为光点比较小，周围又没有其他东西可以供你参照，容易产生这种自主的运动。似动、诱导运动和自主运动都是把不动的东西看成是动的，实际上他们都是视觉的运动错觉。

四、错觉

错觉是在特定条件下产生的对客观事物的歪曲知觉，这种歪曲往往带有固定的倾向。从错觉的这个定义中我们首先可以看到，错觉是一种歪曲的知觉。

错觉有很多种，有线段长短的错觉、面积大小的错觉、形重错觉、视听错觉等。两个大小不等，重量相等的木盒，掂起来觉得小的重、大的轻了，这称为形重错觉，即形状的大小影响了对重量的判断。

错觉产生的原因多种多样，每种错觉的产生都有它特殊的原因。如感知条件不佳、客观刺激不清晰、视听觉功能减退、强烈的情绪影响、想象、暗示以及意识障碍等。不可能找到某一种原因来解释所有的错觉。比较公认的一种解释是，人们总是习惯于根据过去的经验来感知眼前的事物，只要知觉的对象与它所处的环境之间的关系改变时，就会产生错觉。

错觉在现实生活中应用广泛，电影电视的特技镜头，张贴广告中的动感，霓虹灯的变换效果等等，都是应用错觉的例子。错觉有时也会给我们生活带来消极的影响，例如海军航空兵在海上作翻转飞行时，离心力的作用使飞行员觉得他仍是坐在座椅上的，并没有头朝下，就会把天和海看错了，发生倒飞错觉。这是很危险的，飞行训练的时候就要特别增加防止倒飞错觉的项目，如图 2-7 所示。

正常状态下的错觉可以自行矫正，而在病理状态下，尤其在各种不同程度的意识障碍下出现的错觉，则会对患者及其身边的人造成一定的潜在性危害，需要进行专业的精神和心理治疗。

错视的种类

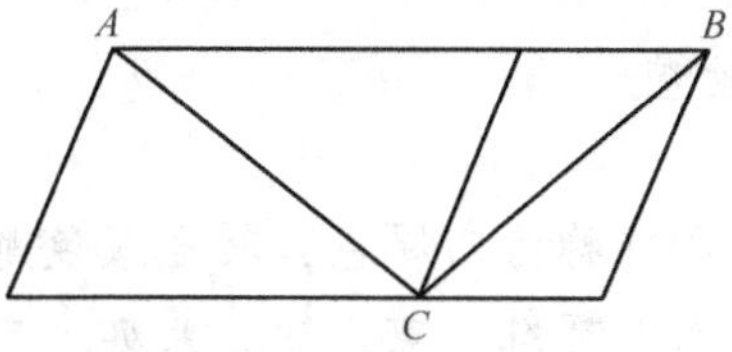

桑德错视

图中的 AC 和 BC 两条线段一样长，但看起来 BC 要短一些

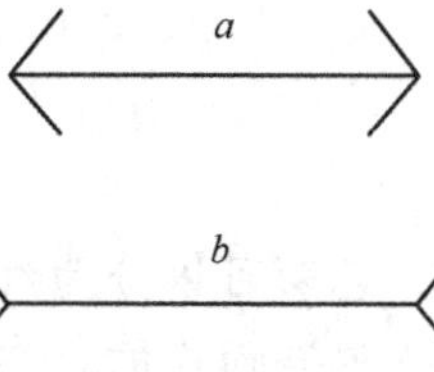

缪勒 · 莱耶图形

虽然线段 a 与线段 b 一样长，但是看起来 b 要长一些

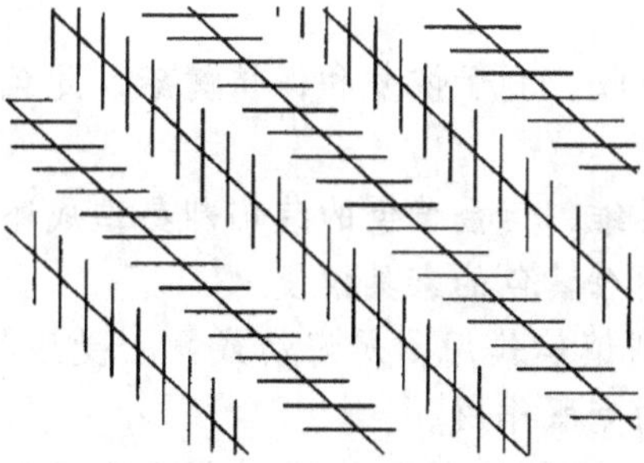

佐尔拉图形

在平行线上画一些斜线，看起来就不平行了。如果斜线的倾斜度增大，错视现象就会变得更明显

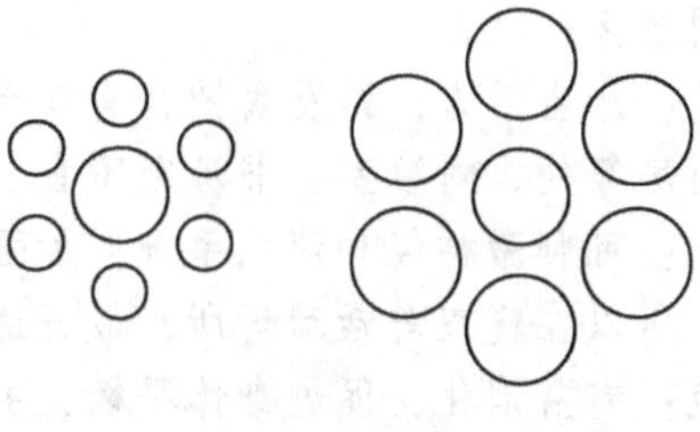

艾宾浩斯圆形

左右两图中，中央的圆形实际上是完全一样的，但是看起来不一样。被小圆包围的左边的圆形与被大圆包围的右边的圆形相比，左边的圆看起来比较大

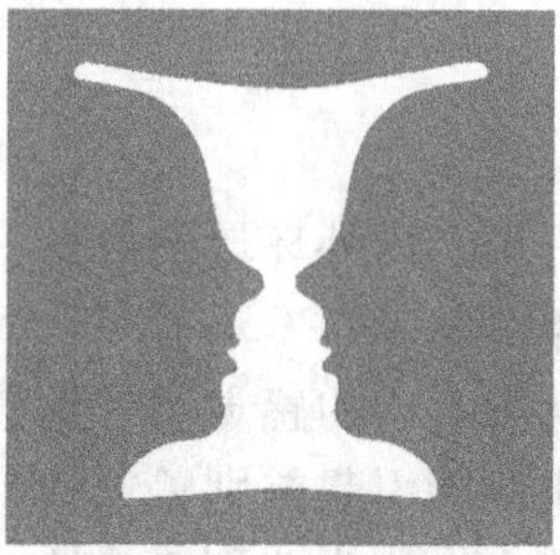

鲁宾瓶

如果看白色的部分，是一个杯子；如果看黑色的部分，则是人的侧脸

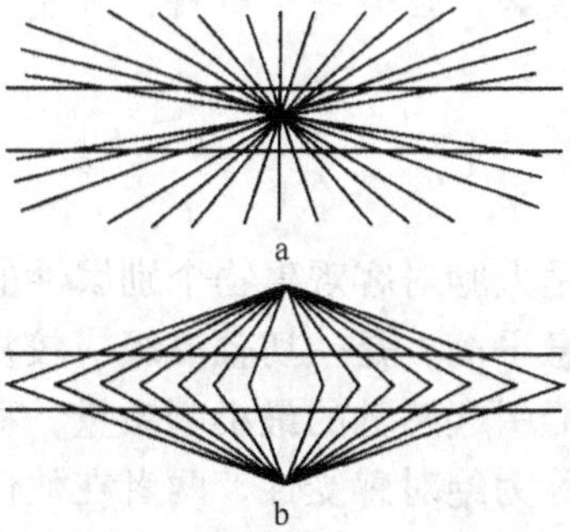

赫林图形与冯特图形

水平方向的线实际上是平行的，但是 a 图即赫林图形中的平行线中央看起来是膨胀的，b 图即冯特图形平行线中央像是被压缩的

图 2-7　几种典型的错视图

（资料来源：《图解心理学》．［日］深崛元文著，侯铎译．海口：南海出版社，2010 年 5 月第一版，第 47 页）

生活中的心理学

色彩的神奇效应

在心理学上，色彩可以分为红、黄、绿、蓝四种并称为四原色，其他颜色都是在此基础上依照不同配比混合而成的。在色彩心理学上，人们把红、黄、绿、蓝加上白和黑并称为心理颜色视觉上的六种基本感觉。颜色给人们带来的心理效应，正在越来越多地应用到人们实际生活中的方方面面。

红色：刺激和兴奋神经系统，增加肾上腺素分泌和增强血液循环。人在接触红色过多时，会产生焦虑和身心受压的情绪，使易于疲劳者感到筋疲力尽。所以，在寝室或书房应避免使用过多的红色。

橙色：产生活力，诱发食欲，有助于钙的吸收，利于恢复和保持健康。此色适用于娱乐室、厨房等处，对寝室、书房则不宜。

黄色：可刺激神经和消化系统，加强逻辑思维，但金黄色的装饰却易造成不稳定和任意行为。所以在寝室与活动场所，最好避免使用金黄色的家具摆设。

绿色：有益消化，促进身体平衡，并能起到镇静作用，对好动或身心受压抑者有益。自然的绿色对晕厥、疲劳与消极情绪均有一定的克服作用。

蓝色：能调节体内平衡，在寝室使用蓝色，可消除紧张情绪，有助于减轻头痛、发热、晕厥失眠。蓝色的环境使人感到幽雅宁静。

紫色：对运动神经、淋巴系统和心脏系统有压抑作用，可维持体内钾的平衡，有促进安静和爱情及关心他人的感觉。

靛蓝色：可调和肌肉，能影响视觉、听觉和嗅觉，可减轻身体对疼痛的敏感作用。该色不适于装饰，但若用于布料，可使人产生安全感。

要点概述

感觉是人脑对客观事物个别属性的认识。感觉提供了内外环境的信息，保证了机体与环境的信息平衡，是一切较高级、较复杂的心理现象的基础。

刚刚能引起感觉的最小刺激量，称为绝对感觉阈限；人的感觉器官觉察这种微弱刺激的能力，称为绝对感受性。两者在数值上成反比。刚刚能引起差别感觉的刺激物间的最小差异量，称为差别阈限；对这一最小差异量的感觉能力，称为差别感受性。差别感受性与差别感觉阈限在数值上也成反比例。

人们通过感官得到了外部世界的信息。这些信息经过头脑的加工（综合与解释），产生了对事物整体的认识，就是知觉。知觉以感觉为基础，但它不是个别感觉的信息的简单综合。知觉是按一定方式来整合个别感觉信息，形成一定的结构，并根据个体的经验来解释由感觉提供的信息。它比个别感觉的简单相加要复杂得多。知觉具有选择性、理解性、整体性和恒常性的特征。错觉是知觉的一种特殊形式。错觉的种类很多，研究错觉有重要的理论和实践意义。

复习思考题

2-1　什么是感觉，感觉在人类社会生活与工作中有什么意义？
2-2　试分析感觉的特性有哪些，它们在人类的社会实践中有什么意义？
2-3　皮肤觉在人类社会活动中有什么重要意义？
2-4　温度对味觉感受性有什么影响？
2-5　什么是错觉，知觉的对象与背景的关系怎样？
2-6　简要说明知觉的特性在社会实践中的作用？
2-7　错觉是怎么一回事，研究错觉的意义。

第三章　记忆的密码

所有自然界中的物体在受到外界的作用时，似乎都会留下痕迹，记忆就是过去经历过的事情在大脑这块特殊物质上留下的痕迹，只不过它在形式和内容上要复杂得多。下面将要讨论的就是记忆这一有趣的心理现象。

单元一　记忆及记忆过程

牛顿的书房曾发生一起奇怪的火灾，他清楚地记得周围只有一块20cm长、10cm宽的玻璃板，没有任何火源。直到两年后的一天，他在洗脸时对着镜子看到脸上的水珠，才解开火灾之谜：原来那天他脸上的水滴到玻璃上形成半圆形，起到了透镜的作用，阳光通过水滴形成焦点，点着了下面的书稿，从而引发了火灾。这种利用过去的情景来刺激灵感的方法就是情景记忆法。

一、记忆的定义

记忆是过去的经验在头脑中的反映。所谓过去的经验是指过去对事物的感知，对问题的思考，对某个事件引起的情绪体验，以及进行过的动作操作。这些经验都可以以映像的形式储存在大脑中，在一定条件下，这种映像又可以从大脑中提取出来，这个过程就是记忆。所以，记忆不像感知觉那样反映当前作用于感觉器官的事物，而是对过去经验的反映。

凡是过去的经验都可以储存在大脑中，需要的时候又可以把它们从大脑中提取出来，因而，记忆就可以将人过去的经验和当前的心理活动联系起来，在时间上把人的心理活动联系成一个整体，甚至人可以把自己一生的经历都联系起来。这样人们才可以持续不断地积累知识和经验，通过分类比较等的思维活动，认识事物的本质和事物之间的内在联系；人也通过记忆积累自己所受到的各种影响，逐渐形成了自己的人格。所以，可以说记忆是人类智慧的根源，是人的心理发展的奠基石。

二、记忆的种类

记忆按其内容可分为五种：

（1）形象记忆，即对感知过的事物形象的记忆；

（2）情景记忆，对亲身经历过的，有时间、地点、人物和情节的事件的记忆；

（3）情绪记忆，对自己体验过的情绪和情感的记忆；

（4）语义记忆，又称为语词—逻辑记忆，是用语词概括的各种有组织的知识的记忆；

（5）动作记忆，对身体的运动状态和动作技能的记忆。

三、记忆的过程

记忆从识记开始，识记是学习和取得知识经验的过程，念书、听讲、经历某个事件的过程就是识记的过程；知识经验在大脑中储存和巩固的过程称为保持，识记不仅获得知识经验，而且能把识记过的内容储存在大脑中，识记的遍数越多，知识经验在大脑中保存得越牢固；从大脑中提取知识经验的过程称为回忆，又称为再现；识记过的材料不能回忆，但在它重现时却能有一种熟悉感，并能确认是自己接触过的材料，这个过程称为再认。回忆和再认都是从大脑中往外提取知识经验的过程，只是形式不一样罢了。识记是记忆的开始，是保持和回忆的前提。没有识记就不可能有保持，没有保持也就不可能有回忆或再认；没有识记不可能有保持，识记了如果没有保持也不会回忆得起来，所以保持是识记和回忆之间的中间环节；回忆是识记和保持的结果，回忆也是对识记和保持的检验，而且有助于巩固所学的知识。记忆的过程是一个完整的过程，这个过程的三个环节之间是密切联系不可分割的，缺少任何一个环节记忆都不可能实现。

四、遗忘的规律

对识记过的材料既不能回忆也不能再认，或者发生了错误的回忆或再认称为遗忘。遗忘就是记忆的反面，记住了就是没有遗忘。德国心理学家艾宾浩斯是对记忆与遗忘进行实验研究的创始人。1885 年出版了他研究记忆成果的著作《记忆》，对此后记忆的研究，甚至对整个心理学的实验研究都发生了重大的影响。

艾宾浩斯以自己作主试，又以自己作被试，自己给自己做记忆的实验。他用的记忆的材料称为无意义音节，即由两个辅音和一个元音组成的音节，但字典上查不出来，它不是一个字，所以称为无意义音节。拿无意义音节作记忆材料，对被试者来说可以保证他们的难度是一样大的，因而便于比较。他的一项实验研究成果便是证明了遗忘的进程。他在识记后不同的时间间隔里检查被试者的记忆保存量，结果发现，在识记后的最初阶段里遗忘的速度很快，但是，随着时间的推移，遗忘的速度越来越慢，甚至一两天以后保存量的变化就不大了。后人用他的实验数据，以间隔的时间为横坐标，以保存量为纵坐标，画了一条说明遗忘进程的曲线，称为保持曲线如图 3-1 所示。因为保持的反面是遗忘，所以有人也把这条曲线称为遗忘曲线。不过保持的量是越来越少的，如果是表示遗忘的话，遗忘的量就越来越多，曲线就该反过来了。从这条曲线来看，遗忘的速率越来越慢，即遗忘的进程是先快后慢的。从遗忘进程的规律我们应该得到启示，为了取得良好的记忆效果，要做到及时的复习。如果不及时复习，在较短的时间内，很多内容就忘记了，再去复习就是事倍功半，不如还没遗忘或忘的较少的时候赶快复习，这样能得到事半功倍的效果。

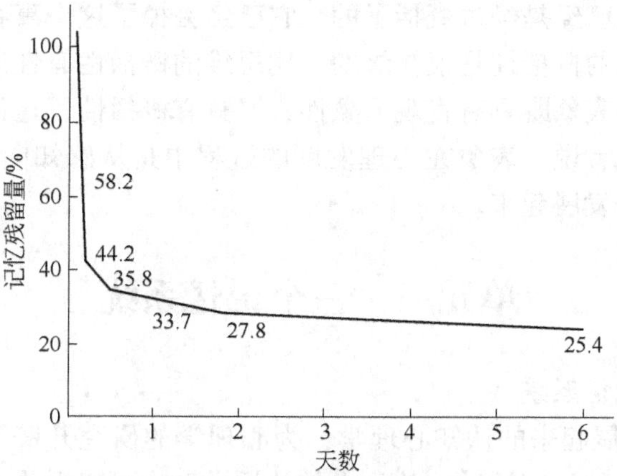

图 3-1　艾宾浩斯遗忘曲线

（资料来源：《普通心理学》．孟绍兰主编．北京：北京大学出版社，2008 年 4 月第四版，第 183 页）

单元二　表　　象

一、表象的定义

人们见过的建筑，看过的景物，都会在头脑中留有印象。当这些东西不在面前的时候，它们的形象还会在头脑中呈现出来。把过去感知过的事物的形象在头脑中再现的过程称为表象，在头脑中所出现的事物的形象也称为表象。实际表象就是在记忆的分类中所讲的形象记忆。表象所回忆出来的内容一定是事物的图像，而不是关于事物的概念或者语言的描述。

二、表象的特征和作用

表象是对事物形象的回忆，所以表象的特征首先就是它的直观形象性。如果回忆的内容不是事物的形象，而是抽象的概念，或者情绪的体验、动作技能的话，那就是语义记忆、情绪记忆或者动作记忆，而不是表象了。因为表象是对事物形象的记忆，所以，表象是人们积累感性知识的一种形式。一个人见多识广，他走过的地方、见过的风景和建筑、接触过的人多，他的表象内容，也就是他的感性知识就比较丰富。

表象的直观形象性使它与知觉有了共同的特点。但是，对物体知觉所形成的形象是非常稳定的，只要物体没有变化，知觉就不会有变化；而表象所产生的物体的形象就没那么稳定了。例如，在回忆某一个人的时候，可以回忆起他的身材，可以回忆起他的面孔，还可以回忆起他的一双大眼睛。像电影镜头一样，可以是全景的镜头，也可以是特写的镜头。它不像知觉那样稳定，这是表象的片断不稳定性。

表象的形象在头脑中是可以被操作的，就像一个物体可以在手里摆弄一样，表象的形象也可以在头脑里放大、缩小、翻转。表象的这种特性称做表象的可操作性。正是表象的可操作性使表象成了想象的素材。想象就是运用已有的表象，对其进行加工和改造，从而创造出新形象的过程。没有表象为其提供素材，想象也是没法进行的。

表象出来的形象虽然是某一事物的形象，但是，它和这个事物已经有了区别。因为表象的形象具有这个事物的主要特征，而不像知觉那样，几乎是对这个事物完全的摹写。也就是说表象出来的形象已经是经过概括了的，它已经丢掉了这个事物的一些次要特征，具有了概括性。当然表象的概括性是很初级的，比思维的概括性有性质上的不同，但它毕竟向概括的方向前进了。表象既具有直观形象性，又具有概括性，这使它起到了从感知向思维过渡的桥梁作用，或者说，表象在心理发展的过程中是从感知向思维过渡的中间环节，没有表象，思维也难于发展起来。

单元三　三个记忆系统

一、什么是三个记忆系统

20 世纪 60 年代发展起来的认知心理学，为心理学的研究开辟了一个新的方向。它用信息加工的观点看待人的认知活动，认为人的认识活动也可以看作是对信息进行加工的过程。它把记忆也看做是人脑对输入的信息进行编码、储存和提取的过程，并按信息的编码、储存和提取的方式不同，以及信息储存时间长短不同，将记忆分为瞬时记忆、短时记忆和长时记忆三个系统，如图 3-2 所示。

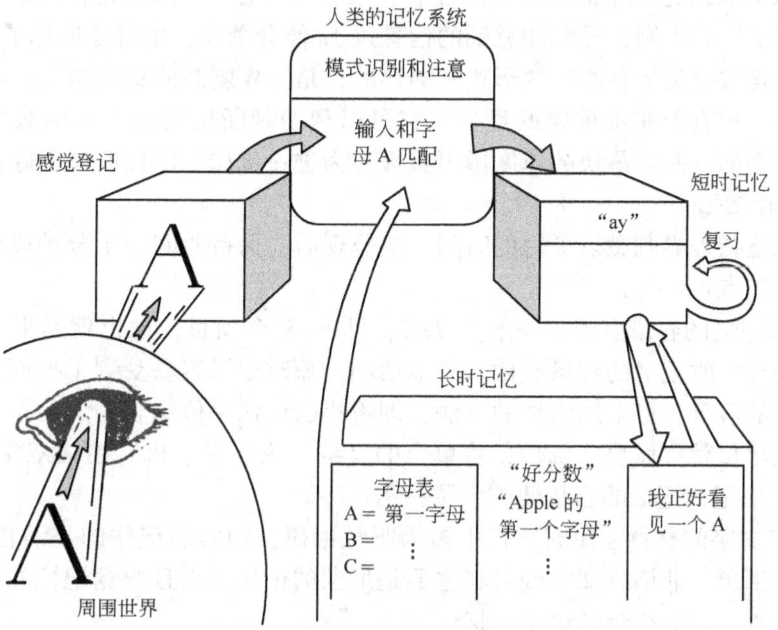

图 3-2　三种记忆存储系统模型

（资料来源：《普通心理学》．孟绍兰主编．北京：北京大学出版社，2008 年 4 月第四版，第 183 页）

二、三个记忆系统的特点及相互联系

（一）瞬时记忆

美国心理学家斯波林让被试者看一张写有三行，每行 4 个字母的卡片，卡片呈现 1/20s。如果让被试者整个来回忆这张卡片上的字母（全部报告法实验），他只能回忆出 5 个左右；如果在他看完卡片后紧接着给他三个不同声音中的一个，每个声音代表一行字母，让他根据声音的提示回忆某一行字母，结果不管检查他哪一行，他至少能回忆出 3 个。由此推算，在刚看完一张卡片时整张卡片他能记住的应该是 9 个字母。如果不是紧接着给他声音，而是停一两秒钟再给他声音，他能记住的每行也只不过两个字母，整张卡片能记住的和用全部报告法记住的就一样了。这说明，刚看完时能记住的比较多，但保持的时间比较短。斯波林将刚看完卡片能保持很短时间的记忆称为瞬时记忆。瞬时记忆又称为感觉记忆或感觉登记，是指外界刺激以极短的时间一次呈现后，信息在感觉通道内迅速被登记并保留一瞬间的记忆。一般又把视觉的瞬时记忆称为图像记忆，把听觉的瞬时记忆称为声像记忆。瞬时记忆有如下的特点：

（1）瞬时记忆的编码方式，即瞬时记忆记住信息的方式，是外界刺激物的形象。因为瞬时记忆的信息首先是以感觉后像的形式在感觉通道内加以登记的，因此，瞬时记忆具有鲜明的形象性。

（2）瞬时记忆的容量很大，但保留的时间很短。一般认为，瞬时记忆的容量为 9～20 比特，在斯波林的实验中瞬时记忆的容量有 9 个以上的项目。图像记忆保持的时间为 0. 25

~1s，声像记忆保持的时间可以超过1s，但不会长于4s。

（3）如果对瞬时记忆中的信息加以注意，或者说当意识到瞬时记忆的信息时，信息就被转入短时记忆了。否则，没有注意到的信息过1s便会消失，也就是遗忘了。

瞬时记忆是按感觉信息原有的形式来储存的，是外界刺激的真实摹写。尽管它的保持时间极为短暂，但有着非常重要的意义，它可以帮助判断出周围环境刺激中哪些是重要的，哪些是次要的，并以最快的速度做出选择，为进一步加工信息提供了材料和时间。

（二）短时记忆

短时记忆是指外界刺激以极短的时间一次呈现后，保持时间在1分钟以内的记忆。短时记忆有如下特点：

（1）短时记忆的容量有限，一般为7±2，即5~9个项目，这也就是平常所说的记忆广度。如果超过短时记忆的容量或插入其他活动，短时记忆容易受到干扰而发生遗忘。为扩大短时记忆的容量，可采用组块的方法，即将小的记忆单位组合为大的单位来记忆，这时较大的记忆单位就称做块。例如，将单个的汉字（人、学、机）变成双字的词（人民、学习、机器）来记，记忆的容量便扩大了一倍。

（2）语言文字的材料在短时记忆中多为听觉编码，即容易记住的是语言文字的声音，而不是它们的形象；非语言文字的材料主要是形象的记忆，而且视觉记忆的形象占有更重要的地位。此外，也有少量的语义记忆。

（3）短时记忆中的信息是当前正在加工的信息，因而是可以被意识到的。在短时记忆中加工信息的时候，有时需要借助已有的知识和经验，这时又要从长时记忆中把这些知识和经验提取到短时记忆中来。因此，短时记忆中既有从瞬时记忆中转来的信息，也有从长时记忆中提取出来的信息，它们都是当前正在加工的信息，所以短时记忆又称为工作记忆。

（4）短时记忆的信息经过复述，不管是机械的复述还是运用记忆术所做的精细复述，都可能转入长时记忆系统。

（三）长时记忆

长时记忆是指外界刺激以极短的时间一次呈现后，保持时间在1分钟以上的记忆。长时记忆有如下特点：

（1）长时记忆的容量无论是信息的种类或数量都是无限的。

（2）长时记忆的编码有语义编码和形象编码两类。语义编码是用语词对信息进行加工，按材料的意义加以组织的编码。形象编码是以感觉映像形式对事物的意义进行的编码。

（3）长时记忆中储存的信息如果不是有意回忆的话，人们是不会意识到的。只有当人们需要借助已有的知识和经验时，长时记忆储存的信息再被提取到短时记忆中，才能被人们意识到。

（4）长时记忆的遗忘或因自然的衰退，或因干扰造成。干扰又分为前摄抑制和倒摄抑制两种。前摄抑制是指先前学习的材料，对识记和回忆后学习材料的干扰作用；倒摄抑制是指后学习的材料，对识记和回忆先前学习材料的干扰作用。系列位置效应是干扰对记忆效果造成影响的非常明显的例子。

系列位置效应就是记忆材料在系列中所处的位置对记忆效果发生的影响。实验证明，当给被试者一个系列的记忆材料，如给被试者读一遍 15 个互相没有联系，难度又一样大的单词让被试者记忆的时候，系列两头比系列中间的材料记忆的效果好，这就是系列位置效应。系列开头比系列中间的材料记得好又称为首因效应或首位效应；系列末尾比系列中间的材料记得好又称为近因效应或新近效应。

（四）快速记忆的方法

合理运用记忆方法，将外界散乱的信息系统地组织概括起来，就能记得又快又牢。常用到的记忆方法有：

（1）归类记忆法。就是根据识记材料的性质、特征及其内在联系，进行归纳分类，有利于记忆大量的知识。比如，学完计量单位后，可以把学过的所有内容归纳为五类：长度单位；面积单位；体积和容积单位；重量单位；时间单位。这样归类，能够把纷纭复杂的事物系统化、条理化，易于记忆。

（2）口诀记忆法。就是把需要记忆的知识编成歌谣、口诀、顺口溜或合辙押韵的句子来进行记忆，这种记忆方法把记忆材料分成了组块，加大信息浓度，增加趣味性，不但可以减轻大脑负担，而且还能记得更牢，避免遗漏。

（3）规律记忆法。即根据事物的内在联系，找出规律性的东西来进行记忆。规律记忆，需要开动脑筋对所学的有关材料进行加工和组织，因而记忆牢固。

（4）列表记忆法。就是把某些容易混淆的识记材料列成表格，达到记忆之目的。这种方法具有明显性、直观性和对比性。比如，要识记四种不同气质类型的区别，就可列成表来帮助记忆。

（5）重点记忆法。随着年龄的增长，所学的知识也越来越多，要想全面记住，既浪费时间且记忆效果不佳。因此，要学会记忆重点内容，在记住了重点内容的基础上，再通过推导、联想等方法便可记住其他内容了。提高了记忆的效率。

（6）联想记忆法。由于客观存在的事物并不是彼此独立的，而是处在复杂的关系和联系之中，所以联想在记忆过程中起着非常重要的作用。联想是记忆的基础。同时又是记忆的重要方法。在记忆时，可以运用与之相关的事物、知识建立关联，以此来帮助记忆，就是通过一件熟悉的事物想到与它有联系的另一件事物来进行记忆。

（7）图像记忆法。图像记忆法就是将一切需要记忆的事物，特别是那些抽象难记的信息形象化，用直观形象去记忆的方法。图像记忆一般和联想记忆共同运用。

（8）超级记忆法。以情景记忆的方式进行发散思维，在利用左脑的同时，开发右脑，让右脑瞬间记忆，从而进行发散性思维。

生活中的心理学

经常有这样的问题，在课堂上学到的知识怎样去运用？怎样进行知识的迁移，最终转化为一项技能？学习中经常是学了后面忘了前面，考试的时候一大堆知识、信息难以记住。学习了这一章以后是否有一些收获？

有关于知识迁移的问题。学校和在实际工作岗位，因为学习情境的差异造成信息材料提取的困难。所以，在学习时应经常变换学习情境，重新组织笔记，将不同课程的问题，构造成你自己的知识体系。如果你在一次考试时遇到障碍的话，试着回忆更多的线索来帮助你恢复最初的情境。

学习中经常是学了后面忘了前面。从系列位置曲线得知，在非常广泛的情境下，呈现在中间的信息记忆最差。所以，在听课的时候，提醒自己要特别注意中间那段内容和时间。学习的时候投入更多的时间和努力在要学习的材料上，并且确保每次不是以相同的顺序学习这一材料。

大量无组织信息记忆困难。考试前，经常会有学生抱怨要记的信息内容太多了，无从下手。这种情况下，利用记忆术——将知识进行归类和建构，设法以创造性的方式使用图像记忆、构造句子、编故事、列表格和编口诀等方法进行记忆。

要点概述

记忆是脑对外界输入的信息进行编码、存储和提取的过程。记忆连接着人们的心理活动的过去和现在，是人们学习、工作和生活的基本机能。记忆是一个结构性的信息加工系统，由感觉记忆（瞬间记忆）、短时记忆和长时记忆系统构成。这三个子系统在记忆系统加工过程的不同阶段，相互之间有着十分密切的联系。衰退、干扰、压抑和提取失败等是遗忘发生的主要原因。表象是事物不在面前时，人们在头脑中出现的关于事物的形象。它具有直观性、概括性、可操作性的特点。

复习思考题

3-1　什么是记忆，记忆的特点是什么？

3-2　记忆包括哪些主要过程？

3-3　什么是感觉记忆，短时记忆的特点？

3-4　什么是长时记忆，长时记忆保持形式是什么？

3-5　遗忘的主要原因是什么？

3-6　抗遗忘策略是什么？

3-7　什么是表象，其作用是什么？

第四章　思维、语言及想象

人不仅能认识事物和现象的外部联系，而且能认识事物和现象的内在联系和规律。这种认识是通过思维过程来进行的。思维是在感觉和知觉的基础上发展起来的，是高级认知活动。语言是一种社会现象，在人类文明和个体智慧的发展中起着重要的作用。人们在日常生活、学习和工作中，在感知、记忆和思考时都离不开语言。

单元一　思维概述

报警电话响起，求救者是一位长期卧床不起的瘫痪老人，她不慎从床上摔下来，头部受伤，只说了一句自己房里亮着灯就昏迷过去了。

警察根据老人房间亮着灯和没挂断的电话两个看似无关的线索，命令出动所有警车并拉响警笛，直到从电话里听到警笛声，再命令所有警车原地按次序拉响警笛。

当再次在电话里听到警笛声后，警察根据响笛警车的位置，找到老人所在的居民楼，要求所有住户关上灯，最后只剩一盏还亮着的灯。

最后，警察找到了亮灯的房间，救出了受伤的老人。

警察为了寻找受伤的老人以没挂电话和灯亮着为线索，对脑海中的信息进行加工和综合运用，最终成功救出了老人。这种间接迂回的认识过程就是人类思维的过程。

一、思维的定义和特征

人是万物之灵，就是因为人能透过事物的外部现象，认识到事物的本质，认识到事物之间的内在联系，也就是因为人有思维。思维是心理发展的最高阶段。动物虽然有心理，但动物的心理只是心理发展的初级阶段。动物心理能够达到的只是对事物外部现象的认识。无脊椎动物只有某种感觉；脊椎动物发展出了各种感觉器官，能够对事物的外部属性达到比较全面的认识，有了知觉；灵长类的动物不仅具有知觉，而且能够认识到事物之间的外部联系。但是，灵长类动物的心理发展只能说是达到了思维萌芽的阶段，还不能说有了真正的思维，因为它们还不能认识到事物的本质。

思维是人脑对客观事物的本质和事物之间的内在联系的认识，思维作为一种反映形式，它的最主要的特征是间接性和概括性。

思维的间接性表现在，它能以直接作用于感觉器官的事物为媒介，对没有直接作用于感觉器官的客观事物加以认识。例如，早起看到雪，判断出昨天晚上下雪了。看到雪，推断出雪是昨天晚上下的。下雪时自己没有看到，但从眼前的景象可以推断出来，这就是间接的反映。思维不仅能对没有直接作用于感觉器官的事物借助于媒介加以反映，甚至能对根本不能直接感知到的客观事物借助于媒介进行反映。例如，原子核内部的结构并不是用显微镜看到的；而且以后也不会有能够直接看到原子核内部结构的仪器。人们是通过实验的证明认识到原子核内部结构的。人通过思维还能对尚未发生的事件作出预见，例如气象台能够根据气象资料，运用现代化的计算手段，推算出近期的天气变化，做出天气预报。

之所以能进行间接的反映，就是因为认识到了事物之间的内在联系，如果事物之间没有这种内在的联系，人们也难于通过已知推测出未知。

思维的概括性表现在它可以把一类事物的共同属性抽取出来，形成概括性的认识。例如，从众多物体中抽取出它们的数量属性，形成数的概念；把各种树的共同特点抽取出来加以概括，形成树的概念等。概念以词的形式来表现，概念的形成就是概括反映的结果，一个概念概括了一类事物的共同属性。概念的形成首先需要把事物的特性从事物的身上抽取出来，即加以抽象；然后又要把抽象出来的事物的属性加以分类，用词把一类事物标示出来，这就是概括的作用。概念一旦形成，它又能帮助人们去认识那些还没有认识的事物。例如人们形成了树的概念，此后，当人们看到具有树的基本特性的植物，自然会把它归入树的概念之中。这自然扩大了人们认识世界的途径，也使人们接受人类的知识成为可能。

正是因为思维具有间接性和概括性，人的思维才能超出感性认识的范围。人能认识到感性认识所不能达到的事物内在的规律。因为人能认识到事物的本质，能预见到事物的发展，所以人的认识又具有了超脱现实的性质。如果没有这种超脱现实的能力，人类的发明创造就不可能产生。

二、思维的智力操作过程

思维是大脑对外界事物的信息进行复杂加工的过程，分析、综合、抽象、概括是思维操作的基本形式。

（一）分析与综合

分析是在头脑中将事物分解为各个部分或各个属性的过程；综合是在头脑中将事物的各个部分、各种属性结合起来，形成一个整体的过程。分析和综合是思维的基本过程，是人认识事物的开端。事物本来就是一个有机的整体，它的各个部分、各种属性是彼此密切地联系在一起的。分析就是把这个整体分解为它的各个组成部分。综合又是将分析得来的事物的各个部分再联合起来，将它们组合成为一个整体。在分析与综合的过程中达到对事物本质的认识。所以，分析综合是思维过程的两个不可分割、相互联系的方面。

（二）抽象与概括

抽象是在思想上把事物的共同属性和本质特征抽取出来，并舍弃其非本质的属性和特征的过程；概括就是把抽取出来的共同属性和特征结合在一起的过程。通过分析认识了事物的各种属性，把它们从事物身上抽取出来。进一步又对这些属性加以比较，区分出哪些属性是共同的，哪些属性不是共同的，这些属性之间有什么关系。在此基础上进一步对事物的属性进行分类，再把共同属性结合起来，得出概念，用词把这个概念标示出来，这又是概括的过程。

单元二　思维的种类

一、动作思维、形象思维和抽象思维

根据思维的形态我们可以把思维分为动作思维、形象思维和抽象思维。

动作思维是以实际动作为支柱的思维过程。例如，儿童在垒积木的时候，他是边操作边思考的，操作的动作是思维的支撑。

形象思维是以直观形象和表象为支柱的思维过程，作家塑造一个典型的人物形象，画家创作一幅图画，都要在头脑里先构思出这个人物，构思出这幅图画的画面。这种构思的过程是以人或物的形象为素材的，所以称为形象思维。

抽象思维是用词进行判断、推理得出结论的过程，又称为词的思维或逻辑思维。抽象思维以词为中介来反映现实，这是思维的最本质特征，也是人的思维和动物心理的根本区别。

二、辐合思维和发散思维

按照探索问题答案的方向的不同，可把思维分为辐合思维和发散思维。

辐合思维是按照已知的信息和熟悉的规则进行的思维，例如，利用公式解题，按照过去解决问题的方法或经验去解决问题的思维，都是辐合思维，或称为求同思维。

发散思维是沿着不同的方向探索问题答案的思维，又称为求异思维。当需要解决的问题不止一个答案的时候，当需要解决的问题没有现成的途径和方法可以借鉴，没有过去的经验可以参考的时候，就要进行发散思维，从不同方面去寻找问题的答案。可见，发散思维是更具创造性的思维。

三、再造性思维和创造性思维

按照思维是否具有创造性，可以把思维分为再造性思维和创造性思维。再造性思维是用已知的方法去解决问题的思维；创造性思维是用独特的方法去解决问题的思维。

单元三　概念掌握与问题解决的思维过程

一、概念的掌握

概念是人脑对客观事物本质特性的反映，是以词来标示和记载的。概念是思维活动的结果和产物，同时又是思维活动借以进行的单元。

每一个概念都有它的内涵和外延。概念的内涵是指概念所包含的事物的本质属性，外延是指属于这个概念的个体，即概念所包含的范围。概念的内涵越深，它所包含的属性越多，属于这个概念的个体越少，外延越窄；概念的内涵越浅，它所包含的属性越少，属于这个概念的个体就越多，外延就越广。概念的内涵和外延之间是一种相反的关系。例如鸟这个概念的外延，即属于鸟这个概念的个体，包括所有的鸟。动物这个概念的外延包括所有动物，也包括鸟，因此要比鸟的外延广得多。但鸟的内涵比动物的内涵深，因为它不仅是动物，而且比其他动物来说，它还有羽毛、喙等特性。正确掌握概念就是要正确地把握它的内涵和外延，不能犯扩大或缩小概念的内涵或外延的错误。

概念的掌握，或称概念形成，是指个体借助于语言，从成人那里继承和学会包含于概念中的知识和经验的过程。概念有不同的层次，它们所概括的知识有浅有深。个体掌握概念是由浅到深的，个体掌握概念的层次反映了他的思维发展水平。因而，通过对个体掌握概念的研究，就能了解思维活动的规律。

二、问题解决及对问题解决的研究

（一）问题解决的定义

认知心理学研究思维的一个途径就是问题解决。问题解决就是给被试者提出一个问题，让被试者按照一定的要求，遵循一定的规则，去解决这个问题，找出解决问题的途径和方法。在被试者解决问题的过程中去发现他的思维活动的规律。用认知心理学的术语来说，问题解决就是在问题空间中进行搜索，以便从问题的初始状态达到目标状态的思维过程。所谓问题空间，就是对问题解决情景的认识，包括对所要解决的问题的初始状态和目标状态的认识，以及如何从初始状态过渡到目标状态的认识。知道了问题的初始状态和目标状态，也知道了解决问题所要遵循的规则，就要运用已有的知识经验，进行一系列的认知操作，操作成功，问题即得以解决。

认知心理学家对问题解决的研究，是为了了解影响问题解决的各种因素，以及人们在解决问题过程中所采用的策略，从而有助于分析创造性思维所包含的各种心理成分。

（二）影响问题解决的因素

（1）迁移的作用。迁移是指已有的知识经验对解决新问题的影响。迁移有两类，即正迁移和负迁移。例如，学会了骑自行车再去学摩托车，就能把骑自行车掌握平衡的技术运用到骑摩托车上，有助于骑摩托车，这称为正迁移。如果会骑自行车的人去骑三轮车，骑两个轮的交通工具的经验反而会影响掌握骑三轮车的技术，这称为负迁移。

（2）原型启发的作用。从现实生活的事例中受到启发而找到解决问题的途径或方法称为原型启发，对解决问题具有启发作用的事物称为原型。例如，水开时水蒸气把壶盖顶起来，瓦特受其启发发明了蒸汽机；鲁班的腿被带齿的丝毛草划破了，受其启发发明了锯子。这些都是受到原型启发有了发明创造的例子。

（3）定势的作用。定势是人们在从事某种活动前的心理准备对后边所从事的活动的影响。已有的知识经验，或者刚刚发生的经验都会使人产生定势。

美国心理学家卢钦斯做了一个量水的实验。他让被试用三个刻有刻度的量杯（A、B、C）去量一定数量（D）的水。前边几个问题只能用同一种方法解决。例如，A 为 23，B 为 129，C 为 3，D 为 100，解决问题的办法只有 D=B-A-2C。在解决完这些问题之后出现的问题除可用同样的方法解决外，还可以用更简单的方法解决。例如 A 为 23，B 为 49，C 为 3，D 为 20，解决问题的方法可以是 D=B-A-2C；也可以是 D=A-C。但是，由于被试者受前边解决问题经验的影响，他看不到后面这种更简单的解决问题的方法，仍然用原来的那种方法解决。同样的问题让没做过前边题目的被试者来做，他一眼就看到了简单的方法，而不会去用笨的方法。这说明已有的知识经验或者说已经养成的习惯，会影响后面所进行的活动。这就是思维定势的作用。

（三）问题解决的策略

认知心理学家认为，通用的问题解决的策略有算法策略和启发式策略。

算法策略是把所有能够解决问题的方法都一一加以尝试，最后总能找出解决问题的答案。要找的一样东西放到家里某个抽屉里了，把家里所有的抽屉一个一个都翻找一遍，东西总能找到。这种方法能保证问题的解决，但需要一一尝试，工作量太大。遇到问题空间非常大的问题，就很难用这种笨的办法来解决了。

启发法就是运用已有的经验，在问题空间内只做少量的搜索就能解决问题的一种方法。例如，可以把需要达到的总目标分解成一个一个的子目标，达到了一个子目标就向总目标靠近了一步，实现了所有的子目标就达到了总目标，这称为循环子目标的策略。也可以从目标状态向初始状态搜索，只要找到了达到初始状态的途径，自然也就找到了从初始状态通往目标状态的途径，这称为逆向搜索的策略。也可以把复杂的问题简化为简单的形式，以便简化问题解决的过程，这称为计划简化策略。

单元四 语言和言语

一、语言与言语

正常成人的思维活动和相互间的思想交流都要借助于语言才能实现，思维离不开语言。但是，语言是一种社会现象，它是随着社会的产生而产生，随着社会的发展而发展的。人们运用语言交流思想的过程包括说话，包括听懂别人讲的话，也包括写字和阅读，这些活动都是人的心理活动，都依附于个体而不是依附于整个社会。人们运用语言进行交际的过程称做言语。所以，语言和言语是两个不同的概念。语言是社会现象，是语言学研究的对象；言语则是心理现象，是心理学研究的对象。

语言是以语音或文字为物质外壳，以词为基本单位，以语法为构造规则的符号系统，汉语、英语、德语、法语、日语等都是这种符号系统。语言是人们进行思维和交际的工具，言语则是人们运用语言交流思想，进行交际的过程。

言语要借助于语言才能实现，离开了语言人们之间进行交际只能通过表情、动作，而这种方式的交际所能交流的内容是非常有限的，远远不能满足社会生活的需要。所以，言语离不开语言，只有借助于语言才能实现人们之间的思想交流。语言是在人们相互交际的社会生活需要的基础上产生的，语言也只有发挥它的交际工具的功能才有存在的价值，才是活的语言，离开了人们的交际活动，语言也就变成了死的语言，它将被社会淘汰。所以，语言也离不开言语。

二、言语活动的形式

言语既然包括说、听、写、读，那么言语的形式就是多种多样的。可以把言语的形式分为两类：外部言语和内部言语。用来进行交际的言语称为外部言语，不是用来进行交际的言语称为内部言语。

人们之间的交际是通过说、听、写、读的方式进行的，这些用来进行交际的言语称为外部言语。外部言语又可分为口头言语和书面言语；口头言语又可分为对话言语和独白言语。不同的言语形式有不同的特点。对话言语是在交往中进行的，有一个语言的环境，每句话不一定说得那么完整，只要对话双方能够理解就行了。单独抽出对话中的一句话，不知道它是在什么环境中说的，不知道上下文，很难理解，甚至会发生误解。独白言语是一个人说的，为了叙述一件事情，表达一种思想，阐述一种观点，例如演讲、做报告，这种言语就比较严谨、比较规范。书面言语就更加严谨、更加规范，甚至连标点符号都要求得非常严格。

不是用来进行交际，而是为了支持思维活动进行的、不出声的言语称为内部言语。正常成人思考的时候就好像是自己在对自己说话，没有这种内部言语的支持思维是很难进行的。内部言语虽不出声，并不是说思考时发音器官就不活动。事实上在进行思考时，即在进行内部言语活动的时候，发音器官还是在活动着的，如果用仪器记录的话，声带和外部言语时一样也在振动着，只是比较隐蔽，不出声而已。内部言语不像外部言语那样需要表达，所以内部言语比较简缩，不完整，是个思想的轮廓，只要保证思维沿着正常方向进行就行。也正因为这样，内部言语的速度比较快。想一个问题很快，把想的都表达出来，一句一句地说，时间就要费得多。有时自己觉得问题已经想明白了，但要说出来的时候又说不明白了。这就是说在把内部言语转化成外部言语的时候发生了困难。原因就是内部言语的速度快，想得不细、不完整、不系统。想的时候可以漏掉一些细节，说的时候需要一层一层地把问题所涉及的方面说清楚，这就会暴露出想问题想的不深、不透，或者思维不够严谨、不够深刻。所以要使内部言语转化成外部言语比较顺利，需要培养思维的严谨和深刻的品质。

三、言语的中枢机制

言语活动是大脑皮质各个部位共同活动的结果，但皮质的不同部位又有相对的机能分工。言语活动包括说、听、写、读等几种不同的形式，因此，在大脑皮层上也分别有参与这些言语活动形式的皮质部位，如图 4-1 所示。

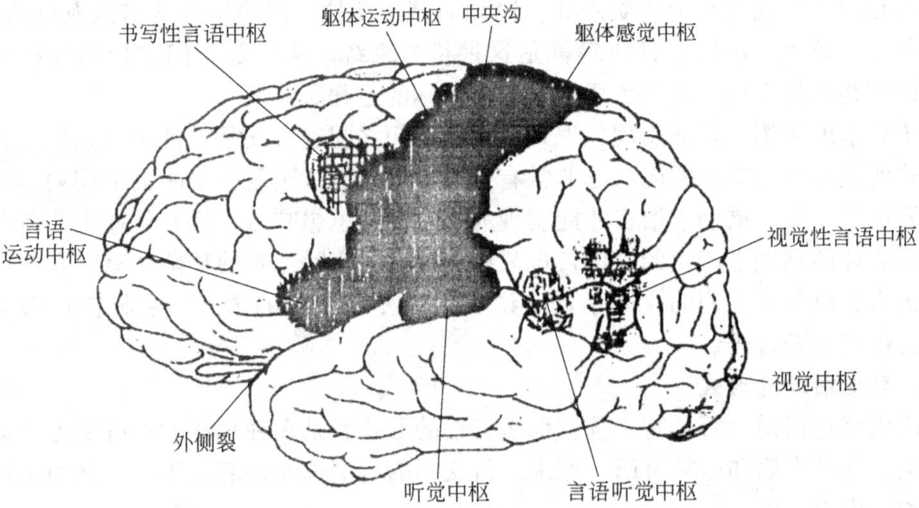

图 4-1　言语机能联合区

（资料来源：《心理咨询师培训基础知识》. 北京：民族出版社，2005 年 7 月第一版，第 49 页）

（一）言语运动中枢

法国医生布洛卡 1860 年发现两个右利手的病人，开始时他们说话有些困难，逐渐发展为说不成完整的句子，即言语的表达出现了毛病。病人死后进行解剖发现，他们的左半球额下回靠近外侧裂的部位发生了病变。后来不少临床的病例也证明，这个部位是主管说话机能的，称为言语运动中枢，因是布洛卡发现的，又称为布洛卡中枢。这一中枢受到损伤表现为说话迟钝费力，不能说出连贯、流畅的语言，但其发音器官并没有毛病，而且病人还能听懂别人说的话，还能写字，还能认字，这种言语缺陷称为表达性失语症。

（二）言语听觉中枢

1874 年由德国学者威尔尼克发现，位于顶、枕、颞叶交会处的颞上回受到损伤，患者能听到声音，他的听觉器官还是正常的，却不能分辨语音，对字词也失去了理解的能力。这一中枢称为言语听觉中枢，因是威尔尼克发现的，也称威尔尼克中枢。这一中枢受到损伤所发生的失语症称为接受性失语症。

（三）视觉性言语中枢

位于顶、枕叶交汇处的角回是主管阅读的，称为视觉性言语中枢。这一中枢受到损伤，患者能看到字词，却不能理解字词的含义，这种失语症或称为失读症。

（四）书写性言语中枢

位于额中回靠近中央前回的地方是主管书写功能的，称为书写性言语中枢。这一中枢受到损伤，患者其他运动机能正常，却不能写字绘画了，这种失语症或称为失写症。

单元五　想　　象

一、想象的定义

通过记忆，人们可以把经历过的事物的形象保存在头脑中，需要的时候又可以把它们从大脑里提取出来，这是人的表象，在记忆一章里已经说明过。有了表象，人们又可以把表象的内容作为素材，在大脑里对这些表象进行加工和改造，从而创造出新的形象，这个过程是一种形象思维的过程，这种过程就称为想象。所以，想象是人对已有的表象进行加工改造，创造出新形象的思维过程。

作家在日常生活中接触过很多人，他有意识地观察这些人，这些人的言语行动，性格特点在他头脑中都留下了深刻的印象。作家又对这些印象进行分析归类，并把一些典型的特点集中在某一个人身上，从而创造出一个新的人物形象。这个新的人物形象既是现实生活中的某一个人，又不全都是他，在他身上还包括了其他人的一些特点。这个人物的形象是在人的大脑里创造出来的，是一种形象思维的过程，即想象的过程。

想象以表象的内容为素材，来源于表象，却和表象有了本质上的差别。表象是过去感知过的事物的形象在头脑中的再现，它并没有创造出新的形象，是一种形象记忆的过程，因此属于记忆的范畴；想象则是对表象的加工和改造，它创造出了新的形象，具有创造性，属于思维的范畴。想象以表象为素材，所以想象出来的事物来源于现实。想象又具有创造性，因而它创造出来的新形象又不完全是现实生活中的事物。例如，文学中的典型形象并不是现实生活中的某一个人。有时想象出来的形象现实生活中没有，是人们通过想象把它创造出来的，这就是发明创造。飞机就是先在人们头脑中想象出来，然后才制造出来的。有时想象出来的事物不仅现实生活中没有，将来也不会有。例如麒麟，过去没有过这样的动物，将来也不会创造出这一物种。尽管如此，想象作为一种心理现象，它还是对客观现实的反映。因为发明飞机是人们幻想着像鸟一样地飞翔，飞行的原理是从科学实践中发现的；麒麟虽然现实生活中没有，但它的皮是鱼的皮，角是鹿的角，蹄子是牛的蹄子。鱼鹿牛是现实生活中有的，人们不过把这些东西在想象中结合起来罢了。归根结底它们都还是来源于生活现实。

二、想象的种类

想象按其是否有意识、有目的，可以分为无意想象和有意想象。

（一）无意想象

无意想象是没有预定的目的，在某种刺激作用下不由自主产生的想象。一个人正在教室里听讲，当老师讲到山脉和河流的时候，他想起了自己打算去旅游的事，不由得走了神，想着自己到了哪个名山大川，在那里尽情地玩耍起来，这就是一种无意想象。

梦是无意想象的一种极端的例子。因为做梦是没有目的的，是不由意识支配的，比清醒状态下的无意想象更加随心所欲。其内容往往不合逻辑，脱离实际，甚至是在现实生活中不可能发生的。

幻觉则是在异常精神状态下产生的无意想象。外界没有声音，一个人却总是听到一种声音，这种声音具有特殊的意义，或者是在骂他，或者是在议论他，甚至是一些人在商量怎么谋害他。如果幻觉达到了这么严重的地步，显然是一种精神异常的症状了。

（二）有意想象

有意想象是在一定目的、意图和任务的影响下有意识地进行的想象。有意想象又分为创造想象、再造想象和幻想。

不依据现成的描述和图示，独立地创造出新形象的过程称为创造想象。作家创造一个文学的典型人物是独立进行的；画家构思一幅图画，服装设计师想象出一款服装的新款式也都是独立进行的，这些都是创造想象的例子。

再造想象是指根据语言的描述或图表模型的示意，在头脑中形成相应形象的想象。我们看了文学作品，在头脑中也产生了一个活生生的人物的形象，这个人物恰是作家在文学作品里创造的，我们是根据作家的描述在头脑里想象出来的。对于作家来说他进行的是创造性的想象，对读者来说，他头脑里产生一个人物的形象的过程却是再造想象的过程。

幻想是和一个人的愿望相联系并指向未来的想象。所以幻想都是我们对未来的憧憬。科学幻想推动着人们去进行科学探索，发现客观规律，为人类造福。没有像鸟一样飞向天空的愿望，人们不会去发明飞机；嫦娥奔月的神话反映了人们走向太空的愿望。对于一个人来说他对未来的憧憬反映了他想成为一个什么样的人，就是他的理想。为实现理想而奋斗对一个人来说也是一种动力。所以幻想并不是坏事，问题在于只有对未来的憧憬而没有实现这种愿望的努力，愿望没有实现的可能，幻想就成了空想。空想对人的行为没有推动的作用，因而是消极的。我们应该有理想，有抱负，并且让这种理想和抱负成为鼓舞我们刻苦工作，努力奋斗的动力。

生活中的心理学

你喜欢从随机事件中寻找规律吗？

从一些心理研究者的相关实验中，可以确定人们总是喜欢从随机事件中寻找规律，无论是博彩还是赌博，其实是概率事件毫无规律可分析，然而人们却总是乐此不疲的为之找到依据。这些没有任何理性支撑的证据和判断理由，就称做错觉思维。

现在，各地一些自诩为智商高超的人开始成为所谓的职业彩民，声称通过自己的研究买彩票可以稳赚不赔。有这样的例子：一个以前开工厂的，后来专门买彩票，专门请那些分析号码准的，花钱请他们来帮他提供号码，他出钱买彩票，才2个月就赔了一百多万，差点倒了。还有一个人买一种叫排列三的彩票，只追冷号，用了两个礼拜不到，六十万就没了，离婚了现在。还有个职业彩民，所有人都以为他赚钱了，一个月连中几次倍投的3D，他自己每次中奖都搞得街知巷闻，但他投入的钱远比中的钱多。

其实，买彩票只要不亏本就是高手，一个很简单的道理是：如果彩票能赚钱当投资，那福利彩票和体育彩票早倒闭了，绝大多数人买彩票都是亏本的，当然也有人赚了，但不是他们会研究，只是运气好。依靠运气，显然不是什么科学思维的智慧结晶，很显然认为彩票有所规律，并且这些规律能够依靠所谓的趋势研究分析出来，是典型的迷信式的错觉思维。

要点概述

思维是借助于语言、表象或动作实现的、对客观事物概括的和间接的认识，是认识的高级形式。它能揭示事物的本质特征和内在联系，并主要表现在概念形成和问题解决的活动中。

想象是对头脑中已有的表象进行加工改造，形成新形象的过程。想象可分为再造想象和创造想象。想象与思维有密切的联系，属于高级认识过程。

语言是一种社会现象，是人类通过高度结构化的声音组合，或通过书写符号、手势等构成一种符号系统，同时又是运用这种符号系统来交流思想的行为。

复习思考题

4-1　简述思维的含义及特征？

4-2　为什么说思维是一种高级认识活动？

4-3　简述想象的含义及功能？

4-4　问题解决过程中可采用哪些策略？

4-5　试分析日常生活中，有哪些心理因素影响着问题的解决？

4-6　什么是创造性，包含哪些心理成分？

4-7　什么是语言？结合自己的体会谈谈语言在人类生活中的重要作用。

第五章　意识与注意

你可能有过这样的经历：在课堂上，尽管老师讲得眉飞色舞，你却心猿意马，直到下课，也不知道老师讲了些什么；当你专心思考问题的时候，你根本没有听到或没有听懂别人对你说的话；你会无端的想起过去发生的一件事情，思绪也随之像脱缰的野马，瞬间转换了无数个念头。如果你有过这样的经历，应该说，你已经在日常生活中经历了不同的意识状态。

单元一　注意概述

心理学上有一个“鸡尾酒会效应”，说的是在嘈杂的鸡尾酒会上，当某人的注意力集中在欣赏音乐或别人谈话时，就会对周围的嘈杂音充耳不闻。但若此时在另一处有人提到他的名字，他会立即有所反应，朝说话人望去或是注意说话人下面的话等。这种现象说明，当人的听觉注意集中某一事物时，意识将一些无关声音刺激排除在外，仿佛给耳朵装上了过滤器。此时，无意识还在监察着外界的刺激，一旦一些特殊的刺激与己有关，就能立即引起注意。鸡尾酒会效应所反映的，其实是一种听觉注意现象，如图 5-1 所示。

图 5-1　鸡尾酒会效应

（资料来源：《图解心理学》.［日］深崛元文著，侯铎译．海口：南海出版社，2010 年 5 月第一版，第 50 页）

一、注意的定义

外间世界纷繁复杂，随时随地都有大量的刺激作用于感觉器官。但是，感觉器官接受外界刺激的能力又是有限的，因而人就要有选择地接受外界刺激，使人能对这些刺激进行精细的加工。人的意识的这种属性就是注意。

注意是心理活动或意识活动对一定对象的指向和集中。指向性是说由于感觉器官容量的限制，心理活动不能同时指向所有的对象，而只能选择某些对象，舍弃另一些对象。集中性是指心理活动能全神贯注地聚焦在所选择的对象上，表现在心理活动的紧张度和强度上。

注意能使所选择的对象处于心理活动或意识活动的中心，并加以维持，从而能够对其进行有效的加工。这说明注意不是被动的，而是具有积极的、主动的意义，是人进行心理活动的一个必要的条件。

注意只是心理活动或意识活动的一个特点，是心理过程的一种状态，即心理活动总是指向与集中于某些对象的这种特点或状态。所以，注意不是一种心理过程，它并不反映任何事物，也不反映事物的任何属性，平常我们只说“注意”，实际上是省略了看、听、想等这些心理过程，说完整了应该是“注意看”、“注意听’、“注意想”，离开了心理过程也就不存在注意的现象了。

二、注意的种类

（一）无意注意

无意注意是没有预定目的，不需要意志努力就能维持的注意，又称为不随意注意。你正在听讲，教室的门突然被人打开，哐当一声门响，你不由得看了一眼，这就是无意注意。强度大的、对比鲜明的、突然出现的、变化运动的、新颖的刺激，自己感兴趣的、觉得有价值的刺激容易引起无意注意。

（二）有意注意

有意注意是有预定目的，需要付出一定意志努力才能维持的注意，又称为随意注意。上课认真听讲，下课专心读书，目不斜视，心不二用，这都是意志努力的结果，都是有意注意。有意注意是在无意注意的基础上发展起来的，是人所特有的一种心理现象。对于学习和工作来说，它有较高的效率。要充分发挥有意注意的效率，就要加深对活动目的的认识，并要培养广泛的兴趣和优良的意志品质，加强抗干扰的能力。

（三）有意后注意

有意后注意是一种既有目的，又无须意志努力的注意，又称为随意后注意。学骑自行车的时候，注意力非常集中，这是有意注意。学会骑自行车以后，作为交通工具天天要骑，慢慢骑自行车成了熟练的技能，不需要多少注意骑自行车的动作就可以顺利进行下去，这时骑自行车就成了有意后的注意。所以，有意后的注意是在有意注意的基础上发展起来的，开始是有意注意，通过学习既熟悉了学习的对象，又有了兴趣，这时即使不花费多大的意志努力，活动也能继续维持下去，这就成了有意后的注意。如果很多活动或操作都能变成有意后注意，将会节省很多的精力，可以让更多的精力用在更重要的活动上去。

单元二　注意的特征

一、注意广度

在同一时间内，意识所能清楚地把握对象的数量称为注意广度，又称为注意范围。注意的范围受制于刺激的特点和任务的难度等多种因素，简单的任务下注意的广度大约是7±2，即5~9个；互不关联的外文字母的注意广度大约是4~6个。

二、注意的稳定性

对选择的对象注意能稳定地保持多长时间的特性称为注意的稳定性。注意维持的时间越长，注意越稳定。但是，在稳定注意的条件下，感受性也会发生周期性地增强和减弱的变化现象，这种现象称做注意的起伏或称注意的动摇。例如，把手表放在耳朵边刚刚能听到的地方，集中注意认真地听，你会发现，声音听起来一会强一会弱，表现出周期性的起伏变化，这就是注意的起伏。注意起伏是由于生理过程的周期性变化引起来的，是一种普遍存在的现象，只是由于平常听到的声音比较强，觉不出来这种周期性的变化罢了。所以注意的起伏并不影响注意的稳定性。

和注意的稳定性相反的注意品质是注意的分散，即平常所说的分心。注意的分散是指注意离开了心理活动所要指向的对象，而被无关的对象吸引去的现象。做事不能集中注意，总被无关的对象吸引去，做事的效率会大大地受到影响，这是一种不良的注意品质，应当努力加以克服。

三、注意的转移

由于任务的变化，注意由一种对象转移到另一种对象上去的现象称为注意转移。注意转移的速度和质量，取决于前后两种活动的性质和个体对这两种活动的态度，也受个性特点的影响。注意的转移不同于注意的分散，注意转移是根据任务的要求，注意的分散则是心理活动离开了当前的任务。

四、注意分配

在同一时间内，把注意指向于不同的对象，同时从事几种不同活动的现象称为注意分配。边听讲边做笔记，自拉自唱等都是注意分配的例子。

能够分配注意的条件是，所从事的活动中必须有一些活动是非常熟练的，甚至已经达到了自动化的程度，只有这样人才能把更多的注意指向不太熟悉的活动上，否则注意的分配将是不可能的。例如，一个刚学写字的小学生，让他一边听讲一边记笔记，他听讲会忘记记笔记；他要写字就会忘记听讲。只有到了写字能够得心应手的时候，才能一边听讲一边记笔记。注意分配的另一个条件是，所从事的几种活动之间应该有内在的联系，没有内在联系的活动很难同时进行。例如，自拉自唱只能是同一的曲调，如果拉的和唱的不是同一首曲子，一个人既拉又唱是办不到的。

两种活动如果是在同一感觉，用同一种心理操作来完成的话，这两种活动也很难做到注意的分配。例如，一手画圆一手画方，画出来的一般是既不圆，也不方的。

注意对人类具有十分重要的意义。它使人及时集中自己的心理活动，清晰地反映客观事物，使人能够适应环境并改造世界。

单元三　意　　识

一、意识

意识是认识并改造世界的基础，是人类大脑所特有的反映功能，是人的心理和动物的心理的根本区别，是物质发展最高阶段的产物，也是自然进化的最高产物。自从心理学诞生以来，心理学家就把意识作为自己的研究对象，希望能够找到组成人的心理的元素，以及将这些元素组合起来的规则。冯特和铁钦纳的构造主义就是这样的观点。但是，由于意识的复杂性，科学心理学在对它进行研究的过程中，也有过一些争论，甚至出现过反对把意识当做心理学研究对象的错误观点。冯特用自我观察的内省方法来研究意识，由于对这种研究方法的怀疑和排斥，又导致了反对把意识作为心理学的研究对象，主张心理学要研究人的行为的观点。华生的行为主义就是这样的观点，到了20世纪中叶，由于认知心理学的兴起，才又把人的内部心理过程当做心理学的研究对象，从而恢复心理学对意识的研究，并推动了心理科学的发展。

什么是人的意识呢？在清醒的状态下，人们知道自己在看什么、听什么、想什么、做什么；也知道自己现在是一种什么样的状态，是渴了、饿了还是不渴也不饿，是舒服还是不舒服，是愉快还是悲伤；还能支配自己行动，去达到一定的目标。所有这些心理活动，包括对外界事物的觉知，对自身内部状态的觉知，以及对这些心理活动的内容和对自身行为的评价，都是对意识的描述。

可以说，意识是在觉醒状态下的觉知，它既包括对外界事物的觉知，也包括对自身内部状态的觉知；它既涉及觉知时刻的各种直接经验，如知觉、思维、情感和欲望，也包括我们对这些内容和自身行为的评价。

意识具有重要的心理机能，它对人的身心系统起着统合、管理和调节的作用。例如，人们可以有选择地注意，以适应感觉通道的容量；可以利用过去的经验对现在输入的信息作出最佳的判断和解释，从而指导行为。

二、无意识

无意识是隐藏于内心深处的欲望和力量。并不是所有作用于感觉器官的外界刺激都能意识到，也不是所有的活动都在意识控制之下。由于感觉通道容量的限制，在一瞬间能够觉察到的事物是非常有限的。没有处在意识范围之内但又作用于感觉器官的外界事物是存在的。例如，正在专心致志地读书的人，有人喊他的名字他没有听到；旁边有人说话，他也没有听到别人在说什么。因为喊名字、说话这些声音虽然进入了他的耳朵，但它们都在意识的范围之外，所以就没听到。这是对刺激的无意识。此外，一些非常熟练的动作技能，往往会自动地进行而不在我们的意识控制之下。例如，骑自行车是一种熟练的动作，天天骑，已经达到自动化的地步。完全不必注意自己怎么踩脚蹬，怎么扶车把，这些动作都在顺利地完成着，车子会正常地行驶，也就是骑自行车的动作是在意识控制之外的。当然，不在意识控制之下，只是说不需要意识的控制就能正常地进行下去。而不是说意识就不能控制。因为当路况发生变化的时候，人们会及时地把注意转移到对车子的控制上，以适应路况的变化。从这个角度来说，无意识是相对于意识而言的，它指的是个体没有觉察到的心理活动和心理过程，它既包括对刺激的无意识，也包括无意识的行为。

三、意识状态

意识的形态可以分为不同的层次和水平，因为从无意识到意识是一个连续体。而且一种意识形态也会转化为其他的形态。说的是两种特殊的意识状态：睡眠和做梦。

（一）睡眠

人的一生大约有1/3的时间是在睡眠中度过的，很早以前人们就注意对睡眠的研究。近几十年来，科学家用脑电波的变化作为观察脑的活动的客观指标，获得了重要的成果。

脑电波的变化有如下的规律：在大脑处于清醒和警觉状态时，脑电波多是频率为14～30Hz，波幅较小的β波；在大脑处于安静和休息状态时，脑电波多是频率为8～13Hz，波

幅稍大的 α 波；在睡眠状态下脑电波主要是频率更低、波幅更高的 Δ 波。

根据脑电波的变化，可以将睡眠分为 4 个阶段：第一阶段主要是频率和波幅都较低的脑电波。在这一阶段里，身体放松，呼吸变慢，很容易被外界刺激惊醒，这一阶段大约持续 10min；第二阶段偶尔会出现短暂爆发的，频率高、波幅大的脑电波。在这一阶段里，个体很难被叫醒，这一阶段大约持续 20min；第三阶段脑电波的频率继续降低，波幅更大，出现 Δ 波，这一阶段大约持续 40min；当大多数脑电波呈现 Δ 波时，睡眠就进入到了第四个阶段，肌肉进一步放松，身体各项功能指标变慢，这一阶段被称为深度睡眠阶段。这四个阶段大约要经过 90min 左右。此后便进入快速眼动睡眠阶段，这一阶段 Δ 波消失，类似于清醒状态下的高频低幅脑电波出现，眼球开始快速上下左右移动，梦境开始出现，这一阶段大约持续 5～10min。此后又会重复上述睡眠的四个阶段，第四个睡眠阶段结束之后，又会出现一次快速眼动的睡眠阶段，而且时间会比第一次长。像这样的睡眠周期不断循环，直至醒来，不过，随着黎明的渐渐到来，第四和第三阶段的睡眠会逐渐消失。以24h为单位所表现出来的机体活动的一贯的、规律性的变化模式称为生物节律，人的生物节律都和睡眠有关。睡眠不仅可以使机体恢复机能，而且从进化的角度来说，睡眠对机体也起着保护的作用。因为大多数动物在黑夜都要睡眠，人在黑夜也不必觅食、预防凶猛野兽的伤害或从事其他活动，因而易于保存能量。

（二）梦

通过仪器能够监测人的睡眠过程，例如，用脑电仪提供的脑电波的变化，或以眼动仪测定的眼球运动作指标，可以准确地检测出人在睡眠中是否正在做梦，并对做梦进行研究。

在快速眼动睡眠阶段，眼动仪会监测出眼球出现了快速的运动，如果眼动活跃的时候叫醒睡眠者，他通常都会报告说正在做梦。研究发现，睡眠中的人都会做梦，只是醒来以后有人记得起，有人记不起自己做过梦了。梦的内容可以包括做梦时外界的刺激物，如夏天有凉风吹来，引起做梦跳降落伞了；蚊子叮了一口，引起被刺伤的梦境等；也可以是“日有所思，夜有所梦”；也可以是机体的状态，饿了或冷了，引起吃饭、掉进水里了的梦等。梦有很多特点，如梦境的不连续性、不协调性和认知的不确定性等。其中最主要的特点是梦境的不连续性，即梦中的思想、行为或情景会突然变成与原来无关的其他的思想、行为或情景。

梦是一种正常的生理和心理现象，做梦不会妨碍人的休息，梦的内容也不是别人给你带来的某种信息，更不是吉凶祸福的预兆，不应该对梦抱有担心的心理。实验证明，如果对快速眼动的睡眠进行剥夺，即进行梦剥夺，只要发生快速眼动的现象就把睡眠者叫醒。开始被试者有不舒服的感觉，好像没睡好觉，心里觉得不踏实；几天后被试者就可能出现记忆力下降，情绪低沉，进而影响到健康的现象。在几天梦剥夺之后让被试者好好睡一觉，让他随便去做梦，醒来一切症状就都消失了。可见，不让做梦反而打乱了正常的生活秩序，会对身体产生不良的影响。

弗洛伊德用精神分析的观点来解释梦，他认为梦是压抑到潜意识里的冲动或愿望的反映。人的一些冲动或愿望不符合社会的行为道德规范，不能得到实现，被压抑到潜意识中。但是，在睡眠状态下，由于意识的控制能力降低，被压抑到潜意识中的这些冲动和愿望便会以改变的形态在梦中表现出来。所以，弗洛伊德把分析梦作为了解精神病的原因和治疗精神病的重要手段。

（三）心理暗示

美国田纳西州有一座工厂，许多工人都是从附近农村招募的，这些工人由于不习惯在车间里工作，总觉得车间里的空气太少，因而顾虑重重，工作效率自然降低。后来，厂方在窗户上系了一条条轻薄的绸巾，这些绸巾不断飘动，似乎有空气正从窗户涌进来，工人们的工作效率也随之大大提高了。

一条绸巾真的能让大量的新鲜空气流入密闭的工厂车间吗？答案显然是否定的。为什么它能令工人的工作效率提高呢？其实，这完全是心理暗示在起作用。当工人们看到轻薄的绸巾不断飘动时，在心里就会产生“有新鲜空气不断涌入”的一种暗示，在这种暗示的作用下，工人就会感到身心舒畅，自然工作效率也就提高了。

可见，心理暗示对人的影响非常大。那么，什么是心理暗示呢？心理学家巴普洛夫认为，暗示是人类最简化、最经典的条件反射，心理暗示是指人接受外界或他人愿望、观念、情绪、判断、态度影响的心理特点，是人或环境以非常自然的方式向个体发出信息，个体无意中接受这种信息，从而做出相应的反应的一种心理现象。

心理暗示通常都是在不知不觉中发生的，在日常生活中无处不在，不仅对人们的心理和行为产生影响，还会引起人们的生理变化。例如，当别人说你脸色不好时，你可能就会有身体软弱无力等“生病迹象”，等到了医院检查，医生告诉你很健康没有生病之后，就会恢复神清气爽的状态。

心理暗示分为自暗示和他暗示，作用可以是积极的也可以是消极的。积极的暗示可帮助被暗示者稳定情绪、树立自信心及战胜困难和挫折的勇气，消极的暗示则会对被暗示者造成不良的影响。心理暗示带来的效果非常奇妙，在日常生活中，要多接受积极的心理暗示，尽量避免那些消极的暗示，为自己营造一个快乐、健康的生活氛围。

生活中的心理学

催眠术并不神秘

在现实生活中，当被某些东西连续、反复地刺激，就会从平常的意识状态转移到另一种特殊的意识状态，在这种意识状态下，将比平常更容易接受暗示。这种特殊的意识状态，就是一种催眠状态。

从心理学上来讲，催眠是人接受适当的暗示（如身心放松、单调刺激、集中注意、意境想象等）后产生的一种特殊的大脑皮层及皮层下组织的活动状态。在这种活动状态下，人的自主判断、自主意愿活动减弱，对外界的感觉、知觉产生收敛性指向，使心理对生理的控制力量发挥到最高水平。

催眠术是通过特殊的诱导使人进入类似睡眠而非睡眠的技术，在此种状态下，人的意识进入一种相对削弱的状态，潜意识开放活跃，因此其心理活动，包括感知觉、情感、思维、意志和行为等心理活动都和催眠师的言行保持密切的联系，就像海绵一样能充分汲取催眠师的指令。这里需要强调的是，催眠不是使人沉睡，而是催眠师运用心理暗示的方法在被催眠者头脑中唤起的一种特殊意境。

催眠有两种基本形态——母式催眠与父式催眠。所谓母式催眠，指的是用温情去突破受术者的心理防线，也就是一种柔性攻势；而父式催眠则是以命令式的口吻发布指令，让人感到不可抗拒而不得不臣服。

催眠过程一般采用以下步骤：首先，让受术者处于安静舒适的状态，外界的干扰减少到最小；然后催眠师要求受术者将注意力集中在某些特定的事情上，如想象中的风景、钟表的滴答声等，用平和的语言引导或暗示受术者的感受和体验，使受术者慢慢进入完全放松的状态。

催眠术现在越来越多地运用到心理治疗中，这是因为，催眠具有减压放松、调节身心、改善睡眠等作用。但是，除非受术者的意志很薄弱，否则催眠一般不会立即获得明显的效果。因此在心理治疗中，一般都是将其他心理治疗的方式与催眠辅助配合，从而使催眠发挥出明显的效果。

要点概述

意识是一个复杂的概念。就心理状态而言，意识意味着清醒、警觉、觉察、注意集中等。就心理内容而言，意识包括可用语言报告出来的一些东西。在行为水平上，意识意味着受意愿支配的动作或活动。无意识是相对于意识而言的，是个体不曾觉察到的心理活动和过程。人的许多心理活动或过程是无意识的。常见的无意识现象有无意识行为、对刺激的无意识。

人的睡眠分为四个阶段，快速动眼睡眠阶段通常伴随着栩栩如生的梦境。失眠通常是指入睡困难的现象。对梦的解释有很多观点，精神分析认为梦是压抑到潜意识里的冲动或愿望的反映。催眠是一种特殊的意识状态。

注意是心理活动或意识对一定对象的志向和集中。一方面，注意不同于意识，注意是一种心理活动或心理动作，而意识是一种心理内容或体验。另一方面，注意和意识密不可分，当人们处于注意状态时，意识内容比较清晰。注意的基本功是对信息进行选择，另外注意也是完成信息处理过程的重要心理条件。保证了对事物更清晰的认识、更准确的反应和更可控有序的行为。

复习思考题

5-1　什么是意识，什么是无意识？

5-2　睡眠分为哪些阶段？如何解释梦？

5-3　什么是催眠，如何解释催眠？

5-4　注意有哪些分类？

5-5　结合自己的理解，谈谈注意在日常生活、工作、学习中的重要性。

第六章　行为的动机

动机顾名思义是指人们行为的内在动力。人的感知、记忆、学习和问题解决是受什么力量推动、调节和控制的？人为什么对某些事物有兴趣，而对另外一些事物没兴趣？是什么力量使他们在十分艰难困苦的条件下，仍然继续坚持学习和工作？这些都是源于人类行为的动机作用。

单元一　需要与动机概述

人生活在社会上，要维持和发展自己的生命，需要一定的客观条件来保证，没有这些条件人就不能生存，也不能延续和发展。例如，人饿了得吃饭，渴了得喝水，冷了得御寒，热了得避暑，累了得休息，还要生儿育女；在社会中生活还得有谋生的手段，还要保持良好的人际关系等等。这些条件是不能缺少的，缺少了就会给人造成机体内部的不平衡状态，这种不平衡状态反映到人的头脑中，就使人产生对所缺少的东西的欲望和要求，这种欲望和要求就是人的需要。

一、需要

（一）需要的定义

需要是有机体内部的一种不平衡状态，表现为有机体对内外环境条件的欲求。

需要都是有对象的，没有对象的需要是不存在的。动物也有需要，因为动物也得满足自己生理的要求。人除了生理的需要之外还有社会性的需要，而且人的需要都受社会的制约，都带有社会性。需要又是不断发展的，人的需要永远不会停留在一个水平上。当旧的需要得到满足，不平衡消除之后，新的不平衡又会产生，人们又会为满足新的需要去追求新的对象，所以，需要是推动有机体活动的动力和源泉。例如，能吃饱饭是基本的要求，达到这个要求之后，人们又要追求吃得好些；温饱问题解决之后人们又要奔小康，进一步还要追求享受。所以需要是发展的，是永远也不会彻底满足的。正因为如此，需要才能成为人的活动积极性的源泉。

（二）需要的种类

1. 自然需要和社会需要

如果从需要产生的角度对需要加以分类的话，可以把需要分为自然需要和社会需要。自然需要是由生理的不平衡引起的需要，它与有机体的生存和种族的延续有密切的关系，如饮食、休息、求偶等的需要，又称为生理需要或缺失性需要。社会需要是反映社会要求而产生的需要，如求知、交往等的需要。社会需要是人所特有的，是通过学习得来的，所以又称为获得性需要。自然需要动物和人都有，但无论就满足需要的对象，还是就满足需要的方式，人和动物都有本质的区别。因为人不仅要吃，而且人吃东西还要讲究卫生，讲究营养，追求美味佳肴，吃的时候还要表现出一定的修养和风度。

2. 物质需要和精神需要

就满足需要的对象而言，可把需要分为物质需要和精神需要。物质需要是对社会物质产品的需要，如对食品的需要，对工作和生活条件的需要等；精神需要是对各种社会精神产品的需要，如对文化科学知识的需要，对美的欣赏的需要等。物质需要和精神需要之间有着密切的关系，对物质产品的要求不仅要满足人的生理的需要，而且还要满足人审美的观念。穿衣服是为了保暖，但选购衣服的时候还要挑选美观大方，能够表现自己身份的衣服。为了满足人的精神需要，还得有一定的物质条件来保证。没有教科书、没有上课的教室，难于通过讲授的方式获取科学知识；没有电视机也难于看新闻、了解国内外大事。

需要的分类是相对的，各种需要之间是相互交叉的。自然需要往往都是对物质的需要；社会性的需要往往都是精神需要。分类只是便于说明问题，分类的标准不是绝对的。

二、动机

很久以前，有个商人遇到了劫匪，劫匪把他赶到山洞里，并抢了他的钱，结果两人都在山洞里迷了路。之后，两个人开始寻找山洞的出口，但是这个山洞蜿蜒曲折，很难寻到出口，劫匪为了能够尽快逃出去，就抢了商人照明用的火把，点亮后继续寻找出口。

借着火把的亮光，劫匪看清了周围的环境，因此他不会被脚下的石头绊倒，也不会被蜿蜒的石壁撞伤，但他走来走去就是走不出这个山洞，最后，他绝望了，并因为力竭而死在了山洞里。

而商人因为没有火把的照明，所以在寻路的过程中跌跌撞撞，弄得鼻青脸肿。但是，正是由于他一直置身于黑暗之中，所以他能够敏锐地感受到洞口折射进来的微弱的光亮。于是，他迎着这一束微弱的光摸索着前行，最终逃离了山洞。

两个怀有同样动机的人，一个走出山洞，一个却因精疲力竭而死在了山洞里，可见同样的动机未必产生同样的效果。

（一）动机与行为

人的需要产生以后总要获得满足，要满足人的需要就要进行某种行为活动，去获得满足需要的对象。所以，当一个人意识到自己的需要时，就会去寻找满足需要的对象，这时活动的动机便产生了。所以，动机是激发个体朝着一定目标活动，并维持这种活动的一种内在的心理活动或内部动力。动机不能进行直接的观察，但可根据个体的外部行为表现加以推断。动机是在需要的基础上产生的。机体内部要维持平衡的状态，但这种平衡状态经常会受到破坏，如人饿了、冷了、累了的时候，就是这种平衡状态受到破坏的时候。当人感到缺乏某种东西的时候，会引起机体内部的紧张状态。此时需要就以意向、愿望的形式指向于某种对象，并激发起人的行为活动，需要便转化成了人的行为活动的动机。由生理需要引起来的，推动个体为恢复机体内部平衡的唤醒状态称为内驱力。动机也可以由外部环境条件引起，例如名誉、地位等社会因素也可以激发起个体行为活动的动机。能引起有机体的定向活动，并能满足某种需要的外部条件称为诱因。在诱因的作用下，即使机体内部并没有失去平衡，也会引起活动的动机。积极的情绪会推动人去设法获得某种对象；消极的情绪会促使人远离某个对象，所以情绪也具有动机的作用。动机和行为之间有着复杂的关系，同一行为可以由不同的动机引起；不同的活动也可由相同的或相似的动机引起。一个人的活动动机也是多种多样的，有些动机起着主导的作用；有些动机则处于从属的地位。动机和效果之间一般来说是一致的，即良好的动机会产生积极的效果；不良的动机会产生消极的结果。但是，在实际生活中，由于某种因素的作用，动机和效果也会出现不一致的情况。

(二) 动机与工作效率

动机与工作效率的关系主要表现在动机强度与工作效率的关系上。人们倾向于认为动机强度越高对行为的影响越大，工作效率也越高；反之，动机强度越低则工作效率越低。但事实并非如此。心理学研究表明，动机强度与工作效率之间的关系不是一种线性关系，而是倒U形曲线关系。中等强度的动机最有利于任务的完成，也就是说，动机强度处于中等水平时，工作效率最高，一旦动机强度超过了这个水平，对行为反而会产生一定的阻碍作用。如学习的动机太强、急于求成，会产生焦虑和紧张，干扰了记忆和思维活动的顺利进行，使学习效率降低。考试中的“怯场”现象主要是由动机过强造成的。

心理学家耶克斯和道德森的研究表明，各种活动都存在一个最佳的动机水平。动机不足或过分强烈，都会使工作效率下降。研究还发现，动机的最佳水平随任务性质的不同而不同。在比较容易的任务中，工作效率随动机的提高而上升。随着任务难度的增加，动机的最佳水平有逐渐下降的趋势，也就是说，在难度较大的任务中，较低的动机水平有利于任务的完成。这就是著名的耶克斯-道德森定律，如图6-1所示。

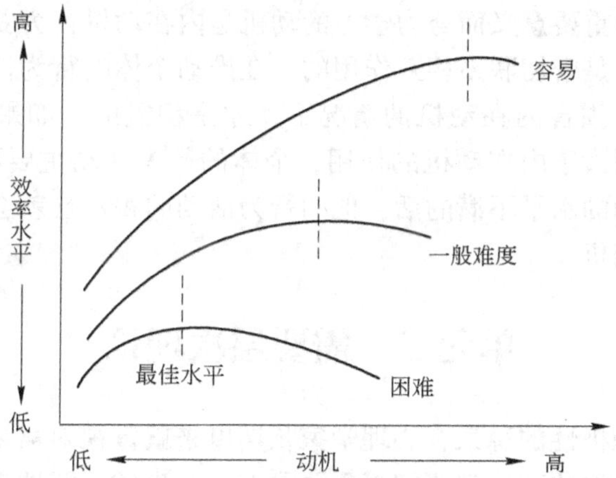

图6-1 心理学的研究领域

(资料来源：《普通心理学》. 彭聃龄主编. 北京：北京师范大学出版社，2004年3月第三版，第332页)

(三) 动机的种类

1. 生理性动机和社会性动机

由有机体的生理需要产生的动机称为生理性动机，这种动机又称为驱力或内驱力，如吃饭、穿衣、休息、性欲等的动机。以人类的社会文化需要为基础而产生的动机属于社会性动机，如交往的需要引起交往动机，成就的需要产生成就动机，权力的需要产生权力动机等等。兴趣、爱好等都是人的社会性动机。

兴趣是人认识某种事物或从事某种活动的心理倾向，它是以认识和探索外界事物的需要为基础的，是推动人认识事物，探索真理的重要动机。兴趣的品质有：兴趣的倾向性，即对什么发生兴趣；兴趣的广阔性，即兴趣的范围；兴趣的持久性，即兴趣的稳定程度；兴趣的效能，即兴趣所产生的推动人的活动的力量。当人的兴趣不是指向对某种对象的认识，而是指向某种活动时，人的动机便成为人的爱好了。兴趣和爱好都和人的积极情感相联系，培养良好的兴趣和爱好是推动人努力学习积极工作的有效途径。

2. 有意识动机和无意识动机

能意识到自己行为活动的动机，即能意识到自己活动目的的动机称为有意识动机；没有意识到或没有清楚地意识到的动机称为无意识动机。无意识动机在自我意识没有发展起来的婴幼儿身上存在着，在成人身上也存在着，例如定势的作用人们是往往意识不到的。

所谓定势是指人的一种心理活动的预先准备状态，它对人的知觉、记忆、思维、行为和态度都会起到重要的作用。例如，13 放在阿拉伯数字中间，你会把它读为数字 13；如果把它放在英文字母中间，你会把它读为英文字母 B，这就是一种知觉的定势作用。你认为某个学生好，评分时不自觉地给他的分数高一些；你认为某个学生差，评分时不自觉地给他的分数低一些，这就是一种思维习惯定势的作用。定势既可以由人的知识经验引起，也可以由刚刚发生的事情引起来。把 13 看成数字还是字母，这是受刚刚发生的事情的影响；评分时给印象好的学生分数多点，给差的学生分数少一点，这是在较长的生活中形成的经验。它们都是形成定势的原因。

3. 内在动机和外在动机

由个体内在需要引起的动机称为内在动机，在外部环境影响下产生的动机称为外在动机。由于认识到学习的重要意义而努力学习的动机是内在动机；为获得奖励而学习的动机是外在动机。两种动机是密切联系相互作用的，在推动个体的行为活动中都发挥作用。但是，外在动机只有在不损害内在动机的情况下，才是积极的。如果外在动机损害内在动机，即外在动机的作用大于内在动机的作用，个体的行为活动主要要靠外部奖励的推动，此后，个体对外部奖励的水平不满的话，他的行为活动的积极性就会大大降低，结果毁掉的是个体活动的内在动机。

单元二 需要层次理论

需要是人的活动积极性的源泉，心理学家长期以来就重视对需要的研究，历史上有过不少关于需要的理论。这些理论都要解释需要是怎么产生的，需要有哪些类型，需要对人的行为活动有何影响等等。目前比较有影响的需要理论是美国心理学家马斯洛 1968 年提出来的需要层次理论。下边就以这一理论为例，说明需要理论的各个方面。

马斯洛认为，可把人的需要分为五个层次：生理需要、安全的需要、归属与爱的需要、被承认的需要和自我实现的需要，如图 6-2 所示。需要的这五个层次，是一个由低到高逐级形成并逐级得以满足的。

生理需要即人对食物、空气、水、性和休息的需要，是维持个体生存和种系发展的需要，在一切需要中它是最优先的。

安全的需要是人对生命财产的安全、秩序、稳定，免除恐惧和焦虑的需要，它是在生理需要满足的基础上产生的。这种需要得不到满足，人就会感到威胁和恐惧。它表现为人都希望自己有丰厚的收入，有一个稳定的工作；希望生活在安全、有秩序、可以预测和熟悉的环境中；喜欢做自己熟悉的工作等等。

爱和归属的需要是在生理和安全需要满足的基础上产生的，是人要求与他人建立情感联系，如结交朋友，追求爱情的需要，隶属于某一群体并在群体中享有地位的需要。爱的

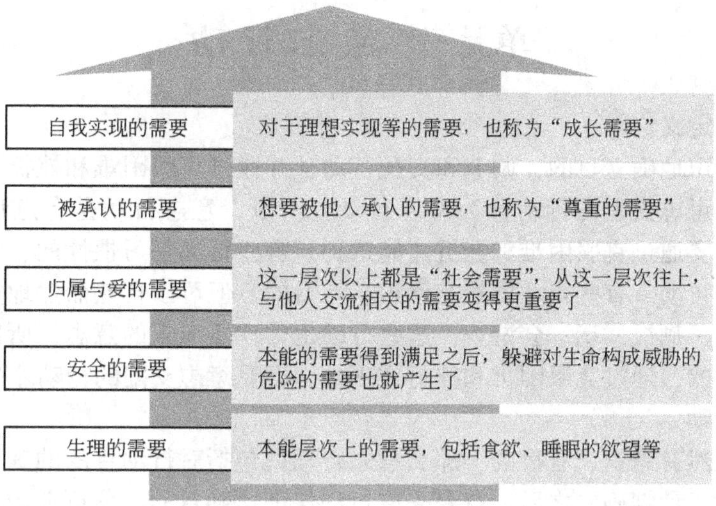

图 6-2　马斯洛的需要层次理论

（资料来源：《图解心理学》. ［日］深崛元文著，侯铎译. 海口：南海出版社，2010 年 5 月第一版，第 87 页）

需要包括给他人的爱和接受他人的爱。爱与性有密切的关系，但并不等同；性行为不仅来自于性欲，而且受爱和情感需要的支配。

尊重的需要是希望有稳定的地位，得到他人高度评价，受到他人尊重并尊重他人的需要。这种需要得到满足会使人体验到自己的力量和价值，增强他的信心。这种需要得不到满足会使人产生自卑和失去信心。

自我实现的需要是指人希望最大限度发挥自己的潜能，不断完善自己，完成与自己能力相称的一切事情，实现自己理想的需要，也是人类最高层次的需要。但是，各人自我实现需要的内容有明显的差异，有人想当作家，有人想当体育或演艺明星，还有人想在科学的征程上有所建树。达到自我实现的途径和方式也各不相同，有人投师学徒，有人自学成才。

马斯洛认为，无论从种族发展，还是从个体发展的角度来看，层次越低的需要出现得越早；层次越高的需要出现得越晚。层次越低的需要力量越强，它们能否得到满足直接关系到个体的生存，因而较低层次的需要又叫缺失性需要。只有当较低层次的需要满足之后，较高层次的需要才能出现。高层次需要的满足有益于健康、长寿和精力的旺盛，所以这些需要又称为生长需要。已经满足了的需要退居次要的地位，不再是行为活动的推动力量，新出现的需要转而成为最占优势的需要，它将支配一个人的意识，并自行组织有机体的各种能量。当所有较低层次的需要都得到持续不断地满足时，人才受到自我实现需要的支配。一个人可以有自我实现的愿望，但要达到自我实现的境界，成为一个自我实现的人，却不是每个人都能办到的，这种人只能是少数。

需要层次论把人的需要看作多层次的组织系统，反映了人的需要由低级向高级发展的趋向，也反映了需要与行为之间的关系。但是，马斯洛认为人的需要是自然禀赋的，是生物进化到人类以后出现的特征，但他忽视了人是社会的人，人的需要是对客观现实的反映，是受社会历史条件制约的。况且，这个理论具有假设的性质，还需要进一步的科学证据。

单元三　意志行动

一、意志的定义

意志是有意识地确立目的，调节和支配行动，并通过克服困难和挫折，实现预定目的的心理过程。受意志支配的行动称为意志行动，所以，意志行动是有意识、有目的的行动，行动的目的要通过克服困难和挫折才能达到。有些行动是习惯性的、无意识的，这样的行动不是意志行动。有些行动虽然有意识、有目的，但可以自然而然地完成，没有困难需要克服，像吃一顿饭，玩一会游戏，这些行动也体现不出人的意志，所以也不算意志行动。只有有目的的，通过克服困难和挫折实现的，即受意志支配的行动才是意志行动。

二、意志行动

意志行动既然有意识、有目的，那么意志行动就包括对行动目的的确立和对行动计划的制定。在目的、计划确立之后，就要采取行动保证达到目的。分析人的意志行动就必然要分析行动目的和行动计划的确立，以及采取行动实现目的这两个部分。

（一）准备阶段

在意志行动的准备阶段里，需要在思想上确立行动的目的，选择行动的方案并要作出决策。确立目的是意志行动的前提，但在确立目的的过程中，往往会遇到动机的冲突。因为行为都有其动机，都有预想达到的目的。而人想要达到的目的有时并不是一个，而是多个。这些动机之间往往会有矛盾和冲突。心理学家勒温将冲突分为以下四种形式（见图6-3）。

1. 双趋式冲突

两个具有同样吸引力的目标，两个动机同样强烈，但不能同时获得时所遇到的冲突称为双趋式冲突。既想学英语又想学法语，精力和时间有限，“鱼和熊掌不可兼得”，只能选择其一的矛盾冲突就是双趋式冲突。

2. 双避式冲突

两个目标都想避开，但只能避开一个目标的时候，人们只好选择对自己损失小的，避开损失大的目标，这种冲突称为双避式冲突。怕货币贬值存钱会带来损失，花钱买东西又没值得买的东西。或者忍受货币贬值给自己带来损失，或者花钱买没用的东西，选择哪个损失会小一些？难以做出抉择的矛盾心情就是双避式冲突。

3. 趋避式冲突

想获得一个目标，它对自己既有利又有弊时所遇到的矛盾心情就是趋避式冲突。想吃糖又怕胖，想考个好学校又怕报名的人太多竞争太激烈考不上的矛盾心理就是趋避式冲突。

4. 双重趋避式冲突

如果有多个目标，每个目标对自己都有利也都有弊，反复权衡拿不定主意时的矛盾心情就是双重趋避式冲突。两种工作：一种社会地位高但待遇低；另一种待遇高但社会地位低。春节将到，火车票紧张，想除夕到家，火车票紧张；避开高峰期，火车票不紧张，但回家的日期就不如意了。反复权衡拿不定主意时体验到的冲突就是双重趋避式冲突。

解决了动机冲突，确立了目标，接着就要制订行动的计划，看怎样一步一步达到目标。行动的计划可以是切实可行的，也可能是不周全、不具体的。但计划是决心要达到目的的，还是想走捷径碰运气的，这是最重要的。

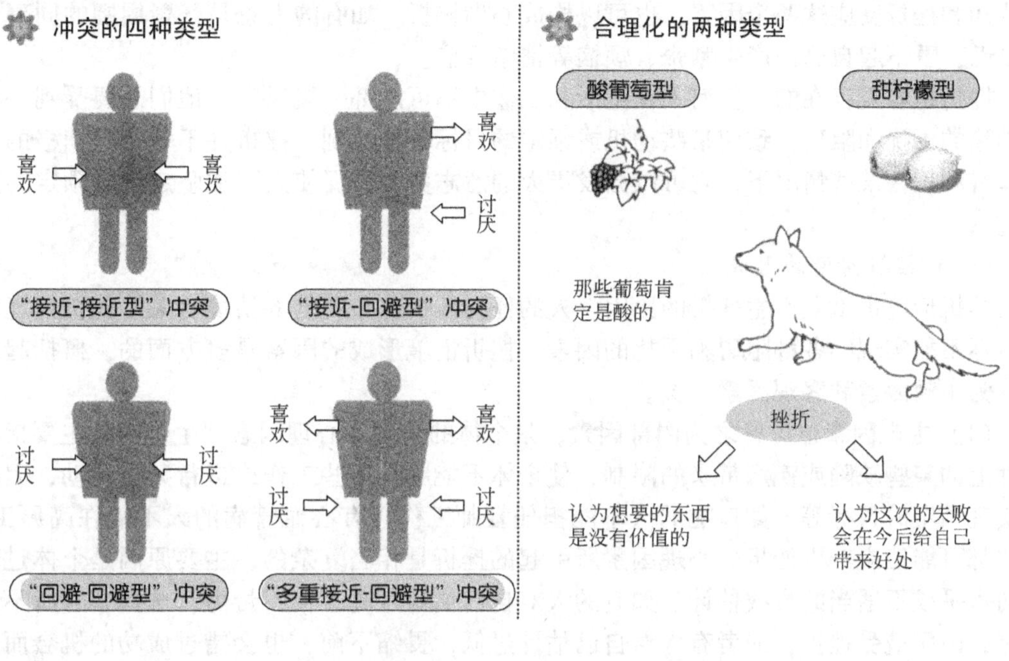

图 6-3　冲突与合理化

（资料来源：《图解心理学》.［日］深崛元文著，侯铎译. 海口：南海出版社，2010 年 5 月第一版，第 85 页）

（二）执行决定阶段

执行所采取的决定的阶段是意志行为的第二个阶段，即执行阶段。在这个阶段中既要坚定地执行既定的计划，又要克制那些妨碍达到既定目标的动机和行动。在这一阶段还要不断审视自己的计划，以便及时修正计划，保证目标的实现。

意志行为的准备阶段和执行阶段是密切联系，相互制约的。如果在准备阶段动机冲突解决得好，目的明确，对行为的意义认识深刻，行动计划考虑得周全，切合实际，执行阶段就会比较顺利，遇到困难和挫折也会更有决心和勇气去克服。否则就容易缺乏勇气和信心，甚至出现半途而废的结果。在执行决定的过程中，有时会发现原来计划的不周，或者情况发生了变化，需要修改计划，不然也不会顺利达到目的。

三、意志行动中的挫折

（一）挫折

挫折是指个体的意志行为受到无法克服的干扰或阻碍，预定目标不能实现时所产生的一种紧张状态和情绪反应，也就是俗话所说的“碰钉子”。如人们准备去参加一次盛会，由于交通堵塞而不能按时到会，因此产生一种烦躁不安的内心紧张状态和情绪反应。

挫折包含着三层涵义。一是挫折情境，即干扰或阻碍意志行为的情境，如学生由于考试过于紧张没有正常发挥而高考落榜。二是挫折认知，即个体对挫折情境的认知、态度和评价，这是产生挫折和如何对待挫折的关键。挫折情境能否构成挫折，很大程度上决定于个体对挫折情境的态度和评价，同一挫折情境由于个体的志向水平不同，感受挫折的程度也是有区别的。如有的学生满足 60 分的成绩，而有的学生对同样的成绩则会感到失败和沮丧。三是挫折行为，即伴随着挫折认知而产生的情绪和行为反应，如愤怒、焦虑和攻击等。当挫折情境、挫折认知和挫折反应同时存在时，便构成心理挫折。但是，有时只有挫折认知和挫折反应这两个因素，也可以构成心理挫折。如有的人总是怀疑周围的同事在议论自己，看不起自己而产生紧张、烦恼等情绪反应。

挫折是客观存在的，任何人在生活和工作中不可能都一帆风顺，他们总要受到一些无法排除的干扰和阻碍，致使某些动机或预定的目标不能达到。挫折并不完全是消极的，它有弊有利。在某些情况下，它可以激发更大的意志努力，促使人更加坚定地向预定的目标奋进。

（二）挫折情境的形成

挫折情境也就是产生挫折的原因。人的任何挫折都与所处的情境有关。挫折情境就是使目标不能实现的各种阻碍和干扰的因素。挫折情境形成的因素是多方面的，概括起来可以分为主观因素和客观因素两类。

（1）主观因素也可称之为内部因素，是个体的生理和心理因素。生理因素主要指个体生理上的某些缺陷或疾病带来的限制，使个体不能胜任某些工作或进行某些活动，因而无法实现预定的目标等。如口吃的人不能担任教师工作，有心血管病的人不能在高原工作，这些都可能使人产生挫折。心理因素所引起的挫折是相当复杂的，主要原因是个体过高的志向水平或不适当的自我估计。如有的人对自己估计过高，自不量力，选择了力所不及的目标，因而遭受挫折；或者有人对自己估计过低，畏缩不前，也会错过成功的机会而产生挫折。动机冲突也是产生挫折的原因。如个体在同一时间内出现了两个力量相当的动机，既想报考攻读博士学位，又想在公司谋到一份好的工作，在同一时间内二者不可兼得，在这种情况下，一个动机得到满足，另一个动机就受到挫折。除此以外，个人对挫折的承受力以及某些人格特征也可能导致挫折。

（2）客观因素主要包括自然和社会环境因素。自然环境指无法克服的自然条件的限制，如无法预料的自然灾害。社会环境也会导致挫折的产生，如个人在社会生活中受到政治、经济、道德、风俗、习惯以及人际关系等因素的限制导致各种愿望不能实现而受到挫折。

（三）挫折反应

人们在遭受挫折后，或强或弱、或多或少都会做出一定的反应。概括地讲，个体对挫折的反应表现为三个方面，即情绪性反应、理智性反应和个性的变化。

1. 情绪性反应

情绪性反应是指个体在遭受挫折时伴随着的紧张、烦恼、焦虑等情绪反应，它表现为强烈的内心体验或特定的行为反应。情绪反应的形式很多，一般有攻击、冷漠、退化、固执、幻想、逃避、自戕等。

（1）攻击是情绪反应中最常见的，是个体遭受挫折后发泄愤怒情绪的过激行为。有的攻击性行为表现为以动作、表情、文字等方式将愤怒直接发泄到构成挫折的人或物上，这称为直接攻击，如一个人无缘无故地受到别人的责骂，此时他可能进行直接攻击。有时由于不能直接攻击引起挫折的对象或碍于自己的身份不便攻击时，便把愤怒发泄到其他的人或物上，如有人在单位受到领导批评，不敢反抗，回家后把闷气发泄在妻子或儿女身上，或摔东西，这样的攻击称之为转向攻击。还有的人由于对自己缺乏信心，或悲观失望，把攻击对象转向自己，自我折磨或自我虐待。

（2）冷漠是与攻击行为相反的另一种行为反应，指个体遭受挫折而无动于衷，漠不关心。它一般表现在长期遭受挫折，或处境十分艰险又无法改变的情况下。如长期遭受疾病折磨的人，在病情无法挽回时，反而对自己的生命看得十分淡漠，并会安慰别人不要难过。

（3）退化是指个体受挫折时表现出与自己年龄和身份不相称的幼稚行为。当个体受挫折时，可能失去理智，不能控制自己，而以简单、幼稚的方式应付挫折，表现出一种由成熟向幼稚倒退的反常现象，但本人并不能意识到。如有的中年妇女的钱包被偷走之后号啕大哭、捶胸顿足等。退化的另一种表现是个体的受暗示性提高，挫折降低了明辨是非的能力，而盲目地相信别人。

（4）固执指个体在受挫折后，刻板、盲目地重复某种无效行为。如有人看见自己的家着火了，只在那里着急，而不知道叫人救火等。幻想是个体通过想象的、虚幻的情境来应付挫折。逃避是个体遭受挫折后，不敢面对现实，而放弃原来的目标。自戕是个体承受挫折能力差，往往把原因归结为自身，把自己作为发泄愤怒的对象，伤害自己，甚至产生轻生的念头，采取自杀行为。

2. 理智性反应

理智性反应实质上是一种意志行动的表现，即当个体遭受挫折后，能审时度势，采取积极进取的态度，勇于克服各种困难，排除阻碍，毫不动摇地朝预定目标迈进。许多重要的科学发现，都是科学家在经历过多次失败后，仍坚持不懈地努力，而最终获得成功的。

理智性反应不仅表现在坚持目标，继续努力，还表现在个体能以科学的、实事求是的态度来分析挫折或问题，适时地调整目标、改变目标或降低目标以实现最终目标。如屈原遭谗言被放逐，他在政治上的抱负无法施展，悲愤之下写诗作赋，留下千古绝唱《离骚》。

3. 个性的变化

持续的挫折或重大的挫折不仅会使个体产生持续的紧张状态和挫折反应，而且某些行为反应还会逐渐固定下来，形成个体相应的习惯和某些突出的个性特点，甚至会影响个性的形成与发展。如挫折会使某些人缺乏主动性，冷漠无情，而使另一些人粗暴凶狠，好攻击等。

（四）增强挫折承受力

挫折在人们的生活中是不可避免的。增强挫折承受力是培养良好意志行为的重要方面。意志行为的重要特征是勇于克服困难和阻碍，而正确对待挫折是克服困难的一个方面。因此能否经受得起挫折不仅决定于个体经受挫折时的心理状态，对挫折的认识、评价和理解，还取决于个体对待挫折的态度以及应付挫折的行为方法。积极的态度和合适的方法等都有利于增强个体对挫折的承受力。增强挫折的承受能力涉及多方面因素。

1. 正确对待挫折

首先要认识到挫折是普遍存在的，从某种意义上讲，挫折是生活中的一部分。自然界、社会中的万事万物都是在曲折中前进、螺旋式上升，直线、顺利发展的事情几乎没有。挫折是客观存在的，关键在于人们怎样认识和对待它，如果认识到挫折是生活中不可避免的组成部分，就对挫折有了较充分的心理准备；能面对挫折不灰心、不后退，敢于向挫折挑战；能把挫折作为前进的阶梯、成功的起点。应该认识到挫折具有两重性，挫折和磨难并不都是坏事，它促使人为了改变境况而奋斗，能磨炼性格和意志，增强创造能力和智慧，使人对生活、对人生认识得更加深刻、更加成熟。同时，遭受挫折后认真总结经验教训也是十分必要的，应该尽量避免不必要的挫折。

2. 改善挫折情境

挫折情境是产生挫折和挫折感的重要原因，如果挫折情境得到改善和消失，挫折感也就会随着消失。对挫折情境的改善，首先应预防挫折的发生，即对一件事情的成功或失败做出正确的估价。挫折发生之后，认真分析引起挫折的原因，设法改变、消除或降低其作用的程度。改变情境的另一种办法是暂时离开挫折情境，到一个新的环境中去或改变环境气氛，给受挫折者以同情、支持和温暖。

3. 总结经验教训

善于总结失败和挫折中的教训，是增强挫折承受力的重要方面。一方面从失败中吸取教训，以积极态度冷静地分析遭受挫折的主、客观原因，及时找出失败的症结所在，发现自己的弱点，力争改进。另一方面，要发现自己的优点和长处，从而振作精神，鼓起战胜挫折的勇气，树立信心，提高对挫折的承受能力。

4. 调节抱负水平

抱负水平是指个体在从事活动前，对自己所要达到的目标或成就的标准。它是人们进行成就活动的动力，而能否成功则决定于抱负水平的高低是否适合个体的能力或条件。抱负水平过低或过高都不利于增强个体的自信心和自尊心。在过低的抱负水平下，即使成功了，人们也不能产生成就感；抱负水平过高，在达不到预定的目标时，就容易产生挫折感。所以要使个体在活动中产生成就感又不至于受到挫折，就要提出适合个体能力水平的、具有挑战性的标准。

5. 建立和谐的人际关系

建立和谐的人际关系对于增强挫折的承受力是有积极作用的。当一个人遭受挫折后，如果有几个在思想上、学习上、生活上志同道合的朋友，能向他们倾诉自己的心里话，便能使自己从挫折中解脱出来，内心的紧张也会逐渐减弱。同时，还可从朋友那里得到鼓励、信任、支持和安慰，重新振作精神，战胜困难和挫折。

要建立和谐的人际关系，首先要关心别人，与人友好相处。只有在人际关系的园地上细心地耕耘，才会有盛开的友谊之花。

四、意志品质

(一) 意志的自觉性

意志的自觉性是指，对行动的目的有深刻地认识，能自觉地支配自己的行动，使之服从于活动目的的品质。具有自觉性品质的人，是在对行为的目的深刻认识的基础上采取决定的，他不随波逐流，不屈服于外界的压力，能独立地判断，独立地采取决定和执行决定。与自觉性相反的是受暗示性和武断从事。易受暗示的人，遇事不独立思考，容易受别人的影响，随大流，跟别人跑。有些人虽然自己拿主意，但对问题不做深入细致的分析，武断从事。这种人不能算是有自觉性的人，他们遇到问题时也容易动摇。

(二) 意志的果断性

意志的果断性是指迅速地、不失时机地采取决定的品质。遇到机会能当机立断，不失时机，不是碰运气的巧合，而是有强烈的愿望，有深入的思考，因此对机会特别敏锐，善于观察，能够抓得住机会。机会是不会和无心人有缘分的，即使有了机会他们也会认识不到，或者在机会面前优柔寡断，让其轻易错过。有的人看来也容易做决断，但他们抓的并不是机会。前者是优柔寡断，后者是鲁莽草率，他们都是和果断性意志品质背道而驰的。

（三）意志的坚忍性

意志的坚忍性是指坚持不懈地克服困难，永不退缩的品质，这种品质又称为毅力或顽强性。目标越远大，需要付出的努力越多，需要花费的时间也越长。如果没有坚持不懈的意志品质很难达到远大的目标。有时解决问题的条件还不太成熟，需要等待，需要坚持，如果放弃了努力就等于前功尽弃。有些人遇到困难就退缩，只有三分钟的劲头，虎头蛇尾，这些都是缺乏坚忍性的表现。有些人表面看起来有坚持性，但情况发生了变化还要墨守成规，不去适应改变了的环境，一味地钻牛角尖，这是执拗，是和坚忍性相违背的。

（四）意志的自制性

意志的自制性是指善于管理和控制自己情绪和行动的能力，又称为自制力或意志力。一个人的精力有限，要想达到一定的目的，就必须放弃一些妨碍这一目标的其他目标，或影响这一目标的其他活动，有所得就必有所失，有所为就必有所不为，否则所有的目标都会受到影响，该达到的目标也会力不从心，难于达到。有些人不是认识不到这一点，而是管不住自己。读书要紧，过几天就要考试，但碍于面子，宁肯耽误读书也不愿拒绝朋友看电影、打牌的邀请，这是管不住自己。不管目的，只是凭兴趣，想干什么就干什么，这是任性；看到困难没有勇气去克服，这是怯懦。所有这些都是缺乏自制性的表现。

生活中的心理学

为什么越想成功反而越难成功

动机除了具有激活和维持行为的功能以外，它与行为的关系是十分复杂的。同一种行为可能有不同的动机，不同的活动也可能有同一种或相似的动机，每个人的行为都可能是受多种动机的共同驱使，而并不是某个单一的动机发挥作用。

动机和行为的关系还体现在动机强度与行为效率的关系上，很多人都有过在考场上怯场的经历，明明事先已经复习准备好了，但一紧张考试的成绩大打折扣了。我们还经常说到“欲速则不达”，说的是越想追求快的速度反而越难达成目的，这里面就蕴涵着动机与行动效率的关系。

心理学家耶克斯和道德森通过研究发现，人们行动并不是动机越强行动力就越强，从而就能又快又好地达成目标，动机强度与行为效率之间所呈现的是一种倒U形的关系，也就是说，中等强度的动机能使人的行动的效率达到最高，过高和过低的动机都不利于目标的达成。例如，学习的动机太强就会急于求成，人在这种动机驱使下很容易产生焦虑和紧张的情绪，干扰记忆和思维活动的顺利进行，使注意和知觉的范围变得过于狭窄，从而使学习效率降低。学生在考试中的怯场现象，就是由于动机过强造成的。

研究还发现，各种活动都有一个最佳的动机水平，并且这个最佳水平往往会因任务的性质不同而不同。在比较容易的任务中，行动效率有随动机的提高而上升的趋势，而在比较困难的任务中，动机水平有逐渐下降的趋势。

再有，动机强度的最佳水平还会因人而异，表现出个体差异。同样难度的活动，对有的人来说，动机强度的最佳点比较高，而对另一些人来说动机强度的最佳点可能就要低一些。因此，在生活中，我们每个人都要根据自己的实际情况及时调整自己的动机强度，使其达到最佳水平，只有在这种情况下，才能使行动效率最大化，从而保证目标的实现。

要点概述

动机是在目标或对象的引导下，激发和维持个体活动的内在心理过程或内部动力。动机具有激活、指向、维持和调整的功能。动机是一种内部心理过程，不能直接观察，但是可以通过任务选择、努力程度、互动的坚持性和言语表示等行为进行推断。动机必须有目标，目标引导个体行为的方向，并且提供原动力。动机要求活动，活动使个体达到他们的目标。

需要是有机体内部的一种不平衡状态，是有机体活动的源泉。马斯洛认为人的需要由生理需要、安全需要、归属和爱的需要、尊重的需要和自我实现的需要构成。

意志是有意识地支配、调节行为，通过克服困难，以实现预定目标的心理过程，受意志支配的行动称为意志行动。意志行动中会出现冲突，冲突有不同类型。挫折是个体意志行为受到无法克服的干扰或阻碍，预定目标不能实现时所产生的一种紧张状态和情绪反应，挫折产生的原因称之为挫折情境。人受到挫折后，会做出一定的反应，一般有情绪性反应、理智性反应和个性的变化。

复习思考题

6-1　什么是动机，动机有哪些功能?

6-2　试述马斯洛的需要层次理论?

6-3　说明动机与工作效率的关系?

6-4　什么是意志，良好的意志品质包括哪些?

6-5　什么是冲突，冲突的类型有哪些?

6-6　什么是挫折?战胜挫折的策略和方法有哪些?试描述。

第七章 情绪和情感

人们的生活充满着情绪，有时欣喜若狂，有时焦虑不安，有时孤独恐惧，有时满腔怒火，有时悲痛万分，有时舒适愉快等。这一切使人们的生活时而阳光灿烂，时而阴霾密布，时而晦涩呆板，形成了一个纷繁复杂的心理世界。良好的情绪调节能促进身心健康，而不良的调节或情绪失调会破坏身心健康。了解情绪调节的规律对身心健康有着重要的意义。

单元一 情绪情感概述

从前，有一个人遗失了一枚缝衣针，以为自己误吞了这枚缝衣针，就觉得特别不舒服，甚至感到喉咙已经肿了。后来，他发现了那枚遗失的针，才明白自己并没有吞针，满腔的疑虑解除，所有不舒服的感觉也随之消失了。可见，情绪可以影响一个人的健康状况。

一、情绪情感的定义

情绪和情感是人对客观外界事物的态度的体验，是人脑对客观外界事物与主体需要之间关系的反映。下边将把情绪、情感与认识过程加以比较，以便进一步说明情绪、情感这个定义所包含的内容。

首先，情绪和情感是以人的需要为中介的一种心理活动，它反映的是客观外界事物与主体需要之间的关系。外界事物符合主体的需要，就会引起积极的情绪体验；否则便会引起消极的情绪体验，这种体验构成了情绪和情感的心理内容。

其次，情绪和情感是主体的一种主观感受，或者说是一种内心的体验。它不同于认识过程，因为认识过程是以形象或概念的形式来反映外界事物的。

再次，可以从一个人的外部表现看到他情绪上的变化，却看不到他所进行的认识活动过程，因为情绪和情感有其外部表现形式，即人的表情，如图 7-1 所示。

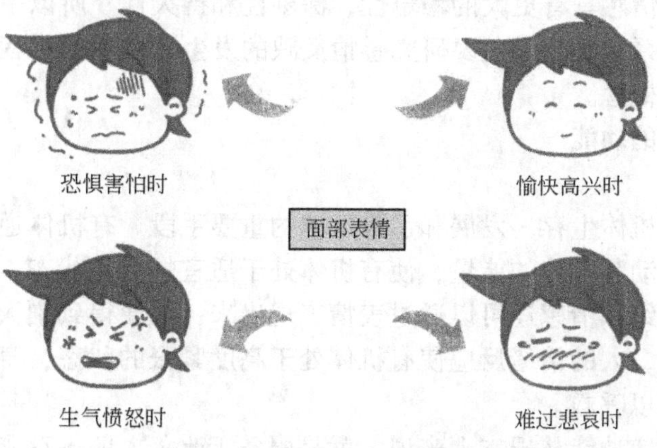

图 7-1 不同情绪下人的面部表情

（资料来源：《图解心理学》．苏阳编著．北京：中国法制出版社，2011 年 3 月第一版，第 91 页）

表情就是人的情绪变化的外部表现模式。表情包括面部表情、身段表情和言语表情。面部表情是面部肌肉活动所组成的模式，它能比较精细地表现出人的不同的情绪和情感，是鉴别人的情绪和情感的主要标志。例如，高兴的时候人的眼是眯着的，嘴角是往上提的；伤心的时候眉头是皱着的，嘴角是向下的；害怕的时候眼是瞪着，嘴是张着的。身段表情是指身体动作上的变化，包括手势和身体的姿势。高兴的时候手舞足蹈；不好意思的时候手足无措。言语表情是情绪和情感在说话的音调、速度、节奏等方面的表现。高兴的时候说话的音调高，说话的速度快；悲伤的时候说话音调低，速度慢，一句一句之间停顿的时间长。

表情既有先天的、不学而会的性质，又有后天模仿学习获得的性质。因而人类表达情绪的主要方式是一样的，笑都表示快乐，哭都表示悲伤，不是规定的行为规范，也没有约定的规矩，是全人类不学而会的。但是，不同文化背景的影响也使人表达情绪的方式带有不同的色彩，西方民族和东方民族在表达欢迎的方式上就有明显的区别。所以表情又具有后天学习模仿，受社会制约的特性。

最后，情绪和情感会引起一定的生理上的变化，包括心率、血压、呼吸和血管容积上的变化。如愉快时面部微血管舒张，脸变红了；害怕时微血管收缩，血压升高、心跳加快、呼吸减慢，脸变白了。这些变化是通过内分泌腺的作用实现的，认识活动则不伴有这种生理上的变化。

二、情绪与情感的区别和联系

为区别于认识过程，人们把对客观事物态度的体验称做感情。但是，感情这一概念比较笼统，它难以表达这一心理现象的全部特征。为了区别出感情发生的过程和在这一过程中产生的体验，人们采用了情绪和情感两个概念。实际上，情绪和情感指的是同一过程和同一现象，只是分别强调了同一心理现象的两个不同的方面。情绪指的是感情反映的过程，也就是脑的活动过程。从这一点来说，情绪这一概念既可以用于人类，也可用于动物。情感则常被用来描述具有深刻而稳定的社会意义的感情，如对祖国的热爱，对敌人的仇恨；对美的欣赏，对丑的厌恶等。所以，情感代表的是感情的内容，即感情的体验和感受；情绪代表的是感情的反映过程。情感通过情绪来表现，离开了情绪，情感也就无法表达了。和情绪相比，情感具有更大的稳定性、深刻性和持久性。所以，情绪和情感既有区别又有不可分割的联系。心理学主要研究感情反映的发生、发展的过程和规律，因此较多地使用的是情绪这一概念。

三、情绪、情感的功能

（一）适应功能

情绪和情感是有机体生存、发展和适应环境的重要手段。有机体通过情绪和情感所引起的生理反应能够发动其身体的能量，使有机体处于适宜的活动状态，便于有机体适应环境的变化。同时，情绪和情感还可以通过表情表现出来，以便得到别人的同情和帮助。例如，在危险的情况下，人的情绪反应使有机体处于高度紧张的状态，身体能量的调动可以让人进行搏斗，也可以呼救。

情绪和情感的适应功能从根本上来说，就是服务于改善人的生存和生活的条件。婴儿通过情绪反应与成人交流，以便得到成人的抚养；成人也要通过情绪反映他处境的好坏。在社会生活中，人们用微笑表示友好，用示威表示反对；人们还可以通过察言观色了解对方的情绪状态，以利于决定自己的对策，维护正常的人际关系。这些都是为了更好地适应社会环境，求得更好的生存和发展的条件。

（二）动机功能

情绪和情感构成一个基本的动机系统，它可以驱动有机体从事活动，提高人的活动的效率。一般来说，内驱力是激活有机体行动的动力，但是，情绪和情感可以对内驱力提供的信号产生放大和增强的作用，从而能更有力地激发有机体的行动。例如，缺水使血液变浓，引起了有机体对水的生理需要。但是，只是这种生理需要还不足以驱动人的时候，情绪和情感就放大和增强了内驱力提供的信号，从而驱动了人的取水行为，成为了人的行为活动的动机。

情绪和情感的动机作用还表现在对认识活动的驱动上。认识的对象并不具有驱动活动的性质，但是，兴趣却可以作为认识活动的动机，起着驱动人的认识和探究活动的作用。

（三）组织功能

情绪和情感对其他心理活动具有组织的作用，它表现在，积极的情绪和情感对活动起着协调和促进的作用；消极的情绪和情感对活动起着瓦解和破坏的作用。这种作用的大小还和情绪情感的强度有关，一般来说，中等强度的愉快情绪有利于人的认识活动和操作的效果；痛苦、恐惧这样的负性情绪则降低操作的效果，而且强度越大，效果越差。

情绪和情感对记忆的影响表现在愉快的情绪状态下，容易记住带有愉快色彩的材料；在某种情绪状态下记住的材料，在同样的情绪状态下也容易回忆起来。情绪和情感对行为的影响表现在，当人处于积极的情绪状态时，他容易注意事物美好的一面，态度变得和善，也乐于助人，勇于承担重任；在消极情绪状态下，人看问题容易悲观，懒于追求，但更容易产生攻击性行为。

（四）信号功能

情绪和情感具有传递信息、沟通思想的功能。情绪和情感都有外部的表现，即表情。情绪和情感的信号功能是通过表情实现的，微笑表示友好，点头表示同意等等。表情还和身体的健康状况有关，医生常把表情作为诊断的指标之一。中医的望闻问切的望包括对表情的观察。此外，表情既是思想的信号，又是言语交流的重要补充手段，在信息的交流中起着重要的作用。从发生上来说，表情的交流比言语的交流出现的要早。

单元二　情绪理论

对情绪的产生、表现，它和生理变化以及其他心理活动之间的关系，它对人的活动和人际关系的影响，乃至它的生理机制，心理学家给予了特别的关注。在心理学发展的过程中，产生过不少解释情绪的理论。从情绪理论发展的过程来看，比较重要的、对情绪的研究具有推动作用的情绪理论有以下几种。

一、詹姆斯-兰格情绪外周理论

美国心理学家詹姆斯和丹麦生理学家兰格分别于 1884 年和 1885 年提出了观点相同的情绪理论，后人称这种情绪理论为詹姆斯-兰格情绪理论。

詹姆斯认为，情绪是对身体变化的知觉，即当外界刺激引起身体上的变化时，对这些变化的知觉便是情绪。照他的说法，人并不是因为愁了才哭、生气了才打、怕了才发抖，而是相反，人是因为哭了才愁、因为动手打了才生气、因为发抖了才害怕。兰格强调血液系统的变化和情绪发生的关系。他说植物性神经系统的支配作用加强，血管扩张，结果便产生愉快的情绪；植物性神经系统活动减弱，血管收缩，器官痉挛，结果便产生恐怖的情绪。

詹姆斯和兰格都强调情绪与机体变化的关系，强调植物性神经系统在情绪发生中的作用，所以被称做情绪的外周理论。这种理论虽然荒谬，也遭到了很多人的反对，但它强调了情绪和植物性神经系统活动的关系，引起了人们对情绪机制研究的广泛兴趣，对推动情绪机制的研究起到了重要的作用，所以在情绪心理学的发展中有一定的地位。

二、坎农-巴德的情绪理论

美国心理学家坎农反对詹姆斯-兰格情绪理论，提出了很多质疑。坎农认为，情绪变化快而生理的变化慢；同样的内脏器官活动的变化可以引起极不相同的情绪体验；切断动物内脏器官和中枢神经系统的联系，情绪反应并不完全消失；用药物可以引起和某种情绪相同的身体变化，却并不产生相应的情绪变化。于是坎农于20世纪30年代提出了情绪的丘脑理论。坎农认为，情绪的生理机制不在外周，而在中枢神经系统的丘脑。外界刺激作用于感觉器官，引起神经冲动，经感觉神经传至丘脑，激发情绪的刺激由丘脑进行加工，丘脑所产生的神经冲动向上传至大脑皮层，引起情绪的主观体验；向下传至交感神经系统，引起机体的生理变化，所以，身体变化和情绪体验是同时发生的，如图7-2所示。

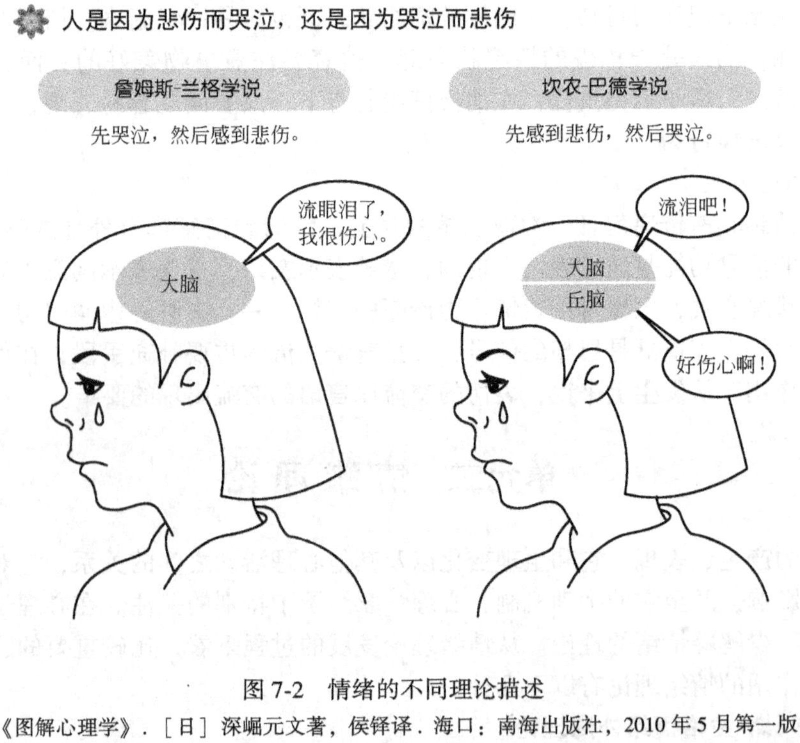

图7-2　情绪的不同理论描述

（资料来源：《图解心理学》.［日］深崛元文著，侯铎译.海口：南海出版社，2010年5月第一版，第75页）

坎农的理论得到巴德的支持和发展，故后人将这一理论称为坎农-巴德丘脑情绪理论。坎农、巴德发现了丘脑在情绪发生中的作用，驳斥了詹姆斯-兰格的情绪外周理论，提出了情绪的中枢理论，是对情绪理论的发展。但是这一理论忽视了外因变化的意义，也忽视了大脑皮层对情绪发生的作用，也是有缺陷的。

三、沙赫情绪认知理论

美国心理学家沙赫特提出，任何一种情绪的产生，都是由外界环境刺激、机体的生理变化和对外界环境刺激的认识过程三者相互作用的结果，而认知过程又起着决定的作用。

1962年他和辛格共同设计了一个实验：把被试者分为几组，除一组是控制组外，另外三组都是实验组。给所有被试二者注射药物，告诉被试二者注射的是维生素，目的是考察它对视觉的影响。但控制组注射的是生理盐水，实验组注射的是肾上腺素。三个实验组被试二者的生理变化是相同的，但告知三组被试的内容不同，分为正确告知组、未告知组和误告知组。三组被试二者对生理反应的认知是不同的。看他们在欣快和愤怒两种不同的情景下的表现会有什么不同。结果发现，由于实验组被试二者对生理变化的认识不同，他们所产生的情绪体验也有很大的区别。正确告知组的被试二者和控制组的被试二者反应相同，他们不受生理变化的影响。另外两个实验组的被试二者情绪却受到很大的影响。这说明，生理变化在情绪的发生中肯定是会出现的，但对情绪体验来说却不是决定性的，决定性的因素是对外界刺激和对身体变化的认知。沙赫特将认知因素纳入到对情绪发生的解释，这对情绪的认识又是一个进步。

四、汤姆金斯和伊扎德的情绪动机——分化理论

汤姆金斯和伊扎德20世纪60年代提出，情绪并不是伴随着其他心理活动产生的一种副现象，而是一种独立的心理过程。情绪有其独特的机制，并在人的心理生活中起着适应环境的独特作用。这种观点构成了情绪理论另一大的派别，即情绪的动机——分化理论。

汤姆金斯直接把情绪看作是动机。他认为，内驱力的信号需要通过一种放大的媒介，才能激发有机体去行动，而情绪正是起着这种放大作用的心理过程。不仅如此，情绪本身可以离开内驱力的信号而起到动机的作用。

伊扎德进一步指出，情绪的主观成分，即体验就是起动机作用的心理机构，各种情绪体验是驱动有机体采取行动的动机力量。伊扎德还认为，情绪是新皮质发展的产物，随着新皮质体积的增长和功能的分化，情绪的种类不断增加，面部肌肉的分化也越来越精细。情绪的分化是生命进化过程的产物，只有情绪的分化，才使得情绪具有了多种多样的适应功能，也只有这样，情绪在生存和适应中才起到了核心的作用。

单元三　情绪情感变化

一、情绪情感的两极性

对情绪情感固有特征可以从不同的方面进行度量，即情绪情感变化有不同的维度。这种度量可以从情绪情感的动力性、激动度、强度和紧张度这几方面来进行。而每一种特征的变化都具有两极对立的特性，也就是说，每一种特征都存在着两种对立的状态，这就是情绪和情感的两极性。例如，有喜悦就有悲伤，有爱就有恨，有紧张就有轻松，有激动就有平静，它们都构成了对立的情绪情感的两极。

二、情绪情感变化的维度

(1) 情绪情感的动力性有增力和减力的两极。一般来讲，满足需要的肯定的情绪情感都是积极的，增力的，能提高人的活动能力的；不能满足需要的否定的情绪情感都是消极的、减力的，能降低人的活动能力的。喜悦的时候人觉得轻松，精神饱满，对周围发生的事件格外关心，表现出积极参与的倾向。悲伤时觉得沉重，提不起精神，表现出对周围事物的冷漠和无心参与的倾向。前者是增力的，后者是减力的。

（2）激动度有激动和平静的两极。由重要的、突如其来的事件引起来的强烈的，有明显外部表现的情绪状态是激动的。听到了特别重要的消息，得到了梦寐以求的收获，自然欣喜若狂，这是激动的情绪状态；在正常生活工作条件下安静的情绪状态则是平静的。

（3）强度有强和弱的两极。从不满到暴怒，从惬意到狂喜都是弱和强的两极。在弱和强的两极之间，还可以区分出各种不同的强度，如从不满到暴怒之间可以区分出生气、发怒、大怒和暴怒等几种强度。从惬意到狂喜之间有高兴、欢喜、大喜等几种强度。

（4）紧张度有紧张和轻松的两极。情绪的紧张程度依赖于情景的紧迫程度和个体的心理准备和应变能力。在情景紧迫、个体心理准备不足又缺乏应变能力的情况下，往往会感到紧张，不知所措，甚至身上发抖；情景并不紧迫，或者个体有充分的思想准备，有较强的应变能力时，即使遇到一些事件也会应付自如，觉得轻松。

单元四　情绪情感的分类

一、基本情绪和复合情绪

从生物进化的角度可把情绪分为基本情绪和复合情绪。基本情绪是人和动物共有的，不学而会的。每一种基本情绪都有其独立的神经生理机制、内部体验、外部表现和不同的适应功能。

基本情绪的种类各家有不同的分法，近代研究中常把快乐、愤怒、悲哀和恐惧列为情绪的基本形式，又称为原始情绪。复合情绪是由基本情绪的不同组合派生出来的。如由愤怒、厌恶和轻蔑组合起来的复合情绪可称做敌意；由恐惧、内疚、痛苦和愤怒组合起来的复合情绪可称做焦虑等等。

二、心境、激情和应激

按情绪状态，就是按情绪发生的速度、强度和持续时间的长短，可以把情绪划分为心境、激情和应激，如图 7-3 所示。

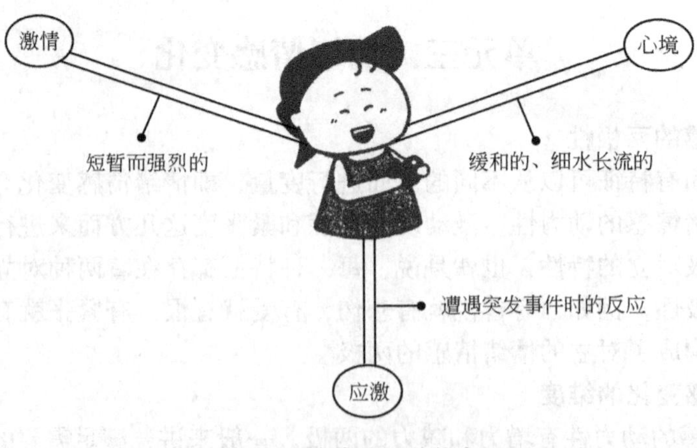

图 7-3　情绪的三种状态

（资料来源：《图解心理学》．苏阳编著．北京：中国法制出版社，2011 年 3 月第一版，第 89 页）

（一）心境

心境是一种微弱、持久而又具有弥漫性的情绪体验状态，通常称做心情。心境并不是对某一事件的特定体验，而是以同样的态度对待所有的事件，让所遇到的各种事件都具有当时心境的性质。愉快的心境使人觉得轻松愉快，看待周围的事物都带上愉快的色彩，动作也显得比平时敏捷。不愉快的心境使人觉得沉重，感到心灰意冷，对什么事情都不感兴趣，即心境具有弥漫性。心境所持续的时间短的只有几小时，长的可到几周、几个月，甚至更长的时间。心境往往由对人有重要意义的事件引起来，但人们并不见得能意识到引起某种心境的原因，而这种原因肯定是存在的。心境对人的生活、工作和健康会发生重要的影响，积极乐观的心境会提高人的活动效率，增强克服困难的信心，有益于健康；消极悲观的心境会降低人活动的效率，使人消沉，长期的焦虑会有损于健康。经常保持积极乐观的心境，善于调整自己的心态，克服不良的心境是一种良好的性格特点。

（二）激情

激情是一种强烈的、爆发式的、持续时间较短的情绪状态，这种情绪状态具有明显的生理反应和外部行为表现。激情往往由重大的、突如其来的事件或激烈的意向冲突引起。激情既有积极的，也有消极的。在激情状态下，人能做出平常做不出来的事情，发挥出意想不到的潜能。但也能使人的认识范围变得狭窄，分析能力和自我控制能力降低，因而在消极的激情状态下人的行为也可能失控，甚至会发生鲁莽的行为。人应该善于控制自己的激情，学会做自己情绪的主人。

（三）应激

应激是在出现意外事件或遇到危险情景时出现的高度紧张的情绪状态。能够引起应激反应的事物称为应激源，它对个体来说是一种能引起高度紧张、具有巨大压力的刺激物，是个体必须适应和应对的环境要求。应激源既有躯体性的，如高温或低温、强烈的噪声、辐射或疾病；也有心理社会性的，如重大的生活事件、难于适应的社会变革和文化冲击，以及工作中的应激事件等。个体对应激事件所做出的反应称为应激反应，包括生理反应和心理反应。生理反应可以包括身体各系统和器官的生理反应；心理反应包括认知、情绪和自我防御反应。如出现认知障碍、焦虑、恐惧、愤怒、抑郁，或采取某种行动以减轻应激给自己带来的紧张。强烈和持久的应激反应会损害人的工作效能，还会造成对许多疾病或障碍的易感状态，在其他致病因素的共同作用下使人患病。应付应激可以调整自己的情绪，如重新评价应激源或采取某种行为（如饮酒、服用镇静剂、听音乐、从事体育活动、寻求亲友的安慰和帮助）；也可以集中精力解决面对的问题，或者在不具备解决问题的条件时采取回避的策略。怎样应对应激应该是心理学研究的课题。

三、道德感、理智感和美感

人的高级情感包括很多种，主要的有道德感、美感和理智感。此外还有宗教情感、母爱等。

（一）道德感

道德感是按照一定的道德标准评价人的思想、观念和行为时所产生的主观体验。包括热爱祖国、热爱人民、热爱社会的情感，集体荣誉感、责任感、同情感等都是同道德评价相联系的情感。一个人具有高尚的品德，人们会觉得这个人值得尊敬；一个人损人利己，人们会觉得他卑鄙，这些都属于道德情感。

（二）美感

美感是按照一定的审美标准评价自然界、社会生活及文学艺术品时所产生的情感体验。人的审美标准既反映事物的客观属性，又受个人的思想观点和价值观念的影响，所以美既是客观的，又是主观的，是主客观的对立统一。优美的自然环境可以陶冶人的情操；善良、淳朴的人格特征，公正无私、舍己救人的高贵品质给人以美的感受；奸诈狡猾、徇私舞弊、损人利己的行为则让人厌恶和憎恨。美感体验的强度受人的审美能力和知识经验的制约，对美感的培养和进行美的教育是精神文明建设的重要组成部分。

（三）理智感

理智感是在智力活动过程中所产生的情感体验。例如，对未知事物的好奇心、求知欲和认知的兴趣；在解决问题过程中表现出来的怀疑、自信、惊讶，以及问题解决时的喜悦等都是理智感。理智感不仅产生于智力活动的过程中，而且对推动人学习科学知识，探索科学奥秘也有积极的作用。

单元五　情绪的调节

一、什么是情绪调节

情绪调节是个体管理和改变自己或他人情绪的过程，在这个过程中，通过一定的策略和机制，使情绪在生理活动、主观体验、表情和行为等方面发生一定的变化。

（一）具体情绪的调节

情绪调节包括所有正性和负性的具体情绪。例如快乐、兴奋、悲伤、愤怒、恐惧、抑郁、焦虑等。关于情绪调节，人们很容易想到负性情绪的调节，当愤怒时需要克制；悲伤时需要转换环境，想一些开心的事情等。其实，正性情绪在某些情况下也需要调节。当学生在学校里取得了好成绩时，不能表现得过分高兴，以免影响其他同学的情绪。

（二）唤醒水平的调节

情绪调节是个体对自己情绪的唤醒水平的调节。一般认为，主要是调节过高的唤醒水平和强烈的情感体验，但是，一些较低强度的情绪也需要调节。研究表明，高唤醒水平对认知操作起瓦解和破坏作用，如狂怒会使人失去理智，做出越轨行为。成功的情绪调节就是要管理情绪体验和行为，使之处在适度的水平。也有人指出，情绪调节包括削弱或去除正在进行的情绪，激活需要的情绪，掩盖或伪装一种情绪。所以情绪调节既包括抑制、削弱和掩盖等过程，也包括维持和增强的过程。

（三）情绪成分的调节

情绪调节的范围相当广泛，它不仅包括情绪系统的各个成分，也包括情绪系统以外的认知和行为等。情绪系统的调节主要是指调节情绪的生理反应、主观体验和表情行为，如情绪紧张或焦虑时，控制血压和脉搏；体验痛苦时，离开情境使自己开心一点；过分高兴时掩饰和控制自己的表情动作等。此外还有情绪格调的调节、动力性的调节等，如调节情绪的强度、范围、不稳定性、潜伏期、发动时间、情绪的恢复和坚持等。情绪调节的机制是一种自动化的机制，不需要个体的努力和有意识地进行操作。

二、情绪调节的基本过程

情绪调节的基本过程研究主要集中在生理调节、情绪体验调节、行为调节、认知调节和人际调节等。

（一）生理调节

情绪的生理调节是以一定的生理过程为基础的，如心率、血压、瞳孔大小、神经内分泌的变化、皮下动静脉联结处的血管收缩等都是常用的生理指标。研究发现，正情绪诱发后，心率变化不明显；负情绪诱发后，心率显著增加。情绪生理调节是系统性的，这种调节将改变或降低处于高唤醒水平的烦恼和痛苦。

（二）情绪体验调节

情绪体验调节是情绪调节的重要方面。当体验过于强烈时，个体会有意识地进行调整。不同情绪体验有着不同的情绪调节过程，可采用不同的策略。比如，愤怒的时候人们采取问题解决策略；悲伤时采取寻求帮助策略；伤感时采取回避的策略。忽视可以比较有效地降低厌恶感，抑制快乐的表情可以降低快乐感受等。

（三）行为调节

行为调节是个体通过控制和改变自己的表情和行为来实现的。在日常生活中，人们主要采用两种调节方式，一是抑制和掩盖不适当的情绪表达；二是呈现适当的交流信号，如一个人在向他人表示请求被拒绝时，即使感到失望或愤怒，也要管理或控制自己的情绪，不要影响信息的表达和交流。

（四）认知调节

情绪系统和认知系统是信息加工过程中的两个子系统，情绪可以是信息加工过程的启动状态，也可以是信息加工的背景。良好的认知调节包含以下步骤：知觉或再认唤醒需要调节的情绪；解释情绪唤醒的原因和认识改变情绪的方式和途径；做出改变情绪的决定和设定目标；产生适当的个体所能及的调节反应；对反应进行一定的评价，尤其是评价这些反应是否达到目标；将调节付诸实践。

（五）人际调节

人际调节属于社会调节或外部环境调节。在人际调节中，个体的动机状态、社会信号、自然环境、记忆等因素都起重要作用。个体的动机状态，主要指个体正在追求的目标。如果外部事件与个体追求的目标有关，那么这些事件就可能引起个体的情绪。在社会信号中，他人的情绪信号，尤其是与个体关系密切的人发出的情绪信号对情绪调节有较大的作用。在自然环境中，美丽的风景令人赏心悦目；而混乱、肮脏、臭气熏天的环境则令人恶心。个人记忆也会影响人们的情绪，有些环境让人想起愉快的情境，而有些环境让人回忆起痛苦。

三、情绪调节中的个体差异

情绪调节可以发展为一种能力，这就是“情绪智力”。不同个体的情绪智力是有差异的。情绪智力包含四个方面：对情绪的知觉、评价和表达的能力；用情绪促进思维的能力；理解和分析情绪的能力；调节情绪以促进情绪与智力发展的能力。

情绪调节的个体差异还表现在情绪的激活阈限、情绪的易感性、情绪的生理唤醒等方面。情绪的激活阈限主要决定于神经内分泌的特征；情绪的易感性决定于个体后天的情感经历，它表现为有的个体更容易陷入某种负性情绪，因而使认知操作受到破坏，而有的个体则不太容易受到情绪的影响；情绪的生理唤醒的差异主要表现在个体情绪的强度和反应性上。

四、情绪调节与身心健康

良好的情绪调节促进身心健康，不良的调节或情绪失调会破坏身心健康。某些认知策略，如认知评价上的忽视，可以预防或减轻抑郁。情绪调节可以减少表情行为，降低情感体验，从而减轻焦虑等负性情绪对人们的不良影响，因而对身心健康有利。

相反，不良的情绪调节不利于身心健康。例如，长期压抑悲伤和哭泣容易引起呼吸系统的疾病，抑制爱会引起支气管疾病或癌症，不表达情绪会加速癌症的恶化，对愤怒的压抑与心血管疾病、高血压的发病率有着密切联系。因此，探讨情绪调节过程与健康的关系是情绪调节研究的重要内容。

生活中的心理学

情绪与人体健康

情绪可以影响人的健康状况，积极的情绪状态可以增强动物或人的抵抗疾病的能力，消极的情绪状态则会对身体构成伤害。这是因为，情绪不仅会使机体外部发生明显的反应，同时也会令人自然而然地产生一系列的生理变化。当人的情绪状态良好的时候，整个机体都在有条不紊地循环着，体内各器官的活动协调一致，人们自然表现得精神抖擞、充满了活力；而当愤怒、憎恨、悲愁、焦虑等消极情绪侵袭人体时，人体就会呈现出一种紧张状态，而这种紧张状态会引起高级神经活动的机能失调，过分地刺激人体的器官、肌肉及内分泌腺，使人体的身心失去平衡，对机体的健康产生十分不利的影响，人们就会产生身体乏力、毫无精神等生病的感觉。

消极不良的情绪有两种：一种是过度的情绪反应，指情绪反应过分强烈，超过了一定的限度，如狂喜、暴怒、悲痛欲绝、激动不已等；另一种是持久性的消极情绪，指的是在引起悲、忧、恐、惊、怒等消极情绪的因素消失后，仍数日、数周，甚至数月沉浸在消极状态中不能自拔。这两种消极情绪对人的危害作用极大，不仅会使人的整个心理活动失去平衡，还会造成生理机制的紊乱，进而导致各种神经症和精神病，如焦虑症、抑郁症、强迫症、神经衰弱等。

现代社会中，每个人都不得不面对来自学习、工作、社会、人际关系等方面的诸多压力，因此难免会被消极不良的情绪侵袭，而不良的情绪则会影响到身体健康。因此，我们每个人都应掌握几种自我解压、摆脱消极情绪的方法，培养积极良好的情绪状态，避免心理疾病的发生。

摆脱消极情绪的方法：合理宣泄情绪、积极暗示法、转换看待事物的角度、学会幽默法、求助他人法、转移注意力法。

要点概述

情绪和情感是人对客观事物的态度体验及相应的行为反应。情绪是以主体的愿望、需要等倾向为中介的一种心理现象。符合主题的需求和愿望，会引起积极的、肯定的情绪和情感，相反就会引起消极的、否定的情绪和情感。

情绪和情感统称为感情，情绪具有较大的情景性、激动性和暂时性。情感指具有稳定的、深刻的社会意义的情感。

情绪情感发生时总伴随着某种外部表现，包括面部、体态、手势及语言的变化，统称为表情。情绪调节是个体管理和改变自己和他人情绪的过程。情绪调节使情绪在生理活动、主观体验、表情行为等方面发生一定的变化。情绪调节主要发生在生理、情绪体验、表情动作、认知和人际关系等方面，与人的身心健康有密切关系。

复习思考题

7-1　什么是情绪，它具有哪些功能？
7-2　情绪情感的分类依据是什么？
7-3　什么是表情，表情具有哪些功能和作用？
7-4　什么是情绪调节，情绪调节有哪些原理和类型？
7-5　研究情绪调节有什么现实意义？

第八章 人格的魅力

当阅读文学作品时，常常被作家塑造的一个个各具风采、栩栩如生的人物形象所吸引。在现实生活中，也能发现性格迥异的人，所谓人心不同，各如其面，这些都是人格差异的表现。人格是一种心理特性，它使每个人在心理活动过程中表现出各自独特的风格。

单元一 人格概述

《红楼梦》中，同样是失去父母寄人篱下，为什么史湘云和林黛玉过着不一样的生活，有着不一样的结局。

一、人格的定义

认识、情绪和情感、意志是心理过程，每个人都通过这些心理活动认识着外界事物，反映着这些事物和自己的关系，体验着各种情感，支配着自己的活动。但是，各人在进行这些心理活动的时候，都表现出了与他人不同的特点。有人善于记住事物的形象，有人容易记住抽象的概念；有人思维敏捷，有人迟钝；有人脾气大，有人温和；有人意志坚强，有人意志薄弱；有人大公无私，有人自私自利。凡此种种，不一而足，说明每个人都有自己的心理特点，这些独特的特点构成了这个人不同于别人的心理面貌。心理学家要回答个体之间的差异是怎么形成的，表现在哪些方面，有哪些种类，什么因素影响了人格的形成，有没有办法对人格进行测评等等问题。对于人格的概念，心理学家有着不同的界定。如果把心理学家对人格概念的界定综合起来考察，其中也有不少共同的认识。把这些共同的认识概括起来，可以给人格的概念如下一个粗略的定义。

人格是各种心理特性的总和，也是各种心理特性的一个相对稳定的组织结构，在不同的时间和地点，它都影响着一个人的思想、情感和行为，使他具有区别于他人的、独特的心理品质。

二、人格的特性

从人格的定义中我们可以看到，人格有如下的一些特性。这些特性既是人格定义中包括的人格基本属性，也是至今心理学家对人格本质的基本一致的认识。

（一）独特性

每一个人都有不同的遗传素质，又在不同的环境条件下发育成长起来，因而各人都有自己独特的心理特点，没有哪两个人的人格是完全相同的，这就构成了人格的独特性。心理学家着重于个别差异的研究，但也承认，生活在同一社会群体中的人，也会有一些相同的人格特征。心理学家同样重视对这些共同特征的探讨。人格特征的独特性和共同性的关系就是共性和个性的关系，个性中包含着共性，共性又通过个性表现出来。

（二）整体性

人格的整体性是说，包含在人格中的各种心理特征彼此交织，相互影响，构成了一个有机的整体。它虽然不能直接观察得到，但却表现在行为中，让人的各种行为所表现出来的特征是一个整体，体现了他独特的精神风貌。

（三）稳定性

由各种心理特征构成的人格结构是比较稳定的，它对人的行为的影响是一贯的，是不受时间和地点限制的，这就是人格的稳定性。那些在行为中偶然表现出来的，属于一时性的心理特性不能称其为人格特征。例如，性格内向的人因为喝了些酒比较兴奋，一时话多了点，并不表明这个人具有活泼好动的性格特点。所谓“江山易改，秉性难移”说的就是人格具有稳定性。人格的稳定性并不是说它就不会发生变化，实际上随着社会生活条件的变化和一个人的发育成熟，他的人格特点也会发生或多或少的变化。

（四）功能性

外界环境的刺激是通过人格的中介才起作用的，也就是说，人格对个人的行为具有调节的功能。因而，一个人的行为总会打上他人格的烙印。同样面对挫折，性格坚强的人不会灰心；怯懦的人则会一蹶不振。一事当前，有人先从大局出发，首先顾及社会和集体的利益；有人则首先考虑自己的得失，甚至为了自己的利益不惜损害社会和集体的利益。所以，人格能决定一个人的生活方式，甚至能决定一个人的成败。

（五）自然性和社会性的统一

人格是在一定的社会环境中形成的，因而，一个人的人格必然会反映出他生活在其中的社会文化的特点，他受到的教育的影响。这说明人格的社会制约性。但是，人的心理，包括他的人格，又是大脑的机能，人格的形成必然要以神经系统的成熟为基础。所以，人格又是人的自然性和社会性的统一。

三、人格的结构

人格的概念和个性的概念有密切的联系，又有一定的区别。这种区别反映了心理学家对人格概念理解上的差异。前苏联心理学界常用个性这个概念，它强调个体之间的差异，认为个性是一个人不同于他人的心理特点的综合。西方心理学界常用人格这个概念，把人格看做是个性中除能力以外的其他部分。教材在分析人格构成的时候，基本上把人格等同于个性，因而把能力也看做是人格心理特征的组成部分。

人格是一个复杂的结构系统，它包含着各种成分。主要的是人格的倾向性和人格的心理特征两个方面。前者是指人格的动力，后者是指个体之间的差异。需要和动机是人格的动力，它表现了人格的倾向，是人格中最活跃的因素，是人格积极性的源泉。人格的倾向决定着人对现实的态度，决定着人对认识对象的趋向和选择。

人格心理特征是人的多种心理特点的独特的结合，构成了一个人心理面貌的独特性，说明了心理面貌的个体差异。人格的心理特征包括人的能力、气质和性格。

能力已如上述，它是顺利有效地完成某种活动所必须具备的心理条件的心理特征。气质是表现在心理活动的强度、速度和灵活性等动力特点方面的心理特征。性格则是表现在人对客观事物的态度，和与这种态度相适应的行为方式上的人格特征。

单元二　气　　质

一、气质概述

（一）气质的定义

气质是心理活动表现在强度、速度、稳定性和灵活性等方面动力性质的心理特征。气质相当于人们日常生活中所说的脾气、秉性或性情。心理活动的动力特征既表现在人的感知觉、记忆、思维等认识活动中，也表现在人的情感和意志活动中，特别是在情感活动中表现的更为明显。例如，一个人言谈举止的敏捷性、注意力集中的程度、思维的灵活性，以及他的情绪产生的快慢、强弱程度，情绪的稳定性和变化的速度，意志努力的强度等，都是他的心理活动的动力特征的表现。

（二）气质类型学说

气质有很多特征，按这些特征的不同组合，可把人的气质分作几种不同的类型。2500多年以前，古希腊哲学家希波克拉底就观察到人的心理活动的这种现象。他根据自己的观察将人划分为胆汁质、多血质、黏液质和抑郁质四种体质类型。500年后，罗马医生盖伦才在希波克拉底类型划分的基础上，提出了气质这一概念。所以，希波克拉底是最早划分气质类型并提出气质类型学说的人。在希波克拉底之后出现过多种气质类型的学说，比较有影响的，包括希波克拉底的学说在内，有以下几种。

1. 体液说

希波克拉底提出，人体内有四种液体，即血液、黏液、黄胆汁和黑胆汁。每一种液体和一种气质类型相对应。黄胆汁相对于胆汁质，血液相对于多血质，黏液相对于黏液质，黑胆汁相对于抑郁质。一个人身上哪种液体占的比例比较大，他就具有和这种液体相对应的那种气质类型。希波克拉底所划分的这四种气质类型比较切合实际，所以至今仍沿用着他提出来的名称。但是，希波克拉底的学说是缺乏科学根据的，是一种朴素的唯物主义。在科学知识贫乏的古代，希波克拉底的贡献已是难能可贵的了，不能苛求于古人。

2. 体型说

20世纪20年代德国精神病医生克雷奇米尔根据自己的临床观察发现，病人所犯精神病的种类和他的体型有关。躁狂抑郁症的患者多是矮胖型的；精神分裂症的患者多是瘦弱型或强壮型、发育异常型的。他认为正常人和精神病人之间只有量的区别，没有质的区别，所以，可以根据一个人的体型特征来预见他的气质的特点。美国医生谢尔顿和心理学家斯蒂文斯在20世纪40年代提出，人的体型是由胚叶决定的，因此，胎儿的胚叶发育就已经决定了他的气质类型。体型说或胚叶说想从生理的因素来说明气质的根源，但是两种学说都没有提出生理因素和气质类型之间的因果联系的根据。

3. 血型说

血型说在日本比较有影响，这种学说是古川竹二提出来的。古川竹二认为A型血的人温和老实、消极保守、焦虑多疑、冷静但缺乏果断，富于情感；B型血的人积极进取，灵活好动，善于交际，爱说寡信，多管闲事；O型血的人胆大好胜，自信，意志坚强，爱支配人；AB型血的人，其外表像B，内在却像A。其实，人的血型不止这几种，而且在实际生活中血型相同而气质类型不同，或者气质相同而血型不同的现象并不少见，所以血型说也是缺乏科学根据的。

4. 激素说

美国心理学家伯曼把人分为4种内分泌腺的类型，即甲状腺型、垂体腺型、肾上腺型和性腺型，并认为内分泌腺类型不同的人气质也不相同。例如，甲状腺型的人，甲状腺分泌过多者精神饱满、意志坚强、感知灵敏；甲状腺分泌不足者迟缓、冷淡、痴呆、被动。垂体腺型的人智慧聪颖；肾上腺型的人情绪容易激动；性腺型的人性别角色突出等。虽然内分泌腺的活动影响了人的行为和心理，但是，内分泌腺的活动并不是孤立的，因为，内分泌腺的活动也受神经系统的支配。所以，不能把气质只看做是由内分泌腺决定的。

二、巴甫洛夫高级神经活动类型学说

巴甫洛夫运用动物条件反射实验的方法，建立了高级神经活动学说。巴甫洛夫的学生又运用条件反射的方法在人身上做了大量印证性的实验，证明巴甫洛夫的高级神经活动学说也适用于人。这一学说中的高级神经活动类型学说，较好地解释了气质的生理基础，得到了广泛的认同。

（一）高级神经活动过程的基本特性

巴甫洛夫认为，高级神经活动有两个基本的过程，即兴奋和抑制。巴甫洛夫指出，高级神经活动的两个基本过程有三个基本特性，这就是它们的强度、平衡性和灵活性。神经过程的强度是指神经细胞能接受的刺激的强弱程度，以及神经细胞持久工作的能力。神经过程的强度有强弱之分，兴奋过程强者，在强烈刺激的作用下仍能形成条件反射，并能保持已经形成的条件反射；兴奋过程弱者，在强刺激作用下难于形成条件反射，甚至会使已经形成的条件反射受到抑制或遭到破坏。抑制过程强者可长时间忍受持续不断的内抑制，抑制过程弱者只能忍受较短时间的内抑制，高级神经活动的两种基本过程——兴奋和抑制，它们的三种不同特性——强度、平衡性和灵活性，可以有不同的组合，例如，神经活动过程的强、平衡、灵活地组合；强、平衡、不灵活的组合等等，这些组合便构成了高级神经活动的不同类型。

（二）高级神经活动类型

巴甫洛夫指出，两种基本神经过程的三个特性之间的不同组合，构成了高级神经活动的不同类型。从理论上讲可以组合成12种不同的高级神经活动类型，但有些类型在现实中是不存在的。实验确定，只存在着四种最基本的高级神经活动类型，即兴奋型、活泼型、安静型和抑制型。这四种高级神经活动类型的神经过程的特点，以及与之相对应的气质类型见表8-1。

表8-1　神经活动过程的特性、高级神经活动类型与气质类型的关系

神经过程的基本特性			高级神经活动类型	气质类型
强度	平衡性	灵活性		
强	不平衡		兴奋型	胆汁质
强	平　衡	灵活	活泼型	多血质
强	平　衡	不灵活	安静型	黏液质
弱			抑制型	抑郁质

巴甫洛夫的高级神经活动类型和心理学中的气质类型之间有着对应的关系，可以把高级神经活动类型看做是气质类型的生理基础。但是，胆汁质、多血质、黏液质和抑郁质这四种气质类型是典型的气质类型，真正属于这四种气质类型的人并不多，大多数人是介于两种气质类型之间的中间型或混合型。

（三）气质的特征

气质作为一种人格的特征，是表现在人的行为和活动中的，可以从以下五个方面来考察某种气质类型的特性。

（1）感受性和耐受性：感受性是人的感觉器官对外界刺激的感觉能力，它是用感觉阈限的大小来衡量的。耐受性是指神经系统能够忍受外界刺激的强度和持续的时间。感受性高者，很弱的刺激他就能感觉得到，因而他对较强的刺激的耐受性就比较低；相反，感受性低者，较强的刺激他才能感觉得到，因而他对更强的刺激的耐受性就比较高。

（2）反应的敏捷性：反应的敏捷性是神经过程灵活性的外在表现，即反应的快慢，动作、言语、思维、记忆、注意转移的速度等都反映了敏捷性。

（3）可塑性：根据环境的变化改变自己行为，以适应外界环境的可塑程度，它也是神经过程灵活性的表现。

（4）情绪的兴奋性：情绪表现的强弱程度。有的人情绪兴奋性高而抑制能力低；有的人情绪兴奋性低但对情绪的控制能力较强。情绪的兴奋性是神经过程平衡性的表现。

（5）指向性：人的言语、思维和情感常指向于外还是常指向于内，常指向于外者为外向，常指向于内者为内向。指向性和情绪的兴奋性有密切的联系，兴奋性高者外向，兴奋性低者内向。同时，指向性也表明兴奋和抑制哪种过程占优势，兴奋占优势者外向，抑制占优势者内向。

（四）气质类型的外在表现

根据气质的特性和每种气质类型神经过程的特点，不难发现几种典型的气质类型的主要外在表现。

1. 胆汁质

胆汁质的神经过程的特征是强但不平衡。和这种神经过程的特点相适应，胆汁质的人一般是感受性低而耐受性高，他能忍受强的刺激，能坚持长时间的工作而不知疲劳，显得精力旺盛，行为外向，直爽热情，情绪兴奋性高，但心境变化剧烈，脾气暴躁，难于自我克制。

2. 多血质

多血质的神经过程的特点是强、平衡且灵活。和这种神经过程的特点相适应，多血质的人的感受性低而耐受性高；活泼好动，言语行动敏捷，反应速度、注意力转移的速度都比较快，行为外向；容易适应外界环境的变化，善交际，不怯生，容易接受新事物；注意力容易分散，兴趣多变，情绪不稳定。

3. 黏液质

黏液质神经过程的特点是强、平衡但不灵活。和这种神经过程的特点相适应，黏液质的人感受性低而耐受性高，反应速度慢，情绪兴奋性低但很平稳；举止平和，行为内向；头脑清醒，做事有条不紊，踏踏实实，但容易循规蹈矩；注意力容易集中，稳定性强；不善言谈，交际适度。

4. 抑郁质

抑郁质的神经过程的特点是弱，而且兴奋过程更弱。和这种特点相适应，抑郁质的人感受性高而耐受性低；多疑多虑，内心体验极为深刻，行为极端内向；敏感机智，别人没有注意到的事情他能注意得到；胆小孤僻，情绪兴奋性弱，寡欢，爱独处，不爱交往；做事认真仔细，动作迟缓，防御反应明显。

既然上述四种气质类型是典型的类型，大多数人是中间型的或混合型的，所以，不要对任何人都对号入座，应该从实际出发，认真分析，区别对待。感受性低者，较强的刺激他才能感觉得到，因而他对更强的刺激的耐受性就比较高。

三、如何看待气质类型

（一）气质的稳定性与可塑性

气质类型是由神经过程的特点决定的，而神经过程的特点主要是先天形成的，所以，遗传素质相同或相近的人气质类型也比较接近。一个人的气质类型在一生中是比较稳定的，但又不是不能变化的。如果在童年时期生活条件极为恶劣，或者在成年时期遇到了重大的生活事件，可以导致人的气质的变化。但是，这种变化过程是很缓慢的，甚至当条件适宜的话，原来的面貌还会得到恢复。所以，有人说气质的变化可能只是一种被掩盖的现象，江山易改，禀性难移就是这个道理。

（二）气质类型没有好坏之分

气质仅使人的行为带有某种动力的特征，就动力特征而言无所谓好坏；同时，每一种气质类型都有其积极的方面，也都有其消极的方面，没法比较哪一种气质类型更好。例如，胆汁质的人精力旺盛，热情豪爽，但脾气暴躁；多血质的人活泼敏捷，善于交往，但却难于全神贯注，缺乏耐心；黏液质的人做事有条不紊，认认真真，但却缺乏激情；抑郁质的人非常敏锐，却容易多疑多虑。气质对一个人来说没有选择的余地，重要的是了解自己，自觉地发扬自己气质中的积极方面，努力克服气质中的消极方面。

（三）气质类型不决定一个人成就的高低，但能影响工作的效率

气质类型并不能决定一个人成就的高低，这在现实生活中有大量的事例，不胜枚举。例如，科学家、文学家、诗人、社会活动家郭沫若大概是属于多血质的，数学家陈景润却是属于抑郁质类型的。俄国著名文学家中，普希金是胆汁质的，赫尔岑是多血质的，克雷洛夫是黏液质的，果戈理是抑郁质的。可见，气质类型不决定一个人智力发展的水平，也不会决定一个人成就的大小。

但是，社会实践的领域众多，不同领域的工作对人的要求是不同的，有的气质类型适合于这一类的工作；有的气质类型适合于另一类的工作。在因事择人（人事选拔）或因人择事（选择职业）的时候，都应该考虑自己的气质类型对工作的适宜性。例如，多血质的人宜于从事环境多变，要求作出迅速反应，交往繁多的工作。难于从事较为单调，需要持久耐心的工作；黏液质的人则相反，他们适合于从事耐心细致，相对稳定的工作。如果一个人的气质类型正好适合工作的要求，他会感到工作得心应手，对工作有浓厚的兴趣。如果不考虑气质类型对工作适宜性，将会增加心理负担，给人带来烦恼，也会影响工作的效率。

（四）气质类型影响性格特征形成的难易和对环境的适应

性格主要是在后天生活环境中形成的，它包含着多种特征。不同气质类型的人在形成这些性格特征的时候有些比较容易，有些就比较难。例如胆汁质的人容易形成勇敢、果断、坚毅的性格特征，但却难于形成善于克制自己情绪的性格特征。多血质的人容易形成热情好客，机智开朗的性格特征，却难于形成耐心细致的性格特征。

环境是在不断变化的，遇到变化的环境，一个人怎样应付，能否自如，这是对一个人适应环境能力的检验。一般来说，多血质的人机智灵敏，容易用很巧妙的办法应付环境的变化；黏液质的人常用克己忍耐的方法应付环境，也能达到目的；胆汁质的人脾气暴躁，在不顺心的时候容易产生攻击行为，造成不良的后果；抑郁质的人过于敏感，比较脆弱，

容易受到伤害，感受到挫折。后两种类型的人适应环境的能力都不强。

（五）气质类型能影响健康

心身医学告诉人们，心理和身体是相互联系，相互影响，相互制约，相互转化的。所谓健康，不仅是没有疾病、不衰弱，而是在生理、心理和社会适应方面有良好的状态。这说明心理在维护健康中的作用。一般来说，积极愉快的情绪能够提高人的大脑和神经系统的活动能力，增强人对生活和工作的兴趣和信心；消极不良的情绪会使人的心理活动失去平衡，甚至会造成身体器官及其生理生化过程的异常。

由于不同气质类型的人情绪兴奋性的强度不同，适应环境的能力不同，这会直接影响到人的健康。一般来说，气质类型极端的人情绪兴奋性或太强或太弱，适应环境的能力也比较差，容易影响到身体的健康。对这种极端类型的人应该给予特别的照顾，具有极端气质的人也应该学会更好地保护自己，尽量避免强烈的刺激和大起大落的情绪变化。

单元三 性 格

一、性格的定义

性格是一个人在对现实的稳定的态度和习惯化了的行为方式中表现出来的人格特征。

态度是一个人对人、物或思想观念的一种反应倾向性，它是在后天生活中习得的，由认知、情感和行为倾向三个因素组成。一个人对现实的态度表现在他在生活中追求什么，拒绝什么，即表现在他都做了些什么上面，而一个人怎样去做则表明了他的行为方式。

一个人对现实的稳定的态度决定了他的行为方式，而习惯化了的行为方式又体现了他对现实的态度。性格是在社会生活实践中逐渐形成的，一经形成便比较稳定，它会在不同的时间和情况下表现出来。性格的稳定性并不是说它是一成不变的，性格也是可塑的。性格是在生活中形成的，一个人生活环境的重大变化，也一定会带来他性格特征的显著变化。

性格不同于气质，它受社会历史文化的影响，有明显的社会道德评价的意义，直接反映了一个人的道德风貌。所以，气质更多的体现了人格的生物属性，性格则更多的体现了人格的社会属性，个体之间的人格差异的核心是性格的差异。前苏联心理学界习惯于区分气质和性格，强调它们之间的性质不同；西方心理学界则更多地看到它们在行为中的融合，即强调它们之间的共同性。尽管如此，大家都把气质和性格看做是人格的组成部分，这一点是没有分歧的。

二、性格的结构

客观事物是多种多样的，人们对客观事物的态度及行为方式也会是各不相同的。性格在一个人身上表现出来的是一个有机的整体，但为了仔细地了解性格，又可以把它分解为不同的方面。一般来说，可以从性格的组成部分来分解性格，这就是性格的静态结构；还可以从性格结构的几个方面的联系上，从不同的生活情景中来考察性格，这就是性格的动态特征。

（一）性格的静态特征

从组成性格的各个方面来分析，可以把性格分解为态度特征、意志特征、情绪特征和理智特征 4 个组成成分。

1. 性格的态度特征

性格的态度特征主要指的是一个人如何处理社会各方面的关系的性格特征，即他对社会、对集体、对工作、对劳动、对他人以及对待自己的态度的性格特征。性格的态度特征，好的表现是忠于祖国、热爱集体、关心他人、乐于助人、大公无私、正直、诚恳、文明礼貌、勤劳节俭、认真负责、谦虚谨慎等等；不好的表现是没有民族气节、对集体和他人漠不关心、自私自利、损人利己、奸诈狡猾、蛮横粗暴、懒惰挥霍、敷衍了事、不负责任、狂妄自大等。

2. 性格的意志特征

性格的意志特征指的是一个人对自己的行为自觉地进行调节的特征。按照意志的品质，良好的意志特征是有远大理想、行动有计划、独立自主、不受别人左右；果断、勇敢、坚忍不拔，有毅力、自制力强；不良的意志特征是鼠目寸光、盲目性强，随大流，易受暗示、优柔寡断、放任自流或固执己见、怯懦、任性等等。

3. 性格的情绪特征

性格的情绪特征指的是一个人的情绪对他的活动的影响，以及他对自己情绪的控制能力。良好的情绪特征是善于控制自己的情绪，情绪稳定，常常处于积极乐观的心境状态；不良的情绪特征是事无大小，都容易引起情绪反应，而且情绪对身体、工作和生活的影响较大，意志对情绪的控制能力又比较薄弱，情绪波动，心境又容易消极悲观。

4. 性格的理智特征

性格的理智特征是指一个人在认知活动中的性格特征。如认知活动中的独立性和依存性：独立性者能根据自己的任务和兴趣主动地进行观察，善于独立思考；依存性者则容易受到无关因素的干扰，愿意借用现成的答案；想象中的现实性：有人现实感强，有人则富于幻想。思维活动的精确性：有人能深思熟虑，看问题全面。有人则缺乏主见，人云亦云或钻牛角尖等。

（二）性格的动态结构

上述性格静态特征的几个方面并不是相互分离的，而是彼此关联，相互制约，有机地组成一个整体的。一般来说，性格的态度特征是性格的核心，而且对社会、对集体的态度又是最为重要的态度，因为态度直接表现出了一个人对事物所特有的、比较恒常的倾向，同时它也决定了性格的其他特征。例如，一个对社会、对集体有高度责任感的人，他对工作、对学习也一定是认真负责、兢兢业业的，他对别人也会是诚恳、热情的，对自己也是能严格要求的。这一点告诉我们，在分析一个人的性格时，一定要抓住他的性格的主要特征，由此可预见到他的其他的性格特征。另外，性格的各种特征并不是一成不变的机械组合，常常是在不同的场合下会显露出一个人性格的不同侧面。鲁迅先生既“横眉冷对千夫指”，又“俯首甘为孺子牛”，充分表现了他性格的完美，又说明了性格的丰富性和统一性。

单元四　能　力

一、能力概述

（一）能力的定义

能力是顺利、有效地完成某种活动所必须具备的心理条件，是人格的一种心理特征。

例如，音乐能力需要具备灵敏的听觉分辨能力、音乐的想象力、记忆力和音乐的感染力等心理条件，不具备这些心理条件就难于从事音乐活动，也就是不具备音乐能力。一个人可能不具备顺利有效地完成音乐活动的心理条件，但他具备从事美术活动的心理条件，有敏锐的视觉辨别能力和观察力，有良好的形象记忆和形象思维能力，他能够顺利有效地完成美术活动，因而具有美术能力。所以，能力是和完成某种活动相联系的人格心理特征，离开了具体的活动或任务的抽象的能力是没有的。

有一些心理条件是从事某一活动所必需的，敏锐的听觉是音乐能力所必需的；敏锐的视觉又是美术能力所必需的。但是，也有一些心理条件是从事任何一种活动都必须具备的，像观察力、记忆力、思维力、想象力等。缺乏这些心理条件从事任何活动都有困难。把从事任何活动都必须具备的最基本的心理条件，即认识事物并运用知识解决实际问题的能力称为智力。在组成智力的各种因素中，思维力是支柱和核心，它代表着智力发展的水平。正常发展的智力是人从事任何一种实践活动的基本条件。

(二) 能力与知识、技能的关系

知识是人类社会历史经验的总结和概括；技能是通过练习而获得和巩固下来的，完成活动的动作方式和动作系统。

能力不是知识和技能. 但和知识、技能有着密不可分的联系。能力是掌握知识技能的前提，没有某种能力难于掌握相关的知识和技能；能力决定着掌握知识技能的方向、速度、巩固的程度和所能达到的水平。例如，没有音乐能力不能顺利掌握音乐的知识和技能，音乐能力比较低，想在音乐上取得优异成绩是比较困难的。如果两个人掌握了同等水平的知识和技能，也不能说他们的能力是相同的。因为两个人可能年龄不同，从事这种知识技能学习的时间不同，或者两个人知识经验的基础不同，达到同样的知识技能水平所需要付出的努力也不同，所以，不能简单地用知识技能当做标准来比较人们的能力高低。从另一方面来说，在掌握知识技能的过程中，也会促进相应能力的发展，所以能力和知识技能又有密切的联系。

(三) 能力的分类

1. 能力、才能和天才

按照能力发展的高低程度，可把能力分作为能力、才能和天才。顺利完成某种活动所需要的心理条件是能力；具备了能力所需要的各种心理条件称为才能；一个人不仅具有才能，而且能力所需要的各种心理条件达到了完美的结合，又给人类做出了杰出的贡献称为天才。

2. 一般能力和特殊能力

按能力的结构可把能力分为一般能力和特殊能力。一般能力即平常所说的智力，是指完成各种活动都必须具有的最基本的心理条件；特殊能力是指从事某种专业活动或某种特殊领域的活动所表现出来的那种能力，如音乐能力、美术能力、数学能力、写作能力等。

3. 认知能力、操作能力和社会交往能力

按能力所涉及的领域来划分，可把能力分为认知能力、操作能力和社会交往能力。认知能力是获取知识的能力，也就是平常所说的智力；操作能力是支配肢体完成某种活动的能力，如体育运动、艺术表演、手工操作的能力；社交能力是从事社会交往的能力，如与人沟通的言语交往和言语感染力、组织管理能力、协调人际关系的能力等等。

4. 模仿能力、再造能力和创造能力

按创造程度划分可把能力分为模仿能力、再造能力和创造能力。模仿能力是指仿效他人的言谈举止而做出与之相似的行为的能力；再造能力是指遵循现成的模式或程序掌握知识技能的能力；创造能力是指不依据现成的模式或程序，独立地掌握知识和技能，发现新的规律，创造新的方法的能力。

二、能力发展的个体差异

（一）能力发展水平的差异

能力发展水平有高低的差异，但就全人类来说，能力的个体差异呈正态分布。如果用斯坦福—比奈智力量表来测量一个地区全部人口的智商，那么，智商在100±16范围内的人占全部人口的68.2%；智商在100±32范围内的人占全部人口的95.4%；智商高于132和低于68的人只占极少数。也就是说智商的分布是两头小，中间大。智力的高度发展称为智力超常，一般把智商高于140的儿童称为超常儿童，这类儿童大约占全人口的1%；智力远低于中等水平称为智力落后，一般把智商低于70的儿童称为弱智儿童，这类儿童大约占全人口的3%。智力水平的高低并不是一个人成就大小的唯一决定因素。智商高成就低或智商较低成就较高的例子并不少见，智力水平是一个人创造成就的基本条件，但是，除智力水平这一条件之外，机遇和一个人的人格品质也是极为重要的条件。很难设想一个懦弱的人会有克服重重困难争取胜利的毅力。

（二）能力类型的差异

不同的人在能力的不同方面上所表现出来的差异也是很大的，这包括感知觉能力、想象力，以及特殊能力方面的明显差异。例如，有的人听觉灵敏，有的人视觉发达；有的人记忆力强，有的人想象力强；有的人善于分析，有的人善于综合；有的人音乐能力强，有的人乐于绘画等。

（三）能力发展早晚的差异

有的人很小就表现出非常的聪明，能作曲，能写诗，有极高的运算能力，人们常把这种儿童称为“神童”；有的人则大器晚成，到了中年甚至老年才创造出成果。大器晚成比较坎坷，也可能是因为成果的创造需要长期的准备和积累。

单元五　人格理论

一、人格结构的动力理论——弗洛伊德的人格结构理论

弗洛伊德是奥地利精神病医生，精神分析学派的创始人。他把人格结构分为三个层次，即本我、自我、超我。

本我位于人格结构的最底层，是人的原始的无意识本能，特别是性本能组成的能量系统，包括人的各种生理需要。它寻求直接的满足，而不顾社会现实是否有实现的可能，遵循快乐原则。超我位于人格结构的最高层次，由社会规范、伦理道德、价值观念内化而来，是个体社会化的结果。它遵循道德原则，是道德化了的自我，起着抑制本我冲动、对自我进行监控以及追求完善境界的作用。自我位于人格结构的中间层次，是在本我的冲动与实现本我的环境条件之间的冲突中逐渐发展起来的。它在本我和超我之间起着调节的作用，一方面要尽量满足本我的要求，另一方面又受制于超我的约束。它遵循的是现实性的原则，如图 8-1 所示。

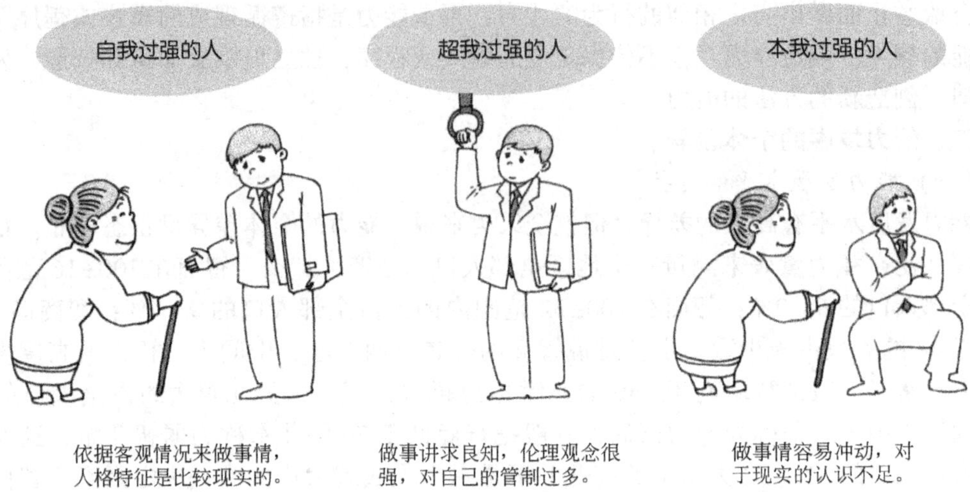

图 8-1　弗洛伊德的人格理论

（资料来源：《图解心理学》．［日］深崛元文著，侯铎译．海口：南海出版社，2010 年 5 月第一版，第 93 页）

人格结构中的三个层次相互交织，形成一个有机的整体。它们各行其责，分别代表着人格的某一方面：本我反映人的生物本能，按快乐原则行事，是“原始的人”；自我寻求在环境条件允许的条件下让本能冲动能够得到满足，是人格的执行者，按现实原则行事，是“现实的人”；超我追求完美，代表了人的社会性，是“道德的人”。当三者处于协调状态时，人格表现出一种健康的状况；当三者发生冲突无法解决的时候，就会导致心理的疾病。

二、人格结构的类型理论——荣格的内—外向人格类型理论

人格类型理论是按照某些标准或特性，将人划分成几种不同的类型，每一种类型的人有相似的人格特征，不同类型的人的人格特征是有差异的。一个人属于某一种类型，而不能是另一种类型。人格类型的理论有多种，较为著名的是瑞士新精神分析学家荣格在《心理类型理论》一书中提出的内—外向人格类型理论。

荣格认为，一个人的兴趣和关注可以指向内部，也可以指向外部，指向内部叫内向；指向外部叫外向，而且每个人都有内向和外向两种特征。根据一个人是内向还是外向占优势，可将人格分为内向型的和外向型的。内向型的人格特点是心理活动常指向自己的内心世界，好沉思，谨慎、多虑，爱独处，交际面较窄，有时难以适应环境的变化。外向型人格特点是关心外部事物，活泼开朗，不拘小节，善交际，情感外露，独立、果断，容易适应环境的变化。极端内向或外向的人很少，多为中间型的。

荣格的人格类型学说虽然过于简单，但比较切合实际，也容易了解使用，所以流传广泛，影响较大。

三、人格特质理论——奥尔波特、卡特尔、艾森克人格待质理论和人格五因素模型

特质理论把特质看做是决定个体行为的基本特性，是构成人格的基本元素，也是评价人格的基本单位。特质论的心理学家用一些基本的特质来描述一个人的人格，每一种特质都有两个对立的特性，例如粗心和细心，善交际和爱独处，都是一种特质的两个极端。两端联系起来构成一个变化的维度，每一个人在这个维度上都占据一定的位置。如一个人具有多种人格特质，在每一种人格特质变化的维度上又有固定的位置，各人之间就会有很大的差别。

人格的类型理论是很古老的，但它比较粗糙一些，特质理论相对比较精细，所以，目前特质理论比较盛行。以下介绍的是特质理论的创始人奥尔波特的人格特质理论，以及具有代表性的、影响比较大的几种人格特质理论，如卡特尔的、艾森克的和近期发展起来的人格的五大或五因素模型。

(一) 奥尔波特的特质论

美国心理学家奥尔波特是人格特质理论的创始人。他认为特质构成人格的基本元素是人以一种特殊方式做出反应的倾向，它以“人的神经心理系统”为基础，虽然不能直接观察到，但可以通过人的行为加以证实。特质之间具有相对的独立性，特质既可以是某个个体所具有，也可以为某个群体所具有，即任何特质都是独特性和普遍性的统一。

奥尔波特把人格特质分为两类，即共同特质和个人特质。共同特质是同一文化形态下的人们所共有的、相同的特质；个人特质是个人所独有的特质，它代表着个体之间的人格差异。找出适合一类人的特质，即共同特质是重要的；而有些特质又是个人所特有的，所以个人特质也是应该确定的。

个人特质因其在生活中表现的范围不同，奥尔波特又将其分为三类，即首要特质、中心特质和次要特质。首要特质是影响个体各方面行为的特质，它表现了一个人生活中无时不在的倾向，个人的每个行为都受它的影响。因此它是一个人最典型，最具概括性的特质，它在人格结构中处于支配的地位，但其数量不多。例如，在罗贯中笔下，忠君和足智多谋是诸葛亮的首要特质；权欲熏心和奸诈狡猾则是曹操的首要特质；在莎士比亚笔下，吝啬是葛朗台的首要特质，因为这种行为倾向表现在他们生活的各个方面。中心特质是决定一个人的一类行为而不是全部行为，能够代表一个人的主要行为倾向的特质，表现出这些特质的情景要比表现出首要特质的情景有限，即它所起的作用比首要特质要小一些。例如，清高、才华出众、沉着冷静、温文尔雅是诸葛亮的中心特质；狠毒、无情无义、诡计多端、猜疑妒忌则是曹操的中心特质。次要特质是只在特殊场合下才表现出来的，个体的一些不太重要的特质，它所起的作用比中心特质更小。例如，一个人在工作中可能很有魄力，但在对待家务事上却没有主张。

奥尔波特还提出，健康人格应该具有六个特点：

(1) 自我广延的能力，即有很广的活动范围，有很多朋友和爱好，积极参与各种社会活动。

(2) 与他人热情交往的能力，富有同情心而没有占有欲和嫉妒心，能容忍别人和自己在价值观上的差异。

(3) 情绪上的安全感和自我认同感，能容忍冲突和挫折，经得起不幸，对自己保持良好的形象和乐观的态度。

(4) 具有现实性知觉，能实事求是地看待事物，是“明白人”而不是“糊涂人”。

(5) 具有自我客观性，知道自己有什么、缺什么，理解真正的自我和理想的自我之间的差距，也知道别人如何看待自己。

(6) 有一致的人生哲学，为一定的目的生活，有一种主要的愿望，能对自己的行动产生创造性的推动力。

(二) 卡特尔的人格特质理论

卡特尔是英国心理学家，后来应邀到美国讲学和从事心理学的研究工作而迁居美国。卡特尔也把特质视为人格的基本要素，并用因素分析的方法对人格特质进行了分析，提出了一个基于人格特质的理论模型。卡特尔认为，在构成人格的特质中包括共同特质和个别特质。共同特质是一个社区或一个集团的成员所具有的特质；个别特质是某个人所具有的特质。共同特质在个别人身上的强度和情况并不相同；在同一个人身上也随时间的不同而各异。卡特尔还把人格特质分为表面特质和根源特质。表面特质是通过外部行为表现出来，能够观察得到的特质；根源特质是人格的内在因素，是人格结构中最重要的部分，对人的行为具有决定作用，即是一个人行为的最终根源。表面特质是从根源特质中派生出来的，每一种表面特质都源于一种或多种根源特质；一种根源特质可以影响多种表面特质，所以根源特质使人的行为看似不同，却具有共同的原因。尽管每个人所具有的根源特质相同，但其程度并不相同。一个人身上根源特质的数量或强度会影响他各个方面的表现。卡特尔还提出，有些特质是关于人格的动力的，它们是促使人朝着一定目标去行动的动力特质，这些特质是人格中的动力因素。

经过多年研究，卡特尔找出了 16 种相互独立的根源特质，并据此编制了“16 种人格因素调查表”。卡特尔认为每个人身上都有这 16 种人格特质，只是表现的程度上有差异。用这个调查表所确定的人格特质，可以预测一个人的行为反应。

(三) 艾森克的人格结构维度理论

艾森克出生于德国，受纳粹上台的影响，18 岁就到了英国，从事心理学的学习和研究工作。艾森克在对人格的研究中，将因素分析的方法和经典的实验心理学方法结合起来，使对人格的认识更进了一步。他反对把人格定义抽象化，认为“人格是生命体实际表现出来的行为模式的总和。”他发现，虽然可以区分出用以描述人格的特质，但却很难找出绝对独立的特质来，因为一些特质是连续变化的，它们之间存在着一定的联系。所以艾森克主张用特征群，而不是散在的特质去描述人格，也因此他主张采用类型的概念。不过，艾森克所谓的类型，实际上指的是更高层次上，或更具一般性的特质，这个更一般性的特质包含了一个特质群。因此，艾森克还是一个特质论的心理学家，但他把人格的类型模式和特质模式有机地结合起来，充分发挥了两种模式的特点，使得对人格的描述能够更加全面、更加系统，也更加富有层次性。

艾森克把许多人格特质归结到几个基本的维度或类型上。最初发现的是两个主要的人格维度，即内外倾和神经质，后来又找到第三个人格维度，即精神质。用艾森克的这三个人格基本维度的首写字母 E（extraversion，外倾质）、N（neuroticism，神经质）和 P（psychoticism，精神质），缩写为 PEN，表示艾森克的人格三维度模型。艾森克及其夫人还一起编制了艾森克人格问卷（EPQ），专门用于测定这三个基本特质维度的个体差异。

在内外倾这一维度上，具有典型外倾人格的人好交际、喜欢聚会，他们有许多朋友，需要与人交谈，不喜欢独自看书和学习。典型内倾的人则是安静的、不与人交往，只有少数知音。而且内倾者具有比外倾者更高的皮层唤醒水平，因而外倾者需要高强度的刺激以提高他们的唤醒水平；内倾者则需要寻求独处或没有刺激的环境，以防止进一步提高唤醒水平造成心神不定。当然，大多数人都位于两极之间，只不过每个人在某一特质上可能多些或者少些。

在神经质这一维度上，不稳定的人常对微小的挫折和问题产生强烈的情绪反应，而且事后又需要长时间才能平静下来，他们更容易激动、发怒和沮丧。稳定的人在情感上很少有动摇不定的时候，他们也更容易从困境中摆脱出来。精神质独立于神经质，但不是指的精神病。在精神质这一维度上得分高的人是自我中心的、攻击性的、冷酷的、缺乏同情的、冲动的、对他人不关心的，并且经常不关心别人的权力和福利。得分低的人则相反，表现为温柔、善良等特点。一个人的精神质表现程度明显，容易导致行为异常。

艾森克用内外倾和神经质这两个维度作为坐标轴，构成的一个直角坐标系。这个坐标中涵盖了各种人格特质。各种特质是相互独立的，因此，在一个维度上得高分的人，在另一个维度上既可以得高分，也可以得低分。每个维度上不同程度表现的结合，又构成了四种不同类型的人格，这四种类型正好对应于坐标的四个象限。有趣的是，艾森克划分出来的四种人格类型，正好和希波克拉底的四种气质类型相吻合。艾森克和巴甫洛夫的理论都支持了四种气质类型的划分，说明四种类型的划分是比较符合实际的。

（四）人格五因素模型

奥尔波特、卡特尔和艾森克分别提出了各不相同的人格特质理论。在他们之后的人格特质理论的心理学家们，又通过因素分析的方法陆续提出了一些理论，但在基本特质的单元或基本特质的分类上并没有取得共识。而人格特质理论的心理学家认为，如果能够找到人格的基本维度，那将是人格心理学的一个转折点。

20 世纪 80 年代，科斯塔和麦克雷提出，特质在很大程度上是遗传的，十分相似的因素可在许多不同的语言和文化中找到。他们提出了一个人格的五大或五因素模型（five—factor model，FFM）。而且编制了一个测量五因素的工具，即 NEO 人格调查表。

人格的五因素包括神经质（N）、外倾性（E）、经验开放性（O）、宜人性（A）和认真性（C）。

人格五因素模型得到了许多支持者提出的越来越多的证据，例如，各因素在不同的文化中有较大的一致性，即各种语言中都有专门的词汇来描述它们。在进行评定的时候，自我等级评定和他人的评定，在所有五个因素上都有很大的一致性。一些动机、情感和人际行为的表现，以及一些人格障碍的诊断，也显示了和五因素模型有密切的关系。所有这些研究成果都向我们表明，个体之间的差异有望从五个人格因素上加以说明。人格五因素模型虽然还有许多需要进一步探讨的问题，还需要有更多的证据，但它推动了特质心理学的研究，使其又一次成为研究的热点，呈现出一派生机勃勃的景象。

单元六　人格成因

人格是怎样形成的？当代心理学家的共识是：人格是在遗传与环境交互作用下逐渐形成的。

一、生物遗传因素

遗传因素主要指的是一个人的素质或称为天赋，即一个人生来具有的解剖生理特点，包括他的感觉器官、运动器官及神经系统构造和机能的特点。素质是能力发展的自然基础和前提，例如，先天盲的人是没法成为画家的；先天聋的人是没法成为音乐家的。关于遗传因素对能力发展影响的研究，早期最有影响的是英国学者高尔顿进行的研究。高尔顿用的是谱系调查的方法，他选了977位名人，考察了他们的谱系，再与普通人家来比。结果发现，名人组中，父辈是名人的子辈中的名人也多；普通人组中，父辈没名人，子辈中只有一个名人。他根据一系列这样的研究得出结论说，遗传是能力发展的决定因素。这种研究的漏洞就在于谱系只说明了遗传因素对能力发展的影响，但没法排除环境因素的影响。利用双生子所进行的研究比较有说服力，因为同卵双生子的遗传素质相同，他们能力上的差异可以看做是环境因素造成的；异卵双生子的遗传素质不同，他们能力上的差异既有遗传的因素也有环境因素的作用。可以根据遗传因素和环境因素造成的能力上的差异，计算在能力发展上遗传力作用的大小。许多国家，包括我国的某些地区用这种方法对遗传力所做的估计，其数值大约在0.35~0.65之间。这一结果说明遗传对能力发展的影响并不是很大的。

二、社会环境因素

利用养子养女与亲生父母和养父母能力发展的关系，来研究环境因素对能力发展的影响是一种较好的方法。因为养子进入收养家庭就等于换了一个环境，长大后的养子与生父母、养父母，及其在原来家庭长大的兄弟姐妹之间能力发展上的相关与差别，说明了环境因素对能力发展的作用。

遗传决定了能力发展可能的范围或限度，环境则决定了在遗传决定的范围内能力发展的具体程度。研究表明，遗传潜势不同的人，在不同的环境中，其能力发展会有不同的情况。遗传潜势较好的人，能力发展可塑的范围大，环境的影响也大。例如，在环境差的条件下，他们的智商发展可能只有150~160；而在良好的环境条件下，他们的智商可能发展到180左右。遗传潜势差的人，他的遗传条件限制了他的智力发展的可能，环境能够起到的作用也比较小。

环境包括儿童正常发育的条件，儿童的家庭以及他所处的社会环境。儿童正常发育的基本条件是营养。儿童身体的各个器官和神经系统都处在不断成长的过程中，出生前后如果缺乏营养，必将影响身体器官和脑的发育，也必将影响智力的正常发展。疾病和药物也是影响儿童发育的重要条件。不仅儿童本身的疾病会影响其身体的正常发育，而且母亲怀孕期间患病和服用药物，也会对胎儿造成严重的损害。环境因素还包括环境的刺激，如母亲对孩子科学的哺育和爱抚，家人和其他人，特别是母亲与孩子的交往，适宜的玩具和丰富变化的环境等都对儿童的智力发展有重要的影响。早期的环境影响更为重要，脱离人类社会在动物哺养下长大的孩子，即使回到人类社会，其智力发展也难以达到正常人的水平。

三、教育的因素

学校教育是对儿童进行的有计划、有组织的影响，这种影响不仅是让儿童掌握知识和技能，而且还要发展儿童的能力，培养他的健全的人格。外界的条件是通过儿童自身的活动才发生作用的，因此，儿童的人格，他的意志品质，他对知识的兴趣，以及他的主观努力，都会影响到他的能力的发展。发达的社会经济条件，丰富的社会文化生活是能力发展的肥沃土壤，和谐的家庭氛围是能力发展的基石，而教育则是能力发展的关键。

四、自我调控因素

上述因素体现的是人格培养的外因，而外因是通过内因而起作用的。人格的自我调控系统就是人格发展的内部因素。人格调控系统是以自我意识为核心的。自我意识是人对自身以及对自己同客观世界的关系的意识，具有自我认识、自我体验、自我控制三个子系统。自我调控系统的主要作用是对人格的各个成分进行调控，保证人格的完整统一与和谐。它属于人格中的内控系统或自控系统。

具有自知的人，它能够客观地分析自己，不会把遗传或生理方面的局限视为阻碍个人发展的因素，而会有效地利用个人资源，发挥个人长处，努力地改善自己和完善自我。健康的人格是自我的内在和统一。认识自我、愉快的接纳自我、延伸自我和创造自我，这些就是健康人格的四部曲。人是在发展中求生存的。自我调控具有创造的功能，它可以变革自我、塑造自我、不断完善自我，将自我价值扩展到社会中去，并在对社会的贡献中体现自己的价值，把实现自我的个人价值变为实现自我的社会价值。人的自我塑造伴随着人的一生，需要一个人不懈地努力去完成。

综上所述，人格是先天和后天的综合体，是遗传与环境交互作用的结果。在人格的形成过程中，各个因素对人格的形成与发展起到了不同的作用。遗传决定了人格的发展可能性，环境决定了人格的现实性，其中教育起到了关键性的作用，自我调控系统是人格发展的内部决定因素。

生活中的心理学

性格是健康的导航仪

当心情开朗时，会觉得神清气爽，身体里充满了力量，而当遇到烦心的事而焦躁忧郁时，身体也常常出现一些莫名其妙的病痛，如头痛、胃痛等。这是因为，情绪的变化会引起生理上的变化，因此我们就会出现不同的身体感觉。除了情绪，性格也能影响一个人的健康状况。

性格对人的心理健康有非常明显的影响，关于性格与心理健康的关系，国内外的医学家和心理学家根据心理特质将人的性格划分为A、B、C、D、E五个类型，并指出了不同类型人的性格特点和健康特点：

A型性格：有强烈的竞争心理，脾气急躁。以快节奏、高效率、强竞争力，以及强烈的好胜心为外显特征。临床发现，A型性格的人容易患上冠心病、中风、脑血管疾病、消化道溃疡等疾病。

B型性格：遇事从容不迫，工作条理性较强，生活态度轻松愉快，积极乐观。B型性格的人很少有心理疾患，他们能从容不迫地应对现实生活中的人和事，即使患病也容易痊愈，并且B型性格的人比较长寿。

C型性格：多数性格内向，长期抑郁而又不善于表达，逆来顺受，情绪抑郁，好生闷气，极小的生活事件便可以引起焦虑不安，心情总是处于紧张状态；压抑怒气，往往为取悦别人而取消自己的需要。C型性格的人由于抑郁心理打乱了体内环境的平衡，干扰免疫监控系统的功能，无法及时清除异常突变细胞，因此C型性格的人患癌症的危险性比一般人高3倍。

D型性格：性格外向乐观，是行动派，有强烈的控制欲望，在任何环境中都想掌控一切，获取主动，如果没有主导权他会想办法改变或者离开，寻找新的能够担当领导的环境。D型性格的人多易患心脏病和肿瘤。

E型性格：大多情感丰富、善于思索，很少攻击性，他们不善于人际沟通，也很少找别人的麻烦，情绪较为消极，自我评价偏于悲观，生活中点滴小事就可能引起这类人的焦虑，从而产生一系列生理紊乱，例如心悸、头晕、头痛、失眠等症状。因此，E型性格的人最容易患神经官能症。

要点概述

人格是构成一个人思想、情感及行为的特有模式。这个模式包含了一个人区别于他人的一些稳定而统一的心理品质。具有独特性、稳定性、统合性和功能性四个特征。人格包括气质、性格、能力和自我调控系统等。

气质是表现在心理活动的强度、速度、灵活性与指向性等方面的一种稳定的心理特征，反映了人的自然属性，没有好坏之分。性格是表现在人对现实的态度以及与之相适应的习惯化的行为方式中的心理特征，它反映了人的社会属性，因此有好坏之分。

能力是一种心理特征，它是顺利实现某种活动的心理条件。能力的高低影响人的活动效率。能力与知识、技能具有密切的关系。只有广泛迁移的知识和技能才能转化为能力。能力是发展的，能力的发展有一定的趋势，并存在个体差异；能力的差异体现在发展水平的差异、表现早晚的差异以及性别的差异。能力的形成与发展受遗传、环境、教育、实践活动和主观能力的影响。

复习思考题

8-1　心理学家是如何界定人格的，人格有哪些特性？
8-2　什么是气质，什么是性格？比较它们之间的区别。
8-3　结合所学的人格特质的种类，剖析个人的人格特质的表现。
8-4　分析自己属于哪种人格类型，如何扬长避短？
8-5　影响人格形成与发展的因素有哪些？他们对人格形成的作用是什么？
8-6　结合所学内容，想想应该怎样完善自己的人格？
8-7　什么是能力，能力与知识、技能有什么关系？
8-8　遗传、环境与教育对能力起什么作用，怎样发挥主观因素在能力发展中的作用？
8-9　分析自己的能力特点，在今后发展中如何更有效地发展自己的能力？

第九章　人的毕生心理发展

人的一生经历着无数的变化。从婴儿成长为儿童，又从儿童成长为青少年、成年和老年。其中有的变化很明显，有的变化是潜在的、微妙而难以觉察的。生活中的这些变化组成了人生的轨迹，并对人的一生产生影响。发展心理学将帮助人类学会如何成功的成长。

单元一　毕生的发展阶段

纵观人的一生，不管是在生理上还是在心理上都会经历无穷无尽的变化。而发展心理学，正是一门研究人从出生到死亡的整个过程中所发生的心理和生理，以及意识和行为上变化的学科。

发展心理学是在儿童心理学的体系框架上扩展而来。儿童心理学研究儿童从小到大心理、智慧、能力、人格等方面的发展规律。探讨生物因素和社会环境因素在心理发展中起着怎样的作用；婴幼儿时期的养育条件对以后智慧和社会适应性的发展有什么影响；为什么不恰当的教育实施会导致儿童学习和智力上的弱势；承认与社会的疏忽对青少年产生哪些不良后果。凡此种种，随着儿童年龄的增长而发生的各种变化，其规律性是什么。发展心理学因而从个体心理发展方面构成心理学基础理论的一部分，并指导着教育教养实践。

随着科学技术的进步，世界青年更多的寻求独立性和探索自身发展的途径；中年在创业中承担着超重的工作负荷与生活压力；人类健康水平的提高，许多国家进入老年社会，日益明显地出现了老年特有的境遇和心理需求等问题。依据这一趋势儿童心理学的研究领域得到扩展，而发展心理学已不是儿童心理学的同义语，它成为一门研究个体毕生心理发展的学科。

一、生命的各个时期

人的发展主要在生理、认知、语言和社会的关系几个方面，既是一个连续不断的发展过程，又是一个可以分成若干阶段的发展过程，是连续性和阶段性的统一。个体发展到一定的年龄阶段，应该表现出与个体年龄相符合的行为特征。这种社会期待性的行为标准称为发展任务。现代发展心理学将人的一生按年龄分为八个发展阶段，这种划分是相对的：

（1）胎儿期：从受精卵形成一直到40周左右胚胎发育成熟这一段时期。主要是生理发展。

（2）婴幼儿期：0~3岁为婴幼儿期，身体成长和动作发展，社会依附性和亲子关系，初步认知。

（3）儿童早期3~6岁为幼儿期，这一时期是人发育的第一个高峰期，重在发展人的各种能力。粗大和精细动作发展，创造力、想象力发展，自我意识。

（4）儿童期：6~12岁，小学就读阶段，此时开始进入正轨的学习阶段，重在学习知识及培养好的行为习惯。力量和运动技能发展，有逻辑的具体思维、书面语言、记忆能力发展，自我概念和自尊发展。

（5）青少年期：12~20岁，是从儿童到成人的过渡时期，此时人的生理、心理都会出现较大的变化，为人格和社会观念形成的关键时期。

（6）成年期：20~40 岁，正式走入社会，参与到社会活动中，生理和心理都趋向于成熟。

（7）中年期：40~60 岁，人生大致已经定型，身体开始出现老化现象。

（8）老年期：60 岁以后，身体老化愈加明显，开始出现各种各样的身体病症，面临死亡。

二、影响发展的因素——遗传与环境的作用

发展受到许多因素的影响，其中既有与生俱来的因素，也有经验的作用。影响个体发展的决定性因素是什么？长期以来哲学家和教育家之间有着不同的看法。从古希腊哲学家柏拉图的“天性观”与亚里士多德的“教养论”之争，到 20 世纪结构主义强调遗传，而行为主义强调环境的作用，人们一直关注遗传和环境这两个因素在个体发展中的作用。

遗传因素是指那些与遗传基因联系着的生物有机体的内在因素，包括生理因素。环境因素指个体生存空间中所有可能影响个体的因素。环境因素可以分为两类：一类是生物有机体共有的维持生存所必需的物质环境，如食物营养、地理气候等；另一类是人类社会环境，即人所处的社会生活、教育、工作条件等。关于遗传与环境在个体发展中的作用以及二者的关系，著名儿童心理学家皮亚杰提出了相互作用效应模型。皮亚杰认为，遗传和环境在个体发展中是相互作用的，好的遗传和好的环境相结合导致好的发展结果，而不良遗传和差的环境相结合引起不良的发展结果；如果优越的遗传与贫乏的环境结合或不良的遗传与丰富的环境相结合，可能得到中等的发展结果。

萨米诺夫也主张，遗传与环境在个体发展中的作用是相互影响的。个体一旦开始发展，个体的遗传特性就会受到环境和个体经验的影响，而个体的经验同样也会受到遗传特性的影响。环境影响了遗传特性起作用的方式、程度和途径，而遗传特性影响着环境中某些因素起作用以及作用的方式和程度。

三、发展中的共同规律与个体差异

个体的心理发展具有一定的方向性和顺序性，它总是指向一定的方向并遵循确定的先后顺序，但这种心理发展并不是以相同的速率前进的，而是按不均衡的速率向前推进，也就是个体的心理发展具有不平衡性。一般发展趋势是，从出生到幼儿期属于第一发展加速期，童年期为平稳发展期，青春发育期是第二个发展加速期，成人期处于缓慢发展变化阶段，老年期的心理变化呈下降趋势。

人类心理发展规律又具有普遍性，与此同时，个体心理发展在发展进程、内容、水平等方面又具有千差万别的特殊性。因此，研究个体的心理发展，既要研究人类心理发展的普遍规律，还要研究每个个体心理发展的独特规律，这样才能以辩证的眼光来看待和辨别人类的发展问题。

单元二　身体动作与感知的发展

一、胎儿期的发展

（一）出生前的身体发展

个体的生命始于母亲的受孕，即来自母亲的卵子和来自父亲的精子结合形成受精卵。

受精卵从一个单一的细胞以细胞分裂的方式开始生长，标志着一个个体生命的开始。受精的过程不但决定了个体的性别，同时父母的某些特征也通过受精过程传递个下一代。从受孕到出生，新生命在母体子宫中的时间大约是266天。这一时期有可以分为三个阶段：胚芽期、胚胎期、胎儿期。

在胚芽期内，受精卵从受精的单细胞经过有丝分裂形成一个球形细胞团，并植入子宫内，着床于子宫壁上。这一过程大约需要8~14天。

在胚胎期，胚芽的内层开始分化，形成主要的身体系统：心脏开始搏动，脑部、肾脏、肝脏和消化道的结构已经初步具备，头颅也在第一个月内形成，并分化出眼睛、鼻子、耳朵、嘴以及四肢的肢芽，胎儿与母体连接的生命线——脐带也开始发挥作用，胎儿可以呼吸。到7~8周，性别开始分化，3个月时已经可以区分胎儿的性别。

胚胎期时间并不长，但由于胚胎快速的生长和发展，因此这一时期胚胎最容易受到环境中不利因素的伤害。几乎所有生理发展上的缺陷（唇腭裂、肢体不全、盲、聋）都发生于怀孕的头三个月中。最严重的情况还可导致胚胎无法继续存活而造成流产。

从怀孕8~12周到胎儿出生称为胎儿期。大约在第8周出现第一个骨骼细胞时，胚胎便成为一个胎儿。从第12周起，进入胎儿期。16周后母亲可以感觉到胎动。在这一时期，胎儿开始出现反射；皮肤表面形成，胎儿具有了自己的外形特征；完成身体的各部分发展，身长和体重都大大增加。胎儿从第30周开始，便具备了离开母体生存的可能性。一般来讲，在母体中生活满28周而不足37周的新生儿被称为早产儿。

人脑在胚胎期逐渐形成雏形。胎儿生长到6~7个月时，脑的基本结构已经具备，大脑皮层的6层细胞已经分化出来，大脑皮层表面的沟回开始出现。但从结构上看，此时大脑的神经细胞结构还比较简单，神经纤维短而少，大部分还未髓鞘化。到怀孕9个月时，脑已经拥有了大多数神经元。大脑在子宫中成长时，大约每分钟能产生25万个新的神经元细胞，出生时可达到超过1千亿个神经元细胞。对人类和许多其他哺乳类动物来说，神经元细胞的繁殖和迁移到正确的位置主要是在孕期进行的，而轴突和树突的分支发展主要是出生后发生。

（二）影响胎儿发展的不利环境因素

从受精开始，人的一生都在不断地被环境所塑造。甚至在生育之前，胎儿也受到环境的影响。胎儿生活在母体的子宫中，通过脐带和胎盘从母亲血液中吸取营养，同样也将废物排除。子宫是胎儿生长的小环境，而母亲身体是胎儿生长的大环境。因此，母亲的年龄、营养状况、母体使用的药物、母亲的疾病以及父亲的身体状况等因素都对胎儿有重要的影响。在怀孕头三个月内，上述因素对胎儿的影响尤为明显。

对胎儿生长发育产生致命消极影响的因素

（1）德国麻疹：影响胎儿的眼睛、耳朵和心脏，通常导致耳聋，母亲应打免疫针避免。

（2）X射线：可引起致命的基因突变。

（3）性病：例如梅毒，可能导致智力残障、瞎以及其他生理疾患；如果一个已经怀孕的妇女在怀孕18周以内得到治愈，胎儿可能不会受影响。

(4) 香烟：父母吸烟或生活在有人吸烟的环境中可增加胎儿流产、早产、不正常心跳以及体重过轻等疾病和问题的发生率；吸烟的危害还可以持续到胎儿出生以后，增加婴儿的患病率。

(5) 酗酒：孕妇酗酒可增加胎儿患“胎儿酒精中毒综合征”（FAS）的概率，患儿长得较小、大脑较小、不协调、有睡眠问题、有一定程度的智力残障。

(6) 吸毒与药物：吗啡、可卡因、海洛因等会被胎儿吸收。即使是常用药物，如抗生素、抗组织胺、安眠药、减肥药以及过量维生素都会影响胎儿的正常发育。

二、婴幼儿的生理发展

(一) 大脑的发育

刚出生时，足月男婴的体重为3.3~3.4kg，女婴为3.2~3.3kg，身高为50cm左右，男婴比女婴略高，出生时的体格大小与父母身材、种族、婴儿性别、母亲营养和母亲的健康状况有关。出生以后，婴儿的生理发展在外主要表现在身高、体重、头围、胸围、牙齿和骨骼发育等方面，在内主要表现为大脑的发展。出生时，新生儿脑的大小约是成人的$\frac{1}{4}$。出生后，人脑继续生长，且主要表现为脑皮质的生长。在6个月龄时，将达到最终体积的一半，在2岁时，为成人的$\frac{3}{4}$，4岁时脑的大小已与成人十分接近。伴随体积的增长，头围也相应变大。

(二) 婴幼儿的动作发展

婴儿动作的发展始于新生儿的无条件反射和继而发展起来的条件反射活动。婴儿动作发展的速度非常迅速，动作发展受生物成熟的程序化制约，也受环境影响。

1. 婴儿动作发展对心理发展的意义

动作发展是心理发展的前提，没有动作，婴儿心理就无从发展；婴儿动作发展是心理发展的外部表现，通过动作发展的研究，可以了解婴儿心理发展的内容和水平；婴儿动作发展促进了婴儿对空间认知的发展；随着动作能力的发展，婴儿与周围人的交往依赖、被动逐渐向具有主动性转化。动作的发展可以诱导婴儿社会交流能力的发展。

2. 婴儿动作发展的规律性

婴儿动作的发展受生物预置程序化的制约，遵循着一定的规律性，表现为：从整体动作向分化动作发展；从不随意动作向随意动作发展；具有一定的方向性和顺序性。

婴儿动作发展的方向性和顺序性

头尾原则：从上到下，即从头部开始向脚部发展。

远近原则：从中心到外周，即从身体的中轴部位向周边部位转移。

大小原则：粗细指向，即从粗的动作向精细的活动发展，从大肌肉动作向小肌肉动作发展。

3. 婴儿动作的发展

动作的发展遵循共同的顺序和大体一致的时间表，如我国民间有“三翻六坐八爬”的说法。婴儿的主要动作是手的抓握和独立行走。

手的抓握动作具有一定的灵活性和协调性，发展的重点是五指分化和手眼协调。其对婴儿心理发展具有重要意义。拇指与其他四指分化和手眼协调动作通常在5~6个月期间出现，也因营养、健康、教养方式等环境因素而有所提前和滞后。

独立行走使婴儿能够主动移动躯体，这是婴儿发展的一个里程碑。独立行走对婴儿心理发展的意义表现为：使活动具有主动性；扩大认知范围；增加与周围人的交往机会。

婴儿动作发展的好与不好，在某种程度上对促进或延缓其心理发展水平具有重要意义，因此应注意从早期开始对婴儿进行训练。需要注意的是，成熟是训练的前提条件，训练对成熟只能起到加速或延缓的作用。

（三）感知觉的发展

人对客观世界的认识是从感知觉开始的。感知觉对儿童来说非常重要，它是儿童认识客观世界最初的和最主要的手段，是儿童发展高级认知互动的基础。

1. 触觉

触觉是最早发展的感觉，是婴儿认识世界的主要手段，在婴儿的认知活动和依恋关系形成的过程中有非常重要的作用。胎儿在第49天就可以具有初步的触觉反应。在出生后，婴儿对外界的触觉探索活动主要是口腔触觉和手的触觉活动。

2. 视觉

视觉最初发生的时间是胎儿中晚期。4~5个月的胎儿已经具有视觉反应能力以及相应的生理基础。新生儿已经具备一定的视觉能力，会对灯光眨眼，视线随着灯光的移动，也能追随目标移动。但是神经尚未发育完全。

3. 听觉

婴儿出生前就能听到声音，当他们出生时能对某些声音作出反应，相对于其他妇女的声音而言，新生儿更喜欢母亲的声音，这表明他们在子宫里就学会了辨别母亲的声音。

新生儿已经具有视听协调能力，能将听觉体验和声音结合起来。4~7个月的婴儿对说话声音与面部口唇运动相吻合的刺激注视的时间更长，而对说话声音与面部口唇运动不吻合的刺激变显不安。

婴幼儿时期的心理发展敏感期

语言敏感期：3岁以前的婴幼儿，主要是通过听、看和模仿来学习语言的，4岁后会加入口语表达的学习和动作肢体的表现。

依恋敏感期：多在0~2岁，这种依恋行为的发展对孩子的生理和心理发育都有着非常重要的影响。

秩序敏感期：0~4岁孩子在适应生活的过程中，情绪上需要有一个相对稳定的环境，有规律的生活节奏利于孩子对环境中事物的感知和积累。

感官敏感期：0~6岁儿童的身心发育在早期阶段，其因生理、心理发育发展变化速度飞快，主体感觉器官对外部事物的细微差别观察敏感性非常强，各种感知觉都在飞速发展。

兴趣敏感期：一般在1.5~4岁，这一时期的孩子对事物所呈现的多样性和差异性非常感兴趣。

动作敏感期：0~6岁，其中0~1.5岁前是四肢活动及视觉的敏感期，1.5岁是精细动作的敏感期，1~2岁是行走的敏感期，3~6岁是大肌肉运动敏感期。

规范敏感期：2.5~6岁，此时重点培养孩子良好的社会行为和生活习惯。

数字敏感期：1~6岁，这时婴幼儿对生活周围和自然环境中事物所表现的数字概念和数量之间的关系有着非常敏锐的观察力。

阅读敏感期：一般在3.5~5.5岁，此时孩子的阅读与书写能力较弱，需要重复锻炼和持久培养。

单元三　语言与认知的发展

一、儿童的语言发展

语言能力是人类最重要的能力之一，是儿童发展其他高级认知活动和健全人格的重要基础。人类获得语言的过程具有跨文化的相似性。在不同民族之间，儿童掌握母语的阶段以及在各个阶段表现出来的特征是相似的。儿童口语获得的大致年龄和各阶段的特征，见表9-1。

表9-1　儿童口语获得的大致年龄和各阶段特征

口语习得的年龄阶段	口语习得各阶段的特征
刚出生	能够分辨语音刺激与其他声音刺激
9~12个月	说出第一个指示词
18~24个月	出现双词话语
3~4岁	出现完全符合语法的完整句子
7岁前	获得完全符合语法的口头语言

除了获得正常的口语之外，现在绝大多数的儿童也在适当的年龄开始学习书面语言文字。一般而言，文字的学习开始于儿童进入教育机构：幼儿园或小学。书面文字的学习扩展了儿童的词汇量掌握更复杂的语法结构。继而学习阅读理解和写作，并进一步完善写作技能。

正如其他所有心理活动的发生和发展一样，儿童的语言获得也存在极大的个体差异，这些差异不仅表现在语言获得的开始时间与速度上，也表现在语言获得的方式上。受遗传与环境的双重影响。如儿童是否有发育正常的大脑、正常的听力和视力，父母的智力与沟通能力，父母的话语特征，儿童的模仿能力以及父母与子女的社会性连接等因素都对儿童语言获得有重要影响。

二、儿童的认知发展

广义而言，认知发展是指个体在知觉、记忆、想象、学习和思维等方面的发展。皮亚杰是20世纪最有影响和贡献最大的儿童心理学家，他强调儿童的思考并不是成人思考的初级形式，而是和成人不同类型的思考。随着成熟，儿童的思考会依照一定的序列发展和变化。

（一）发生认识论的主要观点

皮亚杰认为，人的知识来源于动作，动作是感知的源泉和思维的基础。婴儿通过对物体的抓取、摆弄等动作获得关于物体的知识，从而认识物体。人在认识周围世界的过程中，形成自己独特的认知结构，称做图式。而人类所有的心理反应归根结底都是适应，适应的本质在于取得机体与环境的平衡。适应分为两种不同的类型：同化和顺应。同化是指将新知识纳入已有的认知结构中，而顺应指改变已有的认知结构以适应新的环境和信息。例如，儿童从吸吮母乳到学会吸吮塑料奶瓶的奶嘴时就是一种同化现象；而儿童发现塑料奶嘴需要不同的口舌活动并改变自己的吸吮行为以适应新环境时，这就是顺应行为。

（二）皮亚杰的儿童认知发展阶段理论

皮亚杰将儿童的认知发展分为四个阶段：感知运动阶段、前运算阶段、具体运算阶段和形式运算阶段。

1. 感知运算阶段（0~2岁）

这个阶段儿童的认知发展主要是感觉和动作的分化。初生的婴儿只有一系列笼统的反射，随后的发展便是组织自己的感觉与动作以应付环境中的刺激。通过不断的学习与训练，更多新的刺激和客体被同化到先天的反射中。手的抓取和嘴的吮吸是这一阶段儿童探索周围世界的主要手段。儿童大约在9~12月获得客体永恒性，即当一客体从儿童视野中消失时，儿童知道该客体并非不存在了。而在此之前，儿童认为不在眼前的事物就是不存在了，并且不再去寻找，客体永恒性是后来认识活动的基础。

2. 前运算阶段（2~7岁）

这个阶段儿童的各种感知活动图式开始内化为表象或形象模式，特别是语言的出现和发展，使儿童日益频繁地用表象符号来代替外界事物，不再像感知运动阶段的儿童依靠实际动作对当前感知到的事物进行思维，但他们的语词或其他符号还不能代表抽象的概念，他们进行的是半逻辑思维。具体表现为：

（1）泛灵论。认为外界的一切事物都是有生命的。

（2）自我中心。认为所有人与自己都有相同的感受，不能从他人角度看待问题。

（3）思维不可逆。只知道 $A>B$，不知道 $B<A$。

（4）未掌握守恒。守恒是指物体不论形态怎么变化，即使在排列和外观上发生了变化，其物质的量也保持相同。

皮亚杰曾做过一个液体守恒的实验。在实验中，向儿童呈现两只相同的玻璃杯，杯中装有等量的液体，在儿童确知两只杯中的液体是等量的之后，实验者把其中一杯液体倒入旁边一只较高、较细的杯子中，液面升高，然后问儿童新杯子中的水比原来杯子中的水多一些还是少一些，还是一样多。结果发现，大多数3~4岁的幼儿会回答"多一些"，因为他们只注意到了杯子的高度；5~6岁的儿童处于守恒的转折阶段，他们似乎已经意识到必须同时考虑杯子的高度和粗细，但在比较时却出现困难；8岁以后的儿童能够意识到一个维度的变化总是伴随着另一个维度的改变，水的总量不变。所以，皮亚杰认为，处于前运算阶段的儿童在思维上没有达到守恒。

3. 具体运算阶段（7~11岁）

这个阶段的儿童认知结构中已经具有了抽象概念，思维可以逆转，因而能够进行逻辑推理。儿童已经获得长度、重量、面积和体积等的守恒，能凭借具体事物或从具体事物中获得的表象进行逻辑思维和群集运算。但这一阶段的儿童的思维仍需要具体事物的支持，在形成概念、发现问题、解决问题上都必须与他们熟悉的物体或场景相联系，还不能进行抽象思维。

4. 形式运算阶段（11~15岁）

这一阶段儿童的思维更具有灵活性、系统性和抽象性，超越了对具体的可感知事物的依赖，使形式从内容中解脱出来，能够提出假设，凭借演绎推理等形式解决抽象问题，其认知活动达到抽象逻辑思维水平。

儿童时期的心理发展

心理特点表现为个人独立意识增强，不再完全依赖父母；融入集体，建立起社会规范意识和社会道德意识；具备了独立思考和判断的能力，并且有了一套自己的判断标准。

情绪趋于稳定，开始出现稳定的兴趣和个人爱好，如喜欢音乐、舞蹈、绘画、足球等。值得一提的是，这一时期，孩子的荣誉感、自卑感、羞愧感、好胜心和嫉妒心均达到一个巅峰，比任何时期表现的都要强烈。

身体方面发育十分迅速，各项生理指标和身体素质能力都在快速变化和提高中。

智力方面，记忆力发展十分迅速，开始学会抽象思维，认识到事物发展的多种可能性。在分类、数字处理、时间和空间的概念上有很大进步。

社会行为方面，儿童开始进入集体、团队，参与集体活动，在与伙伴玩耍的过程中开始学习如何与人交往，如何协调人与人之间的关系，这是人类行为向社会化发展的初始阶段，这个阶段对建立儿童的社会规范意识、社会责任感、社会道德意识和发展儿童的社会交往能力都极为关键，是培养孩子独立能力和优秀品格的关键时期。

单元四　社会性发展

个体的发展不仅表现为认知与智能的发展，也表现为社会行为的发展。个体形成适应社会认可的行为方式的过程称做社会化，又称社会性发展。对社会化的研究主要集中于亲子依恋关系的形成与类型、道德判断的发展与人格发展。

一、依恋行为

人与人之间建立起来的、双方互有的亲密感受以及互相给予温暖和支持的关系叫做依恋。依恋行为始于婴儿期，主要表现在婴儿与其看护者之间。婴儿主要通过吸吮、拥抱、抚摸、对视、微笑甚至哭叫等一系列行为逐渐与看护者建立起依恋关系。这种关系对儿童以后的社会性发展非常重要。在通常情况下，婴儿最先看护者多为母亲。母亲在儿童成长和发展中扮演了非常重要的角色。布猴实验表明早年失去母子依恋的小猴，成年后会有抚养孩子的困难，它们难以与自己的孩子建立正常的依恋关系。

依恋是孩子与母亲之间的一种亲密关系。这种关系是在婴儿与母亲之间的互动中建立起来的。由于儿童与母亲有不同的互动方式，儿童与母亲之间建立的依恋关系也是不同的。有的孩子与母亲建立起信任的、安全的依恋关系。而有的孩子总是担心母亲离开，他们甚至不能忍受母亲短暂的注意力转移。

母子依恋关系的三种类型及特征

安全依恋型（最常见，约占66%）：儿童在母亲离开时会哭、焦虑，当母亲回来时很高兴；母亲在场时，他们通常以母亲作为探索外在世界的基点，在玩耍时不时回到母亲身边寻求安慰；他们通常比较合作，很少生气，对陌生人较友善。

逃避型（约占12%）：在母亲离开时很少哭泣，在母亲返回时，他们不太高兴并设法逃避母亲，这些孩子在需要时不会寻求帮助，经常有愤怒情绪，对陌生人不在意。

矛盾型（约占12%）：在母亲离开之前就开始焦虑，他们紧张地关注母亲的行为，生怕母亲离开，因此不能尽兴地玩游戏；母亲离开后他们更加不安，而当母亲回来后，他们行为很矛盾：一方面想亲近母亲，一方面又尖叫、踢打来拒绝。这样的儿童很少对周围环境进行探索，很难安抚，对陌生人也不友好。

依恋关系的类型与母亲对待婴儿的方式有关。安全依恋型婴儿的母亲，在婴儿出生后的第一年中对孩子很敏感。她们能根据孩子的需要来喂食，对喂食的时间、速度和方式等都非常敏感。逃避型婴儿的母亲易发怒，他们不会表达自己的感情，羞于和孩子有亲密的身体接触；她们紧张、不安、缺乏自信，她们和孩子之间的距离常引起孩子的愤怒。较近的一项研究还表明，安全依恋型婴儿的母亲对孩子的反应：她们在孩子哭时会去安慰、回应孩子的问题，在孩子看着她们时会对孩子说话。

生命的第一年，尤其是6个月到1岁间，对形成依恋关系似乎最重要。当婴儿从稳定的家庭和照顾者那里获得较好的照料时，他们更容易形成积极的人格品质；如果婴儿的不到稳定的、高质量的照料，他们就可能逃避母亲，并在以后出现情绪和社会性问题。

二、道德发展

道德指为某一社会的大多数人所接受的一套行为准则，不同的社会文化中可能有不同的道德准则，但也有许多道德准则是人类共有的。道德发展指在社会化过程中个体逐渐习得道德准则并以这些准则指导自己行为的过程。

（一）皮亚杰的道德发展两阶段理论

皮亚杰以说故事的方法对4~12岁的儿童道德观念进行研究认为儿童的道德发展主要经历两个时期：道德他律时期（5~8岁）和道德自律时期（8~12岁），这两个时期与认知发展前运算阶段和具体运算阶段基本符合。

1. 道德他律时期

道德他律时期，处在这个阶段的儿童，其道德判断是僵硬的、简化的。他们通常只从行为的结果做出道德判断，而很少考虑行为的动机；他们将人的行为简化为要么全对、要么全错，并认为别人也有同样的看法。这时期儿童还难以设身处地地从别人的角度看待事物；他们相信规则是由父母或其他权威人物规定的，是不能改变的。这种对权威的尊敬导致儿童服从规则，并认为违反了规则就应受到严厉惩罚。

2. 道德自律时期

进入自律阶段以后，儿童开始能够设想他人的立场，以行为的动机而非结果来进行道德判断；他们开始认识到行为的原因和结果不止一种，道德判断开始呈现多样化；儿童开始重视同伴和自己在道德判断中的作用，认识到没有绝对不变的道德原则，规则是人定的，也可以由人来修改。

（二）柯尔伯格的道德推理阶段理论

美国发展心理学家柯尔伯格对10多个不同国家的被试进行研究，发现尽管种族、文化和社会规范等各方面都不相同，但人的道德判断随年龄发展而发展的趋势却是一致的，大致可分为三种水平，六个阶段。

1. 前习俗水平

第一阶段，服从和惩罚的道德定向阶段。处于这一阶段的儿童，对成人或规则采取服从的态度，以免受到惩罚。

第二阶段，相对论者的快乐主义定向阶段。处于这一阶段的个体，在进行道德判断时开始比较行为和个人的关系，认为每个人都有自己的意图和需要。这个阶段中个体的道德判断具有较强的自我中心的特点，即认为符合自己需要的行为就是正确的。

2. 习俗水平

第三阶段，好孩子定向阶段。处于这一阶段的儿童认识到必须尊重他人的看法和想法，考虑到他人和社会对一个“好孩子”的期望和要求，并尽量按这种要求去做。在这个阶段，儿童已经开始从关心自己的需求发展到较全面地关心别人的需求，从而为自己塑造一个社会赞同的形象。

第四阶段，维护权威和社会秩序的定向阶段。处于这一阶段的个体开始从维护社会秩序的角度来思考什么是正确的，认识到每个社会成员都应遵守全社会共同约定的某些行为准则，即强调对法律和权威的服从。

3. 后习俗水平

第五阶段，社会契约定向阶段。处于这一阶段的个体认识到法律不再是死板的、一成不变的条文，可以通过共同协商和民主的程序来改变。如果一个人感到法律有失公平，就有权利通过正当途径说服别人改变法律。

第六阶段，普遍道德原则定向阶段。处于这一阶段的个体，其认识超越了法律，认为除了法律以外，还有诸如生命的价值、全人类的正义、个人的尊严等更高的道德原则。

柯尔伯格认为，儿童道德发展的先后顺序是固定不变的，这与儿童的思维发展有关。环境和文化的影响只能决定发展的速度或改变其道德的内容，但不能改变它的发展顺序。在生活中，要让儿童不断接触道德环境和道德两难问题，以促进儿童的发展。因为并不是每个人都会经历所有这些发展时期，事实上，有些人直到成年也没有超越寻求认可或顺从权威的阶段。

三、社会化中的人格发展

（一）埃里克森的心理社会发展理论

埃里克森的心理社会发展理论强调社会和文化因素在每一个发展阶段对自我的影响。埃里克森将人格的发展分为八个阶段，每一阶段的发展特点，见表9-2。

表 9-2　埃里克森的心理社会发展理论的八个阶段

序号	年龄阶段	发展的关键
1	出生到 12~18 个月	信任对不信任：婴儿发展与看护者之间的依恋和信任关系
2	1~3 岁	自主对羞愧、怀疑：幼儿习得对自己的自主控制并知道对自己的选择感到羞愧或怀疑
3	3~6 岁	主动对内疚：儿童尝试完成新事情、激发新想法，并不为失败所击倒
4	6~12 岁	勤勉对自卑：儿童必须学习文化技能，克服自卑情绪
5	12~19 岁	同一性对角色混淆：青少年确定自我意识，学习社会规范
6	19~25 岁	亲密对孤立：成人寻求与他人建立亲密的关系，为事业定向
7	25~50 岁	亲代性对停滞：通过创造性的生产活动造福下一代
8	50 岁以后	自我统合对绝望：对自己的一生进行回顾，如能愉快接受自己，便可以面对和接受死亡，否则陷于绝望

埃里克森认为，每一个阶段都有一个与某种重要的冲突有关的人格危机，如信任与不信任、勤勉与自卑、亲密与孤独等，其中有些是正面特质，有些是负面特质。成功地解决这些危机需要在正面特质和负面特质之间取得平衡，即让正面特质占优势，同时也存在一些负面特质。例如，在信任与不信任之间，学会对大多数人的信任当然是好的，但是也要"防人之心不可无"，知道不是每个人都值得信任，这样才能建立对他人的现实的信任。如果冲突能够得到满意的解决，个体将形成健康的人格，否则就会妨碍自我的健康发展。

（二）班杜拉的社会学习理论

行为主义学派重视环境因素对人格发展的影响。在经典的行为主义者来看，人类学习的方式和其他动物之间并没有明显的区别，都是通过强化获得的。班杜拉将行为主义观点运用到人格的发展中，提出了社会学习理论。他主张人，尤其是在儿童阶段，是通过观察和模仿榜样的方式来学习的，学习者是主动的个体。班杜拉提出了观察学习的概念，即通过他人的行为从而掌握运动技能、习得态度和其他行为，这一学习又可以称为榜样化。儿童模仿他人的动作、通过观察真实世界中的成人行为或通过看电视，既可以学习到攻击行为，也可以学习到友善与仁慈。同时，儿童也会从行为者的行为结果——强化与惩罚中进行学习，班杜拉将这种强化称为替代强化：当儿童观察到他人的行为受到奖励时，更倾向于自己表现出这种行为；当行为者受到惩罚时，倾向于较少地表现或回避这种行为。

班杜拉还提出了内在强化，也就是说强化不仅可以来自外部，还可以来自个体内心。儿童学会画一颗五角星时体验到的喜悦、与同伴尽情玩耍时的畅快，都和来自外界的强化一样会增强儿童的行为。班杜拉认为，个体的任何人格特质，都是在社会环境中通过耳濡目染地向他人学习获得的，学习的主要途径是观察和模仿。对行为及其结果的观察使儿童做出某些行为，而这些行为本身得到的奖励或惩罚（内在的与外在的）又塑造着儿童的未来。

青春期心理发展

生理发生变化，第二性征出现，尝试独立，自我意识觉醒，对自我关注度提高。乐于将自己与他人作比较，又不失保持个性。对异性的关注度提高，性方面开始觉醒。

个体开始考虑在自我确认和发展中的一系列问题，如理想、职业、价值观等，并做出选择和实践，目的是形成一个不同于他人的独具“同一风格”的自我，即自我同一性。

自我同一性发展的四种情形：

(1) 个体从实际情况出发，对发展做出选择并实践自己的选择。

(2) 延迟做出个人生活或职业的选择和承诺，同一性过程缓慢。

(3) 没有明确的发展方向，对未来不抱希望，逃避问题，孤独自闭。

(4) 过早地停止对同一性的探求。

同一性发展的两个极端：

(1) 同一性过剩——将自己的信念和生活方式强加于人，极易导致以自我为中心、个人崇拜、狂热主义等不良的社会态度的产生。

(2) 同一性缺乏——拒绝在成人社会中担任角色，脱离社会群体，极易出现破坏性行为。

单元五 成年以后的发展

一、成年以后的生理与心理发展

从20岁到60岁这段时期被称为人的发展过程中的成年时期，其中20~30岁被称为成年前期，30~40岁被称为成年中期，40~60岁被称为中年时期。在成年期中，身体的变化在持续，但是速度缓慢，让人不易觉察。但是45岁以后的某一天，你也许突然会发现少了眼镜就看不清电视上的画面了，你也开始在说话的时候忘了自己本来要说什么，打开冰箱却不知道自己要拿什么。虽然人到中年会经历这样一些令人沮丧的变化，但是这些变化通常并不很剧烈，多数人可以通过调适自己来很好地适应。中年人的力量、协调性、体能逐渐下降，动作开始变慢。而生理方面最显著的变化是更年期的一系列症状。更年期中人们心理上的沮丧、抑郁和抱怨等不适更多来自生活中的问题和困扰。

人到中年，感知觉方面开始出现明显的变化：视听能力降低，需要带老花镜，味觉敏感性降低因此年轻人喜欢的刺激味道，中年人却无动于衷。虽然如此，中年人的思维活动却在一个更加综合的层次上进行，他们不再像年轻人那样拘泥于客观事物的某一方面，而是根据事物对个人的意义来解释周围的世界；他们对刺激不是照单全收，而是用自己的生活经验对刺激加以过滤。中年人或老年人解决纯智力的问题，例如智力测验中的一些题目，会比年轻人慢，但对实际问题的解决却强于年轻人。

度过中年以后，进入老年（60~65岁）。但是可以看到，有许多70岁老人的思考和行动依然充满活力、积极、主动。在西方国家，人们尤其是妇女比较忌讳人们询问自己的年龄。现在人们更多将老年人称为“资深”公民或长者。在中国，一般而言老人在家庭中具有较高的地位，虽然现在人们不再“四世同堂”地住在一起，但是照顾和赡养老人依然是社会称道的美德。

衰老开始的时间因人而异，并主要表现在：感觉方面，视力出现比较严重的问题，比如白内障、眼底动脉硬化等；听觉随年龄增长逐渐丧失，对高频的声音不敏感，较难听清别人讲话；同时味觉与嗅觉下降或不敏感。身体机能方面，对冷适应较慢，怕冷；耐力和负重能力急剧下降。认知与智力方面，行动缓慢，信息处理时间延长。健康方面，随着机能的进一步减退、衰老易受疾病困扰，例如心脑血管疾病、癌症、老年痴呆症等。

美国心理学家奥尔波特认为，人要完成精神上的自立，必须要达到以下几个标准，即自我意识增强、同他人有良好的关系、情绪上有安全感（自我认可）、能够正确认识现实、具备解决问题的技能、能够客观地看待自己、具有统一的人生观。

二、成年后的生活适应

（一）健康问题

大多数中年人身体健康，但不可忽视的是，由于较大的生活和工作压力以及对健康问题的忽视，中年人得病甚至猝死的情况时有发生。中年人最常见的慢性病有气喘、支气管炎、糖尿病、关节炎和风湿痛，视力、听力不佳和循环、呼吸、消化方面的失调等。而老年人更容易得一些致命的疾病，如癌症、高血压、心脏病等。因此，中老年人必须特别关注自己的健康，定期进行常规性体检，注重平衡饮食，适当服用一些营养食物，并坚持进行适合自己特点的锻炼，从而减少患病的概率，并在患病后能得到及时的治疗。

（二）终身学习

成年以后许多人还希望继续求学，他们的动机偏重在实际需要：如跟上时代步伐、找一份更好的工作、事业更好的发展等。在即将退休或已经退休的人群中，学习通常是为了充实自己的心灵，满足自己的兴趣爱好，利用闲暇时光让生活更加富有意义。由于学习动机更加成熟，他们常常根据切身需要和兴趣来选择学习的内容，表现了极大的主动性和自觉性，而不像青少年那样，老师教什么学什么。他们不仅在老年大学的课堂上学习，也从家庭生活、工作环境和娱乐活动等各种非正式情境中继续学习。注重理论联系实际，因而学习更加有实效。

中年人虽然有很强的学习动机，但学习不再是他们生活的主要内容。他们要上课，又要应付繁忙的工作和家庭事务。与青年人相比，成人在学习中容易出现缺乏自信，产生焦虑和不安等心理问题。因此，现在的成人继续教育机构在教学时间安排上更有弹性，在课程与学分的设置上更充分的考虑成人的具体需要和实际状况。

近年来老年大学的数量增长迅速，实现了老年人年轻时未曾实现的梦想。使更多的老年人“活到老学到老”，不仅有益于丰富退休生活、增加老年人的人际交往，同时也能使他们的智力得到锻炼，防止智力退化，预防老年痴呆。

（三）社会人际关系

1. 朋友关系

40 岁左右是埃里克森的第七个发展时期——亲代性与停滞期的关键期，在这一时期，成年人将视子女为自己生命的延续，意识到将生命延续下去的需要。他们不仅关怀与爱护自己的子女，也关怀与爱护别人的子女。这时候的父母好为人师，希望在价值观、人生观等方面能影响青少年。随着子女长大离开家庭，父母开始会经历一个困难的适应时期，即所谓的“空巢期”。但同时也获得了走出家庭、面向社会的机会，他们开始重新建构自己的人际关系，或重拾起童年或青少年时代的友谊，或发展、建立新的同伴关系和朋友关系。

2. 婚姻状况

对 175 对夫妻进行的婚姻满意度研究支持了在婚姻关系的不同时期存在不同的婚姻满意度现象。从结婚初期到老年期，婚姻满意度呈倒 U 形。中年初期，大多数夫妻忙碌于养儿育女和为事业奔忙，此时的婚姻满意度最低。大多数离婚发生在这一时期。

哪些因素可以使人白头偕老？一项研究调查了 351 对结婚已经 15 年以上的夫妻，其中 300 对夫妻表示自己的婚姻幸福。研究者请他们列出他们婚姻长久的原因，并根据重要程度排序。研究结果发现男性与女性（丈夫与妻子）的反应十分相似，对他们而言，最重要的几条就是：将配偶视为自己的朋友、喜欢对方、认为婚姻是一种长期的承诺以及婚姻是神圣的、夫妻有共同的目标等。

3. 亲子关系

进入中年后期和老年，子女逐渐成熟，而子女与父母的关系不再是青春期的少年与父母那种紧张、对立的关系。但是，中年的父母必须接受孩子本来的模样，而不是父母期望他们成为的样子，父母开始明白他们失去了对子女的全盘控制。到老年期，子女或许已经有了自己的孩子，开始以客观的眼光认识自己年迈的父母，他们意识到父母身体日渐衰弱，并开始能自觉照顾父母。同时，两代人之间也可以互相帮助，祖父、祖母在帮助照看孙辈时既享受了天伦之乐，也体会到自己的价值，填补了无聊和寂寞。年轻夫妻也可以从自己父母那里得到精神与物质双方面的支持，并在相互交流中进一步发展起亲密的关系。

生活中的心理学

学会成功地成长

发展总是有失有得的变化。在一生中成功的秘诀就在于巩固一个人的收获，而减少一个人的损失。“用进废退”的规则既适用于生命的生理方面，也适用于生命的认知方面。许多被一般人认为与年龄有关的变化其实是由于不使用而不是由于衰退。因此，第一个忠告就是：保持它。

成功成长的一部分就是使用选择性优化与补偿。选择就是人们选择最适合自己的目标；优化就是指人们在与自己关系最密切的领域锻炼或训练自己。补偿就是指用其他的方法和途径来应付损失。比如，与能提供最佳情感支持的人交朋友作为目标；朋友的选择要随着时间的流逝而不断变化以补偿中断分离。

你应该永远选择对你重要的目标，根据这些目标来优化你的表现，并在通向这些目标的道路受到阻碍时进行补偿。这就是我们对毕生发展的最后忠告。希望你能聪明、健康地成长。

要点概述

个体的身心发展既是一个连续的过程，也可以分为不同的阶段，本书将个体的一生发展分为八个阶段，每一个阶段都有不同的发展任务。

个体受到遗传与环境因素的共同影响，个体的发展既有共同的趋势也有个体的差异。人脑的发育存在关键期和可塑性。

婴幼儿时期，动作发展是主要的任务之一。依恋行为的发展始于婴儿期。体现了婴儿与看护者之间互有的亲密感受以及互相给予温暖与支持的关系。

儿童的语言发展体现了共同的规律性。皮亚杰将儿童的道德发展分为他律阶段和自律阶段；柯尔伯格将道德发展分为三个层次的六个阶段。

埃里克森的心理社会发展理论强调社会和文化因素在每一个发展阶段对自我的影响。他将人格的发展分为八个阶段，每一个阶段都有一个与某种重要的冲突有关的人格危机，如果冲突得到满意解决，个体将形成健康的人格，否则将继续挣扎并妨碍自我的健康发展。

班杜拉主张尤其是在儿童阶段是通过观察和模仿榜样的方式来学习的，学习这是主动的个体。同时，他还提出了观察学习、榜样化、替代强化等概念。

成年以后，尤其在老年期，个体的生理开始经历一些衰退性的变化，同样在心理方面也会面对新的适应问题，这些问题主要体现为健康问题、终身学习问题、社会人际关系问题以及面对死亡的问题。

复习思考题

9-1　人的一生心理发展分为几个阶段，每一个阶段的发展任务是什么？

9-2　遗传与环境在个体发展中的作用是什么？

9-3　人脑发展的关键期和可塑性是怎样的？

9-4　婴儿动作发展的规律有哪些？

9-5　儿童语言获得有哪些理论描述？

9-6　试分析不同年龄阶段儿童道德发展的特点？

9-7　什么是依恋行为，依恋行为的类型与特征？

9-8　成年以后，根据生理和心理发展的特点，人应该怎样调节自己的生活？

第十章　社会心理与行为

社会心理学研究思维、情感、知觉、动机和行为如何受人与人之间相互作用的影响。社会心理学家试图了解社会背景中的人的行为。社会背景就像一块画布，人们在这块画布上描绘社会动物的活动、优点和弱点。人通过社会化的过程学会扮演社会角色、掌握知识和技能、遵守社会道德和规范、对现实形成态度来适应社会生活，心理学能否帮助人们使社会的日常生活变得有所不同？

单元一　社会心理与行为概述

1964年，美国纽约皇后大街，年轻的妇女吉米·蒂洛维斯下夜班回家，路上遇到歹徒的袭击。她大声地呼救，当即周围居民楼有些房间的灯亮了，并且有人打开了窗户。其中一名男子大声地呼叫："放开她。"歹徒放开了她，溜进了汽车开走，居民楼的灯光熄灭。这时歹徒返回，再次袭击了吉米，她再次呼救，灯光又亮了，窗户再一次打开，歹徒再一次逃走，灯光熄灭。当吉米到达住处大门口时，歹徒第三次袭击，她被杀了。谋杀进行了35min，警察接到报警后只用了2min就到了现场，然而人已经死了。事后了解到，当时有38个目击者，吉米身上被砍了35刀，然而在半个多小时的时间里竟然无人报警。

首先这是一个社会事件，谋杀经历三次，直至被杀，35min38个目击者没人报警，这是一种社会惰化行为。这个事件在当时引起了广泛的讨论，绵延3年，发表学术文章超过50篇，研究38个目击者为什么会出现冷漠的行为反应。社会学家关注道德和伦理；社会心理学家用逻辑推理和实证相结合的方法进行研究，分析的是人类利他行为发生的影响因素。

亲社会行为的情境效应

削弱效应：别人能管，我就不用管了。上例有人呼叫，我就不用再叫了。

抑制效应：别人能管，我为什么要管。大家都在管，多我一个不多，少我一个不少。所以第二次没人呼叫。

误导作用：他人的冷漠会使人们产生情境没什么危险的错觉。所以第三次谋杀成功。

生活中这样的例子经常发生。2009年一项对2000人的调查显示，在中国目击车祸而愿意施救者只有13人（见图10-1）。

上述第一手描述展开社会心理与行为，因为这些情境能引出一些列有关于社会心理与行为的核心问题。上述的情境同样展现了精彩的世界，社会心理学也同样精彩，特别当社会心理学参与到社会事件当中时更为精彩。

一、社会心理与社会行为概念

（一）社会行为

行为是有机体的反应系统。社会行为是人对社会因素引起的并对社会产生影响的反应系统。它包括个体的习得行为、亲社会行为和反社会行为、人际合作与竞争、群体的决策行为等。社会行为及其发展取决于个体与其所处情境的状况。德国心理学家勒温被称为最伟大的社会心理学家，他提出过一个著名的公式：

图 10-1　行为反应

$$B = f(PE)$$

式中　B——行为；

P——个体；

E——个体所处的情境；

f——函数关系。

上面的公式的含义是：行为是个体及其情境的函数。即个体行为是个体与其所处情境相互作用的结果。勒温指出：“要理解和描述行为，人和他所处的情境必须被看成是一个相互依赖的因素群。”

（二）社会心理

社会心理是社会刺激与社会行为之间的中介过程，是由社会因素引起并对社会行为具有引导作用的心理活动。社会心理活动不仅与个体所处的即时情境有关，而且与其过去形成的经验以及个体的人格特征有密切关系见表 10-1。

表 10-1　两种取向的社会心理学

心理学的社会心理学	社会学的社会心理学
关注的中心是个体	关注的中心是群体和社会
尝试通过分析及时的刺激、心理状态和人格特质来理解和解释社会行为	尝试通过分析一些社会变革，如社会地位、社会角色、社会规范等来理解和解释社会行为
研究的主要目的是预测行为	研究的主要目的是描述行为
实验法为主、调查法为辅	主要研究方法是调查和参与观察法

社会行为与社会心理二者紧密相连，前者是外显的、客观存在的，比较容易观察；而后者则是内隐的、属于个体的主观世界，不能直接观察。二者的主体都是生活在社会中的个人。

心理学的工作就是通过对外显的行为分析来解释内隐的心理活动规律。

二、社会心理学的研究范围

社会心理学家感兴趣的研究领域非常广泛。一般来说，社会心理学的研究可分为四个层面：个体层面、人际层面、群体层面和社会层面。

（1）在个体层面，主要研究内容是个体社会化与自我意识、社会知觉、态度、社会情绪、社会学习等。

（2）在人际层面，主要研究人与人之间是如何进行人际沟通进而建立人际关系的。

（3）在群体层面，主要研究内容有群体凝聚力、群体心理气氛，以及个体与群体的相互作用、社会影响等等。

（4）在社会层面，主要研究内容有风俗、时尚、阶层、阶级，以及民族心理特征、国民性等等。

在这里将主要探讨社会心理学中有关个体层面和人际层面的概念及研究，还涉及群体层面的社会影响等。

三、社会心理学的主要理论

（一）社会学习论

社会学习论试图通过学习机制来解释人们社会行为的形成和变化。社会学习论吸收了行为的主要理论假设，认为先前的学习对现在的行为有决定作用。

1. 学习的机制

在社会学习论看来，学习过程大致有三种机制，即联想、强化与模仿。

（1）联想。联想是经典条件反射。巴甫洛夫在铃声——唾液分泌实验中提出了联想的概念。每次铃声一响狗就能得到食物，反复多次后，即使没有食物，它听到铃声也会分泌唾液。于是狗形成了铃声——食物的联想如图 10-2 所示。人类也可以通过联想学习态度和行为方式。

（2）强化。个体为什么能学会某种行为，或者避免另一种行为？原因是行为后的奖赏和惩罚作为强化物，使某种行为固定下来并反复出现。奖赏是正强化，惩罚是负强化，相应地，其过程是正强化过程与负强化过程。通过对强化物进行适当的安排可以使某种行为出现或不出现，不同的强化可塑造不同的行为，如图 10-3 所示。

（3）模仿。人的语言习得过程是通过模仿进行社会学习的典型事例。个体之间所以学会某种态度和行为，往往是模仿榜样的结果。儿童的很多态度的获得，往往是模仿父母或与他关系密切的人的结果。

2. 观察学习

观察学习是班杜拉社会学习论的重要组成部分。他指的是个体通过对他人行为与结果的观察，获得新的行为反应模式，或对已有行为模式加以修正。观察学习包括四个过程：注意过程、保持过程、动作再现过程和动机过程。

3. 社会学习论的不足

（1）认为行为决定于过去的学习经验，比较忽视当时的情境等细节。

（2）社会学习论倾向于将行为归因于外在的情境，而忽视个体对当时情境的情绪状态和主观感受对行为的影响。

（3）社会学习论主要关注外在行为的解释，而忽视内在的心理过程的分析。

（二）社会交换论

社会交换论的基本观点体现在霍曼斯提出的五个相互联系的普遍性命题上。

（1）成功命题。个体的某种行为能得到相应的奖赏，他就会重复这种行为；某一行为获得的奖赏越多重复行为的频率就越高。

（2）刺激命题。相同的刺激可能引起相同的或相似的行为。

（3）价值命题。某种行为的结果对个体越有价值，他重复这种行为的可能性越高。

巴甫洛夫的实验

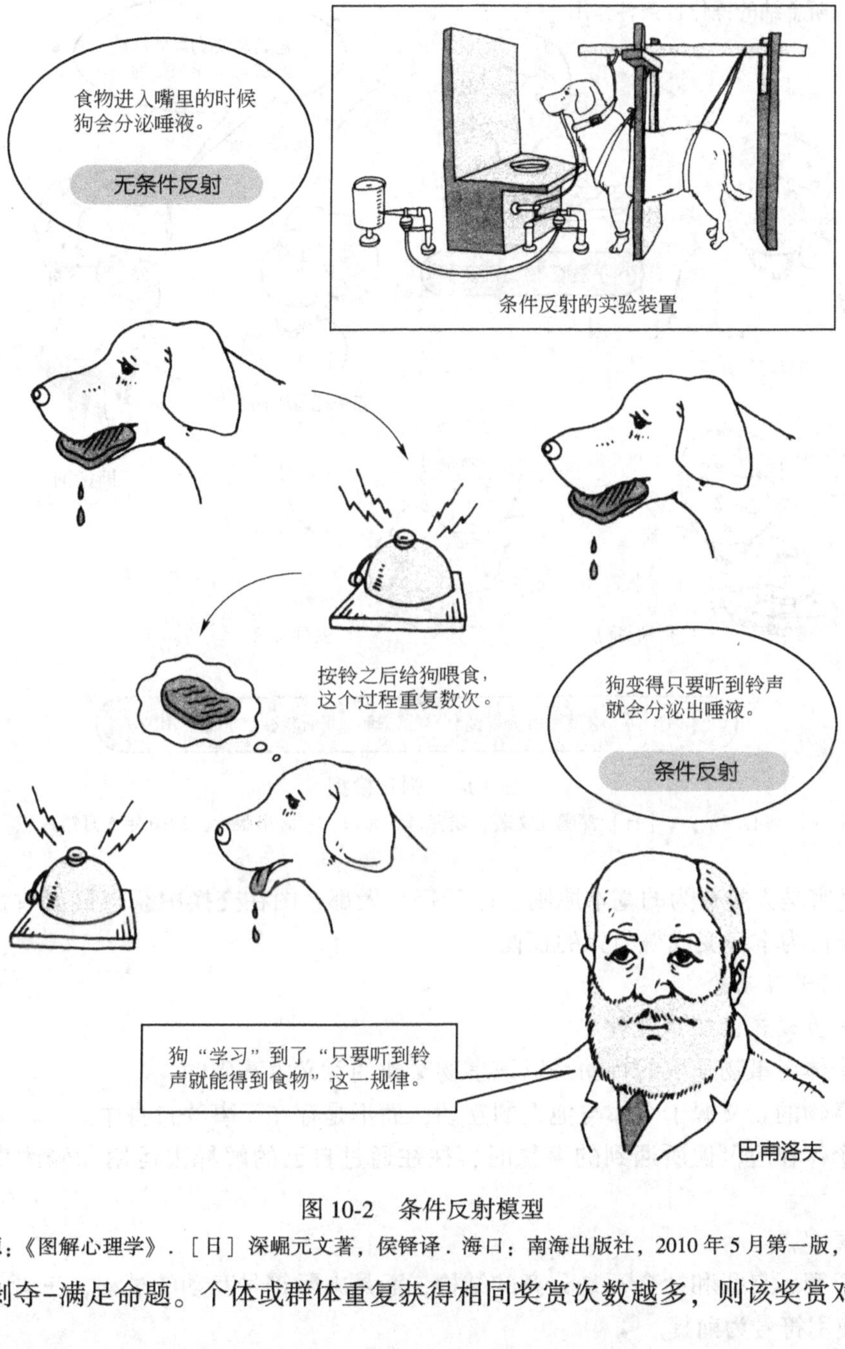

图 10-2　条件反射模型

（资料来源：《图解心理学》．［日］深崛元文著，侯铎译．海口：南海出版社，2010 年 5 月第一版，第 63 页）

（4）剥夺–满足命题。个体或群体重复获得相同奖赏次数越多，则该奖赏对个体的价值越小。

（5）侵犯–赞同命题。当个体行为没有得到期待的奖赏或受到出其所料的惩罚时，他可能产生愤怒情绪，从而出现侵犯行为，此时侵犯行为的结果对他更有价值；反之，如果个体行为得到、甚至超过预期的奖赏，或没有受到预期的惩罚，他可能会高兴，就会采取赞同行为，赞同行为的结果对他来说也变得更有价值。

霍曼斯认为，这些命题可以解释作为交换过程的人类全部的社会行为。社会交换论认

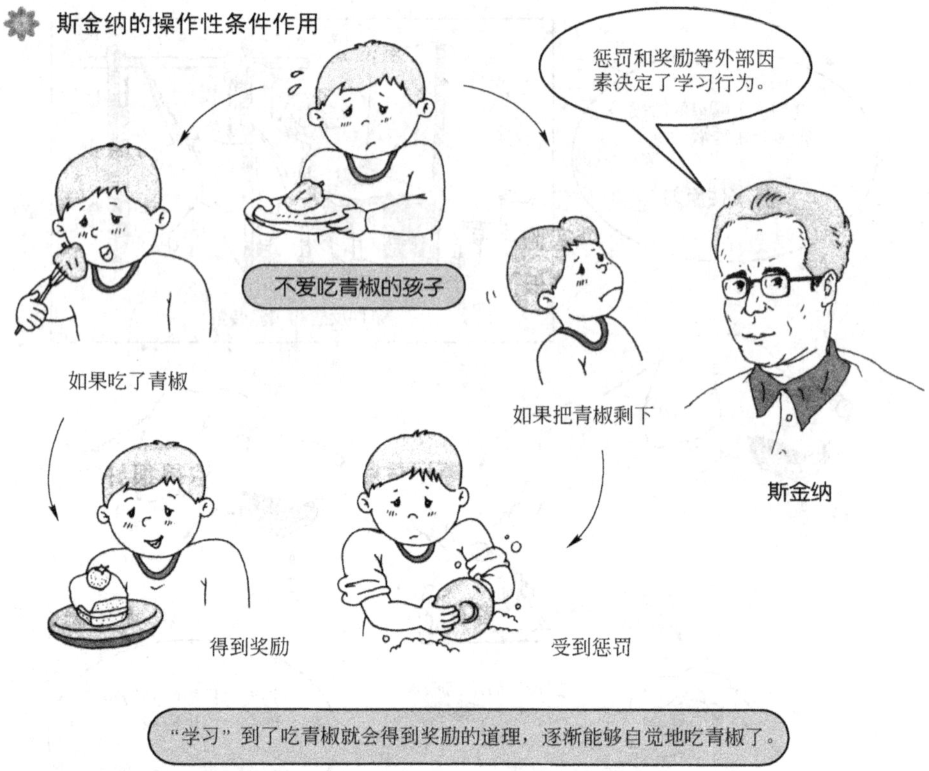

图 10-3　强化模型

（资料来源：《图解心理学》．［日］深堀元文著，侯铎译．海口：南海出版社，2010 年 5 月第一版，第 64 页）

为，趋利避害是人类行为的基本原则，由于每个人都企图在交换中获得最大收益、减少代价，使交换行为本身变成得与失的权衡。

（三）符号互动论

1. 符号互动论的基本假设

（1）个体对事物采取的行动是以该事物对他的意义为基础的。

（2）事物的意义源于个体与他人的互动，而不是存在于事物自身中。

（3）个体在应付他所遇到的事物时，往往通过自己的解释去运用和修改事物对他的意义。

2. 主要观点

（1）心智、自我和社会不是分离的结构，而是人际符号互动的过程，三者的形成与发展都是以使用符号为前提。

（2）语言是心智和自我形成的主要机制。人通过语言认识自我、他人和社会。

（3）心智是社会过程的内化，社会的内化过程伴随着个体的外化过程。

（4）行为并不是个体对外界刺激的机械反应。个体在符号互动中学会在社会允许的限度内行事。

（5）个体行为受其自身对情境的定义的影响和制约。

(6) 在个体与他人面对面的互动中，协商的中心问题是双方的身份和身份的意义。

(7) 自我是社会的产物，是主我和客我互动的结果。

单元二　社　会　化

一、社会化的概念

人是社会性的动物。早在公元前328年，亚里士多德就指出："人在本质上是社会性的动物；那些生来就缺乏社会性的个体，要么是比人低级，要么是超人。社会实际上是先于个体而存在的。不能在社会中生活的个体，或者因为自我满足而无须参与社会生活的个体，不是兽类，就是天神。"

社会化是个体由自然人成长、发展为社会人的过程。是个体同他人交往，接受社会影响，学习掌握社会角色和行为规范，形成适应社会环境的人格、社会心理、行为方式和生活技能的过程。

社会化涉及社会及个体两方面。从社会视角看，社会化是社会对个体进行教化的过程；从个体视角看，社会化是个体与其他社会成员互动，成为合格的社会成员的过程。

社会化过程，传统观点认为到成人期即告结束，而现在学术界则主张终身社会化的观点，认为社会化伴随人的一生。儿童及青少年时期的社会化是早期社会化，成人期的社会化是继续社会化。

由于社会急剧变化，对个体重新进行社会化的过程称为再社会化。再社会化还包括对早期社会化及继续社会化过程中没有取得合格社会成员资格的个体的再教化，比如我国的劳动教养和劳动改造制度就是一种再社会化的机制。

二、社会化的基本内容

(一) 教导社会成员掌握生活与生产的基本知识和技能

教导社会成员掌握生活与生产的基本知识和技能是从儿童时期就开始的，首先是培养儿童生活自理能力，继而在学校和其他环境中教会他们掌握知识与技能。现在是知识经济时代，科技、教育的水平，社会成员的素质已成为社会现代化的基础。因而，学习和掌握现代科技知识和现代生产技能是社会化的重要内容。

(二) 教导社会成员遵守社会规范

社会规范是社会保持有序发展的重要前提之一。社会通过教育和舆论力量使其成员掌握并形成信念、习惯和传统，以约束个体行为，调节各种社会关系。

(三) 教导社会成员树立生活目标确定人生理想

理想是个体生活的重要动力。社会通过多种途径指导其成员明确生活目的，树立人生理想。

(四) 培养社会角色

社会化的重要功能是培养合格的社会成员，使每个社会成员都获得适合自己身份、地位的社会角色。每一种社会角色都有相应的权利义务及行为规范，社会化内容之一就是让个体获得并履行社会角色及相应的行为规范。

三、社会化的基本条件

（一）人类有较长的生活依附期

人与动物的一个很大的差别，就是人从生下来，一直到能独立生活，有一个比较长的对父母或监护人的生活依附期。这个依附期受文化传统、经济和社会发展水平的影响，每个人有所不同，大致持续13~25年。总的说来，随着经济和社会的发展，这个依附期有变长的趋势。正是这样一个长的依附期，给个体接受社会化提供了非常有利的条件。个体可以在家庭、学校和社会接受广泛的教育。他们学习生活生产技能，学习道德规范，学习并获得社会角色，树立人生理想。生活依附期的社会化是个体未来适应社会生活的基础。

（二）人类的遗传素质提供了社会化的可能性

人脑有大约100亿个以上的神经细胞，这些神经细胞组成异常复杂的神经网络，成为自然界最神奇、最完备的信息加工系统。人脑的神经网络不仅使人能掌握语言，进行学习，积累知识和经验，而且使人具有抽象思维能力，表现出巨大的能动性，使人类具有超越本能的能力。没有人脑的智能作为基础，个体的社会化是很难顺利完成的。有些儿童脑瘫或智力落后，他们的社会化就很困难。

四、个体社会化的载体

（一）家庭

个体从出生起就在家庭中获得一定的地位。家庭在社会化中位置独特、作用突出。童年期是社会化的关键时期，家庭中的亲子关系，家长的言传身教，对儿童的语言、情感、角色、经验、知识、技能与行为规范方面的习得均起潜移默化的作用。

（二）学校

学校是有组织、有计划、有目的地向个体系统传授社会规范、价值观念、知识与技能的机构，其特点是地位的正式性和管理的严格性。个体进入学龄期后，学校成为其社会化最重要的场所。学校教育促使学生掌握知识，激发其成就动机，并为学生提供广泛的社会互动的机会。学校还具有独特的亚文化、价值标准、礼仪与传统。在早期社会化中，学校是不可替代的社会化载体。

（三）大众传播媒介

现代社会中，大众传媒是十分重要的社会化手段。影视、音像、广播、报纸、杂志，特别是互联网迅速向人们提供大量各种信息，使人广开视野，学到新的知识与规范。大众传媒对人的社会化的作用与日俱增。现代社会心理学十分重视传媒对个体社会化的影响。

（四）参照群体

参照群体是能为个体的态度、行为与自我评价提供比较或参照标准的群体。特点是，个体可以不具备这个群体的成员资格，但这个群体却能为个体提供行为参照。参照群体的作用机制是规范和比较，前者向个体提供指导行为的参照框架，后者则向个体提供自我判断的标准。比如，儿童的社会化就受同伴群体的影响很大，同伴群体实际上就是向他们提供态度和行为标准的参照群体。

五、社会化的分类

（一）语言社会化

个体社会化从掌握语言开始，全部社会化是以语言社会化为前提的。

语言包括语词、语音和其他意义符号，是一种取得共识的符号系统，是人们思维和相互交流的手段，个体掌握一种语言后，才能接受相应的社会习俗和态度，塑造自己的人格。

语言是个体与他人及社会联系的纽带。语言集中反映了文化，掌握某种语言的过程本身就是社会化的过程，因为语言中蕴涵的知识、规范与观念必然对掌握这种语言的个体产生深刻的影响。语言社会化在个体社会化中占据特别重要的地位。

（二）性别角色社会化

性别角色社会化是个体在社会生活中，学会按自己的性别角色规范行事的过程。学者们把男女之间的差异从三个不同方面加以描述，即：

（1）性。性是个生物学概念，表示男女在生物学方面的差异，如遗传、内分泌、解剖及生理的差异。

（2）性别。表示男女在人格特征方面的差异。男性特质和女性特质指的就是性别的差异。

（3）性别角色。表示社会对男女在态度、角色和行为方式方面的期待。由于生物的“性”不同，社会对其期待也不同，因而出现了思维方式与行为方式的差异。这种差异与生理特征没有必然联系，不是天生的，而是社会化的结果。

家庭对性别角色社会化的影响是通过性别期待与认同、模仿等机制实现的。婴儿从出生起，双亲就按其不同的性别要求加以培养教育。例如对衣着、玩具、说话方式、行为表现等方面，双亲对男婴与女婴的要求是不同的；此外婴儿的性别认同也不一样：女婴模仿母亲，男婴模仿父亲。

儿童进入学龄期以后，学校和社会从多方面强化男女两性的角色差异。例如学校和教师在升学期待、课余生活、体育锻炼项目等对不同性别的学生有不同的要求；教科书也表现出不同的性别期待。

（三）道德社会化

道德社会化是个体将社会道德规范逐渐内化，成为自己行为准则的过程。它有三个方面：

（1）道德观念与道德判断。这是道德中的认知成分。皮亚杰认为，道德判断的发展过程是从他律到自律，从效果到动机。

（2）道德情感。道德情感是伴随道德观念的内心体验。道德情感的形式可能是直觉的体验，也可能是形象的体验，亦可能是深层体验。道德情感的内容是指正义感、劳动情感、集体荣誉感、爱国情感等。

（3）道德行为。个人对他人与社会有道德意义的行动。高水平的道德行为来自道德习惯的养成。

（四）政治社会化

政治社会化是个体学会接受和采用现时的社会政治制度的规范，并且掌握相应的态度和行为方式的过程。政治社会化的目的是将个体培养成合格公民，使之效力于本社会制度。爱国意识的发展，培养公民的爱国意识是政治社会化的核心内容。爱国意识的发展有三个连续的阶段：

（1）国家形象阶段。此阶段以国歌、国旗及领袖作为国家象征。儿童对国家的热爱，主要表现为对国家象征的崇敬。升国旗、唱国歌、悬挂领袖肖像是培养爱国意识的有力手段。

（2）抽象国家观念阶段。此阶段以有关国家、政治组织的抽象观念作为爱国依据。因此应通过履行公民的社会责任与义务，享受公民权利，参与政治活动等来培养爱国意识。

（3）国家组织系统阶段。此阶段爱国观念扩展到本国在国际舞台的角色与国际责任之中。

单元三　社会角色

适合你的社会角色有哪些呢？社会角色指一个人在给定情景或小组发挥作用时，人们期待他做出的一套由社会界定的行为模式。不同的社会情境需要不同的角色。

一、社会角色的概念

社会角色是个体与其社会地位、身份相一致的行为方式及相应的心理状态。它是对特定地位的个体行为的期待，是社会群体得以形成的基础。

“角色”一词源于戏剧，最早指演员扮演的剧中人物。20 世纪 20 至 30 年代，美国芝加哥学派将其引入社会心理学。

米德使用社会角色来说明人际交往中存在的可预见的互动行为模式，这个概念有助于了解个体与社会的关系。角色是在互动过程中形成的。

社会是一个大舞台，每个人都在此舞台上扮演一定的角色。人们在社会互动中表现自己，整饰自我形象，达到一定目的。角色理论按照人们所处的社会地位与身份研究和解释个体的行为及其规律。

二、社会角色的分类

（一）先赋角色和成就角色

按角色获得方式可分为先赋角色和成就角色。前者是建立在先天因素基础上的，比如父母的角色；后者指主要靠个体努力获得的角色，比如老师的角色。

（二）规定型角色和开放型角色

按角色行为的规范化程度可分为规定型角色与开放型角色。前者行为的规范化程度较高，个体自由度较小，如公务员、军警；后者规范化程度相对较低，自由度较大，如朋友等。

（三）功利型角色和表现型角色

按角色的功能可分为功利型角色和表现型角色。前者是以追求实际利益为目标的角色，如银行家、企业家、商人等，主要是追求效率；后者是以表现社会秩序、制度、价值观念、道德风尚为目标的角色，如学者、教授等，主要发挥社会公平的作用。

（四）自觉角色和不自觉角色

按角色承担者的心理状态可分为自觉角色和不自觉角色。前者对自己的角色扮演有较为明确的意识，并尽力感染“观众”，比如演员；后者并未意识到角色扮演，只是以习惯的方式行动，比如性别角色大多数时候是不自觉的。

三、角色扮演

角色扮演过程含有角色期待、角色领悟和角色实践三个要素。

(一) 角色期待

个体承担某一角色，首先遇到的是他人与社会对这一角色的期待，即社会公众对其行为方式的要求与期望。如果个体偏离角色期待可能招致他人的异议或反对。

(二) 角色领悟

角色领悟，也就是个体对角色的认识和理解。个体往往根据他人的期待不断调节自己的行为，塑造自己。

(三) 角色实践

在角色期待与角色领悟的基础上，个体实际在社会生活中表现其社会角色的过程。

四、角色失调

并不是每个人，也并不是每个人每个时候都能清楚并且扮演好自己的社会角色的。人们在角色扮演的过程中常常会产生矛盾、障碍，甚至遭遇失效，这就是角色失调。常见的角色失调有四种形式：角色冲突、角色不清、角色中断及角色失败。

(一) 角色冲突

个体在不同条件下往往有不同的地位、身份与角色。如果它们互不相容，出现矛盾，个体在心理上就会感到角色冲突。角色冲突有角色间冲突和角色内冲突。角色间冲突主要是指同一主体的两个或两个以上角色之间的矛盾所导致的冲突，比如教师，既需要权威者的角色，又需要和学生做朋友，这两种角色有时难以协调；角色内冲突主要是由于人们对同一角色有不同的期待所引起的冲突，例如教师的社会角色，国家期望教师在提高学生的素质下工夫，而家长和管理部门要求多做提高升学率的工作，经常会发生矛盾。

(二) 角色不清

个体对其扮演的角色认识不清楚，或者公众对社会变迁期间出现的新角色认识不清，还未能形成对这一新角色的社会期待，都会造成角色不清。个体在角色不清时往往会产生应激反应，出现焦虑和不满足感。

(三) 角色中断

由于各种原因使个体的角色扮演发生中途间断的现象。比如从旧角色退出来了，却不知如何或来不及建立新角色规范和行为准则，就会造成角色中断。

(四) 角色失败

角色失败，这是最严重的角色失调，角色承担者不得不退出舞台，放弃原有角色。比如官员由于渎职下台，就是角色失败。

单元四 自我与自尊

一、自我

自我是心理学的古老课题。19世纪末美国学者W·詹姆斯（W. James）曾对此做过广泛而深刻的研究。20世纪70年代，自我及其评价、自我测量又重新成为社会心理学的热点研究领域之一。

(一) 自我的概念

自我，也称自我意识或自我概念，是个体对自己存在状态的认知。包括对自己生理状态、心理状态、人际关系及社会角色的认知。

主我与客我，这是詹姆斯关于自我的概念，前者是认识的主体，是主动的自我，是进行中的意识流；后者是认识的对象，即被观察者，它包括一个人所持有的关于他自己的所有的知识与信念。主我是自我的动力成分，是活动的过程，客我则制约主我的活动。

镜我，是由他人的判断所反映的自我概念。米德认为，我们所隶属的社会群体是我们观察自己的一面镜子。个体的自我概念很大程度上取决于个体认为他人是如何“看”自己的。

罗杰斯认为，自我概念比真实自我对个体的行为及人格有更为重要的作用，因为它是个体自我知觉的体系与认识自己的方式。

（二）自我的结构

自我主要有五个层面，即物质自我、心理自我、社会自我、理想自我和反思自我。

（1）物质自我，是其他自我的载体，是个体如何看自己身体的层面。

（2）心理自我，是个体态度、信念、价值观念及人格特征的总和，是个体如何看自己心理世界的层面。

（3）社会自我，处于社会关系、社会身份与社会资格中的自我，即个体扮演的社会角色的核心，是社会如何看待个体同时被个体意识到的层面。

（4）理想自我，个体期待自己是怎样的人，即在其理想中自我的差距往往是个体行动的重要原因。

（5）反思自我，个体如何评价他人和社会对自己的看法。

（三）自我概念的功能

自我概念应该是怎样的人。理想自我与现实这是自我概念反馈的层面。

（1）保持个体内在的一致性。个体行为的稳定性和一致性的关键是个体怎样认识自己。通过维持内在一致性，自我概念实际引导着个体行为。

（2）解释经验。某种经验对个体的意义是由其自我概念决定的。不同个体对相同的经验有不同的解释，这可能是因为他们的自我概念不同。

（3）决定期待。在不同情境中个体对事物的期待，对自己行为的解释与自我期待均取决于个体的自我概念。

（四）自我概念的形成与发展

自我概念的形成与发展大致经历三个阶段，即从生理自我到社会自我，最后到心理自我。

（1）生理自我。这是自我概念的原始形态，主要是个体对自己躯体的认知，包括占有感、支配感与爱护感等，使个体认识到自己的存在。生理自我始于出生 8 个月左右，3 岁左右基本成熟。

（2）社会自我。大致从 3 岁到 13、14 岁，这个时期社会自我处于自我的中心，人们能了解社会对自己的期待，并根据社会期待调整自己的行动。

（3）心理自我。这阶段需时 10 年左右，大约从青春期到成年。发展到此阶段，个体能知觉和调节自己的心理活动及其特征和状态，并根据社会需要和自身发展的要求调控自己的心理与行为。

由于自我概念的发展，个体开始逐渐脱离对成人的依赖，表现出主动和独立的特点，强调自我的价值与自我理想。特别重要的是发展了自尊和自信心——自我概念中两个主要因素。

（五）自我概念的测量

有一种定性测量自我概念的方法——“我是谁”。这种测量简单易行。要求被试者在六七分钟内写出15个“我是谁”的叙述句。要求他们：这些句子是为你自己而不是为别人写的；按照你思考时的顺序来写，不必考虑其中的重要性和逻辑关系。

二、身份

当说到某人的身份的时候，实际上是指其社会地位、社会角色与其自我概念三者之间的关系。

（一）身份的定义

身份是由个体的社会地位及处境地位决定的自我认同。社会地位所决定的身份是地位身份，它是相对稳定的，是身份的主体；处境地位所决定的身份是处境身份，它是易变的。

身份与角色身份是由角色构成的，在地位身份中，角色就是由身份决定的行为期待。例如学生是一种地位身份，学生角色就是家长、教师和公众对他的行为的要求和期待。

（二）身份的特点

（1）客观性。个体在社会中的地位是他人与公众认可的，因而是客观的。

（2）主观性。身份以自我概念为主要表现形式，自我概念可以理解为个体对自己身份的意识，因而具有主观性。

（3）多重性。每一个体在社会中都有一个以上的社会地位，所以个体往往具有许多身份；至于个体的处境的多重性更是显而易见的。

（4）稳定性。某些身份如出身、民族、性别等是终身不变的；其他社会身份在一定时期也是相对稳定的。身份的稳定性对个体的心身健康与行为一致性是很重要的。在社会转型时期，由于社会关系的急剧变化，个体的社会地位往往有较大改变，个体可能会出现自我丧失的现象。如果时间较长、程度较重，就会对心理健康造成危害。

（5）契约性。现代社会，特别是以市场经济为主的社会，身份也是一种社会契约，它所规定的权利、义务，个体应该履行。

三、自尊

在自我概念中，有一个自我评价的部分就是自尊。自尊涉及：个体是否对自己有积极态度，是否感到自己有许多值得骄傲的地方，是否感到自己是成功的和有价值的。

（一）自尊的概念

自尊是个体对其社会角色进行自我评价的结果。自尊水平是个体对每一角色进行单独评价的总和。如果个体把他予以积极评价的角色看得比较重要，他就有高水平的自尊。

自尊需要。在马斯洛的需要层次论中，自尊是一种高级需要。自尊需要包括两方面：一是对成就、优势与自信等的欲望；二是对名誉、支配地位、赞赏的欲望。自尊需要的满足会导致自信，个体就会觉得自我有价值、有力量、有地位。如果自尊遇到挫折，个体可能会感到无能与弱小，产生自卑，以致丧失自信心。

詹姆斯在《心理学原理》一书中提出了一个自尊的经典公式：

$$\text{自尊}=\text{成功}/\text{抱负}$$

意思是说，自尊取决于成功，还取决于获得的成功对个体的意义。根据这个公式，增大成功和减小抱负都可以获得高的自尊。成功或许有许多制约因素，不是很容易就做到的，但可以降低对工作和生活的期望值，这样，一个小的成功，就可能使人们欣喜不已。

（二）一些影响自尊的因素

（1）家庭中亲子关系。一些亲子行为有助于培养孩子的高自尊：对孩子表现出慈爱、有兴趣、接受与参与；对孩子的要求，前后一致，双亲一致；尊重孩子，给予一定的自由；说服而不是体罚孩子。

（2）行为表现的反馈。特别是成功行为的反馈可提高个体的自尊水平。

（3）选择参与和扬长避短。选择那些适合个体，能取得成就或成功的活动，有益于增加自尊。

（4）根据相似性原理正确进行社会比较。在社会比较中如何选择坐标系是极其重要的。根据相似性原理，选择地位、身份相似的人与之比较，将使个体处于恰当的位置，会增加自尊。

（三）自尊的测量

M·罗森伯格（M. Rosenberg）发展了一个自尊量表。作为对自尊的单维测验它已得到了广泛的运用。这个量表简洁明了，易于实施。

罗森伯格的自尊量表：

（1）我认为自己是个有价值的人，至少与别人不相上下。

1）非常同意　2）同意　3）不同意　4）非常不同意

（2）我觉得我有许多优点。

（3）总的来说，我倾向于认为自己是一个失败者。*

（4）我做事可以做得和大多数人一样好。

（5）我觉得自己没有什么值得自豪的地方。*

（6）我对自己持有一种肯定的态度。

（7）整体而言，我对自己感到满意。

（8）我要是能更看得起自己就好了。*

（9）有时我的确感到自己很没用。*

（10）我有时认为自己一无是处。*

（*号表示是反向计分题）

（引自 Robinson，Shaver & Wrightsman 主编．《性格与社会心理测量总览》．远流出版公司，中国台北，1997）

单元五　印象形成与印象管理

一、印象与印象形成的概念

印象是个体（认知主体）头脑中有关认知客体的形象。个体接触新的社会情境时，总是按照以往经验，将情境中的人或事进行归类，明确它对自己的意义，使自己的行为获得明确定向，这一过程称为印象形成。初次印象，也称第一印象，是素不相识的两个人第一次见面时形成的印象。

二、印象形成的效应

（一）首因效应与近因效应

在印象形成过程中，信息出现的顺序对印象形成有重要影响。最初获得的信息的影响相比后来获得的信息的影响更大的现象，称为首因效应；最新获得的信息影响比原来获得的信息影响更大的现象，称为近因效应。

首因效应是第一印象作用的机制。第一印象一经建立，对其后的信息的组织、理解有较强的定向作用，个体对后续信息的解释往往是根据第一印象来完成的。

一般来说，熟悉的人，特别是亲密的人之间容易出现近因效应，而不熟悉或者少见的人之间容易出现首因效应。

（二）光环效应

在形成第一印象时，认知者的好恶评价是重要的要素。人们初次相见，彼此最先做出的判断是相互喜欢与否。个体对他人最初的好恶评价极大地影响对他人的总体印象。

个体对认知对象的某些品质一旦形成倾向性印象，就会带着这种倾向去评价认知对象的其他品质。最初的倾向性印象好似一个光环，使其他品质也因此罩上类似的色彩。例如，个体对他人的外表有良好印象，往往会对他的人格品质也倾向于给予肯定评价。这类现象称为光环效应，也称晕轮效应。

情人眼里出西施是怎么回事

为什么热恋中的男女看对方都是完美无瑕的呢？这其实是晕轮效应在热恋中的体现。

“情人眼里出西施”的心理现象可以说是爱情的必须组成部分，尽管这是一种心理学上所称的“审美错觉”。审美错觉是对审美对象深入体验之后，审美主体所产生的真实的美的感觉。这种审美错觉在客观上看好像是失真的，但主观上却是真实的心理体验。恋爱中的这种审美错觉，可以使恋爱双方发掘出彼此身上更深层次的美以补偿某种其他的不足，从而推动爱情的发生和发展。但是，如果个体本身没有健全的审美意识，或者这种错觉发展到过分的程度，会产生消极的作用。

在晕轮效应的心理作用下，人们很难分辨出好与坏、真与伪，很容易被人利用。晕轮效应的负面影响，在心智未成熟的青少年中较为多见，但在成年人的身上也是屡见不鲜的。要避免晕轮效应的负面影响，应该保持冷静，适当听取他人的观念和看法，切忌感情用事，主观臆断。

光环效应是一种以偏概全的现象，是在人们没有意识到的情况下发生作用的。由于它的作用，一个人的优点或缺点变成光圈被夸大，其他优点或缺点也就退隐到光圈背后视而不见了。甚至只要认为某个人不错，就赋予其一切好的品质，便认为他所使用过的东西、他要好的朋友、他的家人都很不错。

（三）刻板印象

人们通过自己的经验形成对某类人或某类事较为固定的看法称为刻板印象。人们会基于性别、种族、外貌等特征对人进行归类，认为一类人具有比较相似的人格特质、态度和行为方式等。人们对某些人或事物的看法和观念，就像刻在木板上的图形那样难以更改、抹灭。比如很多人认为北方男人粗犷、豪爽，而南方男人细致、拘谨，其实真的走南闯北以后，会发现事实上不一定这样。但很多人的这种刻板观念并不因为新的经验而很快改变。

刻板印象具有社会适应的意义，使人的社会知觉过程简化。但在有限经验基础上形成的刻板印象往往具有消极的性质，会使人对某些群体的成员产生偏见，甚至歧视。

三、印象形成中的信息整合模式

在印象形成中，个体所获得的信息总是认知对象的各个具体特征，但个体最终形成的印象并不停留在各种具体特征上面，而是在把各种具体信息综合后，按照保持逻辑一致性和情感一致性的原则，形成一个总体印象。

（一）加法模式

加法模式，指人们形成总体印象时参考的是各种品质的评价分值的总和。个体被肯定评价的特征愈多，强度愈大，给人的印象则愈好；相反，个体被消极评价的特征越多，强度越大，留给人的印象就越差，也就越难于为他人所接纳。

（二）平均模式

有些人在总体印象的形成上并不是简单地把他人的多种特征的评价分值累加，而是将各个特征的分值加以平均，然后根据平均值的高低来形成对他人的好或不好的总体印象。

（三）加权平均模式

许多人形成对他人的总体印象时，不仅考虑积极特征与消极特征的数量与强度，而且从逻辑上判断各种特征的重要性。对他人的总体印象不是根据简单的平均结果，而是根据重要性确定出各种特征的权重，然后将权重与每种特征的强度相乘，最后加以平均。

（四）中心品质模式

在印象形成过程中，人们往往忽略一些次要的、对个体意义不大的特征，仅仅根据几个重要的、对个体意义大的特征来形成总体印象。真诚、热情是积极的中心品质，虚伪、冷酷是消极的中心品质。一般来说，中心品质模式更接近于大多数人日常生活中的印象形成的实际情况。

四、印象管理

（一）印象管理的概念

印象管理，也称印象整饰，指个体以一定的方式去影响他人对自己的印象。即个体进行自我形象的控制，通过一定的方法去影响别人对自己的印象形成，使他人对自己的印象符合自我的期待。

印象管理与印象形成的区别是：印象形成对认知者来说是信息输入，是形成对他人的印象；而印象管理是信息输出，是对他人的印象形成过程施加影响。

（二）印象管理的作用

印象管理是个体适应社会生活的一种方式。现实生活中，在不同的情境里，每一个体都承担着许多的社会角色。个体要为他人、公众与社会所接受，其行为表现必须符合社会对他的角色的期待。为了更好地适应社会，个体就要实施有效的印象管理。成功的印象管理的基础，是正确理解情境，正确理解他人，正确理解自身的状态，正确理解自己承担角色的社会期待。但理解了，并不一定表示个体就会按社会要求行事。因此，不同的人有不同的印象管理。

中国人的面子

“好面子”是中国文化中的一种突出的现象。由于建立和维持良好的人际关系对个体生存和发展非常重要；因此我们在交往中会重视他人的看法和感受，通过各种印象管理策略来给他人留下好的印象，维护自己的“面子”。杨国枢认为，中国人重视的他人是“重要他人”，也就是和自己有密切联系和利益关系的人，比如家人、朋友、邻居和同事等。而西方人重视的他人是“概括化他人”，也就是一般的人都会对他们的人格形成和行为方式产生影响。因此中国人非常注意维护在重要他人面前的形象，而对与自己关系不大的人，则不太在乎他们的看法和感受。

黄先国认为中国人是把面子和尊严联系在一起的。面子是从他人那里获得的尊严，面子一方面代表了自己的社会形象，另一方面也反映了个体的社会地位。所以，面子是越高越好。人们通过人情和各种社会交换手段来获取、维护和提高自己的面子，也通过权力来确认和巩固自己的面子。人情和面子是中国人核心的人际关系准则。

面子是个体社会化的产物，是人区别于动物的一个重要方面。无论东方人还是西方人，给别人留下好的印象，在别人面前“有面子”，是一种普遍的、自然的心理需求。问题是不可太“好面子”。“好面子”会使自己的行为太依从别人，缺少自己的内在标准，最终不利于个体的成长。

（三）常用的印象管理策略

在人际交往中，互动的双方都知道对方在不断观察、评价自己，所以个体往往不断调整自己的言辞、表情和行为等，以期给对方留下一个良好的印象。印象管理是一种社交技巧。其常见策略有：

（1）按社会常规管理自己。比如人们认为外表能反映一个人的精神状态，外表最容易为他人所知觉，所以个体往往留意修饰外表，尤其在异性面前更加如此。

（2）隐藏自我与自我抬高。个体的真实自我也许不受他人和公众欢迎，为使他人对自己产生良好印象，建立良好人际关系，个体常常把真实自我隐藏起来，好比戴上一副“面具”；同时，通过各种办法自我抬高，让他人觉得自己在总的方面或特殊的方面很优秀，也可以给别人留下好的印象。自我抬高的人往往会承认自己的某些小的不足，以使自己在抬高某些重要方面时变得可信。

（3）按社会期待管理自己，使自己的行为符合角色的社会规范。例如教师在学生面前作出符合教师这一社会角色的行动。

（4）投人所好。个体为了得到他人的好评，给人留下良好印象，往往投其所好，采取自我暴露、附和、谄媚、施惠等手段。

单元六　态　度

态度是联系个体内、外世界的桥梁。由态度出发，向内可研究个体的心理状态，向外则可对行为进行某种预测。因此，在社会心理学的全部历史和领域中，也许没有一个其他的概念比态度更接近中心位置。有的学者甚至把社会心理学视为研究态度的科学。

一、态度的概念

态度是个体对特定对象的总的评价和稳定性的反应倾向。

（一）态度的特点

（1）内在性。态度是内在的心理倾向，是尚未显现于外的内心历程或状态。

（2）对象性。态度总是指向一定目标，具有针对性，没有无目标的态度。态度的对象包括人物、事件、观念等。

（3）稳定性。态度一旦形成就会持续一段时间、不会轻易转变。

（二）态度的成分

一般认为，态度有认知、情感和行为倾向性三个成分。

（1）认知成分。个体对态度对象的所有认知，即关于对象的事实、知识、信念、评价等。

（2）情感成分。个体在评价基础上对态度对象产生的情感体验或情感反应。

（3）行为倾向成分。个体对态度对象的预备反应或以某种方式行动的倾向性。

由于上述三种成分的英文单词首字母分别为 C（cognition，认知）、A（affection，情感）、B（behavior，行为倾向），因而有人把态度的三种成分说称为态度的 ABC 模型。

一般地说，态度的三种成分是协调一致的。在它们不协调时，情感成分往往占有主导地位，决定态度的基本取向与行为倾向。

（三）态度与行为

态度含有行为的倾向性。社会心理学家研究态度的初衷，很大程度上就是认为态度决定行为，通过态度可以预测人们的行为。但大量的研究表明，人们的日常行为常常与态度不一致，而且这种不一致，在大多数情况下并没有影响人们的生活质量。很多人认为抽烟有害，但仍然吞云吐雾。态度与行为关系比较复杂。态度是行为的重要决定因素，但个体具体采取什么样的行动，还受情境、认知因素，甚至是过去的经验与行为的影响。

（四）态度与价值观

价值观是个体核心的信念体系，是个体评价事务与抉择的标准，是关于什么是“值得的”的看法。价值观对态度有直接的影响，这种影响是通过个体对对象赋予价值来实现的。个体对某一对象的态度，就其认知成分来说，评价是核心要素。评价即确定价值，就是确定态度对象对个体的社会意义。个体的态度取决于这一对象的价值。当个体认为它有价值时，就会持有肯定态度；认为没有价值时，就会采取否定态度；介乎二者之间采取中性态度。价值大小决定态度程度强弱。态度对象的客观价值对态度有重要影响，但态度的直接决定因素是个体赋予对象的主观价值。

态度与价值观有根本的不同。首先价值观与态度相比，更抽象和一般，更稳定和持久，更不容易转变。其次，价值观不像态度具有直接的、具体的对象，也没有直接的行为动力意义。它对行为的作用是间接的，价值观通过影响态度而最终影响行为。

个体的各种价值观根据价值选择的重要性构成了一个完整的价值体系。同样，人的各种态度也会构成一个具有整体性的态度体系。越是接近价值体系中心的价值，越是接近态度体系中心的态度，对个体的意义越大，对个体行为的影响力也越大。

价值观的类型

价值观是一个多元化的复杂系统。该系统包含许多成分，每个人或多或少都具有各种成分，只是相对强弱不同、主导价值观不同。德国哲学家斯普朗格（Spraneer，1928）在《人的类型》一书中提出了六种类型的价值取向：经济的、理论的、审美的、社会的、政治的和宗教的。这一理论影响很大，心理学家 C. W. 奥尔波特等人据此编制了《价值观研究量表》，用于测量和研究价值观。下面是六种价值观取向的人的特点：

（1）经济型。具有务实的特点，追求财富，对有用的东西感兴趣。

（2）理论型。具有智慧、兴趣，求知欲强，富于幻想，重视用批判和理性的方法去寻求真理。

（3）审美型。追求世界的形式与和谐，以美的原则，如对称、均衡、和谐等评价事物。

（4）社会型。热心社会活动，尊重他人价值，利他和注重人文关怀。

（5）政治型。追求权力、影响和声望，喜欢支配和控制他人。

（6）宗教型。认为最高的价值是统一和整体，相信神话和命运，寻求把自己与宇宙联系起来。

二、态度的功能

社会心理学家卡茨提出，态度有四个方面的心理功能。

（一）工具性功能

个体倾向于发展能给自己带来利益的态度。一种对象满足个体需要的价值越大，个体对它的态度越积极；一种对象越是不利于个体需要的满足，个体就越倾向于对其形成拒绝或逃避的态度。态度是个体在社会生活中，按照功利原则进行取舍的结果，是个体社会交换和社会适应的产物。

（二）自我防御功能

个体倾向选择有利于自我防御的态度。这种防御有利于自我形象及自我价值的确立，并能减少焦虑，转移情绪冲动。

（三）价值表现功能

自我防御功能强调个体被动保护自我形象与价值，而态度的价值表现功能强调个体主动表现自己。日常生活中人们通过表明自己的态度来显示自己的社会价值。

（四）认知功能

个体对情境中的客体通过态度来赋予其意义。个体获得对某种事物的态度，找到一个应付新情境的向导。已经形成的态度，会影响对新的情境的认识。

三、态度的属性

（1）方向。即态度的指向。个体对态度对象是肯定指向或是否定指向。在态度测量中，大多涉及的是这个属性。它包括是与否、赞同与反对、接纳与拒绝、喜欢与厌恶等。

（2）强度。即态度倾向于某一特定方向的程度。大多数人格量表涉及的是态度强度的测量。

(3) 深度。个体对特定态度对象的卷入水平。态度对象对个体的意义越大，个体卷入越深。

(4) 向中度。某种态度在个体态度体系及相关价值体系中接近核心价值的程度。

(5) 外显度。个体态度在其行为方向与行为方式上的外露程度。

四、态度的形成

美国学者凯尔曼提出态度形成包括依从、认同和内化三个阶段。

(一) 依从

依从是态度形成的开始，个体总是按社会规范和社会期待或他人意志，在外显行为方面表现与他人一致，以获得奖励，避免惩罚。此时行为受外因控制。依从是表面的、暂时的，是权宜之计，是一种印象管理策略。

(二) 认同

认同是个体自愿接受他人观点、信息或群体规范，使自己与他人一致。在认同阶段，个体受到态度对象的吸引，但已超越属于外部控制的奖惩，而主动趋同于对象。这一阶段情感因素起明显作用，认同依赖于对象对个体的吸引力。

(三) 内化

内化是态度形成的最后阶段。个体真正从内心相信并接受他人的观点，并使之纳入自己的态度体系，成为自己态度体系的有机组成部分。

内化是个体原有态度与所认同的态度协调的结果，是以理智，即认知成分为基础的。个体态度的形成，从依从到认同，再到内化，最后成为不易转变的稳定性的心理倾向。

五、态度转变

个体形成一定态度后，由于接受新的信息或意见而发生变化，这个过程叫态度转变。态度转变就是说服的过程。

(一) 态度转变模型

美国学者霍夫兰德等人提出了一个态度转变的模型，如图 10-4 所示。

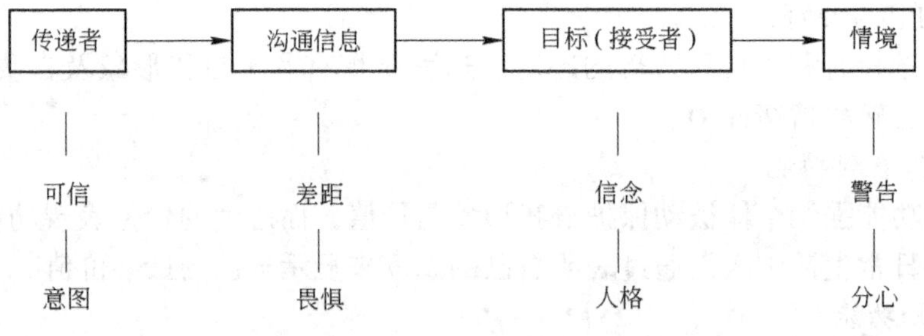

图 10-4　态度转变的模型

从这一模型可以看出，发生在接受者身上的态度转变，要涉及四个方面的要素。首先是传递者，传递者是沟通信息的提供者，也是试图以一定的方式引导人们发生态度转变的劝导者；第二是沟通信息，态度转变是接受者意识到自己的态度与外在的信息存在差异后发生的，沟通信息是态度转变的最直接的原因；第三是接收者，也是态度转变的主体，一切说服的努力，只有为态度主体所接受，才能发挥作用；第四是情境因素，沟通和说服是在一定背景中进行的，所处的情境不同，个体的情绪状态的差异，都会影响态度转变的效果。

(二) 态度转变的影响因素

1. 传递者方面的影响因素

(1) 传递者的威信

信息传递者的威信，传递者与接受者的相似性都会影响他发出的信息的说服效果。威信越高，与接受者的相似性越大，说服的效果越好。

(2) 传递者的立场

传递者的立场会直接影响他们的说服效果。如果传递者站在自我服务的立场上，则他所提供的信息影响力小，因为人们会怀疑其沟通的动机。如果传递者的立场是自我牺牲的，则会造成比较大的影响。这就是为什么房地产商鼓吹房价上涨，让人反感并觉得没道理的原因。

(3) 说服的意图

如接受者认为传递者刻意影响他们，则不易转变态度；但如果他们认为传递者没有操纵他们的意图，心理上没有阻抗，对信息的接受就较好，易于转变态度。

(4) 说服者的吸引力

接受者对高吸引力的传递者有较高的认同，容易接受他们的说服。这是许多企业用明星做代言人的重要原因。

2. 沟通信息方面的影响因素

(1) 信息差异。任何态度转变都是在沟通信息与接受者原有态度存在差异的情况下发生的。研究表明，对于威信高的传递者，这种差异较大时，引发的态度转变量最大；对于威信低的传递者，这种差异适中，引发的态度转变量最小。

(2) 畏惧。信息如果唤起人们的畏惧情绪，一般来说会有利于说服。但畏惧与态度转变的关系不是正的线性关系。在大多数情况下，畏惧的唤起能增强说服效果。但是，如果畏惧太强烈，引起接受者的心理防御以至否定畏惧本身，结果会使态度转变较少。研究发现，中等强度的畏惧信息能达到较好的说服效果。

(3) 信息倾向性。研究发现，对一般公众，单一倾向的信息说服效果较好；对文化水平高的信息接受者，提供正反两方面的信息，说服效果较好。

(4) 信息的提供方式。信息提供的方式、渠道，也影响说服的效果。一般说，口头传递比书面途径效果好，面对面的沟通比通过大众传媒沟通效果好。因为面对面交流时，除了沟通信息本身，还有一些背景的支持性信息参与了沟通过程。

3. 接受者方面的影响因素

(1) 原有态度与信念的特性。已经内化了的态度作为接受者信念和态度体系的一部分，难以转变；已成为既定事实的态度，即被说服者根据直接经验形成的态度不易转变。与个体的需要密切关联的态度不易转变。

(2) 人格因素。依赖性较强的接受者信服权威，比较容易接受说服；自尊水平高、自我评价较高的接受者不易转变态度。社会赞许动机的强弱也是影响态度转变的因素，高社会赞许动机的接受者易受他人及公众影响，易于接受说服。

(3) 个体的心理倾向。在面临转变态度的压力时，个体的逆反心理、心理惯性，保留面子等心理倾向会使其拒绝他人的说服，从而影响态度转变。人们通常利用一些自我防卫的策略来减少说服信息对自己的影响，比如笼统拒绝、贬损来源、歪曲信息、论点辩驳等。

4. 情境

态度转变是在一定的背景下进行的，一些情境因素会影响态度转变。

（1）预先警告。预先警告有双重作用。如果接受者原有态度不够坚定，对态度对象的卷入程度低，预先警告可促使态度转变。如果态度与接受者的重要利益有关，那么预先警告往往使其抵制态度转变。

（2）分心。分心即注意分散。分心的影响也是复杂的，如果分心使接受者分散了对沟通信息的注意，将会减弱接受者对说服者的防御和阻挠，从而促进态度转变；如果分心干扰了说服过程本身，使接受者不能获得沟通信息，则会削弱说服效果。

（3）重复。沟通信息重复频率与说服效果呈倒 U 形曲线关系。中等频率的重复，效果较好。重复频率过低或过高，说服的效果均不好。

角色扮演与态度转变

心理学研究表明，个体在一个时期内把自己当成另外一个人，并按照这个人的态度和行为方式来生活，那么这个人的态度和行为方式会最终固定到角色扮演者的身上。使扮演者形成新的态度和行为模式，从而最终实现态度转变。通过角色扮演，让个体学习和建立新的行为模式，是转变态度的一个很有效的办法。该方法在心理咨询和治疗中具有重要的价值。许多行为矫正技术，表面上只关注行为的变化，不关心内在观念和态度的转变，事实上它们是试图通过行为的改变来最终转变态度。行为与态度是一个整体，行为变化而态度不变化，就会产生认识失调，通过认知的调整功能，已经变化的行为会引导态度发生转变。新的行为模式建立之日，可能就是新的态度确立之时。

单元七 社会影响

社会影响是指在他人的作用下，个体的思想、情感和行为发生变化的现象。社会影响是一种非常普遍的社会心理现象。

一、从众

（一）从众的概念

从众是在群体压力下，个体在认知、判断、信念与行为等方面自愿与群体中多数人保持一致的现象。从众俗称“随大流”，表现为个体的意见与行为和群体中多种人相符合。社会心理学研究较多的是行为方面的从众。从众行为的特点是：其一，引起从众的群体压力可以是真实存在的，也可以是想象的。个体想象中的群体的优势倾向，也会对个体造成压力，使其选择与想象的多数人的倾向相一致的行为。其二，群体压力可以在个体意识到的情况下发生作用，使个体通过理性抉择，选择从众；也可在没有意识到的情况下发生影响，使人不自觉地跟随多数人行动。其三，从众行为有时虽然不符合个体的本意，但却是个体的自愿行为。自愿性是从众的重要特点。

（二）从众的功能

社会生活中的从众行为大多不具有直接的社会评价意义，它本身无所谓是积极的或消极的，它对人的作用主要取决于行为本身的社会意义。在任何社会中，多数人的观念与行为保持大体一致是必要的。一个社会需要有共同的语言、共同的价值观与行为方式。只有这样社会成员之间的沟通、交往才有可能。社会成员的沟通与互动则会促进这种一致性和共同性的发展。因此，从众具有促进社会形成共同规范、共同价值观的功能。

从个体来看，人在许多方面只有与社会主导倾向保持一致，才能更好地适应社会生活。任何个体，无论其多么聪明绝顶，其知识也是有限的，不可能多到足以适应他遇到的每一种社会情境。个体需要以从众方式，在较大程度上使自己迅速适应未知世界。因此从众还具有让个体适应社会生活的功能。

当然，从众毕竟是一种被动地接受群体影响的方式，如果凡事从众，缺乏独立思考，也会使自己失去主动性和缺乏个性。正当的做法是从众但不盲从，考虑社会规范，但也要发展自己的个性。

（三）从众的类型

根据行为是否从众，以及行为与内在判断是否一致，可以将从众大致分为三种类型。

1. 真从众

个体不仅外在行为与群体保持一致，而且内心也相信群体的判断。这是一种表里一致的从众，行为与认知不存在冲突。

2. 权宜从众

个体外在行为与群体保持一致，但内心却怀疑群体的判断，相信真理在自己这边。只是迫于群体的压力，暂时在行为上附和群体的要求。这是日常生活中最普遍的一种从众形式。由于外在行为与内在判断不一致，个体会出现认知失调，体验焦虑等情绪。

3. 反从众

个体内心倾向与群体一致，但由于各种原因，外在的行为表现与群体的主流不一致。比如群情激愤时，作为领导也受到感染，想法和感受与员工一致，但为了防止事态失控，领导在行为上的表现却很理智和冷静。

（四）从众行为的原因

1. 寻求行为参照

在许多情境中，个体由于缺乏知识或其他原因（如不熟悉情况等）必须从其他途径获得自己行为合适性的信息。按照社会比较理论的说法，在情境不确定时，其他人的行为最有参照价值。个体从众，指向多数人的行为，自然是找到了较为可靠的参照系统。

2. 对偏离的恐惧

偏离群体，个体会面临较大的群体压力乃至制裁。任何群体均有维持一致性的倾向及相关的执行机制。对那些与群体保持一致的成员，群体的反应是接纳、喜欢和优待；而对偏离者则倾向于厌恶、拒绝和制裁。

在社会生活中，多数人实际上已有尽量不偏离群体的习惯。个体从众性愈强，其偏离群体时产生的焦虑亦愈大，也就愈不容易偏离。从跨文化社会心理学的研究看，东方文化更倾向于鼓励人们的从众行为，因而东方人较容易产生对偏离的恐惧。

3. 群体凝聚力

群体凝聚力指群体对其成员的吸引水平以及成员之间的吸引水平。凝聚力高的群体中的成员，群体认同感较强，与其他群体成员之间有密切的情感联系，有对群体做出贡献和履行义务的自我要求。

(五) 影响从众的因素

1. 群体因素

(1) 群体成员的一致性愈高，个体面临的群体压力也越大，个体越容易产生从众行为。

(2) 群体的凝聚力越大，对个体的吸引力越强，个体越容易从众。

(3) 群体规模的影响。在一定范围内，个体从众行为的可能性随群体规模的增加而上升。但超过这个范围，群体规模的影响不明显。研究表明，规模的临界值大致在3~4人。

阿希的从众研究

社会心理学家阿希在研究群体压力时，报告了一个经典的从众实验。

阿希将7个男大学生被试者组成一个小组，请他们围在一张会议桌周围，参加所谓的知觉判断实验。实验的真正目的是，考察群体压力对从众行为的影响。7名被试者中，只有编号为6的被试者是真被试者，其他均为实验助手，也就是同谋者。

实验者依次呈现50套卡片，每套卡片有两张。一张卡片画有一条标准直线，另一张画有3条直线，其中一条同标准直线一样长。被试者的任务，是判断3条直线中哪条与标准直线一样长。

实验开始后，头两轮比较都很顺利，所有人的判断都一致，真被试者觉得判断很容易。但第3轮比较开始后，虽然正确答案还是很明显，但被试者的判断开始出现问题了。首先1号做出了错误回答，接着2号也做出了同样错误的回答，这时真被试者有点紧张了，他端坐在椅子上，紧盯着卡片；第3号也表示赞同两位的看法，真被试者开始出汗了。“为什么是这样，这些人眼睛有问题?”他开始问自己；然后4号、5号，同样也“睁着眼睛说瞎话”，这时真被试者的立场开始动摇；轮到6号，也就是真被试者判断了，结果怎样？实验表明，数十名被试者自己判断时，正确率超过99%，但跟随他人一起判断时，做出错误判断的比例平均达37%。76%的被试者至少有一次迫于群体的压力，做出了从众的判断。

2. 个体人格因素

(1) 个体自我评价越高，从众行为越少；反之，个体自我评价越低，从众行为越容易发生。

(2) 个体自信心较强的，从众较少；个体自信心低的，容易发生从众。

3. 情境的明确性

如果情境很明确，判断事物的客观标准很清晰，那么从众行为会减少；相反，如果情境模糊，个体对自身判断的肯定程度降低，从众的可能性就会增加，如图10-5所示。

此外，性别、智力等因素对从众也有影响，但尚未发现这些因素与从众之间有明显的

图 10-5　不同类型的人从众程度不一样

（资料来源：《图解心理学》. 苏陌编著. 北京：中国法制出版社，2011 年 3 月第一版，第 145 页）

确定性的关系。

二、社会促进

（一）社会促进的概念

社会促进也称社会助长，指个体完成某种活动时，由于他人在场而提高了绩效的现象。他人在场的形式有实际在场、想象在场和隐含在场。

与社会促进相反，有时候他人在场，反而会使个体工作绩效降低，这种现象称为社会干扰，也称社会抑制。

社会促进有两种效应：

（1）结伴效应。在结伴效应中，个体会感到某种社会比较的压力，从而提高工作或活动效率。

（2）观众效应。个体从事活动时，是否有观众在场，观众多少及观众的表现对其活动效率有明显影响。

最早用科学的方法研究社会促进的是心理学家特里普里特，他通过实验研究发现，青少年骑自行车，在独自、有人跑步伴同、竞赛这三种情境中，赛时的速度大幅度提高。这也是历史上第一个严格的社会心理学实验。20 世纪 20 年代，实验社会心理学的创始人 F · H · 奥尔波特在哈佛大学领导了一系列有关他人在场对个体绩效影响的研究，并最终提出了社会促进的概念。

（二）优势反应强化说——对社会促进和社会干扰的理论解释

美国学者扎荣克提出的优势反应强化说，可以比较好地解释社会促进与社会干扰现象。该理论认为，他人在场，个体动机水平将会提高，其优势反应易于表现，而弱势反应会受到抑制。优势反应是已经学习和掌握得相当熟练的动作，不假思索即可做出。如果个体的活动是相当熟练或是简单机械性工作，他人在场提高动机水平，使效率提高，活动绩效出色。相反，如果活动是正在学习的，不熟练或很"费脑筋"，个体完成任务需要集中注意力，需要一系列复杂的推理、判断等思维过程，那么他人在场反而会对个体产生干扰作用，使其活动绩效降低。

这一假设提出后，许多研究者深化并发展了这一假说。进一步的研究表明，个体能通过其竞争动机和他人对其评价的认知获得社会促进效果。在结伴活动中，每个人试图自己干得快一些好一些，实际上这是一种隐含的竞争动机。此外，他人在场也会唤起个体对他人评价的认知，这可能是影响社会促进更为重要的因素。个体在成长过程不断地受到他人评价，并逐渐学会关注他人评价，赢得好的评价。在场的他人也许并无多大兴趣，但活动者却以为他人正在评价自己，于是激活竞争动机，产生促进作用。

（三）社会惰化

社会惰化也称社会逍遥，指群体一起完成一件任务时，个人所付出的努力比单独完成时偏少的现象。日常生活中的“磨洋工”，就是一种社会惰化现象。一般来说，个体在群体活动中，付出的努力水平都会下降，并且群体规模越大，个人的努力水平越低。

社会惰化的主要原因，是个体在群体活动中责任意识降低，被评价的焦虑减弱，而行为的动力也相应下降。如果加强考核，让每个人在群体活动中的努力和成果量化就可能有效地减少社会惰化现象。

三、模仿

（一）模仿的概念

模仿是没有外在压力条件下，个体受他人的影响仿照他人，使自己的行为与他人相同或相似的现象。

模仿是人们相互影响的一种重要方式。当个体感知到他人的行为时，会有重复这一行为的愿望，模仿便随之而来。其特点是：

（1）模仿的社会刺激是非控制性的，榜样是模仿的条件，但模仿是自愿产生的，有时可能是无意识的。

（2）相似性：模仿者的举止近似于其所模仿的榜样。模仿可以分为有意模仿与无意模仿两大类。有意模仿是模仿者有目的、主动的模仿，即使他不了解别人行为的真正意义，但由于他觉得模仿别人能获得好处，于是就在行为上仿照别人。无意模仿并非绝对的无意识，只是意识程度相对比较低。

（二）模仿的意义

（1）模仿是学习的基础。模仿是个体反映与再现他人行为最简单的形式，是掌握人际互动经验最简单的机制，也是个体学习的基础。

（2）适应作用。个体适应社会生活，模仿在其中占有重要位置，在个体发展早期，这种作用尤其突出。没有模仿，个体很难适应他所面临的各种情境。

（3）促进群体形成。模仿会使群体成员在态度、情感和行为上的一致性提高，增进群体凝聚力。

（三）模仿的发展

模仿随个体的发展而发展。其趋势大致是：从无意模仿到有意模仿；从游戏模仿到生活实践模仿；从对外部特征的模仿到对内部实质内容的模仿。

（四）塔尔德的《模仿律》

法国社会学家G·塔尔德最早对模仿进行研究，1890年出版了《模仿律》一书。他认为模仿是“基本的社会现象”，“一切事物不是发明，就是模仿”。他在研究模仿在犯罪活动中的作用时，提出了三个模仿律，现在看来仍有一定的说服力。

（1）下降律。社会下层人士具有模仿社会上层人士的倾向。

（2）几何级数率。在没有干扰的情况下，模仿一旦开始，便以几何级数的速度增长，迅速蔓延。时尚、谣言的传播像滚雪球一样。

（3）先内后外律。个体对本土文化及其行为方式的模仿与选择，总是优于外域文化及其行为方式。

四、社会感染

（一）社会感染的概念

社会感染是一种较大范围内的信息与情绪的传递过程，其他方式引起众人相同的情绪和行为，其特点是：

（1）双向性。感染者与被感染者可相互转换，你感染我，我感染你。

（2）爆发性。即通过语言、表情、动作及在较大群体内产生循环感染。反复振荡、反复循环，引发强烈的冲动性情绪非理性行为的产生。

（3）接受的迅速性。在感染的氛围中，感染者发出的信息及情绪刺激为被感染者迅速接受。

（二）社会感染的分类

（1）个体间的感染。发生在个人之间或小群体成员间的感染。是社会感染最常见的形式。

（2）大众传媒的感染导致。指广播、电影、电视、报刊、文艺作品及互联网等大众传播媒介对个体情绪的影响。随着社会发展与进步，文化生活与精神生活日趋丰富，大众传媒的感染日益突出，影响巨大、深远。

（3）大型开放群体的感染。发生在处于同一物理空间但其成员又不可能人人都能接触到的大型群体内的感染。其重要特征是循环反应，个体的情绪可引发他人产生相同情绪，而他人情绪又反过来加剧原有情绪。这种感染中情绪反复激荡，易于爆发，导致人群非理性行为的发生。例如，球迷闹事，邪教的狂热以及战争与灾变情境中的惊慌失措都是此类社会感染造成的结果。

五、利他行为

利他行为是个体有益于他人、公众和社会，不期待回报的行为。

（一）利他行为的性质

（1）利他行为是一种亲社会行为。亲社会行为泛指一切符合社会期待的有益于他人的行为。

（2）利他是一种以人为对象的亲社会行为。助人行为与利他行为都是以人为对象的亲社会行为，但利他的层次更高，因为这种行为不企求回报。利他者认为帮助别人是其出自内心的义务。

（3）利他行为是由利他动机引起的，其特征是以完全有利于他人为目标。

（二）利他的原因

1. 社会生物学的观点

社会生物学家认为，利他行为并非人类所特有，动物也有利他行为。利他是动物以个体的“自我牺牲”换取物种存在和延续的一种本能。至于人类是否存在先天的利他性，并通过遗传传给后代，目前还没有充分的证据。

2. 社会规范论的观点

社会规范论认为人类道德中的一个普遍准则是交互性规范。社会对个体行为有这样的期待：人应该帮助那些曾帮助过自己的人。利他是一种社会交换，其收益是自我价值的提高和焦虑的减小。交互性规范是社会交换的基本原则。

人类社会还存在另外一种普遍的规范：社会责任规范。社会期待人们帮助那些需要帮助的人。社会责任规范可以解释人类利他行为的起源。

（三）利他行为的影响因素

1. 外部因素

（1）自然环境。良好的气候及环境使个体心情愉悦，往往会增加利他，而噪声等恶劣环境因素会减少利他。

（2）社会情境。他人在场。他人在场对利他行为往往有负面影响，在场人数越多，利他越少，独自一人时个体利他的可能性反而增加。这是由于他人在场，导致去个性化，使个体责任意识丧失；或者个体倾向于把责任分给在场的其他人，导致责任分散，使自己的责任减轻。但有研究表明，如果情境中出现助人行为的榜样，就会产生示范效应，增加人们的利他行为。

情境的社会性意义。个体遇到需要帮助的社会情境，首先会对情境的意义和性质进行解释，判断是否属于紧急情况，是否需要介入，然后才会采取行动。在情境的性质不甚清楚的时候，个体往往参考在场其他人的反应来做出判断。

（3）时间压力。当个体自己很忙，时间紧张时，往往难于利他。

（4）利他的对象的特点。对利他者来说，利他对象的因素也是外部因素。具有以下特点的人容易被帮助和救援：与利他者相似的人（特别是态度与价值观相似）、未伤害过利他者的人以及有吸引力的人。

2. 利他者的心理特征

（1）心境。个体心情愉悦时对他人及事物往往有积极看法，容易出现利他行为。

（2）内疚。个体做错了事感到内疚时，倾向于做些好事加以补偿，以减轻内疚造成的心理压力。但内疚如果得到表白，心理压力减少，则会导致利他的减少。

（3）人格。一些人格因素影响利他行为。社会责任感与利他行为呈正相关，移情能力与自我监控能力也与利他呈正相关。

3. 利他技能

懂得如何助人和利他也是重要的。救助技能与手段的掌握，会增加人们利他行为发生的可能性。

生活中的心理学

为什么三个和尚没水喝

从数学角度看，1+1=2 是一个恒等式，但借用到社会生活中来，会发现 1+1=2 并不是时刻都能成立，有时也会出现 1+1<2 的情况，即可解释为个体的力量在群体中遭到削弱的现象。这种当个人与群体其他成员一起完成某种事情时，个人所付出的努力减少、活动积极性与效率下降的现象，就是社会懈怠效应，也称做社会惰化现象。

三个和尚挑水的故事就是社会懈怠效应的典型。当一个人挑水的时候，它既是行为的实施者，也是唯一的行为受益人，因此他会积极主动地完成挑水的任务。而当第二第三个人到来以后，挑水变成了一个团队任务，每个人都是任务的承担者和责任人，同时也是任务的受益者。对于每个个体来说，在责任分担的同时，利益的获得相对减少，每个人都希望付出较少的努力而赢得较大的利益，当自己付出较多时就会产生不平衡心理。这种心理会促使人们降低工作热情和效率，继而出现社会懈怠效应。

关于社会懈怠效应是如何产生的，心理学家拉塔奈提出了三点原则：

(1) 社会评价作用。在群体情况下，个体的工作不记名的，他们所做的努力是不被测量的，因为这时测量的结果是整个群体的工作成绩。所以，个体在这种情况下就成了可以不对自己行为负责任的人，因而他的不评价意识就必然会减弱，使得为工作所付出的努力也就相应的减弱。

(2) 社会认知的作用。在群体中的个体，也许会认为其他成员不会太努力，他们可能会偷懒，所以自己也就开始偷懒了，从而使自己的努力下降。

(3) 社会作用力的作用。在群体作业的情况下，每个个体都是整个群体的一员，与其他成员一起接受外来的影响。当群体成员增多时，每个个体所接受的外来影响就必然会被分散减弱，因而个体所付出的努力就会降低。

减少社会懈怠效应的负面作用的根本方法是，增加个体的参与感与责任感，将个人努力的成果尽量可视化或可以测量，同时也应该提高人们自身的责任意识和奉献精神。

要点概述

社会行为是人对社会因素引起的并对社会产生影响的反应系统。它包括个体的习得行为、亲社会行为和反社会行为、人际合作与竞争、群体的决策行为等。社会心理是社会刺激与社会行为之间的中介过程，是由社会因素引起并对社会行为具有引导作用的心理活动。社会心理活动不仅与个体所处的即时情境有关，而且与其过去形成的经验以及个体的人格特征有密切关系。

社会化是个体由自然人成长、发展为社会人的过程。是个体同他人交往，接受社会影响，学习掌握社会角色和行为规范，形成适应社会环境的人格、社会心理、行为方式和生活技能的过程。

社会角色是个体与其社会地位、身份相一致的行为方式及相应的心理状态。它是对特定地位的个体行为的期待，是社会群体得以形成的基础。

在社会心理学的全部历史和领域中，也许没有一个其他的概念比态度更接近中心位置。有的学者甚至把社会心理学视为研究态度的科学。态度是个体对特定对象的总的评价和稳定性的反应倾向。态度具有内在性、对象性、稳定性的特点。

社会影响是指在他人的作用下，个体的思想、情感和行为发生变化的现象。社会影响是一种非常普遍的社会心理现象。包括利他、从众、社会促进、社会惰化、模仿、社会感染。

复习思考题

10-1　两种取向的社会心理学的概念？
10-2　简述社会学的社会心理学和心理学的社会心理学之间的区别。
10-3　试述社会心理与社会行为的关系。
10-4　什么是社会化，社会化的作用？
10-5　利他行为的影响因素？
10-6　结合所学内容，想想应该怎样扮演好自己的社会角色？
10-7　什么是态度，试分析态度转变机制？
10-8　当你遇到本部分开头的那一幕你会做出什么反应，为什么？

下篇

现代心理学应用领域

心理学有着广泛的应用领域，心理学将对你的生活、工作、学习提供更为有益的帮助。

第十一章　管理中的心理学

管理心理学在西方又称为工业与组织心理学，是研究组织管理活动中人的行为规律及其潜在心理机制的一门学科。它属于心理学的研究范畴，是心理学的一个重要分支。近年来，随着理论的不断完善与应用范围的逐步扩大，管理心理学已经发展成为一门独立的学科，在我国社会主义市场经济与现代化建设中扮演着越来越重要的角色。

单元一　管理心理学概述

出师未捷身先死的诸葛亮

《三国演义》中描述，刘备死后，诸葛亮怕别人不尽忠职守，立了一条“罚二十以上皆亲览”的制度，即事无巨细，一概由诸葛亮亲自处理，外连东吴，内平南越，整顿戎装、工械技巧等等，他都揽在身上。结果忙得日理万机，汗流浃背，以致身亡，留下“出师未捷身先死”的千古遗恨。有人曾劝诸葛亮：“治家之道，在于各司其职，如果凡事家主必亲躬，将形疲神困，终无一成。”但平生谨慎的诸葛亮没有听进去。

一、管理心理学的研究对象

管理心理学是研究组织管理活动中人的行为规律及其潜在的心理机制，并用科学的方法改进管理工作，不断提高工作效率与管理效能，最终实现组织目标与个人全面发展的一门学科。该定义主要有以下三层含义：

（1）管理心理学的研究对象是人的行为规律及其潜在的心理机制。也就是说，管理心理学既探索组织管理活动中人的行为规律，又揭示这些行为背后潜在的心理机制。

（2）管理心理学的研究范围是组织管理活动中人的行为规律及其潜在的心理机制。这里的“组织”不仅包括企业组织，还涵盖政治、经济、军事、教育等社会组织。

（3）管理心理学研究的目的是在掌握组织管理活动中人的行为规律及其潜在心理机制

的基础上，运用科学的方法改进管理，充分调动人的积极主动性，不断提高工作效率与管理效能，最终实现组织目标与个人的全面发展。

管理心理学是一门应用性较强的学科，它来源于社会管理实践，也服务于社会管理实践。管理心理学的研究就是要进一步提高组织管理的科学化水平，充分挖掘人的发展潜力，以实现组织和个人的发展目标。

二、管理心理学的研究内容

管理心理学的研究对象决定了其研究内容应基于人的心理活动而展开，并辐射到行为和组织层面的相关问题。基于此种考虑，本模块将以职业环境和组织情境中人的心理活动为主线来安排相关内容，旨在突出管理心理学的心理学特色，增强其心理学色彩。主要包含文化与组织行为、员工个体差异与管理、有效激励、领导风格与领导艺术四个单元。

管理心理学的研究内容，可以如图 11-1 所示加以概括和说明。

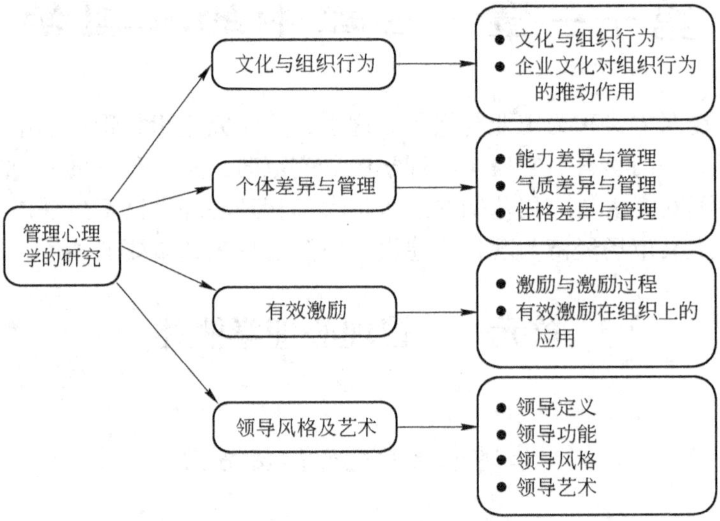

图 11-1　管理心理学的研究内容

单元二　文化与组织行为

随着经济全球化的发展，市场竞争不断加剧。企业的市场竞争能力不仅集中体现在产品的技术含量还集中体现在文化理念上。而在现代企业的竞争中，企业间的竞争已从表面上的产品竞争转向了更深层次的文化理念的竞争。企业的生存和发展越来越取决于企业文化的竞争。优秀的企业文化成为企业巨大的无形资产，既能向社会大众展示企业成功的管理风格、良好的经营状况和高尚的精神风貌，又能为企业塑造良好的整体形象，文化是企业不断前进并健康发展的强大精神动力。

一、文化与组织行为

中国企业在加速现代企业制度和公司治理结构改善等方面做了很大的努力，在综合管理、人力资源开发和培养、中国企业文化建设等方面也投入了较大的精力，整体竞争实力明显增强。在现代企业竞争中，文化的竞争越来越重要。

企业文化是企业在生产经营实践中逐步形成的，为全体员工所认同并遵守的、带有本组织特点的使命、愿景、宗旨、精神、价值观和经营理念，以及这些理念在生产经营实践、管理制度、员工行为方式与企业对外形象的体现的总和。企业文化是企业的灵魂，是推动企业发展的不竭动力。它包含着非常丰富的内容，即包括企业物质文化、企业行为文化、企业制度文化、企业精神文化形态。其核心是企业的精神和价值观。

组织行为是指组织的个体、群体或组织本身从组织的角度出发，对内源性或外源性的刺激所作出的反应。就是利用正式群体中的组织结构与分工、权利与责任以及信息沟通等手段，调动群体内部每个成员的积极性以最大的群体合力保证目标的实现。

二、企业文化对组织行为的推动作用

（一）引导作用

企业文化对企业的领导者和员工起引导作用。企业的经营哲学决定了企业经营的思维方式和处理问题的法则，这些方式和法则又会指导经营者进行正确的决策，指导员工采用科学的方法从事生产经营活动。同时，企业共同的价值观念规定了企业的价值取向，使员工对事物的评判形成统一的认识，有着共同的价值目标和价值取向。促使企业的所有领导者和员工为着他们所认定的价值目标去行动。最后，企业目标代表着企业发展的方向，没有正确的目标就等于迷失了方向。完美的企业文化会从实际出发，以科学的态度去制订企业的发展目标。企业全体员工在这一目标的指导下不断地提高工作效率，不断创新与变革。向着这一目标不断进行生产经营活动。

（二）约束与规范作用

企业制度是企业文化的内容之一。企业制度体系是企业全体员工在企业生产经营活动中须共同遵守的规定和准则的总称，其表现形式或组成包括法律与政策、企业组织结构（部门划分及职责分工）、岗位工作说明，专业管理制度、工作流程、管理表单等各类规范文件。企业的规章制度是企业内部的法规，企业的领导者和企业职工必须遵守和执行，有效规章制度对企业领导者和员工从而形成约束力，约束并规范企业领导者和职工的行为。

（三）凝聚作用

良好的企业文化以人为本，尊重人的感情，能够在企业中形成一种团结友爱、相互信任的和睦气氛，强化团体意识，使企业职工之间形成强大的凝聚力、向心力和归属感，能够增强员工的责任感。企业的共同的价值观念形成了共同的目标和理想，职工把企业看成是一个命运共同体，把本职工作看成是实现共同目标的重要组成部分，整个企业步调一致，形成统一的整体。

（四）激励作用

共同的价值观念使每个职工都有一种归属感，能够感受到自己存在和行为的价值。根据马斯洛的需求层次理论，自我价值的实现是人的最高精神需求的一种满足，这种满足必将形成强大的激励作用。在良好融洽的文化氛围中，领导与职工、职工与职工之间互相关心，互相支持。特别是领导对职工的关心，会让职工感到受人尊重，振奋精神，从而更加努力工作，工作效率也越来越高。另外，企业精神和企业形象对企业职工有着极大的鼓舞作用，特别是具有良好的企业文化，企业职工会产生强烈的荣誉感和自豪感，他们会加倍努力，用自己的实际行动去维护企业的荣誉和形象。同时还会对社会产生巨大的影响，在社会上塑造良好的企业形象，赢得公众的信任与支持。

（五）社会影响

企业文化关系到企业的公众形象、公众态度、公众舆论和品牌美誉度。企业文化不仅在企业内部发挥作用，对企业员工产生影响，它也能通过传播媒体，公共关系活动等各种渠道对社会产生影响，向社会辐射。企业文化的传播对树立企业在公众中的形象有很大帮助，优秀的企业文化对社会文化的发展有很大的影响。企业文化建设有助于企业成为社会的优秀成员，对社会乃至环境都有积极的影响作用。

三、企业如何进行文化建设以推动组织的行为

正确处理文化与组织行为之间的关系已成为当今企业提高核心竞争力的重要途径。企业文化涵盖了企业的物质文化、行为文化、制度文化和精神文化，不管是企业的外在表现，还是内在精神，都是企业文化的构成部分。

（一）完善企业管理制度

企业管理制度化过程是推动企业文化发展的重要手段。而如何让员工认同公司的文化，并转化为自己的工作行为，是企业文化建设中的关键部分。体现企业核心理念的企业制度可以强化企业文化，经过长期反复的实践与完善，成为员工共同认可的思想。企业要健全和完善相关的规章制度。做到制度分明，惩罚分明。

（二）塑造企业价值观

企业价值观是一种以企业为主体的价值取向，它是指导企业内部的绝大部分人共同认可的价值观念，是由企业和员工的需要构成的价值体系，是企业文化的基础、核心和实质。企业价值观也是企业在追求经营成功的过程中所推崇和信奉的基本行为准则。企业的创新、文化的特征都是以此为源泉的；企业的基本抉择、行为规范是以此为轴心加以调节、变动的；企业的存续、发展都是以此为核心而维系的。企业价值观的塑造可以从领导者和员工两个方面进行。在领导者方面，一是企业领导者必须通过自身的倡导和示范，使员工积极支持和参与企业文化建设，创建独具特色的企业文化。二是要培养员工的企业意识，即员工对本企业价值观的理解与认识程度，包括对企业性质和特征的认识，对企业生存、发展、兴衰的责任感等。三是要努力营造良好的企业内部环境，优化用人环境、合作环境和竞争环境。营造一种知识分享、员工之间和谐相处的气氛；为员工提供培训机会，将其培养为既信奉企业核心价值观念，又在实际工作中有优秀业绩的优秀员工；建立与企业核心价值观相一致的奖励制度并严格执行。

（三）强化企业目标

首先要讲清企业面临的形势和任务，讲清企业的年度目标和存在的问题，进一步振奋精神，让每名员工把思想和行动都统一到企业发展的思路上来。二是加强个人目标教育。通过形式多样的目标教育，促进员工树立远大的人生理想和追求目标。同时要注意分解企业各项任务指标，让员工在工作中有压力、有方向，增强员工的责任感、使命感和紧迫感，为员工搭建表现才能、实现自我价值的舞台，激发员工的创造智慧，有效提高员工的自身素质，提升人生价值。三要引导员工把个人目标同企业发展目标有机地结合起来。要实现企业目标，就要有优秀的企业文化凝聚人心，使员工相互依赖、相互促进，用团结协作、团结奉献的信念去为企业的发展奉献自己，实现人生价值，从而实现企业和员工的共同发展。

(四) 突出以人为本的管理方式

人本管理是现代企业的系统管理方式，基本着眼点是以人为中心，含义是依靠人、开发人的潜能、尊重每一个人、塑造高素质的员工队伍、实现人的全面发展。突出人本管理一要营造企业内外部和谐的氛围，尊重员工、理解员工，尤其要尊重员工的劳动。二要通过企务公开、召开职代会等民主管理形式，疏通领导与员工之间交流思想的渠道，使员工有知情权、建议权、监督权和质询权。三要真心实意地为员工办实事、做好事，解决员工生活工作中的具体困难和问题。四是经营管理者要注重自身建设，以身作则，自觉规范行为，起好示范和表率作用，用自己的理念、行为去影响人、管理人。五要丰富职工文化生活，通过集体活动，如竞赛、联欢等，让员工意识到团结就是力量、团结能启迪人的智慧、团结能推动生产力的发展。只有努力营造一个轻松和谐的工作环境，才能更有效地激发人的活力，企业文化建设才更具活力。

企业文化是实现企业可持续发展目标的有力保证。企业文化建设的根本目的，就是用文化力激活生产力，增强凝聚力、执行力和创造力，进而提升企业核心竞争力。“人类因梦想而伟大，企业因文化而繁荣。”一个成功的企业，必须致力于企业文化的建设，必须千方百计地提高企业核心竞争力，才能在激烈的市场竞争中占有一席之地，才能实现全面、快速、可持续的发展。

单元三　员工个体差异与管理

组织管理者的工作核心在于研究管理活动中如何充分发挥员工的工作积极性、主动性，并能不断开发员工潜力等。管理者面对的群体不是千人一面，而是由形形色色的个体构成，其个性千差万别，所以要求管理者必须充分注意员工个体的个性差异，积极灵活运用个性差异规律，才能使个体实际情况与工作要求真正匹配，才能真正做到“知人善任”，提高管理工作水平，发挥企业群体的整体效能。需要注意的是，个性具有稳定的特点，但它不是完全固定不变的，管理者了解员工的心理应具发展的观点，要认识其是个动态过程，是个受到多种因素影响的变量。如社会的变革和发展给员工心理带来一定的影响，使其不断发展变化，这就要求管理者在掌握员工个性的同时还必须密切注视发展变化中的员工心理，并采取相应的管理措施来稳定队伍。员工的个体差异主要体现在能力、气质、性格三个方面。

一、能力差异与管理

(一) 能力

社会中的人进行任何一项活动都需要一定的能力作支撑。例如导游人员需要表达能力、宣传能力、组织能力、交际能力、逻辑思维能力、记忆能力等；宾馆餐厅服务人员需要灵活应变能力、协调能力和社会交往能力等。人们必须具备完成各种活动的能力才能顺利完成工作，达到预期效果。人是社会的人，现代企业还要求员工必须要认识到与人沟通、与人合作，建立良好人际关系的重要性。

(二) 能力差异

人的能力主要由先天遗传和后天影响决定。由于人的自然素质不同，后天环境、教育不同，实践活动不同，以及个人主观努力程度不同等因素影响导致人与人之间在能力上存在很大差异。这些差异具体表现在：能力类型的差异、能力表现早晚差异、不同年龄能力差异等几个方面。

（三）能力差异与管理

现代企业都具有庞杂的结构，蕴涵的活动复杂多样，企业每个部门的任何工作、任何活动对人的精力、智力、体力都提出了不同的要求。如果一个人现有的能力系统符合活动的要求，就能顺利地完成任务，否则他会表现出无能为力，即使付出很大的努力也不一定会有多大成效。因此，在管理工作中，根据人的能力差异进行管理，做到量才录用，用其所长，充分发挥人才的优势是很重要的。正如美国管理学家杜拉克所主张的：一个有效的管理者或领导者既要善于培养人的能力，又要善于发挥人的能力，要知人之所长，用人之所长，充分挖掘人们的潜能资源，以保证企业的可持续发展。现实生活中，十全十美的全才几乎没有，但擅长某方面的人才、适合做某种工作的人是不少的。现代科学管理的实践表明，世上少有无用之人，常有用非其才的混乱管理，管理者应知人善任，量才录用。

知人善任的具体做法如下：

（1）掌握工作要求和能力匹配标准，合理招募人才，避免要求过高或过低。企业只有合理招聘人才才能提高工作效率。美国心理学家布莱卡特曾举例说明：美国建立第一个农业工厂时，需雇用一批保安人员。因当时劳力过剩，工厂规定被雇用保安人员的最低标准为高中生，而且还要具备三年警察或工厂警卫的经验。按这个标准雇用的保安人员，因文化水准较高，故感到整天只检查进门的证件，太单调、乏味，表示无法忍受，因此对工作不负责任，离职率很高。后来工厂改为雇用只受过四五年初等教育的人来担任这项工作，他们热爱本职工作，责任心强，缺勤率、离职率很低，保卫工作做得很出色。

这个例子说明人的能力只有与其职业相适应才能做到既提高效率又不浪费人才。

（2）注意对企业成员的能力进行全面了解，合理安排，做到人尽其才。管理者安排员工工作时，应尽量注意使实际工作要求和员工能力水平匹配，只有这样才能使其工作效率最大限度提高。一般而言，能力水平低的员工适合从事简单的工作；能力水平高的员工适合从事复杂的工作。如果能力和工作要求不匹配会产生两种后果：一种是能力<工作要求，这种情况下容易使员工感到压力从而产生焦虑；另一种是能力>工作要求，这又会导致员工不满现状，失去工作兴趣，容易产生离职念头，对企业来说是浪费人才。

（3）注意能力类型差异的互补性，优化组合以发挥团体的协作作用。组织中的工作对能力水平的要求是不同的。同时，不同能力水平的人所组成的工作群体有利于发挥个人能力，形成合力。这就要求管理者注意人才结构的构建，将高中低水平的人结合起来。一般人才结构应是金字塔形，塔底是能力水平低的个体，塔顶是能力水平高的个体，能力水平中等的人处于塔的中间位置。同时要注意“塔”不能太陡，否则会因能力相差太大而影响管理和沟通工作。

（4）注意做好员工的教育培训工作。人的才能很大一部分因素取决于后天培养。加强员工职业培训，提高员工素质，是提高工作效率和劳动效率的根本途径。但在培训过程中要注意因材施教，不要搞一刀切和不加区别的一种教育模式，这样才能保证员工在新知识和新技能的掌握和运用上适应市场激烈竞争的需要，企业的生存和发展才有希望。

二、气质差异与管理

(一) 气质

气质对人的实践活动有一定的影响。学会认识自己和别人的气质，善于根据不同人的气质特点进行工作，对于教育培训、组织生产、指导就业和管理工作等都有重要的意义。需要我们注意的是：在现实生活中很少有人单纯属于某一种气质类型，大多数人是几种气质相互混合、渗透，兼而有之。科学的心理测量表能帮助我们测验自己的气质类型，可以当做组织管理者测验员工气质的工具，也可以用于自测，以此作为了解自己并进而找准自己位置的尺度。

(二) 气质差异与组织管理

尽管气质与心理活动内容并无直接关系，但它对心理活动却能产生影响，不仅影响人的外部表现还能影响个体能力的发展。因此，了解和掌握气质类型和差异，使员工气质与其岗位契合，对组织管理具有极大意义。

在研究员工气质特征指导管理的过程中还需要注意几个问题：

(1) 正确理解气质的类型：

1) 气质没有好坏之分。气质类型一般只影响心理活动的表现形式，不涉及心理活动方向和内容，没有好坏之分，无论哪种气质类型都有积极的一面，也有消极的一面。

2) 气质类型不能决定个人的社会价值和事业成就的高低。在现实生活中，各种气质类型的人都可能具有创造才能，并能取得较高成就，每个人的世界观、信仰、道德品质和兴趣、爱好等也并不依赖于各自的气质类型。

(2) 根据不同气质安排适宜的工作。气质对工作效率高低的影响也是不容忽视的。气质类型与工作性质相匹配往往能取得事半功倍的效果。对性质特殊的工作，若让与之相适应的气质类型的人担任会更好。例如，要求动作反应迅速、思维机敏灵活的工作（如销售、前厅、导游、司机等），对多血质和胆汁质的人比较合适，而黏液质和抑郁质的人则较难适应；要求持久、细致的工作时（如财务、记账、售后服务等），黏液质、抑郁质的人比较合适，而多血质和胆汁质的人则可能毛毛躁躁，容易出错。总之，组织管理者在安排工作时，有必要考虑员工的气质差异，以扬长避短，尽可能地使工作和人的气质特点保持协调，从而激发人的潜力，发挥人的积极性、创造性，同时保证工作质量，提高工作效率。如某酒店经理发现该酒店客房部有一位40岁左右的女员工，工作认真细致，但比较喜欢指点别人的工作，造成其他员工的极大不满。经理就把这位女工调到洗衣部，在这里这位女工发挥了有条不紊、井井有条的工作优势，把洗衣部管理得有声有色。

(3) 在组织工作群体时，要考虑气质结构。不同气质类型的人所组成的群体，可以长短互补，有助于活跃群体气氛，协调人际关系。假如一个群体全部是多血质的人，虽然他们共同语言多，但极易出现针尖对麦芒、矛盾摩擦无休止的现象，交往可能不好协调；若一个群体都是黏液质和抑郁质的人，则这个群体必然缺乏朝气且适应性较弱。因此，企业管理者在组织工作群体时，应适当考虑员工的气质结构。

(4) 针对不同气质类型的人，采取不同的教育方式。对不同气质类型的人，遵循因人施教的原则，采取不同教育方式，才能收到良好的效果。

1) 对胆汁质的人，由于他们工作有热情，精力充沛，动作麻利，完成任务快应多给予鼓励；但他们暴躁易怒，忍耐力差，在这方面应多提醒和批评。同时，在批评教育方式上，应注意到他们有思想难以转弯、容易冲动、吃软不吃硬的特点，教育时应避免顶牛的特点，因此，最好采取既对其毛病严厉批评，又“冷处理”的办法，给他们一定的考虑时间再进行教育，这样有利于毛病的改正。

2）对多血质的人，他们在工作中常表现出热情、有朝气、脑子灵、动作迅速、善于处理人际关系等优点，对于这些要给予表扬和鼓励；但他们的注意力和兴趣容易转移，对取得的成绩容易沾沾自喜，待人处事不够稳重，对于原则性问题仅靠含蓄提醒难以引起他们的注意，必须紧敲警钟，同时，采取多种方法加强其自制力、注意的稳定性及细致耐心品质方面的训练。

3）对于黏液质的人，他们在工作中常表现出考虑问题稳重周到、做事认真细致的优点，应给予表扬和鼓励；由于他们缺乏灵活性、主动性，反应缓慢、内向，管理者平时应多关心他们，多与他们交谈，以取得他们的信任，掌握他们的思想状态。在教育时要给他们充足的考虑问题时间，不能急于要求他们表态，还应多给他们锻炼的机会。

4）抑郁质的人由于易受挫折，在批评教育上要格外注意方式。对他们在工作中取得的成绩，哪怕是微小的进步也要多给予充分肯定以鼓起他们前进的勇气和信心；对他们的缺点和毛病，批评不能粗暴，态度不能强硬，应尽可能做到热情、平等、自然，要耐心细致地开导，避免公开指责和太强烈的刺激。另外，多鼓励和引导他们多参加集体活动，使他们感受到集体的温暖，帮助他们克服忧郁、猜疑、孤僻等消极心理。

以上阐述了对不同气质的员工的管理方法，同样，管理者自身气质的培养在企业管理中也不无重要。按照社会的发展需要，管理者应把自己的气质朝着多血质的优点和长处方面改进，要善于打开局面，学会适应不断变化着的环境，对工作满腔热忱，勇于改革。

三、性格差异与管理

每个个体的性格以及工作性质都是有差别的，企业管理者充分了解这些差别才能对开发人力资源施行有效管理。

（一）性格—工作适应理论

“性格—工作适应理论”是适应这一要求的最有效的管理理论。该理论由美国著名就业心理指导专家霍兰德创立，他指出个体对工作满意度和工作流动的倾向，取决于个体的性格特点和职业环境的匹配程度。理论中划分了六种性格类型，并设计六边形模型，如图11-2所示。每两个领域的连线长度越大则差距越大。

应用该理论的关键在于：

（1）个体之间在性格方面存在本质差异。

（2）工作具有不同的类型。

（3）性格若能与工作类型搭配得当，可以提高满足感，降低离职率。

性格—工作适应理论要求企业管理者一定要了解员工的性格，在培养员工健全的性格品质的同时，根据不同的工作类型配备相应性格的员工。

（二）性格—工作适应理论的应用

1. 掌握员工性格差异

充分了解和把握员工的性格特点，对于加强企业管理是十分重要的。由于性格的构成十分复杂，管理者必须运用多种方法才能对员工的性格作出比较符合实际的鉴定，可综合运用观察法、谈话法、个案调查、案例分析等方法。如有计划地观察员工的外部表现；利

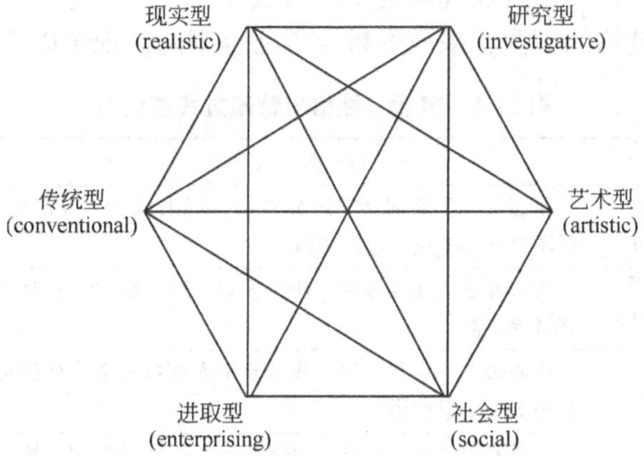

图 11-2 职业性格类型之间的关系

（引自：刘纯．《旅游心理学》．北京：高等教育出版社，2004 年 6 月第二版，第 253 页）

用谈话直接了解员工在各种情况下的态度和行为表现；通过对有关人员的访问，了解员工过去的经历；对员工在某一事件中的行为表现作详细分析等。最后，将获得的材料进行系统的整理和分析，找出其言行举止背后的性格特征。

2. 根据性格和工作类型差异科学安排工作任务

要有效开发和管理人力资源，必须充分考虑员工性格特点，尽量使工作类型和员工性格相匹配。

如饭店前厅服务员每天要接待各种各样的客人，既要对来宾表示问候，帮助客人拿行李，还要回答客人提出的问题，介绍有关饭店和当地旅游景点的情况。客人离店时还有为客人安排车辆、运送行李等。这就要求前厅服务员必须具备热情好动的心理特征和迅速灵活的反应能力，而冷漠、迟缓、孤僻、性格内向的人都不太适合做前厅服务员。

如果员工所从事的工作适合自己的性格，他们在工作时就会感到轻松自如、心情舒畅，对工作易产生浓厚兴趣，长时间工作不会厌倦，甚至容易发挥创造力、出成果。反之，当员工性格和工作类型不符时就会感到心理负担沉重，身心易疲劳，工作效率不高，甚至会引起离职现象。

管理者在努力使工作类型与员工性格匹配的同时，还要注意员工的性格互补，不同性格特点的员工在群体中通过优势互补可以提高群体工作效率。

3. 根据性格差异采取不同的教育方法

企业管理者在掌握员工性格特征的基础上，针对不同性格的人要采取不同的教育管理方法，不同的人使用不同的策略，才能提高管理的效率和效果。如性格开朗直率的人心胸开阔坦白、不隐瞒自己的观点，但爱发表个人见解、不拘小节、有时说话不注意场合，容易在语言、行为上被人误解，管理中可以表扬为主，但对于原则性问题要经常提醒；心胸狭隘的人好动脑筋，但过分关心个人利益，遇事爱斤斤计较，管理中也应开阔胸怀，必要时以正面典型进行教育；自尊心强的人有上进心，在工作和生活中对自己要求较严，但有时难以接受批评，如挫伤其积极性便会一蹶不振，管理中要善于正面引导，点到为止；骄傲自负的人反应快、信心足，但爱发议论、表现自己、虚荣心强，管理中要注意不对其公开表扬，否则容易使其飘飘然而更加目中无人、迷失方向，对其承担的工作要多检查，不能轻信其完成任务的承诺，一旦发现问题要严肃批评。

综合个体气质、性格的不同，采取的教育方法也不同，现予以简单总结，见表 11-1。

表 11-1　气质、性格与管理方式总结表

性格特征	气质类型	行为表现	思想管理方法
傲慢自负	多血质 胆汁质	反应快、聪明能干、过分自信、好出风头、发议论、听不进不同意见、虚荣心强	严格要求，表扬谨慎
沉默寡言	黏液质	少言寡语、优柔寡断、任劳任怨、踏实细致、有时工作效率不高	少用指责，多加鼓励
心胸狭窄	抑郁质	小心眼儿、遇到不顺心或涉及个人利益的事，往往患得患失，难以摆脱	多加疏导，开阔胸怀
自尊心强	各种气质类型	上进心强、严于律己、争强好胜、听不进批评、情绪忽高忽低	开阔视野、正确认识自己和他人
疲疲沓沓	各种气质类型	大错不犯、小错不断、工作拈轻怕重、漠视规章制度、生活懒散	找出闪光点、及时鼓励，要求严格且具体

资料来源：《现代管理心理学》．程正方．北京：北京师范大学出版社，1996 年 5 月第二版，第 113 页。

4. 创造良好环境健全员工性格

企业的管理者应创造一定的人文环境，使员工的性格朝着健康的方向发展。其中包括企业内部自创环境和企业外部专家指导。

现代企业的管理者和领导者必须切身加强自身修养，强化以人为本的管理观念，不断改进领导方式和领导作风。杜绝独断专行和放任式的领导形式，提倡民主型管理方式，努力在企业中创造积极向上、温馨和谐的心理氛围，培养员工积极、友好、合作、独立、开朗乐观、谦虚谨慎、勤劳勇敢、自尊自律、善良正直等优良的性格品质。

根据企业工作任务重、头绪多、变化大、接触人员广泛复杂等特点，企业管理者在加强自身管理，创造适合人文环境的基础上还可以聘请有关专家学者，对员工进行心理健康教育，或定期进行集体心理咨询，有条件的企业可以建立心理咨询室，使员工及时排除不良心理因素，塑造良好的性格品质。

单元四　有效激励

组织优质目标的实现，有赖于组织全体员工积极而有效的工作。就一个人而言，则主要是个人的工作积极性和工作能力。即：

个人成效=能力×积极性

员工的工作积极性和工作能力，是使个人取得工作成效的两个必要的相互不能替代的因素，有工作积极性而没有工作能力，员工常常心有余而力不足，工作无法做好；有工作能力而没有工作积极性，工作同样也无法做好。只有在工作能力和工作积极性这两个因素同时达到并呈现最佳状态，员工才能创造最大成效，做好工作。

一、激励与激励过程

（一）激励的含义及功能

激励是管理心理学的核心问题。广义而言，激励就是激发鼓励，是持续激发个体动机的心理过程。这就要求现代企业的管理者，为实现企业目标而充分调动员工积极性和创造性。

激励是人类一种内在的心理活动过程和状态，具有加强和激发动机，推动并引导行为指向目标的作用，不具有可以观察的外部状态，因此，可以通过人的行为表现及效果来对激励的程度加以推断和测定。

激励在管理中的功能：

（1）有助于激发和调动员工的工作积极性。

（2）有助于将员工的个人目标导向实现组织目标的轨道。

（3）有助于增强组织的凝聚力，促进组织内部各组成部分的协调统一。

（二）激励过程

因为人的行为具有目的性，而目的源于一定的动机，动机又产生于需要。由需要引发动机，动机支配行为，行为指向预定目标，是人类行为的一般模式，也是激励得以发挥作用的心理机制。这就说明人的行为都是由动机支配的，而动机则是由需要所引起的，人的行为都是在某种动机的策动下为了达到某个目标的有目的的活动。激发个体动机的心理过程，如图 11-3 所示。

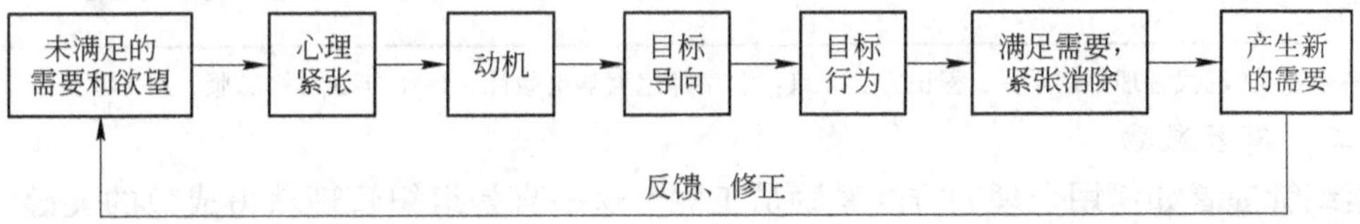

图 11-3　激励过程

（引自：刘纯．《旅游心理学》．北京：高等教育出版社，2004 年 6 月第二版，第 256 页）

在今天激烈的商业竞争中，使每一个员工时刻保持饱满的工作热情，激发出他们身上的创造性工作能力，对任何一个组织来说都是不可或缺的。这就要求企业管理者使用合适的激励因素，采取有效的激励手段将员工的潜能激发出来，达到调动人的积极性、提高工作效率的目的。所谓激励因素是指诱导个体去取得各种成绩的刺激条件。大致可以分为内在激励和外在激励两种。

（1）内在激励。直接满足人需要的激励过程，指职工在工作同时需要得到满足。

来自于个体和任务之间的直接联系，通常是自我运用的。如完成工作的成就感、挑战感、胜任感以及对工作产生的兴趣等。

（2）外在激励。间接满足人需要的激励过程，职工离开工作岗位后得到满足。来自于任务外部的工作环境，通常是管理者应用于被激励者。如工资、奖金、股金、政策、培训和各种形式的监督等。

需要注意的是：有的激励因素并不是这样内外分化简单鲜明的分割物，而是内外激励因素的有机融合。

二、有效激励在组织中的应用

（一）员工需要分析

企业员工需要可概括为两个方面，即物质需要与精神需要。

（1）物质需要，包括就业、工资、家庭生活照顾、福利、奖金、假期等需要。

（2）精神需要，包括学习、娱乐、归属、尊重、自我实现等的需要。

针对企业员工的各种需要，根据需要层次理论一般采取的管理方法，如表 11-2 所示。

表 11-2　需要、激励、管理的关系

需要层次	激励（追求目标）	管理决策
生理需要	工资和奖金、各种福利、良好工作环境	工资和奖金制度、贷款制度、身体保健（医疗设备）、工作休息时间、住宅设施和福利设备
安全需要	职业职位保障、意外事故的防止	建立安全工作生活条件、雇用保证、出差补贴、退休养老金制度、医疗和意外保险制度
社会需要	友谊（良好人际关系）、团体接纳、组织认同	建立和谐工会小组和良好的人际关系、建立协作和对话制度、奖金利润分配制度、工会及其他团体活动、建立娱乐制度、教育训练制度
尊重需要	名誉、地位、权利责任、被人尊重和自尊、与他人薪水比较值	人事考核制度、工作职称晋升制度、奖金、奖励、标准制度、建立责任制度、选拔择优的进修制度、委员会参与制度与提合理化建议制度
自我实现	能发挥个人特长的组织环境；承担有挑战性的工作	建立决策参与制、提案制度、建立攻关小组提倡创造性工作、发动职工研究发展规划、给员工挑战性工作、建立破格晋升制度

资料来源：《现代管理心理学》. 程正方. 北京：北京师范大学出版社，1996 年 5 月第二版，第 149 页。

（二）有效激励

组织管理者如何用合理的方式激励员工呢？这一直是组织管理获得成效的关键，如果方式得当，也就是符合个体心理、个性和行为活动的客观规律，必然会达到激励的目的，反之则不然。常见的激励手段有目标激励、责任激励、工作激励、事业激励、培训与发展机会激励、晋升激励、经济激励、强化激励、参与激励、尊重激励、荣誉激励和情感激励等。需要注意的是：除了要适当地运用激励手段，还应遵循如下四个基本原则：公平性原则、经济性原则、多样性原则和灵活性原则。在这些原则指导下，才能保证激励手段起到良好效果。

1. 需要激励

根据激励过程知道需要是产生动机的源泉，是员工工作表现和努力程度的原动力。在管理中要提高对人的管理效果，就必须了解员工的各种需要，并对症下药，满足这些需要，才能充分调动员工的积极性。

通过对员工需要的分析，管理者可以“对症下药”。如员工在安全需要方面，希望职业有保证，避免受到冲击。以旅游企业为例，管理者要创造足够的条件满足员工学习的需要，不断提高员工自身素质和水平，学习相关文化知识和专业技术，已达到“吃罢青春饭，再吃技术饭”的目的，社会上已有很多有经验的知识型导游员成功过渡到专家、教师的角色。再如员工的社会需要：新时代的员工一般喜欢广交朋友，社交方面已成为员工生活的一个重要的组成部分，具体表现在和谐的人际关系和良好的上下级关系，与之相适应的管理措施是在员工中开展各种娱乐活动、建立独特的企业文化，建立上下级沟通的各种渠道，使员工产生一种归属感和向心力；适时满足员工旅游的需要，使员工更加热爱祖国的大好河山，提升爱国主义情感及社会主义核心价值观的认识，对他们来讲，旅游不仅是调节身心的过程，也是扩大见闻、丰富文化知识的过程，从某种意义讲也是一种专业性的学习活动和增进交往的途径。

管理者在采用激励方式时，一定要注意物质激励和精神激励两者之间的关系。金钱和物质的需要既是员工赖以生存的前提，也是维持人力资源再生产的必要条件。这就要求管理者将物质奖励与员工的工作绩效结合起来，这其中一定要注意方法得当，否则，物质激励将失去应有的作用。如在金钱奖励方面，有些旅游企业实行先把奖金的标准数额定下来，然后再根据每个旅游服务人员的工作表现来决定扣除的办法。例如，月奖金200元，迟到一次扣50元，旷工一天扣100元，工作出错扣100元，有人投诉扣100元，这种奖励实际上不利于旅游服务人员工作积极性的调动。因为，旅游服务人员整天盘算的“小九九”是如何避免出错受罚，而不是争取作出成绩而得奖。激励除了满足生存的需要以外，还应升华到意志、兴趣、感情和价值观的高度。人不仅有物质需要，也有精神需要，精神激励主要是指授予光荣称号，颁发奖状、奖章、奖品，宣传光荣事迹，表扬等。精神激励还能激发人的进取心、责任心和事业心。一般地说，精神激励比物质激励对人的激发作用更大，维持时间更久。

2. 目标激励

对一个企业而言，调动员工积极性必须有一定的目标，这个目标就是企业的经营目标。要使员工朝着同一目标努力，就要做到以下几点：

（1）企业的组织目标与个人目标方向基本一致。企业设置的目标，应使职工感到与切身利益休戚相关。努力实现组织目标，就能满足职工个人的需要。

（2）制定恰当合理的目标。激励目标要恰当，如果目标太低，以至于不必太多努力，人人都可以取得成绩，那也谈不上调动工作积极性；如果目标太高，怎么努力都无法达到，员工也就会因无望而干脆不去努力，所以目标制定要让员工“跳一跳，够得着，不跳拿不到”。举个例子来说，客房服务人员，一个班次一般可以打扫15个房间，那么，优秀的指标就应该以20个左右为宜。制定目标时还要注意要有一定的弹性，旅游服务毕竟不同于产品制作、生产和销售，例如在旅游淡季和旺季，如果采用同一个标准，就显得不够科学合理。

同时还要注意目标设置时间，要长远目标和近期目标相结合；目标内容具体量化且具有挑战性，便于操作和实施；目标方向要有利于社会效益等。

3. 感情激励

俗话说得好，“动之以情，晓之以理”。显然，要激励一个人，不仅要讲理还要动情；要号召一个人，要情理并举；要完成一项任务，感情的力量往往比道理更重要。

旅游服务人员的工作积极性不可能恒定不变，因为它不时受到困难和情绪等因素的影响，作为管理者就应不时给予员工关怀和支持。运用情感激励的关键是管理者必须用自己真诚的感情去打动和征服员工的感情，真正在尊重、信任、关怀和支持员工。从感情上赢得全体员工的信赖。上下级之间在感情上融洽后，将产生难以估量的激发力量。甚至有时管理者即使无法给员工以物质奖励，员工也能保持高昂的工作积极性。

4. 榜样激励

树立榜样，督促员工向榜样学习，从而调动积极性，使员工“学有方向，赶有目标”。榜样是根据人们善于模仿的心理特点而树立起来的一面旗帜，“榜样的力量是无穷的”，榜样应来自于群众，同时管理者也一定要以身作则，否则会大大降低员工工作积极性。

5. 惩罚激励

惩罚激励是从负强化的方向来激励员工，即对某种行为采取批评、处分、降职、降薪、扣发奖金、取消休假与疗养的权利等方式来抑制员工的不良行为，在一定条件下，可化消极因素为积极因素。惩罚使人产生内疚感，使人知错必改，从而加倍地工作，创造出好的工作成绩以弥补过失造成的损失。

管理者在运用惩罚激励方式时，以对方能接受、严中有情、能起到教育作用为度，必须明确，惩罚仅仅是一种手段，而不是目的。

单元五　领导风格与领导艺术

良好的行为是一切心理管理的最终目标，而组织情境中起主导作用的行为是领导行为。领导是管理工作的主角，不同的领导行为会造成不同的组织心理气氛，给人以不同的心理影响，而这又是影响员工行为表现的最重要的条件。有效的领导行为有助于领导者作出正确决策，实现组织目标及改善领导者与被领导者之间的关系。

一、领导的定义

关于领导的概念，在国内外有着很多的说法。总结有关学者对于领导的解释，将其概括为：领导（leadership）是指引和影响他人或组织在一定条件下实现某种目标的行为过程。前提是领导者利用组织所赋予的职权和个人所具有一定的影响力，以此为基础来指挥、带领、引导和鼓励部下为实现组织目标而努力。

认为领导是一种活动，并不讨论谁是领导者，也不评论领导者的权力范围，只是在于领导者的行为，在于领导者对于被领导者的影响力。

二、领导的功能

从广义的角度讲，领导的功能包括组织功能和激励功能两种。组织功能属于管理科学研究的范围，一般包括制定企业的目标、作出决策、组织人力和物力、规定和指导下属的工作活动、建立科学有效的管理系统等。激励功能是管理心理学研究的核心问题之一，是领导的基本功能，也是实现领导组织功能必须具备的条件。一个领导者如果不能很好地发挥其激励功能，也就不能充分调动全体员工的聪明才智和工作热情，即使企业的目标再明确，组织的结构再合理，也难以达到预期的目标。领导的激励功能主要包括以下三个方面：

（1）保证组织内外的沟通联络渠道畅通，提高企业员工接受目标和执行任务的自觉性和积极性。

领导者应把实现组织目标和满足员工需求有机地结合起来，创造良好的组织环境气氛，增强员工对组织目标的感受，提高他们接受和执行目标的主观能动性。作为领导者要随时随地了解这些变化，并不断地改进其领导方式、领导作风，以取得最佳的领导效果。

（2）营造一个有利于实现组织目标的氛围，激发企业员工实现企业目标的士气。

员工士气的高低取决于团体或企业内部关系的融洽程度和个人需要的满足感。因此，在员工执行组织任务过程中，领导者应善于协调人际关系，力所能及地满足员工的正当、合理要求，以激励他们更大的工作热情。领导工作的核心是通过部属的共同努力来发挥整体优势，最终达到组织目标。领导者要调动部属工作的积极性，就必须营造一种有利于部属积极性和创造性发挥的环境。这里的环境包括积极向上的组织风气、高昂的员工士气、有利于组织长期健康发展的企业文化等。所以，领导者要经常不断地反复向员工宣传和帮助他们理解组织目标。这一工作如能有效，就能激发部属的热情、忠诚、信心和献身精神，即使面临极大的困难也会始终全心全意地支持他们所依赖的主管人员，从而促使组织目标的实现。

（3）通过不断改进和完善领导作风和领导方法，提高领导者的行为效率。

因为经历、知识、个性等的差异，每个领导者都有区别于其他领导者的管理风格和手段，但这种风格、作风与手段必须随着企业的发展、部属的差异、自身管理职位的变化而改变。一个领导者所处企业发展的不同时期、不同工作岗位、面对不同的部属，同一种管理风格、管理手段可能会带来不同的管理效果；而不同的发展时期、不同的部属、不同的管理岗位也需要不同的管理风格和管理方法。所以每个领导者都应当在其领导工作实践中不断积累经验、改进其领导手段，提高领导的效率。

三、领导风格

国内外管理学家、管理心理学家和行为科学家都十分重视对领导风格的分析研究工作。他们从不同的角度出发，分析了种种领导风格，以期解决如何选拔领导人和怎样进行有效管理等问题。其中“管理方格理论”被广泛认可。

管理方格理论是由美国得克萨斯大学的布莱克和莫顿在1964年提出的。该理论被广泛应用到组织发展计划中去，也常用于管理人员的评价和训练，有很高的实用价值。

研究者用纵坐标表示对人的关心程度，横坐标表示对生产的关心程度，两者各分成九等，就形成了一个管理方格图。这样，理论上可产生81种不同的领导方式，适用性强，准确度高。以此为基础，又产生了领导风格四象限之说，使领导风格更加明朗化。如图11-4所示。

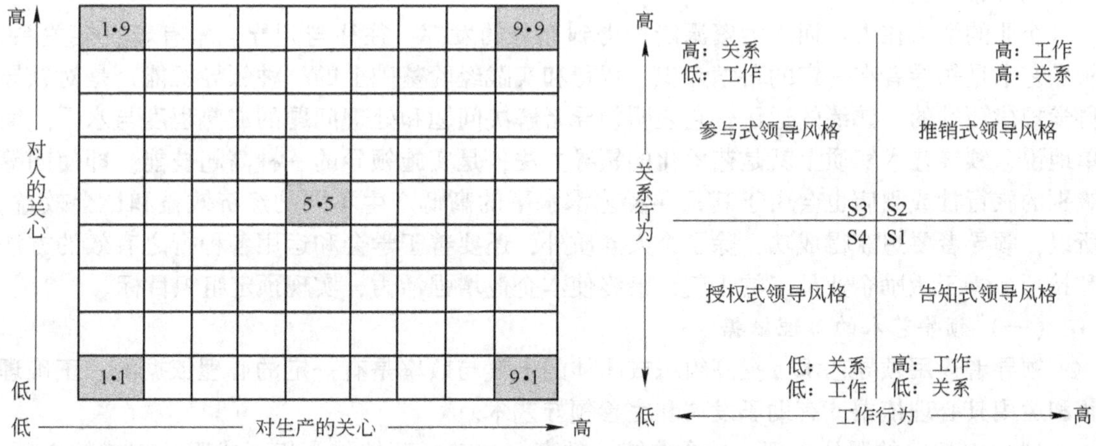

图11-4　管理方格理论模式

（材料来源：《旅游心理学》．马建敏主编．北京：中国商业出版社，2003年2月第一版，第333页）

通过该图可以评价领导者，即根据纵横坐标的交叉点来对应出领导行为类型。例如，某企业领导关心人的程度很高达到9，而关心生产的程度很低只有1，那么他就是1·9型管理者。反之，若该领导关心人的程度低只有 1，而关心生产的程度很高达到 9，那么他就是 9 · 1 型管理者，其余类推：9 · 1、1 · 9、1 · 1、5 · 5、9 · 9。

研究者在这 81 种组合中，选择五种典型领导风格进行了分析：

(1)“9 · 1 型管理”——偏重任务的管理。这种管理只注重任务的完成，而不注重人的因素。这种领导是一种独裁式的领导，下级只能奉命行事，一切都受到上级的监督和控制，使职工失去进取精神，不肯用创造性的方法去解决各种问题，并且不愿施展他们所学到的本领。最后，管理者同职工可能转向“1 · 1 型管理”。

(2)“1 · 9 型管理”——一团和气的管理。重视人际关系和个人需求，创造良好的组织气氛，但对生产任务不太关心。这种管理的结果可能是很脆弱的，万一和谐的人际关系受到了影响，生产成绩就会随之降低。

(3)“5 · 5 型管理”——中间的管理。这种管理是一种不高不低的管理。既不过分偏重人的因素，也不过分偏重任务，努力保持中立。这种管理虽比“1 · 9 型管理”和“9 · 1 型管理”强些，但如果企业长期恪守传统习惯和不思进取就会使企业逐渐落伍。

(4)“1 · 1 型管理”——既不重视生产又不关心人，因此生产效率低，团体士气也低。这种管理是管理者和整个公司的失败。

(5)“9 · 9 型管理”——集体精神的管理。这种管理对生产的关心和员工的关心都达到了最高点，员工之间关系协调，团体士气旺盛，生产效率高。在“9 · 9 型管理”的情况下，员工在工作方面希望相互合作，共同努力去实现企业的组织目标；领导诚心诚意地关心员工，努力使员工在实现组织目标的同时满足个人的需要，同时有利于领导改进管理方法和管理作风，提高管理水平和工作效率。

管理方格理论受到人们的关注，它对培养管理者是一种有效的工具，也为领导者鉴别分析和鉴定自己的领导行为和风格提供了理论依据，领导者也可按照这些标准确定自己在管理方格图中的位置，从而找出理想的领导方式。

四、领导艺术

企业的活力在人，而人力资源能否得到充分的发挥，往往与领导艺术有着直接关系。领导艺术是领导者在一定的科学知识、智慧和实践经验基础上的一种领导机能，是对领导科学规律巧妙的、熟练的运用，它表明领导者解决问题和处理问题的成熟程度与水平。简单地说，领导艺术实质上就是艺术化的领导方法，是实施领导的一种高超技能。即使同等级别的旅行社或酒店也会由于其领导者艺术水平的高低产生不同的经济效益和社会效益。所以，领导者要想获得成功，除了个人素质外，还要善于学会和运用各种行之有效的方法和技巧，善于激励企业员工的士气，最终使本企业增强活力，实现预定组织目标。

（一）领导艺术的心理依据

领导者运用领导艺术，提高组织或团体的士气与效率是有一定的心理依据的。正确理解和运用其心理依据，有助于发展和完善领导艺术。

(1) 对权威的服从心理。社会传统、教育、规范、环境使人们形成服从权威的心理，这是实施领导的重要心理依据。领导者要掌握好企业员工“服从权威”的心理状态，但不能过度、不能越格。“官本位”是任何一个领导者的大忌，它会造成企业员工的逆反心理。

(2) 对领导行为的表率的模仿心理。人们对于优秀的领导者都会自然地产生崇敬和对其行为的模仿心理，模仿的内容如行为、品质、手势、表达、观念、作风等。领导者必须正确运用模仿原则，以身作则，严于律己，提高领导效果。

（3）暗示心理。领导者由于个人的地位和权威，他的行为会对下属人员起一种暗示作用。领导者的地位和权威的大小与暗示的效果成正比。另外，领导者行为，如声调、语气、态度、行动所表现出的坚定性，容易产生暗示作用。

（4）反馈作用。一个优秀的领导者对下属在团体行动中的表现要有十分清晰的认识。他可以因此与企业员工沟通，调整自己的指挥行动，并由此而树立自己真正的权威。

（二）构成领导影响力的因素

领导的影响力除了他所处的领导地位的权位因素外，其主要构成因素是领导者个人的品德、知识、才能和情感。

（1）品德。一个领导者如果品德高尚，廉洁公道，言行一致，为人表率，关心他人，荣辱与共，严于律己，平易待人，使人们感到可亲可敬，就会形成一种无形的道德力量，产生极大的影响力。

（2）知识。知识素养是一个领导者应具备的重要条件。如果一个酒店的经理不懂得酒店的运营方式，一个旅行社的经理不了解旅游市场的规律，那么，以外行来领导内行的结果，必然是失败的。所以，作为领导者必须具备必要的专业知识和管理知识，且博学多才、见多识广、勤奋钻研，这样就会增强其领导才能，从而使知识转换成一种强大的影响力。

（3）才能。如果说领导者的品德因素是决定领导者的影响力的方向的根本因素，那么领导者的才能则是决定影响力大小的重要因素，领导才能往往表现为灵活运用自己的知识去分析和解决问题的综合能力。一个有效的领导者应具备综合分析的决策能力、组织管理指挥能力，以及创新能力等。才能高的领导者，使人容易产生信赖感和依附感，即使在非常危急和困难的情况下，也会同心同德地跟他去完成任务，流血牺牲也在所不惜。

（4）情感。成功的领导者会创造出一种环境和气氛，融洽地形成领导者与部属之间的亲切感和安全感，这种情感会使人们感到在为组织目标作贡献的同时，也能达到个人需求的满足。

（三）提高领导艺术的方式

领导艺术在鼓舞提高员工士气、提高工作绩效、完成企业目标、大胆创新创造等诸多方面表现出重要作用，所以领导者必须重视领导艺术的提高。

1. 原则性与灵活性相结合

优秀的领导者，不仅要有原则性，还要有机动灵活、随机应变的能力。要机动灵活，首先在于把握事物的准确而恰当的机会，“机不可失，时不再来”，就是这个道理。其次，不搞“一刀切”，凡事都要因时、因地、因人、因事、因条件采取相应的恰当处理。再次，根据变化的情况，及时科学地改变力量部署。总之，要把领导工作做好必须坚定地把原则性和灵活性有机地结合起来。只讲原则性，不讲灵活性，原则性就不能实现；只讲灵活性，不讲原则性，可能会使领导活动呈现无政府状态。

2. 创造性和经验性相结合

创造性要求领导者在运用领导方法和理论解决实际问题时，既不照搬硬套，又要具体运用。而创造性地运用过程又离不开领导者的经验。运用同一种方法，在同一条件下处理同一问题，不同的领导者的处理效果会不一样，为什么会这样呢？主要原因在于领导者的创造性和经验性的不同。所以，要把创造性和经验性相互结合起来。

3. 全面性和典型性相结合

人们曾用“胸中有全面，手中有典型”来称赞有才能的领导者，这种方式是可取的。一个领导者用全方位的思想来指导工作而不会顾此失彼和造成短视的失策，同时抓好典型来指导工作而不会使工作陷于表面化和盲目性之中，这种被比喻为“弹钢琴”的方法能促成领导活动的好效果，也会提高领导者的领导艺术。

4. 适度性和量力性相结合

适度性是指领导者做任何事都要掌握分寸，处理一切问题都要恰如其分，这就是人们常说的“不偏不倚，恰到好处”。量力性即指人们通常讲的“量力而行”的原则。如对人力的利用，同样一个人，若使用不当，他不仅不好好工作，还会起反作用，影响他人；若安排得当，不仅会积极工作，还可能有创造性的成果；还能激发他人的工作热情，起到榜样的作用。所以，一个领导者，应充分认识客观条件，正确估计主观条件，掌握好“量力而行”原则，将适度性和量力性有机地结合起来，形成更完善的领导艺术。

5. 增效性和美感相结合

领导者演讲、作报告要讲究艺术，对人谈话也应讲究艺术。迎来送往，如何既有礼貌，又有区别，还能引起兴奋和共鸣？这些都说明领导者在设法增加其领导效益，这就是领导的增效性。因此作为领导者就应该具有仪表美、风度美、幽默感、风趣、诙谐和文采等等，这样才能增进领导效能的美感和技巧。如果说领导的增效性是领导活动的内在美的话，那么领导者给人的美感就是领导活动的外在美。所以，领导的增效性和美感的结合是追求领导活动更完美、更和谐、更高尚的领导艺术。

要点概述

本模块通过分析文化与组织行为、个体差异、有效激励及领导风格四个单元，探讨了针对这些因素进行管理的方法和注意事项。研究管理心理学就是研究组织中的人的心理活动规律，用科学的方法改进管理工作，充分调动人的积极性，最大限度地提高工作效率；也能帮助管理者为员工创造一个和谐统一的工作环境，有助于提高管理者的管理效率，同时提高员工工作绩效。

复习思考题

11-1 假如你是企业领导，请问如何管理不同性格的员工？

11-2 请问如何用企业文化加强企业凝聚力？

11-3 你认为哪种领导风格更适用于中小型企业的发展？请举例说明。

11-4 通过你的所闻所见，有哪些有效的激励模式？请举例说明。

第十二章　职场中的心理学

怎样才能找到好工作，老板喜欢怎样的员工，怎样才能受同事欢迎，又怎样才能让部属卖命工作，如何让老板看到你努力工作，如何让客户满意？其实许多的疑问和挫折并不是你不够努力！也不是你缺乏能力！只是，你搞不懂对方心里想什么？

单元一　第一印象

一个新闻系的毕业生正急于找工作。一天，他找到一家报社，对总编说："你们需要一个编辑吗？"

"不需要！"

"那么记者呢？"

"不需要！"

"那排字工人、校对呢？"

"都不需要，我们现在什么空缺也没有了。"

"那么，你们一定需要这个东西。"接着他从公文包中拿出一块精致的小牌子，上面写着"额满，暂不雇用"。

总编看了看那块牌子，微笑着点了点头，说："如果你愿意，可以到我们报社的广告部工作。"

这个大学生通过巧妙的方法给总编留下美好的"第一印象"，从而为自己赢得了工作机会。

一、什么是第一印象

前面已经探讨过，所谓第一印象，是指在短时间内以片面的资料为依据形成的印象。

初到新环境时，你给人的第一印象对日后他人对你的印象有着决定性的作用，这在心理学上称做首因效应，也称为第一印象效应。心理学研究发现，与一个人初次会面，45s内能产生第一印象。这一最先的印象会对他人的社会知觉产生较强的影响，并且会在对方的头脑中形成观念，从而对人产生影响。首因效应本质上是一种优先效应，当不同的信息结合在一起的时候，人们总是倾向于重视前面的信息，人们习惯于按照前面的信息解释后面的信息，即使后面的信息与其前面的信息不一致，也会屈从于前面的信息，以形成整体一致的印象。

第一印象一旦产生便很难再改变。不良的第一印象会给人际关系增添障碍，良好的第一印象有助于发展良好的人际关系。

实验心理学研究表明，外界信息输入大脑时的顺序，在决定认知效果的作用上是不容忽视的。最先输入的信息作用最大，大脑处理信息的这种特点是形成首因效应的内在原因。

二、初入职场如何塑造良好第一印象

第一天走进办公室，绝大多数人都会心怀憧憬又带有一点点紧张。正式工作和实习不同，上班第一天的表现在很大程度上可以影响同事对你的评价。该怎么做才算得体，既能适度展现自己，又不会冒犯其他同事呢？

第一印象刚开始基本是以貌取人，所以注重自己的仪表风度，保持衣着整齐，既是对自己形象的爱护，也是对对方的尊重。待人温和有礼，注意言谈举止，言辞幽默，侃侃而谈，不卑不亢，举止优雅，都能给人留下良好的第一印象。

（一）衣着打扮要得体

有这样一个女孩子，从英国留学回来入职。HR带她跟大家打招呼的时候，她精致和清淡的妆容，得体合身的正装，微笑着露出小虎牙的样子，那一瞬间的美好留给大家深刻的印象。仅仅是因为第一印象太好了，之后每次提到她，大家总是赞不绝口。在以后的工作中，即使和这个女孩没有什么直接的业务往来，也总能记得她美好可爱的样子。

第一天上班，一定要衣着得体。无论你入职什么公司，面试的时候务必要留意大家都穿什么样的衣服上班。如果公司的企业文化对衣着要求非常严格，你也一定要在第一天就打扮精致；如果同事很多都穿便装，那么你可以选择偏正式一些的休闲服——在这种公司里，第一天不要穿得太过正式，那会让人觉得你很怪。千万不要穿得像去楼下倒垃圾一样随便，也不能穿得跟逛街一样休闲，特别是女孩子，一定避免穿热裤、背糖果包去上班，显得既不稳重又不成熟。

（二）准备一个自我介绍

在职场中，你总会发现有那么一些人，熟悉和认识所有的同事，但也有一些人，仅仅认识自己座位周围的一些人。很多时候，入职第一天的表现会决定你在一个公司的风格。在大多数时候，上班第一天，HR会带你去认识很多人，即便到自己的部门里，也会被安排做一个自我介绍，这个跟小时候上学第一天很像。因此你要有所准备，准备一个简短有力，不夸张但也不要太短的自我介绍，避免需要的时候脸红抓瞎。比如“我叫×××，毕业于××大学××专业，我的爱好是××，喜欢××。今天是我第一天上班，还有很多不懂和不会的地方，希望大家能多多帮助我，谢谢。”

（三）欢迎午餐小心言多必失

通常情况下，到新公司的第一天，往往会由公司或者部门安排一个欢迎午餐。这个时候一定要注意说话得体。如果是公司的安排，那么参加的都是一起入职的新同事，彼此可以交流一下，互相留一下联系方式，以便日后沟通方便。如果是自己部门里的欢迎午餐，那就意味着要和那些老员工第一次相处，说话就要比较谨慎，不要漫天胡扯，不要过分夸张自己的经历。除非你真有什么过人之处，否则一个刚毕业的学生做过的事，在资深职场人士眼里其实都是很幼稚也很简单的。言多必失，话说多了会让人一眼看透你。

曾经有一个初入职场的年轻人在新同事的欢迎午餐，他当时口无遮拦地说自己过去在学校多么风光，多么红，而这也让大家觉得他喜欢吹嘘自己、爱表现。从此，这个新同事在大家心目中的印象基本定型了。之后工作上不管什么事情，大家都不太敢放手让他去做，也不敢把重要的事情交给他。这不仅限制了他的发展，甚至连同事关系都不是太好，于是没多久，他就离职了。

（四）主动参与工作

第一天上班，办完各种手续后就可以坐到自己的座位上，开始进入工作状态了。这时候你需要做的第一件事就是问问领导，你要做什么。基本上第一天上班也就是看看资料，熟悉一下工作内容，不会有什么特别重大的事情交给你做。但你一定要主动去问，别在自己的座位上坐着发呆，这会让同事觉得你特别不主动。当然在主动参与工作之前要做好一切工作准备，以免等正式工作开始后手忙脚乱，措手不及。

还有就是下班的时候一定要跟领导和同事打招呼，问问还有什么事情可以帮忙，如果没有，再告诉他们你打算先回去了。当然你也要看同事忙不忙，如果别人都忙得鸡飞狗跳，你就赶紧过去帮帮忙，别说“没事我就回家了”这样的话了。

上班第一天，是每个人职业生涯的开始。俗话说，好的开始是成功的一半，职场也不例外。虽然做不到让人人都喜欢你，但让大部分人对你有个好印象是很重要的。很多时候，你以为今后还有机会表现，但其实很难。因此，先做一个乖乖的小孩，熟悉环境之后再找机会发挥自己的能力吧。

第一印象的产生与个体的社会阅历、社交经验的丰富程度有关，并不是一成不变的。过分停留在对人的第一印象上，容易使人产生误区。

单元二 办公室人际关系

一、同事之间保持适当距离

刺猬效应

在寒冷的冬天里，两只刺猬相依取暖。一开始，由于距离太近，各自的刺将对方刺得鲜血淋漓，伤痕累累。后来，他们调整了姿势，相互之间保留了适当的距离，结果这样不但互相取暖，而且还能很好的保护对方。心理学家根据这个故事，提出了心理学上著名的刺猬效应，即说的是人际关系中过近的距离不利于人们之间建立稳固的关系。只有保持适当的距离，才能维持彼此之间关系的和谐长久。

一个原本很受同事钦佩的年轻人，后来由于与同事过于亲密无间地相处，使自己缺点暴露无遗。结果不知不觉中同事改变了对他原有的看法，甚至觉得他令大家失望和讨厌，没人愿意与他合作或是配合工作。应该说，这个年轻人的初衷是好的，但最后却使自己陷入了一个进退两难的尴尬境地。

初入职场的新人往往很容易对同事称兄道弟，推心置腹，而在职场历练的老手却几乎都懂得把工作与生活相分离、与同事保持一定距离的道理。与人建立亲密的关系虽说是好事，但有时过近的距离，不仅不会给彼此带来温暖，反而可能带来伤害甚至招致祸患。

在职场中，会遇到形形色色的人，虽然大多数人都是心地单纯的人，但是每个公司、单位中都可能会存在个别动机不纯的人。倘若与这种人太接近的话，那么最终受害的只能是自己。即使没有任何不良动机，同事之间也最好是保持一定距离，谦虚谨慎，不要谈论过多的太过私人的话题，特别不要随意评价任何人，任何事，因为你不了解每个人错综复杂的关系。纵然害人之心不可有，但防人之心也不可无。保持恰当的距离，其实是成熟职场人公私分明的表现。这对今后工作的开展也有着积极的作用，如遇问题时可以坚持自己的原则而不用担心被人掌握话柄或是破坏彼此感情。

因此，理智的职场人，和同事之间应该保持一种“亲密有间”的距离。这种不远不近的距离，可以说是奠定同事之间最为理想的关系的坚实基础。另外领导交代的事宁可多问一次也不要用自己的主观臆断来办事。诚恳非常重要，不是所有人所有领导都喜欢会来事嘴甜的新员工，把自己的工作做好才是正途。

二、与同事和睦相处

作为职场中的人，面对日益加快的生活节奏，越来越大的工作压力，无论是地域的限制，还是心理的吸引，都使职场中的人更加注重与同事的交流与沟通。良好的人际关系毫无疑问能使工作开展得更为顺利，使你的努力事半功倍，处理好与同事的关系，显得越来越重要。如果关系处理得好，同事之间关系融洽，自己的工作就如鱼得水，自然精神愉快、兴趣盎然。如果关系处理不好，同事之间别别扭扭，上下左右疙疙瘩瘩，自己苦恼不堪，生活也显得没有光彩。处理好同事关系一般从以下几点入手。

（一）正确对待同事的成绩

“木秀于林风必摧之”，那是自然规律；“行高于人，众必非之”，则是旧制度的恶果。“人往高处走，水往低处流”，这是世间不变的定律。同事之间，由于学历、经验和能力等的差别，必然会各有所长，必然有人能力出众，有时，有些同事还会严重威胁自己暂时的利益。此时是默认这种事实，承认彼此的差距，欢迎同事超过自己，并虚心学习别人的长处，并以此作为动力，激励自己赶上并超越他人呢，还是耿耿于怀、四处刁难、贬抑疏远甚至造谣中伤以图搞垮别人？大多数职场人都会选择前者。因为新一代的知识青年都乐于抛弃那些不合时代潮流的旧观念，通过不断努力提高自己的知识才能赢得同事的尊重。那些“出头鸟”不仅不会招来枪击，反而会得到加倍保护。新一代职场人在同事的成就面前，也应保持这种态度。

（二）正确对待竞争

林琳到职一家公司任行政经理后，刚任这家公司驻京办事处代经理的袁媛就对她十分戒备，她敏锐地感到林琳的到任对自己是个威胁。于是，袁媛为了保住现在的职位，自恃自己在公司的老资格，便经常在老板面前说林琳的坏话，有一次竟当着全体员工的面因为一点小事对林琳大发肝火。袁媛因为与某个人的竞争问题而影响了整个公司同事之间的关系。结果，半年后，林琳正式被公司委派做办事处经理，而袁媛一气之下辞了职。

(1) 在职场中遇到一个实力强劲的竞争对手，很容易烦躁不安、不知所措，使情绪陷入焦虑之中，既影响工作，严重还将影响身心健康。此时，第一，与其鼠目寸光，不如志存高远。第二，与其正面冲突，不如以退为进。

事实上，除非万不得已，任何领导都不会轻易地把一个心胸狭隘、鼠目寸光、与同事矛盾重重的人放到重要的位置上。如果袁媛能正确对待彼此之间的竞争，能采取一些积极的方法，保持与林琳的良好沟通与协调，多多向她学习一些管理之道，注意与其他同事的和睦共处，在上司面前谈及同事时，着眼于他们的长处而不是短处，那么，凭她在公司的资历，老板又有什么理由不让她坐稳这个办事处经理的职位呢！轻易地与自己的竞争对手发生正面冲突，这永远是最愚蠢的行为，它往往会招致别人看低，招致上司对你的负面评价。

（2）面对竞争对手咄咄逼人的攻势，职场中的人最重要的就是要沉得住气，要运用以退为进的战术，调整竞争策略，等待适当时机，反戈一击。在这个过程中，注意以下几点：

1）保持冷静。在竞争对手的攻势面前保持冷静，这不但不会暴露自己的缺点和弱势，还会显示出自己非凡的理智和遇事不乱的大将风度。

2）冷淡对手攻击。这或许会给人造成软弱可欺的印象，但这种印象只是暂时的，在那些能够慧眼识金的上司眼里，对手的尖刻恰恰从侧面反衬出你的大度。如果你采取针锋相对之势对待竞争对手，也许会出一时之气，但你们的争执在同事眼里常常会变成一场闹剧，严重地影响了你的形象。

3）不卑不亢的态度。以委婉又不卑不亢的态度方式化解与对手的正面冲突。这会显示出你有极强的处理突发事件的应变能力。如果你以其人之道还治其人之身，很可能是“偷鸡不成反蚀把米”，从而引火上身，直至两败俱伤。

4）保持适度沉默。自己的言行力图谨慎，避免因此挑起争端，同时在对手的挑衅言行面前保持冷静，不必去显示你的伶牙俐齿，不必为了个人利益而大动肝火，这会省去许多麻烦和尴尬。

5）公平竞争。面对共同的工作，尤其是遇到晋升、加薪等问题时，同事间的关系就会变得尤为脆弱。此时，你应该抛开杂念，专心投入工作中，不要手段、不玩伎俩，与同事公平竞争。

（3）时刻保持宽容的心态。一个单位和一个集体，是由各种各样的人组成的，这些人会有不同的思想性格、兴趣爱好与生活习惯。有的人热情开朗，有的人沉稳安静，有的人性情急躁，有的人心胸狭窄。处在这样的情况下一个成熟的职场人要培养自己“宽容”的品质。容忍并尊重个体的差异，每一个人都是独特的，都有不同的兴趣、性格和生活方式，还要主动地了解别人的性格特征，熟悉别人的生活习惯，在这个基础上营造和谐而融洽的人际关系氛围。

“成者为王败者为寇”并不适用于竞争激励的职场，因为不论成败，大家以后还要在一起工作。试着让自己拥有一颗宽容的心，让心绪变得平和，使自己能理解别人，这样无论成败都是英雄。

宽容也许会掩饰你的个性，但是在职场这个讲究团队合作精神的地方，其实并不需要你有太强的个性。有时候个性太强会使上司觉得你缺少服从和整体意识。如果你能做到工作精益求精、人际关系和谐，那么，在人群中脱颖而出的你根本不必再去同别人竞争什么了，因为，你的表现已经向上司和同事证明，你是最好的。

人缘绝非可有可无，它是人生的基石，是事业的助推剂，是个人幸福的源泉所在。人缘好的人处处受欢迎，办事皆顺利，也更容易有成就感和满足感。人缘让你在一个更大的空间里发挥作用，也会让你赢得更大的自由度。“有什么样的人际关系，就会处于什么样的人生层次”，不断把自己的人缘向高处延伸，你会拥有一个不一样的人生。

三、理性与上司相处

小张是一家设计公司的食品包装设计师，他进公司没多长时间，就受到老板的重用，成为设计部的经理。很多年过去，他设计出来的产品包装非常出名。但是因为公司经营不善，面临很大的危机，于是很多有名的设计公司就想出高薪把他挖走，可是都被他拒绝了，他说："我刚入这一行的时候，是老板发现了我，并给我机会，如果不是这样，我还只是一个默默无闻的小设计师。现在公司出了问题，我要留下来帮老板渡过难关。"就在这个时候，公司终于谈到一个可以挽救公司的大项目。老板非常重视，经常都会到设计部看看进展。这天，老板看到他们的设计，非常不满意，非要把包装的颜色改成蓝色。但是小张不在，其他下属不敢逆老板的意，只能把颜色改成了蓝色。第二天，小张找到老板，和他据理力争，一定要把颜色改回来。老板很不高兴，但是想到现在公司还离不开小张，于是不得不答应他改回颜色。设计终于完成，客户看到这个设计非常满意，称赞他们不但设计做得好，连颜色也运用得很恰当。老板这个时候才觉得小张是对的，对小张心服口服。

（一）对上司忠诚但不唯命是从

什么是职业忠诚？通俗一点说，忠诚于老板就是跟老板一条心，对工作尽心尽力。

忠诚是一种美德，所有老板都希望员工对自己忠诚，所以，员工要想获得老板的赏识，进而赢得加薪和晋升的机会，对老板忠诚是最基本的条件。但是，忠诚应该有个限度，超过了限度就是盲从。盲从就意味着可能去做不该做的事情，不但会被抓住把柄，还会给自己的职场记录留下污点，影响事业的发展。

如果你遇到小张的这种状况，也许在老板很不高兴的时候就立刻妥协了。但是小张没有，他对老板很忠诚，在公司最艰难的时候也没有离开。但是他也有自己的主见和看法，在老板不高兴的时候依然坚持自己的见解，结果他赢了，不但赢得了订单，更重要的是赢得了老板的绝对信任和绝对尊重。

在职场中，一个真正忠诚的下属不是应声虫，也不是马屁精，而是一个有自己独立思考，并且把公司当做自己的公司，把老板当做自己的合伙人的人。也只有这样的人才会得到老板的高度信任，最终变成老板离不开的人。也只有达到这个境界，你才能在职场上平步青云，得到不断晋升的机会。

既然在职场中忠诚和主见都非常重要，那么要怎样做才是既忠诚又不会失去自己的主见：

（1）老板要求的事当然应该尽快完成。任何一个老板都不喜欢看到自己的员工拖拖拉拉，所以要表现出对老板的忠诚，就要尽快完成。

（2）如果老板有错，你应该马上说明。老板也是人，当然也会犯错，你在适当的时候就要指出老板的错误，但是记住，一定要注意说话的方式，不要让老板觉得你在指责他。

（3）光辉要放在老板头上。老板不一定在意那么一点点好处，但重要的是你让他看到了你的忠心。

（4）时刻把公司的利益放在最前面。老板请你回来当然是希望你为公司创造最大的利益，你忠诚的价值在这点上最能体现。如果你认为老板的决定会损害公司的利益，一定要提出来，如果老板还是坚持己见，那么你应该把损失降到最低。

（5）冷静面对老板，不要草率接下任务。有的老板可能比较威严，在公司里整天板着脸，让胆小的员工感到战战兢兢，老板一安排任务就慌里慌张地接受；有的老板恰好相反，对待员工平易近人，让员工对分配的任务很难说出一个“不”字。无论面对哪一种老板，你都要冷静地应对，这样你才不会在没有充分考虑的前提下草率地接受任务。

(6) 对于老板的指令要懂得权衡。老板的某些指令，你凭直觉就能觉察出是错误的，是不可执行的。而有些指令，虽然是不应该执行的，可是老板进行了伪装，让你一时感觉不出来。这就需要你在接受老板安排的任务时进行冷静的思考，权衡利弊。如果确实该做，就要毫不犹豫地去执行。如果是不应该做的，并且对自己贻害无穷，那就想方设法拒绝。

上司当然希望下属忠诚地跟着他、拥戴他、听他指挥。而你要对老板忠诚，但却不能愚忠。当老板向你下达任务时，你应该学会分析辨别，哪些是必须执行的，哪些是要坚决拒绝的，然后去做正确的事，这样才不会犯错误，影响自己的前途。

(二) 灵活地向上司汇报工作

下级和上级的交流，很大部分是通过汇报工作进行的，汇报工作时，一般应注意以下几点：

(1) 抓住问题实质，讲究效率。领导都是追着时间过日子的人，他们不会喜欢漫无边际、啰啰唆唆、杂乱无章的汇报，汇报者应尽量紧紧扣住实质性问题，以简单明了、井然有序、有条有理的语言向上级汇报。为了更好地应对领导可能的提问，下级在汇报前应全盘考虑，对各种可能提出的问题积极地做好准备，以防领导提问时窘态百出、无法应对。

(2) 了解上司性格，选择恰当的方式汇报。事先应了解上司的性格、习惯和工作风格，尽量投其所好。汇报方式一般分为读者型和听众型两种。读者型的领导喜欢看书面报告，听众型的领导喜欢听口头汇报。性格外向、善于交际的领导往往是听众型的，他们反应迅速，思路敏捷，喜欢用对话的形式获取信息。性格内向、沉稳踏实的领导往往是读者型的，他们喜欢通过自己阅读和思考来发现问题。

(3) 注意数据精准、结论确凿。首先要注意数据的涵盖面，要能说明问题，其次要注意数据的精准。数据之间的联系能得出确凿的结论事最重要的。单独的数据意义不大，许多数据的组合和排列能够说明事物之间的关系和发展的趋势才有意义。所以汇报者要拿出数据分析的结果或结论就行了。但这些结论一定在事实和精确数据的基础上，不能无中生有，主观臆造。

(4) 3min的奇妙作用。根据专家统计，一般人不采用演讲稿的话量平均值正好是3min。3min可以说是自我表现的一个段落点，无论任何事，都可在3min内表达出所有的内容。超过3min，谈话会变得内容脱节或者废话连篇，谈话会变得越来越乏味，听者也变得昏昏欲睡。所以汇报工作时，要注意时间的控制，不要长篇大论，尽量控制在3min之内完成。

(三) 让上司对你产生好印象

(1) 懂得聆听。上司安排你做事的时候，对上司所提出的各项说明要认真听，适时地点头答应，必要时用笔记下，养成好习惯千万不能插嘴，随便打断上司的话。在回答上司对安排内容的理解和表达意愿时，应答的方式稍微迟缓一些，否则显得草率、考虑不成熟。

(2) 与上司辩论要留有余地。与上司的观点有分歧时，要仔细考虑后，权衡说与不说的结果，掂量说话的方式。发表自己的观点时，切忌夸夸其谈，自我炫耀，一定要冷静的与上司商量，不可情绪化，以免被认为故意唱反调。措辞尽量避开否定词的句子来进行反驳，比如“这样做不行吧”、“恐怕做不到”、“这样做没用”等等。尤其是上司已经做了决定之后。

（3）正确地向上司提意见。上司犯了错误，并不意味着下级只能将错就错，只能跟着这种错误路线走下去。只要不发生正面冲突，注意方式方法和原则向上司开诚布公的提意见还是可取的。一般要遵循几个原则：

1）与其在讨论会等正式场合向上司提意见，不如在饭桌旁等非正式场合向上司提意见；

2）与其以政治身份向上司提意见，不如以个人身份向上司提意见；

3）与其以直接的方式向上司提意见，不如以间接的方式向上司提意见；

4）与其在公共场合向上司提意见，不如在私人场合向上司提意见；

5）与其在严肃气氛下向上司提意见，不如在轻松气氛下向上司提意见；

6）与其在上司紧张疲倦的时候提意见，不如在上司心情舒畅时提意见。

（4）与上司畅饮时为他留条后路。上下级之间不少时间是在酒桌旁度过的，处理好与上司在酒桌旁的关系也很重要。在宴会当中，下级要时刻注意上司的酒量，不让其不堪重负、酗酒过度，必要时为上司分担点任务，并极力为上司打圆场。当上司有话在先：“今天大家要不拘小节，开怀畅饮”时，千万不要因为这句话而胆大妄为，肆无忌惮。毕竟上下级之间还是有分别，不可能一律平等的。上级就是上级，下级就是下级，说话做事要时刻注意分寸。不要借着这种轻松愉快的氛围而无话不说，发泄个人情绪，表达个人不满，不但会破坏良好的氛围，也会伤及与上司和同事之间的感情。

四、与下属平等相处

（一）掌控能力比你强的下属

还是学生的时候，就知道一个道理，老师不一定要比学生强。在管理上，这个道理同样适用，上司不一定需要强过下属，重要的是你懂得掌控他。

在一个企业里，李经理是一个没有什么特别强技术的人，他也没有广阔的人脉资源，甚至可以说他也不能为公司带来一笔大的订单。但是，他手下的员工却非常尊重他，非常愿意为他效力。所以他在经理这个位置上稳稳地坐了十年。

销售部的陈经理一直都不明白李经理手下那么多能力强过他的员工为什么那么喜欢他，甚至是死心塌地地跟随他。要知道，那些员工无论是在技术、业务还是谈判的能力都要强过李经理，那么他又是凭什么让这些员工如此地为他卖力工作呢？

有一天，陈经理忽然看到李经理秘书的笔记本上记了很多人的生日。他忍不住好奇就问秘书是怎么回事，秘书说：“我们经理要我把每个员工及他的爱人生日记载下来，有生日的时候就提醒他，每次员工爱人的生日他都要亲自去送一束花一个蛋糕。”

陈经理恍然大悟，他终于明白李经理为什么能一直赢得员工的支持。相信给下属和下属的家人送花只是李经理“笼络”下属的手段之一，除此以外他应该还做了许多事情、用了很多心思去对待下属。他的这些行为虽然微不足道，但却能让员工们认为自己被上司重视和尊重，自然员工们也就心甘情愿地为他效劳、任他差遣。

李经理正是用了非常简单却是非常难做到的一招来控制那些能力比自己强的人——那就是用自己的真心来给予员工尊重和关爱。俗话说“拿人的手短”，员工得到上司的尊重和关心之后，自然就会心甘情愿地被上司掌控。

应该明白，掌控一个人最重要的不是掌控他的行为，而是掌控他的心。古代的皇帝们并不是个个都才能过人，但是他们却能收罗很多能人志士来为自己效力。为什么呢？其实就是皇帝们控制了这些能人的心，让他们臣服于皇帝的恩德之下。

在职场中，还可以用这些方式去掌控下属的心：

（1）肯定下属的才华。很多人都有怀才不遇的苦恼，如果你是一个能控制全局的人，就会懂得应该把合适的人安排在正确的位置上。当你给下属机会的时候，自然就会赢得他们对你的感谢和忠诚。

（2）多激励他们。再强的人都会遇到挫折，而当一个人遇到挫折时最希望得到别人的鼓励和肯定，尤其是作为一个上司，激励员工可以让他们感受到你的热情和和蔼。

上司不是超人，不可能每一件事都做到最好，也不可能任何方面都强于下属。作为一名上司，你最大的职能就是掌控好下属。这些下属无论是能力强还是弱，也不管是友善的还是敏感的。只要你懂得控制好他们，让他们心甘情愿地为你工作，你就是一个成功的上司。

（二）赢得下属的忠心

作为领导，谁都希望下属尊重、听命于他，希望在下属中享有崇高的威信和保持良好的个人关系。其实，从某种角度讲，一个人职位越高知心朋友越少，仕途越成功内心越孤独。所以，人在仕途，无论职位多高、身份多重，都希望能被下属理解，被下属忠诚。

巴顿将军直率的性格和火暴的脾气是众所周知的。也正是由于他性情急躁，难免有时对下属造成某种伤害。然而，即便如此，巴顿的部下对他却始终非常敬佩、忠诚，并每每以自己是巴顿部队的一员引以为自豪。一天下午，巴顿到连队马厩检查卫生，发现有一匹马没有拴住，顿时怒不可遏，他在马厩的另一端找到马夫，命令他跑步去把马拴住，然后再跑步回到原地。马夫马上执行命令，但不是跑步而是快步走过去。这一下可惹恼了巴顿，他大声吼道：“跑步！该死的，跑步！”马夫吓了一跳，赶紧跑步过去将马拴住，然后又跑步回到原地。事后，巴顿却集合众人，为自己火暴的脾气当场向马夫道歉。一个军官能主动当众向一名士兵道歉，这可非同凡响。这件事很快在军营传开了，大家都对巴顿将军的行为称赞不已，这一次之后巴顿的威信又再一次获得了提高。

巴顿将军能够赢得部下的忠诚原因何在？就是因为巴顿对下属是真诚的，他从不掩饰自己的错误和过失，每当发现自己的过错时，他总能及时做出深刻反省和严厉的自我批评。他以自己真诚的态度和自我批评的精神来赢得下属的一片忠心：

（1）要忠心先从自己开始。要下属对自己忠心就要先对他们忠心，能够为他们的利益去极力争取，能站在他们的处境想问题，这些都是你对下属的“忠心”。

（2）多倾听下属的意见。把听意见当做头等重要的大事来抓，掌握听意见的艺术，聪敏的管理者都是多听少说的人。

（3）用信任来回报下属的忠诚。信任就是用人不疑，疑人不用。千金难买一个“信”

字，只有对下属充分地信任，下属才能充分地信任您，这种影响力是互相的。

要赢得下属的忠心其实不需要你花费太多的时间和精力，你只需要付出自己的真诚和信任，也就同样能获得下属的真诚和信任。要知道，只有下属觉得自己的忠心没有浪费，你才能真正获得他们一颗完整的忠心。注意下面几个细节，你能更快获得下属的忠心：

（1）关键时候，要为下属挺身而出。

（2）在下属面前不要计较个人得失。

（3）与下属交谈时，不可锋芒毕露。

（4）不要急于否定下属原来的想法。

（5）体会下属处境，理解下属难处。

（6）不要公开批评下属。

（7）慎重对待下属的错误。

（8）不要在背后议论下属的长短。

（9）多赞扬、欣赏下属。

（10）适当顺从并认同你的下属。

（11）掌握下属的好恶。

（12）把功劳让给下属。

（13）不可张扬你对下属的善事。

单元三　情绪管理

一、情商

有人曾对几百名成功者的经历做过统计，总结出了一个成功的公式，成功＝80%情商+20%智商。也有人认为在决定成功的要素中80%来自态度（价值取向），13%来自技巧，7%是客观因素。哈佛大学一项研究显示，成功、成就、升迁等原因的85%因为我们的正确的情绪，而仅有15%是由于专门技术。换句话说，花85%的教育时间、金钱来学习15%的成功机会，而只花15%的时间与金钱用于获得成功的85%的机会上。这就是大多数人和家庭一直在犯的“投资”错误！因而，美国心理学之父威廉-詹姆斯认为，这一划时代的重大发现，可从控制情绪来改变生活、改变命运，从而获得成功的人生。

常常说的职场3Q，IQ、EQ、AQ，即智商、情商和逆商，这三个商数里面，智商是基础，逆商很难得，大多数人都认同情商最为重要。职场人士基本上都接受过高等教育，彼此智商相差不大，只有极少数是智商特别高或偏低的。而逆境，也只有极少数人不幸遇到，或者在事业上或者在生活中（如企业家破产、家庭失去至亲、遭遇残疾等）。那么对于大部分人来说，职场中比拼的主要还是各自情绪管理和运用的能力，如果说智商是基础的话，情商就是升华，比智商更进了一步。

职场人士情商的展现可以分为三个层次。最低层次是情商较差，具体表现为主观、感性、随心所欲、喜怒无常、情绪变化大，这会对个人的职业发展造成损害甚至灾难。比如有一个人某天上班路上与人吵架，结果到了公司觉得还没有吵痛快，刚好有一个倒霉的同事走过来，于是逮着再吵一架，终于痛快了。过不久，公司有意向晋升此人做部门经理，提前内部公示，其他员工可以提出自己的意见，这个时候，之前被吵架的那个同事就向上反映："此人情绪极不稳定，建议不予晋升。"于是终于没能提拔。当然，情商差的主要损害还是在于不能与人很好沟通合作，以及不能很好地自我管理，使工作无法顺利开展和职业发展不佳。

情商展现的第二个层次是情商较好，能理性开展工作。这个层次的人员工作理性而不感性，积极而不消极，乐观而不悲观。首先，他能控制个人情绪，不带个人的主观情绪到工作中去，工作中表现理性、客观、就事论事。其次，他们能保持积极乐观，工作中遇到困难能较好的调整，勇于面对和克服，而非退缩甚至一蹶不振。这样的员工是每个企业都喜欢和欣赏的。

情商展现的第三个层次，也是最高的层次称做能表演情绪。这些人大多是成功的领导者和企业管理者，他们熟练运用情绪，以达成工作目的为导向，而不是仅仅管控个人的情绪。他们有的时候表现出愤怒，虽然内心可能是开心，但为了让那个老油条员工老实听话，好言相劝根本没有用，只好拍桌子声音响，如此才能达成效果；他们有的时候表现出镇定自若，虽然内心紧张不已，但是为了让他的下属不恐慌，他装作若无其事，说道：这个问题不大，我们一定能解决，我之前遇到比这个难好几倍的，照样搞定。于是团队信心高涨，确实顺利解决困难。古话说：胸有惊雷而面如平湖者，可为上将军也，就是这个意思。提升职场人士的情绪管理水平、展现良好情商。

（1）宽广心胸。职场人士需要修炼自己的格局，宽广自己的心胸，成就大格局。正所谓牢骚太多防肠断，风物长宜放眼量，做人千万不能太斤斤计较、小家子气，那样就落入了下乘。如何宽广心胸，首先要给自己树立远大的目标，目标远大眼光自然也长远，就不容易斤斤计较，小家子气，因为我是做大事的人，不能花太多时间精力在这些不足道的小事上面；其次可以看一些伟人英雄的事迹，他们高尚、胸有千壑、指点江山，会让你不由自主地跟着热血沸腾，认为大丈夫当如是也，格局和气概于是变大；第三，业余的时候可去一些开阔壮丽的地方走走看看，如高山、海边，可以洗涤心情，使人神清气爽、心胸宽广。

（2）提升抗压能力。压力这个东西其实在那里不变，但是人们可以改变抵抗压力的能力。就像一袋米100斤重不会变，当力气小的时候扛不动，当力气大了就能扛起来了，所以说要调节、改善情绪，提升抗压性很重要。那么就要给自己设立一些有挑战性的目标，做有挑战性的工作。一般来说，随着个人能力、职位的提升，工作内容和难度的增加，个人的抗压能力也会随之提升，但同时抗压能力的提升也需要一个过程，而人的潜力就在此过程中得到展现，不可一下子从弱到强。比如一个妈妈力气不大，但是要抱宝宝，宝宝十斤重的时候她抱着，等宝宝二十斤重的时候，她仍然抱着，直到宝宝几十斤重的时候，她还是能抱得动，这就是在几年的过程中，她慢慢在提升，而如果让她一下子从第一天抱十斤到第二天就抱四十斤，相信肯定抱不起来。

（3）同理心。同理心是职场思维里面很重要的一个思维，就是要求从对方的角度和立场去考虑问题。常常人与人合作沟通技能的时候会认为：他怎么能这样呢？怎么不考虑我的困难呢？于是情绪越来越激动。其实如果多从对方的角度和立场考虑问题，你会发现很多时候对方不是故意为难你和与你作对，而是也有他的考量和存在的现实问题。所以如果能多用同理心去理解彼此，加深了解，很多合作就会更顺利、更和谐。

（4）适当宣泄情绪。大禹治水，堵不如疏，一个人在如此现实的社会中工作和生活，时间长了肯定会积蓄一些负面的情绪，那么就需要寻找途径宣泄，或者说发泄。很多男生通过高强度的运动来宣泄情绪，跑出一身汗，或者大吼几声，情绪就宣泄掉了；女生们据说通过逛街购物宣泄情绪，钱花出去了，心情也变好了；有些女生比较奇怪，心情不好的时候就爱打扫卫生，这样的女生肯定是男生心中的宝贝，赶紧娶回家；现在有些企业也关注员工的情绪管理问题，就开辟一个房间，用一比一的比例放公司高管的橡胶塑像在里面，员工心情不好的时候就进去打，结果一个月下来，董事长面目全非，总经理的头也不知去向，但是员工通过这样的发泄心情爽了，总归还是值得的。

（5）缓和情绪。常常能看到一些大企业家的办公室里，他们写书法，或者泡功夫茶，是他们太空没事做消遣吗，显然不是，实际上他们是通过这样的方式使自己平心静气，缓和情绪，因为企业越大，位子越高，做的决策的影响面就越大，有的时候一个决定会导致企业升上天或者坠下地，所以更加要理性，不可意气用事。一副书法写下来，一轮功夫茶泡下来，心绪宁静，做的决策自然更加客观理性。当然，大部分的人可能没有条件在办公桌上写书法或者泡功夫茶，那么建议也可以吃一些甜品如糖，因为医学证明吃甜的东西能使人安静；或者听听轻音乐；或者在情绪激动想脱口而出之前，强迫自己先默念从 1 到 10，然后再说话，那个时候，语气会平和许多，情绪也得到控制。

（6）改变认知。在情绪 ABC 理论中，A 代表所发生的事件，B 代表针对事件产生的一些想法、态度（信念），C 表示所产生的情绪和行为的结果。一般人会认为是事件 A 诱发了情绪和行为的结果 C，其实不然，而是对事件 A 的看法和态度影响了 C，A 是通过 B 来影响 C 的。所以要想改变自己的情绪只需改变自己对事物的看法和态度。所以，当我们遇到事情的时候，放弃那些让你感到不愉快的不合理的观念和想法，不要过分苛求别人和自己，人就会从那些不愉快的情绪中解放出来，从而达到减轻心理压力健康生活的目的。

二、做情绪的主人

在职场中，经常会听到领导跟员工说，不要把情绪带到工作中，这些话语无形的表达出我们对“情绪”的恐惧，很多人在情绪到来时，往往因为处理不当，轻则影响工作，重则可能会影响自己人际关系，让人感觉疲惫。

陈晓是一个刚刚毕业的大学生。虽然她刚刚进公司，难免因为做错事而被上司责骂，但是大家从来都没有在她脸上看到过悲伤、消极的表情。

一次，陈晓加班加到很晚，终于把老板吩咐的任务做完。可是第二天一早，老板看着摆在自己桌上的文件时却大发雷霆，他把陈晓叫进办公室，大骂了一顿。原来是老板的秘书在匆忙中把一份数据拿错给陈晓，结果她们昨天晚上做的都变成了废纸，可是老板并不知道这不是陈晓的过错。

大家都认为一个女孩子被老板这样误会，还大骂了一顿，一定不干了。谁知道陈晓从办公室出来以后，仍然微笑着，并回到座位认真地重新做了一份文件。为了赶工作，陈晓午饭都没有吃，终于在午饭之后把文件放到了老板桌上。

老板回来看到文件，并知道自己错怪了陈晓，于是就问她：“我这样误会你，你不生气吗?”

陈晓说：“生气啊！但是我身体里住着一位医生，在我心情生病的时候就会出来诊治，她为我打了一针镇定，还给我积极的药丸。后来的病就好了！”

老板听了哈哈大笑，陈晓巧妙的答案和良好的心态为她在老板心里加分不少。

陈晓很聪明，她知道糟糕的情绪不仅不能给自己的工作带来任何的帮助，还会影响自己的工作效率和质量。所以她选择了用最具有智慧的办法，就是调节情绪，然后抱着积极的心态工作。因为她心里很明白，只有这样，才能保证工作质量，才能得到老板的赞赏。

在工作当中一定要调节好自己的心态，自我调节，可以在一定程度上帮助我们缓解压力，释放心中的不快。同时也可以让你在事业上更加大胆地放手去拼搏，没有任何包袱地上路自然会比较容易获得成功。说到底，要学会对自己的情绪进行自我调节，让我们在生气的时候不至于暴躁，在悲伤的时候不至于消极，在高兴的时候不至于得意忘形。

尤其在职场中，可能因为你的一个生气的表情、一个消极的动作，就会让你失去机会。所以，懂得自我调节的职场人更容易和同事和睦相处，也更容易得到上司的青睐。要管理好自己的情绪如下：

（1）自觉力。对自己的状态保持高度觉察，对自己当下的每个情绪和感觉，都有清晰的洞察，可以和自己的情感做亲密的交融互动。会明确表达出我现在很生气、很难过、很悲伤、很愤怒等。

（2）理解力。明白自己的情绪来源不是外部，而是内心的价值观和信念的反应。或者说是自己过去的生命经验投射到现在的人或事物上，产生的一种自动反应模式。打破经验的束缚，为自己做一个正确的选择。

（3）运用力。每一个情绪背后都有一份礼物和其所属的正面价值，平常所谓的负面情绪，也是深具正面价值的。比如，对某个人有了愤怒的感觉，那就是在提醒自己，对方的行为已经侵犯到自己。送出事的朋友一个悲伤，会让自己明白这个人对你很重要，他也会更加珍惜你们的关系。清楚每一种情绪和感觉都是一份推动力，会引领你到达一个新高度。

（4）摆脱力。当遭遇负面情绪的侵扰，对自己造成影响，环境又不允许这样的情绪存在时，就需要自己变化环境来摆脱不良情绪的控制。比如，会议中对一个人的发言观点很生气，可现场又不容许自己表达，这时就要立即选择从生气的状态下抽离出来，等到会议结束，再去为自己这个生气的情绪负责，比如找当事人面质等。

三、他人情绪管理法

要改进或提升其他人的生命品质，比如自己的员工或同事、朋友等，需要做到先处理情绪，再处理事情。有效工具是积极聆听法，通过有效的聆听、发问、区分和回应，设身处地了解和接纳他人的情绪，解读其未觉察的内在情感，协助对方处理情绪。有效EQ管理有四个步骤：

（1）接纳。这一点在处理单位人际关系时特别需要，看到同事不开心，不要躲开他，而是走到他身边，用关切的语气问："我看到你愁眉不展的样子，好像不开心，发生了什么事？需要我的帮助吗？"当你用这种认同的口吻和对方说话时，对方一定能感受到你的关怀及诚意。对情感比较"麻木"的都市人来说，你的这种接纳帮他恢复了情绪知觉，他没有理由不被你感动。

（2）分享。成功接纳了对方的情绪，他才愿意进一步和你谈内心的感受。分享的第一步就是他的内心感受，一般来说，女性情感表达平均能力要远远高于男性，心理开放的人比心理压抑的人在表达上更清晰、更敏锐。在对方对自身情感不觉察的情况下，你可以有意识地引导他表达感受，和他一起分享这种感觉，协助他学习区分情绪的界限。等对方情绪稳定下来，就肯定会说出事情的经过。

（3）区分。帮助对方区分哪些责任是他应该负责却没有做好的，而哪些责任又是外在的客观属性。如一个同事在办公室讲“荤笑话”被上司处罚，心情很沮丧。这时可以问他：“你觉得哪些行为在办公室不能做？”他会很清晰地回答：“这次被罚就知道了，办公室里禁谈色情内容。”通过这个问题很容易就让对方了解了该不该做的事的界限，能使他在把控自己的行为上更准确、稳重。

（4）回应。最后还是应该回归到现实中，让对方制定一个有效的行动计划，以达成预定的目标。

大家可以问自己这样几个问题，这件事的发生对我有什么好处、现在的状况还有哪些不完善、我现在要做哪些事情才能达成我要的结果、过程中哪些错误我不能再犯及我要如何达成目标并且享受过程。通过这几个问题来加强自己规划方案的有效性和行动的准确性。

四、有效释放压力

早上起床很难，觉得很累，经常忘记重要的事情，感到身体酸痛，总想发脾气，心情总是很烦躁，这时压力正在发生。

压力就像一根小提琴弦，没有压力，就不会产生音乐。但是如果弦绷得太紧，就会断掉。你需要将压力控制在适当的水平——使压力的程度能够与你的生活相协调…。

有一个业务员，这段时间公司传出要裁员的消息。因为自己学历不高，所以总觉得自己很可能成为其中一个被裁的人。于是，他一直给自己很大的压力，要求自己多拿一些订单回来。也许是压力过大，这个月的业绩反而下降了。因为这样上开始失眠，而白天工作时他更加努力地去找订单，甚至对客户死缠烂打。一段时间以后，情绪也越来越不好，工作中出现了很多低级错误。一个月之后，公司的裁员名单中真的有他的名字，但是上司告诉他，他被解雇的真正原因并不是他学历低，而是最近很多客户投诉他太烦，并且上司也发现最近一些简单的工作他也错漏百出，这样的工作现状把他推向了被裁员的境地。

人们常说有压力才有动力，但是压力过大反而会像那位业务员一样，状态越来越差，工作中出现更多的错误。所以说压力并不是万灵丹，有时还会成为你事业的绊脚石。

当然一个人并不能像铜墙铁壁一样，能够抵御任何外来的压力攻击，而且很多时候压力是自己给自己的，所以我们只能直面压力，想办法解决才是抗击压力的根本之道。

人不可能什么事都能做得很出色，每个人就像是树枝，总有一枝是比较长的，而其他的就会短一些，应明白哪些事你可稳操胜券，然后集中精力干这些事。淡泊为怀、知足常乐，才可减轻心理压力，避免压力过大而产生一些心理疾病。在现代生活中，大多数人都不同程度承载着来自各方的精神压力，可以试试以下几种方法以缓解精神压力，让你成为快乐的人。

（1）把笑当做每天的任务。办公室里是不是气氛紧张，同事关系淡漠，其实只要你多笑笑就能给自己创造一个轻松的环境，不至于每天绷着脸工作。

（2）找个人说说你的压力。如果你正为某事所困扰，千万不要闷在心里，把苦恼讲给可信的、头脑冷静的人听，说不定能获得支持和指正，并得到解脱。

（3）找一些娱乐。压力太大可以为自己找一些游戏、运动等娱乐活动来放松自己。这些轻松消遣方式，不仅有助于缓解压力，还可使人更加开朗乐观。

（4）充实自己。学习可以让人的心理恢复年轻状态，调动人的上进心；而投入某种兴趣爱好中，可以让你忘忧。充实自己才能让自己变得强大，不至于轻易就被压力吓到。

（5）精神胜利法。当事情不尽如人意时，当自己利益被损害而郁闷时，不妨用“阿Q精神”调适一下自己的心理，能让人生活得更加轻松。

（6）幽默人生法。幽默是人际关系的润滑剂，是心理环境的“空调器”。当一个人受到挫折或处于尴尬紧张的境况时，不妨尝试运用幽默来化解困境。这样做就可以维持心态平稳，使沉重的心境变得豁达、开朗。

（7）宣泄积郁法。心理学家认为，宣泄是人的一种正常的心理和生理需要。当你感到悲伤忧郁时不妨找知心朋友倾诉一下，也可以进行一项你所喜爱的运动，或在空旷的原野上大声喊叫，这样做既能呼吸新鲜的空气，又能将内心的积郁宣泄出来。

（8）“加减乘除”法。

加法——为自己多开阔一些兴趣爱好，转移对压力的注意力。

减法——为自己减去一些不必要的需要，让自己活得更加简单自然。

乘法——用休息来加强工作的效率。

除法——太忙的时候不妨把事情分为几段，一段一段做会比较轻松。

最后，如果你需要一些放松自己的方法，可以试试：调整呼吸；出去走走；听听音乐；瑜伽；大笑疗法；冥想；针灸和按摩穴位；锻炼；自我提示；食疗；按摩。多和给你带来欢乐的朋友泡在一起也是很好的方法。

著名心理健康专家 Dr. George Stephenson 总结的 11 条保持心理健康的方法

（1）当苦恼时，找你所信任、彼此谈得来，同时头脑也较冷静的知心朋友倾心交谈，将心中的抑郁及时发泄出来，以免积压成疾。

（2）当遇到更大的刺激，或遭到挫折、失败而陷入自我烦闷的时候，离开你所面临的环境，转移下注意力，暂时回避以便恢复心理上的平静，将心灵的创伤填平。

（3）当情感遭到激烈震荡时，宜将情感转移到其他活动上去，忘我地去干你喜欢干的事，比如看书、打球等，从而将你心中的苦闷、烦恼、愤怒、忧愁、焦虑等情感转移或替换掉。

（4）对人谦让，自我表现要适度，有时要学会当配角和后台工作人员。

（5）多替别人着想，多做好事，这些可使你心安理得，心满意足。

（6）做一件事要善始善终。当面临很多难题时，宜从最容易解决的问题入手，逐个解决，以便信心十足地完成自己的任务。

（7）性格急躁的人不要做力不从心的事情，并避免超乎常态的行为，以免紧张、焦躁致使心理压力过大。

（8）对别人要宽容大量，不强求别人一定按你的想法去办事，原谅别人的过错，给别人以改过的机会。

（9）保持人际关系的和谐。

（10）自己多亲自动手，破除依赖心理，不要老是停留在观望阶段。

(11) 制订一份既能使你愉快，又切实可行的修养身心的计划，给自己以盼头。

单元四　学习和发展

清朝名臣曾国藩在漫天硝烟的戎马倥偬中，每天都坚持写日记、读书、独自思考和反省，这种习惯几十年保持不变。正是依靠这种不断学习，使曾国藩无论在见识上，还是在成事能力上，都远远超越了他那个时代的同僚们，成为晚清少有的历史人物。

人非圣贤，不可能一生下来就什么都知道，人的智慧和才能都是经过后天积累而获得的。要想具备较高的素质，发展成为一个企业管理者，达到自我实现，就必须要像古人那样，通过不断学习、善于思考、勤于实践，来实现自己的理想。

人生之旅是一场快节奏的旅途，很多时候身处其中不知觉，回头看却快得吓人。无论大学过得是否顺畅，无论求学、求职中经过了怎样的波折，所有人就在不经意间，被推进了新的轨道——你终于工作了。大学获得了自己做决定的自由，而工作了，随着经济的独立，一切更自由了。

然而，这又是一个起点。既为起点，就有很多事情第一次面对，这又是一个陌生的领域，不免生出种种不安和恐慌。

一、在工作中学习

初入职场，需要一个上升的时期。职场新人不容易，一边要努力将当前的工作做好，与此同时，还得为适应未来之需做一些准备。这是一个需要终身学习的年代，不少毕业生在人人、微博上发的状态，是下班后在宿舍，在公司，在看什么书，在学着什么，这与某些在校的学生以吃、逛、玩的主题形成鲜明的对比。有一些毕业生，在入职时可能就存在知识、能力方面的缺陷，他们在职业起步阶段的学习就显得更加必要了。如果不能有效学习，面临的就是淘汰。被炒鱿鱼，是一件比开除学籍容易得多的事情。

有一位工作了半年多的Android开发工程师给老师的一封信，讲了他的困惑。

我2012年毕业，现在工作有半年多，一直在做Android开发，水平一般。想着要提高自己，但是不知道应该怎么提高。个人认为Android总有一天会没落，所以总是想要自学近10年来在软件行业站住脚的技术，就像C、Linux这些内容。但自学的时候又陷入了一个矛盾：如果投入自学太多就会影响现在的工作，但是不学又觉得不能放下。现在有些迷茫，不知道应该学习什么知识，希望老师指点迷津。

老师给他的建议：

既然你正做Android开发且水平一般，我给你的建议就是先将Android做精了，成为这个方向上的专家。一个技术既然存在，就有它存在的理由，当这个技术逐渐不流行之时，大部分浮在表面的人会遭遇淘汰，但能够站得住脚，拥有自己的生存空间的人，一定是在某个方向深入到内涵的。

Android的学习，可以在横向上，学会做更多的应用；也可以在纵向上，将Android底层的内容搞清楚，还可以拓展到与Android相关的其他技术。在纵横两个方面进展，带来的是在知识上的扩张，比如横向上做多媒体方面的应用，你会知道很多音频、视频压缩的标准，实现多媒体功能的途径，将来换了开发的平台，这些知识仍然能够迁移过去。再如在纵向上，探究开发框架层面与运行环境（RunTime），这是能支持你有更多的适应，以及走得更远的基础。如果围绕 Android 的学习进入到操作系统的层面，这样学习的 Linux 不是更加生动吗？你站在“过去时”的角度，选择“近 10 年来在软件行业站住脚的技术”，而“将来时”还不清楚，你需要优先在“现在时”的层面上，围绕正在做的事情拓展。你在立足未稳时，先站稳脚跟，再讲面向未来。在学精做精 Android 的过程中，相信每做一件事情都是你的知识结构向外扩张的过程，巩固了你在行业生态中的位置，也使你具有了适应未来的基础，以此在工作中水平的提高，获得更多机会，也会收获更多自信。

如此的安排，学习和现在的工作就是一体的了，“对这些东西投入了太多就会影响现在的工作”也就不成立了，这也会使你现在的工作更加有成就感，会获得周围人的认可，得到更多尊重。凭借在一个方向上的深入，了解整个的行业，而不是局限在这一种技术上，也将会对自己未来的路该如何走逐渐有了自己的想法。时间久了，应该学什么的问题，自己将有能力做出回答。

在工作之后，很多人发现了在学校里有人为你排好课程，有人讲课、布置作业有多么幸福。人生已经翻到了新的一页，无论在大学中是否练就了自学能力，更多的自主安排，完全的自主学习必须面对。再也没有在大学中凭兴趣学习的机会和自由探索的条件了，此时的学习，时间、任务、环境的限制，决定了首先要围绕工作内容进行学习。

工作以后能够胜任当前的工作是第一位的。如果产生了一个明确的转型目标，或明确要去调整技术方向，这时再去自学需要的内容。大学生在校期间，不能因为暂时从理论中看不到直接应用而忽视基础知识的学习，要力求理论与实践同进步。但是到了工作的阶段，也确定了走技术开发的路线，围绕工作中的实践展开学习，以做好工作为目标拓展自己的能力，这是首要的原则。

二、发展是硬道理

经常遇到一些刚参加工作的年轻人抱怨，现在的竞争如何激烈，自己一次次的变换工作，可是还是过着月光族的生活，离自己的梦想愈来愈远。未来一片迷茫，不知如何发展甚至有些自暴自弃。而一些即将参加工作的新人对未来更是雾里看花。

有些学生却刚入“江湖”就脱颖而出，重要的岗位、高额的薪金随之而来，联想他们在校时踏实的学习作风，灵活的处事风格，以及融洽的师生关系，一切也不意外。

社会的浮躁性感染了刚刚走向职场的新人，大家在步入职场时大部分都存在急功近利的情况，想马上成功，有点挫折便马上换工作，换来换去，自身能力没有提高只是更加的浮躁和急功近利，最终失去信心或抱怨社会或自暴自弃。

看似竞争激烈的职场，许多企业单位却存在用人缺口。他们缺乏的不是简单的职员，而是缺乏适合的人才。作为一名职员，其实只要用心去做，坚持去做，耐得住寂寞，用心学习稳步成长，短则二三年长则五六年便可转身成长为企业骨干或者中层，甚至迎来自己梦想的白领生活。那么刚刚走向职场的年轻人应如何发展呢？

（一）职业规划

年轻人一定要有职业规划，规划对工作前两年没有影响，但对未来的发展却起着决定性的作用。因此在学校以及刚参加职场半年到一年的时间给出自己一个规划（现在和将来干什么职业）非常的重要。用心分析一下自己喜欢什么，自己适合做什么，而环境是否允许。给自己的职业定一个方向以及发展的未来规划。个人的规划一旦确定便轻易不要更改，今后任何的工作和学习都要围绕个人的规划去做。而与规划无关的工作无论收入多高，尽量不要参与。许多年轻人在选择工作时往往对收入投入过多地关注度，忘记了自己的职业规划，导致几年后自己没有形成在某一职业领域内的职能积累，面对职场竞争和刚刚毕业的大学生相差无几没有优势可言，而原来那点较高的收入也被限制在原来的高度。

（二）选择

在明确了自己的职业规划后，要选择一个有发展前景的行业，最好处于发展期的行业，因为这样对于职场新人发展有更多的机会。选择一个有前景的行业后，选择一个优秀的企业，尤为重要。看看这个企业的企业文化，员工氛围，自己的学习培训机会，以及未来自己的发展空间。在行业和企业都有了好的选择后，一支作风顽强团结的团队以及一名优秀的团队领导或者你的职业导师，则会让你的职业生涯发展踏上一条高速公路。

（三）谦虚低调

现在的年轻人一般比较张扬或者个性十足，而这恰恰成为职场发展的第一个障碍。刚刚进入社会，面对领导同事前辈，谦虚低调，可以让自己获得更多的支持理解，包括学习提高的机会。张扬与个性和过分的自信，只能换来冷落，被边缘化失去接受工作任务的机会。不要抱怨老员工不接受自己，企业不包容新人，只有谦虚低调的努力工作，尽快融入团队，做一些对团队对老员工力所能及的工作，甚至一些琐碎的事情，包括抢着去做一些公共事宜例如打扫卫生、打水等，去赢得老员工的认可，老员工也会给予你更多的帮助，这样为自己赢得更多的发展机会。

（四）脚踏实地

除了谦虚低调外，脚踏实地的工作作风，会给自己换来更多或者更重要的工作机会，逐步成为业务骨干。面对每次的工作和任务，都要高度重视，注意细节，圆满地完成领导每次布置的任务。严谨的工作作风让领导每次给你的工作与任务都放心，将为自己的发展赢得更多的机会。严谨的工作作风也是个人工作能力的一个标准。

（五）用心工作积极主动

在日常工作中，除了保质保量地完成自己的本职工作，除了敬业，更要用心，不断地完善或者提高本职工作的各个环节。相比敬业的人，用心工作积极主动工作的人，业绩可以更突出，并会影响感染带动其他人。这样的工作作风，能力的提升会更加明显，并可以赢得更多的晋升机会。将简单的工作，不仅做完，更要做精，精益求精的工作作风在未来走向管理岗位或者领导岗位后会显现出巨大的优势。

（六）贵在坚持

短暂的激情是不值钱的，持久的激情才能赢得成功。在自己的职业生涯中，会遇到许多困难，有的人选择了放弃，变换了工作甚至职业。企业如果真的不再有机会了可以放弃，而职业不要轻易放弃。有许多年轻人，企业换来换去，职业也换来换去，几年了还不知道自己到底将来要干什么，使得自己在应聘新工作时，总是和刚毕业的学生一起从新人实习做起，职业发展缓慢甚至原地不动。保持一颗积极向上的心态，坚守一个职业一个行业，尽量在一个企业发展，较长的职业与行业经验和企业工龄都可以成为自己的优势，赢得发展或者晋升的机会。

（七）不断发展

从发展的角度要求自己，在职场中随着时间的推移，无论是否变换企业，自己的能力与职位一定要不断的提升。不断地学习充电，争取各种培训学习机会，用自己突出的业绩不断提升的能力脚踏实地的工作作风为自己赢得提升的机会。能力与工作平台的发展远远比薪资的提高更为重要。

（八）水到渠成

不把眼光紧紧盯着在收入和岗位晋升上，良好的工作作风，突出的业绩、不断提升的能力、良好的人脉等等，职场的提升则是水到渠成的事情。

在瞬息万变的今天，企业间的竞争更是人才间的竞争。脚踏实地用心积极主动工作的员工，是每个单位都需要的。机会总是留给有准备的人，只要你认为自己是优秀的，并且按优秀的标准去要求自己，只要付出比别人多一点，用心多一点，主动多一点，一定会打造一个完美的职场生涯。

生活中的心理学

防止办公室情绪污染

在心理学上，有个著名的踢猫效应，说的是某公司董事长为了重整公司事务，许诺自己将早到晚回。有一次，他看报纸看得太入迷以至于忘了时间。为了上班不迟到，他在公路上超速行驶，结果被警察开了罚单。这个董事长愤怒至极，回到办公室后就将销售经理叫到办公室训斥一番。销售经理挨训之后，气急败坏地走出董事长办公室，将秘书叫到自己办公室并对他挑剔了一番。秘书无缘无故被上司挑剔，自然是一肚子气，就故意找接线员的茬。接线员无可奈何垂头丧气地回到家，对着自己的儿子大发雷霆。儿子莫名其妙地被父亲痛斥之后，也很恼火，便将自己家里的猫狠狠地踢了一脚/猫冲到外面街上，正遇上迎面开来的一辆车，司机为了避让猫，却把旁边的一个小孩给撞了。

可见，情绪的传染作用非常大。负面的情绪就像瘟疫一样，在一个小环境中一传十、十传百，被传染者常常会越来越严重，最后一触即发，有时还会在传染者身上潜伏下来，到一定时期才爆发。职场中如果存在情绪污染的话，不仅会影响人们工作的积极性，甚至还会影响工作效率和工作质量。因此，身处职场的人，一方面要保持积极乐观的态度，不使自己成为情绪污染的“污染源”，另一方面也要保持冷静的头脑和稳定的情绪，不被他人坏情绪所污染。

要点概述

心理学研究发现，与一个人初次会面，45s 内能产生第一印象。这一最先的印象会对他人的社会知觉产生较强的影响，并且会在对方的头脑中形成观念，从而对人产生影响。第一印象一旦产生便很难再改变。不良的第一印象会给人际关系增添障碍，良好的第一印象有助于发展良好的人际关系。

在人际关系中与同事和睦相处，同事之间保持适当距离，理性与上司相处，与下属平等相处。管理好自己的情绪并不断学习与发展。

复习思考题

12-1　根据学过的知识，分析如何塑造良好第一印象？

12-2　如何处理好职场人际关系？

12-3　什么是情商，如何管理情绪？

12-4　根据你的专业，谈谈如何进行职业规划？

第十三章　营销中的心理学

“营销心理学”是心理学和市场营销学发展的结果，最早产生于19世纪末、20世纪初的美国。80年代引进我国，在我国是一门新型的学科，属于心理学和市场营销学相互交叉的边缘科学，是专门研究市场营销活动的主、客体——营销者和消费者心理现象的一般规律以及营销者与消费者心理沟通的理论。

单元一　营销心理概述

麦当劳的经营理念

麦当劳的经营理念：品质（Q）、服务（S）、清洁（C）、价值（V）。麦当劳公司的创始人雷·克罗克在麦当劳创立的初期，就设定了麦当劳的经营四信条：即向顾客提供高品质的产品，快速准确友善的服务，清洁优雅的环境及做到物有所值。麦当劳几十年恪守”Q、S、C&V”四信条，并持之以恒地落实到每一项具体的工作和职工行为中去。

一、营销心理学的产生

19世纪末、20世纪初，资本主义经济繁荣发展，生产相对过剩与需求相对不足的矛盾日益突出，一些企业主开始把注意力转向寻求开拓市场。其中，了解消费者需求，引起消费者对商品的兴趣和购买欲望，促成其发生购买行为等日益引起重视。

19世纪末德国心理学家威廉-冯特在莱比锡大学创立了第一个心理学实验室；同时，产生了许多心理学流派和理论，为营销心理的产生和研究奠定了心理学理论基础。

1901年，美国心理学家斯科特首次提出可以将心理学应用到广告营销中，并于1903年出版了《广告心理学》，后人认为广告心理学的诞生，成为营销心理学的前身。

二、营销心理学的研究对象与内容

作为心理学和营销学分支，营销心理学是研究市场营销过程中的人的行为与心理活动规律，以及心理沟通的一门学科。是把个人心理感性差异作为线索去研究和把握市场营销活动中的对象（包括营销者和消费者等）的行为规律的一门科学。

营销心理学的研究对象表明，营销心理学的研究范围是市场营销过程中的人的行为与心理活动及心理沟通过程，内部因素和外部因素对营销人员和顾客的心理影响；研究主体是人，具体包括消费者、营销者、利益相关者、竞争者；研究的目的是总结营销行为与心理活动中一些带有规律性的东西，以便更好地指导市场营销实践。

三、营销心理学的主要特征

（一）时代性

营销心理学的形成与发展，是市场经济不断发展和消费者需求变化加快变化的必然产物，具有较强的时代性。营销心理学在20世纪60年形成于美国，并在此后获得巨大发展，与当时及以后的美国及世界经济发展及消费者需求的变化密切相关。

经过 30 多年的改革开放，中国市场经济获得快速发展，产品极大丰富，买方市场形成。与此同时，感性消费正在中国部分消费群体中出现，消费者追求个性、时髦。企业营销迫切要求了解顾客的消费者心理特征，掌握与消费者沟通的技巧，这种市场现状也是营销心理学在中国获得发展的重要原因。

（二）交叉性

营销心理学既是应用心理学的一个分支，又是市场营销学的一个分支，是在心理学与市场营销学的边沿地带形成的一门交叉学科，是一门介于心理学与营销学之间的边缘性学科。营销心理学既包括了丰富的心理学知识，又包括了丰富的营销学知识，但它并不是两者之间的简单相加，而是以两门学科的知识为基础，结合了社会学、经济学、心理学、广告学、美学等学科的理论，形成了自己独立完整的理论体系，构成一门独特的学科。

（三）应用性

营销心理学出现的特殊使命，就是面对企业在市场营销中出现的实际问题，运用心理学理论与营销学相结合，为企业提供营销决策提供依据。它从一出现就不是一门纯理论的学科，具有很强的实用性，对营销活动、购买行为、促销方式具有指导意义和应用价值。

四、营销心理学的价值

营销心理学不仅深入研究顾客的行为与心理规律，而且也研究营销者、竞争者、利益相关者的行为与心理规律，它使企业能够真正做到对各方面都“知己知彼”，明白顾客的真正需求，明白自己某项决策背后心理规律，明白竞争对手对自己决策的反应，明白企业相关利益团体的配合程度，从而提高决策的科学性，营销的针对性，沟通的成功率。

（一）成功营销从心理开始

随着我国市场经济的不断发展，市场竞争日趋激烈，消费需求日趋多样化。在这种新态势下，企业营销越来越难，如果不分析研究消费者心理及其变化，并据此采取有效的营销对策，就难以在竞争中取胜。营销活动始于对消费者需求的了解。在感性消费日益成为潮流的市场环境下，如果仅仅根据人口、年龄、职业、收入等因素来研究研究市场，你甚至无法理解消费者，成功的营销策略更是无从谈起。正如日本著名营销专家小村敏峰所说：“现在如果不用感性来观察分析市场就根本无从理解。”但事实是，在激烈的商战中，一些企业往往将主要力量投入如何击败对手上，忽视了对客户购买行为的心理状态的了解，结果商战往往不能成功或事倍功半。中国无锡的一个乡镇制衣，因为拥有一个令人倍感亲切的商标名称“红豆”，而在竞争中脱颖而出。所以，香港心理学家顾修全博士认为，“成功营销从心理开始”，即从了解顾客的行为与心理规律开始。

（二）变不可能的事情为可能

人的心理特征具有相当的稳定性，但同时也具有一定的可塑性。因此，营销者可以在一定的范围内对自己和顾客的行为进行预测和调整。也可以通过改为内在外在的环境实现对行为的调控。即尽量消除不利因素，创设有利情境，引发自己和顾客的积极行为，甚至变不可能的事情为可能。这正是营销心理学在营销中的特殊作用，也是它的神奇之处。例如，有人凭着三寸不烂之舌，便能在瞬间转败为胜；可是，也有不少人游说了老半天，对方还是不为所动。胜败的关键究竟在哪里？如果你不了解你自己和对方的心态，不能摆正自己与对方的位置，以销售者或高高在上的姿态与对方交流，再多的语言也无用。要取得客户的积极反应，首先要自我催眠，时时警惕自己，要从销售者转换为购买咨询人的角色。其次，要细致入微地观察对方，把握客户的心理要求。如能一举切中对方的要害，眼前的商机便可以手到擒来。

(三) 全面优化营销组合提高营销绩效

营销心理学不满足于对顾客需求的了解，更强调与顾客沟通、互动，真正进入顾客的内心世界，使营销创意（产品策略创意、品牌创意、广告宣传创意、企业形象创意等）真正能与顾客达到心灵的共鸣。营销心理学推崇的经营者与客户最健康的关系，这就要求营销人员应当费尽心思，努力倾听客户的心声，而且还要领悟他们在购买行为中的感受。研究营销心理学，会大大改善企业和顾客的关系，提高顾客的满意度和忠诚度。

营销心理学不仅研究消费者的心理，也研究营销者的心理，针对顾客心理特征来改变营销者的行为方式，从而提高服务的质量和水平。营销者应当将自己定位为购买咨询人员，先取得客户的信任，让客户自觉需要该产品，使他们在愉快的情绪下，主动查询产品的详情，进一步决定购买产品，甚至成企业或品牌的忠诚者。

单元二　营销环境与消费心理

一、营销环境

如果说在实体产品营销过程中，营销环境的好坏是直接影响消费者判断产品质量、功能、企业信誉、购买风险的一个重要因素，那么在提供无形产品的服务机构，营销环境的好坏在某种程度上成为消费者判断服务质量、企业信誉、购买风险的唯一决策标准。

营销环境包括宏观环境、微观环境和企业内部营销环境。

(1) 宏观环境。宏观环境是企业营销活动的大的社会背景，宏观环境制约和影响营销活动的载体平台——市场。环境及其变化造就市场机会，也给营销企业带来各种威胁和压力。宏观环境一般从6个方面分析考察，即人口、自然状况、经济环境、政治法律环境、科技与教育水平、人文与社会环境。

(2) 微观环境。供应者、商业中介组织、顾客或用户、竞争者。

(3) 企业内部营销环境。大多数工商企业具有完整的内部组织结构，形成若干职能部门。就营销主体及其营销活动而言，销售、配送、市场、广告、服务以外的其他部门，均属于企业的内部营销环境构成。这些部门包括研究与开发、生产、采购、财务、人事、行政以及企业最高领导层。企业的营销主体依靠上述部门的支持和配合。原材料的供应保障，生产的均衡性及季节性调整，营销财务预算规模以及人事部门对营销人员、辅助人员的考核、激励机制，都会影响企业营销活动的效果。因此，协调营销部门与其他职能部门的关系是优化企业内部营销环境的基本要求。

二、选址

(一) 选址的意义

选址的意义非常重大。这是因为：首先，选址是一项长期性投资，相对于其他因素来说，它具有长期性和固定性。当外部环境发生变化时，其他经营因素都可以随之进行相应调整，以适应外部环境的变化，而选址一经确定就难以变动，选择得好，企业可以长期受益。其次，选址事关企业成败，企业位置的选择将显著影响实际运营的效益、成本以及日后企业规模的扩充与发展。相对于制造型企业而言，服务性企业的选址更为重要，其位置的好坏在很大程度上直接决定了企业的营业收入，最终决定了企业的存亡。最后，选址是制定经营目标和经营战略的重要依据。商业企业在制定经营目标和经营战略时，需要考虑很多因素，其中包括对所进行研究，从而为企业制定经营目标提供依据，并在此基础上按照顾客构成及需求特点，确定促销战略。

（二）选址需要注意的因素

决定开店，必须对所选地点作全面的考察，了解该区人口密度、人缘等。开店选址是很讲究的，一般应该掌握以下几个因素：

（1）交通便利。在主要车站的附近，或者在顾客步行不超过20min的路程内的街道设店。选择哪一边较有利于经营，需要观察马路两边行人流量，以行人较多的一边为好。

（2）接近人们聚集的场所。如剧院、电影院、公园等娱乐场所附近，或者大工厂、机关附近，这一方面可吸引出入行人，另一方面易于使顾客记住该店铺的地点。

（3）选择人口增加较快的地方。企业、居民区和市政的发展，会给店铺带来更多的顾客，并使其更具发展潜力。

（4）要选择较少横街或障碍物的一边。许多时候，行人为了要过马路，因而集中精力去躲避车辆或其他来往行人，而忽略了一旁的店铺。

（5）根据经营内容来选择地址。店铺销售的商品种类不同，其对店址的要求也不同。有的店铺要求开在人流量大的地方，比如服装店、小超市，但并不是所有的店铺都适合开在人山人海的地方，比如保健用品商店和老人服务中心，就适宜开在偏僻、安静一些的地方。

（6）要有“傍大款”意识。即把店铺开在著名连锁店或品牌店附近，甚至可以开在它的旁边。与超市、商厦、饭店、24h药店、咖啡店、茶艺馆、酒吧、学校、银行、邮局、洗衣店、冲印店、社区服务中心、社区文化体育活动中心等集客力较强的品牌门店和公共场所相邻。

（7）位于商业中心街道。东西走向街道最好坐北朝南；南北走向街道最好坐西朝东，尽可能位于十字路口的西北拐角。另外，三岔路口是好地方；在坡路上开店不可取；路面与店铺地面高低不能太悬殊。

（8）选择由冷变热的区位。与其选择现在被商家看好的店铺经营位置，不如选择不远的将来由冷变热、目前未被看好的街道或市区。

三、店面设计

店面设计包括以下几个方面设计：招牌设计，店门设计，橱窗设计，外部照明设计，壁面照明。店面设计是店面给人的整体感觉，能够体现店面的档次和个性。从整体风格来看，可分为现代风格和传统风格。现代风格的外观给人以时代的气息和现代化的心理感受。大多数店面都采用现代派风格。传统风格的外观给人以踏实稳健，传统丰厚的心理感受，许多百年老店，成为影响中外的传统字号，其店面形象早已在消费者心中形成固定模式，其传统的外观风格也能吸引部分顾客。如果店铺开在一个充满古朴色彩的老街中，也可采用与整体风格相一致的传统风格。店面设计大致分为两类：实体店面设计；网店店面设计。

实体店铺内容包括：招牌设计；门头设计；橱窗设计；外部照明设计；壁面照明。

网店店面设计内容包括：店名设计；检索词设计；店铺介绍；模板设计。

（一）实体店面门头设计

店面的门头装修设计最终目的，是为了让路人对店面产生兴趣，进而引导性购物。

1. 门头装修材料

门头设计需要考虑室外环境对装修材料的影响，防水材料是门头装修设计首先要考虑的，门头设计常用的装修材料有铝塑板，玻璃，不锈钢等。

2. 门头 logo 设计

门头设计另外要考虑的是店面品牌的展示，也就是“店名”。店名一般会在设计在店面入口正上方。常用的材料有，亚克力雕刻字，吸塑字，不锈钢字等。这些店名的设计，需要考虑夜晚环境。

（二）招牌设计

一般店面上都可设置一个条形商店招牌，醒目地显示店名及销售商品。在繁华的商业区里，消费者往往首先浏览的是大大小小、各式各样的商店招牌，寻找实现自己购买目标或值得逛游的商业服务场所。因此，具有高度概括力和强烈吸引力的商店招牌；对消费者的视觉刺激和心理影响是很重要的。为了反映时代新潮流的变化，如今的店面外装饰材料已不限于传统的木质和水泥，而是采用薄片大理石、花岗岩、金属不锈钢板、薄型涂色铝合金板等。石材门面显得厚实、稳重、高贵、庄严；金属材料门面显得明亮、轻快，富有时代感。有时，随着季节的变化，还可以在门面上安置各种类型的遮阳箔架，这会使门面清新、活泼，并沟通了商店内外的功能联系，无形中扩展了商业面积。

商店招牌在导入功能中起着不可缺少的作用与价值，它应是最引人注目的地方，所以，要采用各种装饰方法使其突出。手法很多，如用霓虹灯、射灯、彩灯、反光灯、灯箱等来加强效果，或用彩带、旗帜、鲜花等来衬托。总之，格调高雅、清新，手法奇特、怪诞往往是成功的关键之一。

商店招牌文字设计日益为经商者所重视，一些以标语口号、隶属关系和数目字组合而成的艺术化、立体化和广告化的商店招牌不断涌现。商店招牌文字设计应注意以下几点：

（1）店名的字形、大小、凸凹、色彩、位置上的考虑应有助于门的正常使用。

（2）文字内容必须与本店所销售的商品相吻合。

（3）文字尽可能精简，内容立意要深，又要顺口，易记易认，使消费者一目了然。

（4）美术字和书写字要注意大众化，中文和外文美术字的变形不要太花太乱太做作，书写字不要太潦草，否则，不易辨认，又会在制作上造成麻烦。

商店招牌文字使用的材料因店而异，店铺规模较大，而且要求考究的店面，可使用铜质、凸出空心字，闪闪发光，有富丽、豪华之感，效果是相当好的。定烧瓷质字永不生锈。反光强度好，作为招牌效果尤佳。塑料字有华丽的光泽，制作也简便，但时间一长，光泽退掉，塑料老化，受冷受热受晒又要变形，因此不能长久使用。木质字制作也方便，但长久的日晒雨淋易裂开，需要经常维修上漆。

商店招牌设计，除了注意在形式、用料、构图、造型、色彩等方面给消费者以良好的心理感受外，还应在命名方面多下工夫，力求言简意赅、清新不俗、易读易记、富有美感，使之具有较强的吸引力，促进消费者的思维活动，达到理想的心理要求。

（三）橱窗设计

在现代商业活动中，橱窗既是一种重要的广告形式，也是装饰商店店面的重要手段。

一个构思新颖、主题鲜明、风格独特、手法脱俗、装饰美观、色调和谐的商店橱窗，与整个商店建筑结构和内外环境构成的立体画面，能起美化商店和市容的作用。

一般来讲，橱窗设计应注意以下方面：

（1）橱窗横渡中心线最好能与顾客的视平线相等，那么，整个橱窗内所陈列的商品都在顾客视野中。

（2）在橱窗设计中，必须考虑防尘、防热、防淋、防晒、防风、防盗等，要采取相关的措施。

（3）橱窗陈列的商品必须是本商店出售的，而且是最畅销的商品。

（4）橱窗陈列季节性商品必须在季节到来之前一个月预先陈列出来向顾客介绍，这样才能起到迎季宣传的作用。

（5）陈列商品时，应先确定主题，无论是多种多类或是同种不同类的商品，均应系统地分种分类依主题陈列，使人一目了然地看到所宣传介绍的商品内容，千万不可乱堆乱摆分散消费者视线。

（6）橱窗布置应尽量少用商品作衬托、装潢或铺底，除根据橱窗面积注意色彩调和、高低疏密均匀外，商品数量不宜过多或过少。要做到使顾客从远处近处、正面侧面都能看到商品全貌。富有经营特色的商品应陈列在最引人注目的橱窗里。

（7）容易液化变质的商品如食品糖果之类，以及日光照晒下容易损坏的商品，最好用其模型代替或加以适当的包装。

（8）橱窗应经常打扫，保持清洁，特别是食品橱窗。肮脏的橱窗玻璃，橱窗里面布满灰尘，会给顾客不好的印象，引起对商品的怀疑或反感而失去购买的兴趣。

四、内部环境装潢

（一）室内装潢

内部环境装潢主要包括以下几个方面：

（1）天花板设计。天花板可以创造室内的美感，而且还与空间设计、灯光照明相配合，形成优美的购物环境。所以，对其装修是很重要的。在天花板设计时，要考虑到天花板的材料、颜色、高度，特别值得注意的是天花板的颜色。天花板要有现代化的感觉，能表现个人魅力，注重整体搭配，使色彩的优雅感显露无遗。年轻人，尤其是年轻的职业妇女，最喜欢的是有清洁感的颜色；年轻高职男性强调店铺的青春魅力，以使用原色等较淡的色彩为宜。一般的服饰专卖店的天花板以淡粉红色为宜。

（2）墙壁设计。主要有墙面装饰材料和颜色的选择，壁面的利用。店铺的墙壁设计应与所陈列商品的色彩内容相协调，与店铺的环境、形象相适应。一般可以在壁面上架设陈列柜，安置陈列台，安装一些简单设备，可以摆放一部分服饰，也可以用来作为商品的展示台或装饰用。

（3）地板设计。主要有地板装饰材料和其颜色的选择，还有地板图形设计。服饰店要根据不同的服饰种类来选择图形。一般地说，女装店应采用圆形、椭圆形、扇形和几何曲线形等曲线组合为特征的图案，带有柔和之气；男装店应有采用正方形、矩形、多角形等直线条组合为特征的图案，带有阳刚之气。童装店可以采用不规则图案，可在地板上一些卡通图案，显得活泼。

（4）货柜货架设计。主要是货柜货架材料和形状的选择。一般的货柜货架为方形，全球陈列商品与摆放。但异形的货柜货架会改变其呆板、单调的形象，增添活泼的线条变化，使店铺表现出曲线的意味。异形柜架有三角形、梯形、半圆形，以及多边形等。

（二）室内氛围设计

当顾客走进店中，只看见店内的装修，不一定会有购买的冲动。要使顾客产生购买冲动，必须使店内有卖场氛围。特别在服饰店中，由于顾客有在店中停留的时间，在这段时间中，店内就可以通过声音、气味、颜色等方面塑出店铺氛围，使那些只是想看看的顾客产生购买欲望。

1. 色彩设计

在店铺的氛围设计中，色彩的有效使用具有普遍意义。色彩与环境，与商品搭配是否协调，对顾客的购物心理有重要影响。

2. 声音设计

声音的设计对店铺氛围设计产生积极的影响，也可以产生消极的影响。音乐的合理设计会给店铺带来好的气氛，而噪音则使卖场产生不愉快的气氛。在选择所要播放的音乐时，注意合理搭配音乐的种类与时间。上班前，先播放几分钟幽雅恬静的乐曲，然后再播放振奋精神的乐曲，效果较好。当员工紧张工作而感到疲劳时，可播放一些安抚性的轻音乐，以松弛神经。在临近营业结束时，播放的次数要频繁一些，乐曲要明快、热情，带有鼓舞色彩，使员工能全神贯注投入到全天最后也是最繁忙的工作中去。在选择音乐的类型时，要根据所卖服饰类型，一般的，流行服饰专卖店应以流行且节奏感强的音乐为主；童装店则可放一些欢快的儿歌；高档服饰店为了表现其幽雅和高档，可选择轻音乐。在服饰店热卖过程中，配以热情、节奏感强的音乐，会使顾客产生购买冲动。

3. 气味设计

和声音一样，气味也有积极的一面和消极的一面。店内气味是至关重要的。进入店中，有好的气味会使顾客心情愉快。服饰店内新衣服会有纤维的味道，如果店中无其他的异味，只有这种纤维味，则是积极的味道，它与店铺本身是相协调的，会使顾客联想到服饰，从而产生购买欲望；在店中喷洒适当的清新剂有时也是必要的，有利于除去异味，也可以使顾客舒畅，但要注意，在喷清新剂时不能用量过多，否则会使人有反感，要注意使香味的浓度与顾客嗅觉上限相适应。

4. 通风设备设计

店内顾客流量大，空气极易污浊，为了保证店内空气清新通畅、冷暖适宜，应采用空气净化措施，加强通风系统的建设，通风来源可以分自然通风和机械通风。采用自然通风可以节约能源，保证店铺内部适宜的空气，一般小型店铺多采用这种通风方式。

5. 制服设计

服饰店营业员的制服是很重要的。制服的统一，会使进入店中的顾客对店铺产生一种充满活力和干劲的感觉，也是氛围设计的重要一点。制服的设计也应该注意到制服的面料、颜色，还有制服款式。

6. 室内照明设计

室内照明能够直接影响店内的氛围。走进一家照明好的和另一家光线暗淡的店铺会有截然不同的心理感受：前者明快、轻松；后者压抑、低沉。店内照明得当，不仅可以渲染店铺气氛，突出展示商品，增强陈列效果，还可以改善营业员的劳动环境，提高劳动效率。

单元三 销售服务与消费心理

一、商品销售服务心理分析

(一) 售前服务心理

售前是指对在开展销售时对产品的认识、准备、客户的服务,是营销服务的正式销售前的准备过程。

1. 售前服务应抓住的心理

商场应通过销售前广告吸引顾客;做好商品销售的各项准备工作,如完成商品的陈列摆放,商品质量检查、商品性能熟悉等准备过程,这对于销售非常重要;一线人员应该全面熟悉相关商品的信息。

2. 售前顾客心理分析

(1) 顾客对商品的认知欲望强烈。因此,广告宣传、销售人员相关商品知识、信息、技能的培训很重要。

(2) 顾客有独到的审美取向和情趣。时尚、流行的掌握,不同群体与消费品的独特心理需要的掌握很重要。

(3) 顾客对商品有特有的期望。顾客一般对自己的需要有大致的评估,在价格、性能、式样、颜色、质地等方面有预期,需要关注顾客独特的心理需要。销售人员应掌握询问与观察技巧,采用封闭式问题与开放式问题相结合的方式与顾客沟通,了解顾客的消费需求,学会通过观察顾客的非言语行为,判断消费者的心理变化和消费倾向。

(4) 顾客有独特的自我意识,影响沟通与消费。销售人员应根据不同的个性给予不对的接待方式。

3. 售前服务的心理策略

(1) 建立目标市场服务档案,把握顾客心理需要。

(2) 最大限度地满足顾客的相关要求。

(3) 帮助顾客认知和接受商品。销售人员应引领改变消费者的消费观,接受消费新商品;销售人员应以多种手段吸引消费者对特定商品的注意,拓展消费领域;为了保证服务质量,为消费者提供优质的服务,销售人员还应该认真检查,确保产品质量。

(二) 售中服务心理

售中服务是指在产品销售过程中为顾客提供的服务。如热情地为顾客介绍、展示产品,详细说明产品使用方法,耐心地帮助顾客挑选商品,解答顾客提出的问题等。售中服务与顾客的实际购买行动相伴随,是促进商品成交的核心环节,是营销服务开始后,与顾客的交流沟通,存在着双向的影响过程。

售中服务的目标是为客户提供最优质的服务解决方案。针对客户的售中服务,主要体现为销售过程管理和销售管理,销售过程是以销售产品为主线,围绕着销售产品的产生、销售控制和跟踪、签订、价值交付等一个完整销售周期而展开的,是既满足客户购买商品欲望的服务行为,又是不断满足客户心理需要的服务行为。优秀的售中服务将为客户提供了享受感,从而可以增强客户的购买决策,融洽而自然的销售服务还可以有效地消除客户与企业销售之间的隔阂，在买卖双方之间形成一种相互信任的气氛。销售人员的服务质量是决定客户是否购买的重要因素。

售中服务是零售销售过程中直接或间接为顾客提供的各项服务。接待服务是售中服务的中心内容。营业人员在接待顾客时，通过主动、热情、耐心周到的服务，把顾客的潜在需求变为现实需求，达到商品销售的目的。可以说，在商品销售过程中，接待服务对销售成败具有决定性的作用。营业人员服务质量的高低，直接关系企业声誉的好坏，因此，企业应实行接待服务规范化，分别规定具体的内容和要求。

1. 售中服务与顾客心理

销售一般被认为是销售商品，实际上还在销售服务。在销售过程中，良好的服务是提高销售业绩的核心影响要素。过程包括接待、介绍商品、充当选择与决策参谋、交货与结账、告别等，做到有始有终。

2. 售中顾客心理分析

顾客在购买过程中有诸多心理需求，他们期望得到详尽的商品信息，以化解疑惑，掌握知识与技能，所以销售人员掌握的信息应全面、准确、方便，易于消费者理解与掌握；顾客期望寻求决策帮助，营销人员能提供相对客观的多方面信息与选择，提供决策分析，帮助消费者决策；顾客期望被热情接待和尊重。热情、礼貌、耐心、温和；期望购买消费过程方便快捷。等待时间短、挑选方便、付款取货快捷，有配套服务措施等等。

（三）售后服务心理

售后服务，是指生产企业、经销商把产品（或服务）销售给消费者之后，为消费者提供的一系列服务，包括产品介绍、使用、调试、维修、技术培训等。

在市场激烈竞争的今天，随着消费者维权意识的提高和消费观念的变化，消费者在选购产品时，不仅注意到产品实体本身，在同类产品的质量和性能相似的情况下，更加重视产品的售后服务。因此，企业在提供价廉物美的产品的同时，向消费者提供完善的售后服务，已成为现代企业市场竞争的新焦点。售后服务是减少退货率、增加回头客的关键环节之一。

1. 售后服务与顾客心理

售后服务包括两方面：货物运输与安装；使用指导、问题咨询、维修等。维持老顾客的成本是寻求一个新顾客的1/2，重新获得失去顾客成为新顾客是其10倍。5年的老顾客，将产生相当于第一年消费的7.5倍利润。

2. 售后顾客心理分析

（1）评价心理。开始消费后的第一个自然心理反应是评估该消费是否物有所值。

（2）试探心理。对新产品、第一次接触的经营者心里没底，试探性购买与沟通。

（3）求助心理。要求获得合理的帮助。

（4）退换心理与行为。发现问题，主张自己的权利。

3. 售后服务心理策略

（1）提供优良的售后服务。售后服务是第二次竞争。此时的态度分被动与主动两类。

（2）提升CS经营理念，完善售后服务工作。目标是顾客满意。

4. 促进顾客满意的方法

菲利普·科特勒认为“顾客满意”是指“一个人通过对一个产品的可感知效果与他的

期望值相比较后，所形成的愉悦或失望的感觉状态”。亨利·阿塞尔也认为，当商品的实际消费效果达到消费者的预期时，就导致了满意，否则，则会导致顾客不满意。

从上面的定义可以看出，满意水平是可感知效果和期望值之间的差异函数。如果效果低于期望，顾客就会不满意；如果可感知效果与期望相匹配，顾客就满意；如果可感知效果超过期望，顾客就会高度满意、高兴或欣喜。一般而言，顾客满意是顾客对企业和员工提供的产品和服务的直接性综合评价，是顾客对企业、产品、服务和员工的认可。顾客根据他们的价值判断来评价产品和服务，因此，Philip Kotler 认为，“满意是一种人的感觉状态的水平，它来源于对一件产品所设想的绩效或产出与人们的期望所进行的比较”。对顾客满意包括产品满意、服务满意和社会满意三个层次。“产品满意”是指企业产品带给顾客的满足状态，包括产品的内在质量、价格、设计、包装、时效等方面的满意。产品的质量满意是构成顾客满意的基础因素。“服务满意”是指产品售前、售中、售后以及产品生命周期的不同阶段采取的服务措施令顾客满意。这主要是在服务过程的每一个环节上都能设身处地地为顾客着想，做到有利于顾客、方便顾客。“社会满意”是指顾客在对企业产品和服务的消费过程中所体验到的对社会利益的维护，主要指顾客整体社会满意，它要求企业的经营活动要有利于社会文明进步。

二、顾客心理分析和营销对策

（1）客户购买行为分类，购买行为类型见表 13-1。

表 13-1　购买行为类型

类　型	特　征	应　对　技　巧
夜郎型	自以为是，盛气凌人，容不得反对意见，有拒人于千里外之势	恭敬谦虚、不卑不亢，对其正确的见解不妨稍加恭维，以适应其心理需求，但切忌轻易让步
挑剔型	诸多挑剔，要求众多，销售人员稍作解释就会遭到驳回	少说为佳，对于关键性问题以事实进行陈述；对于挑剔的问题，有理有据的耐心解答
暴躁型	性格比较暴躁，表现为说话急躁，易发脾气	温和、热情的态度来创造轻松的气氛，不要计较对方强硬的态度，而应耐心地、合乎情理地给予解释；即使对方大发雷霆，也不应以硬碰硬，而应婉言相劝、以柔制刚
自私型	私心重，斤斤计较，寸利必争	不要挖苦讽刺，而应根据事实来说明产品的质量，用事实婉拒无力要求
多疑型	缺少经验和产品知识，或有过吃亏上当的教训，因而习惯性地持怀疑态度	诚恳的鼓励其说出心中的疑点，详细的进行介绍，以事实说话，多介绍其他用户的经验
沉稳型	老成持重，经验和知识丰富，处事三思而行	介绍产品时要做到周全稳重，语速可以慢一点，要注重逻辑性并留有余地，稳扎稳打
独尊型	自以为是，夸夸其谈	心平气和的洗耳恭听，符合气氛，进而因势利导地作出委婉的更正与补充
率直型	性情急躁，褒贬分明	以退为进，避其锋芒，以柔制刚，设身处地为之出谋献策，权衡利弊，促其当机立断
犹豫型	患得患失，优柔寡断	捕捉其内心矛盾所在，有的放开，抓住要害，晓之以理，促其下决心，最终达成交易

（2）情感型分类，情感类型见表 13-2。

表 13-2 情感类型

类型	特征	应对技巧
理性型	深思熟虑，冷静稳健，不轻易被销售人员说服，对不明之处详细追问	说明房地产企业的性质、独特的优点和产品质量，介绍一切内容必须真实，以争取消费者理性认同
感情型	天性激动，易受外界刺激，能很快就作出决定	强调产品的特色与实惠，促其快速决定
犹豫型	反复不断	态度坚决而自信，取得消费者信赖，并帮助其决定
借故拖延型	个性迟疑，借故拖延，推三阻四	追寻消费者不能决定的真正原因，并设法解决，免得受其“拖累”
沉默寡言型	出言谨慎，反应冷漠，外表严肃	介绍产品后，还应以亲切、诚恳的态度笼络感情，了解其真正的需求，然后对症下药
神经过敏型	总是往坏的地方想，任何事情都会产生“刺激”作用	谨言慎行，多听少说，神态庄重，重点说服
迷信型	缺乏自我主导意识，决定权在于“神意”或风水	提醒其勿被封建迷信所迷惑，强调人的价值
盛气凌人型	趾高气扬，以下马威来吓唬销售人员，常拒销售人员于千里之外	稳住立场，态度不卑不亢，尊敬消费者，恭维消费者，找寻消费者的“弱点”
喋喋不休型	因为过分小心，竟至喋喋不休，凡大小事皆在顾虑之内，有时甚至离题甚远	销售人员须取得其信任，加强其对产品的信心。离题甚远时，在适当时机将其导入正题。从交订金到签约须“快刀斩乱麻”

（3）性格型分类，性格类型见表 13-3。

表 13-3 性格类型

类型	性格特征	性格优点	性格弱点	相处方式
完美型	内向沉默、追求完美、逻辑性强、深思熟虑、深藏不露、有条有理、要求苛刻	系统性强、程序性强、条理分明、前后一致、贯彻始终、富有耐心、责任心强、不作夸大、留有余地	性格内向、化简为繁、顾虑重重、行动缓慢、让人猜不着看不透、不知所从、难以沟通	态度认真、行为稳重、办事规范、条理清楚、交代对方、责任心强、平和适当、赞扬对方、认真负责、追求完美
活泼型	开朗活泼、乐观向上、热诚主动、心直口快	积极主动、热心关爱、心口如一、化繁为简、行动迅速、说做就做、追求效率、沟通力强、容易相识、容易接纳	情绪反复、大起大落、持续性弱、毅力较差	同频共振、兴奋热诚、感性赞美、渲染气氛、把握时机、快速成交
力量型	刚毅不屈、有爆炸力、主宰力强	坚强刚毅、敢作敢为、独立果断、勇往直前、自尊心强、有行动力、是领导人才	缺乏柔韧、独断专行、压制他人、不听建议、缺乏关爱、难以合作	放下架子、抬对方、称赞才能、深表敬意、请求帮助、甘拜下风
平和型	平和低调、不争不斗、不会大喜、不会大怒	平静低调、和气仁慈、容易相处，不争风头、容易满足、忍受力强、容忍度大、待人接物面面俱到	一成不变、甘于现状、缺乏大志、反应平淡、主动性弱	耐心、积极、热诚、推动、榜样启发、利弊分析、关键时刻替他人做主

单元四　广告宣传与消费心理

在现代社会，市场竞争日趋激烈，广告数量繁多，花样翻新。从某种意义上说，广告的发展史就是一部社会经济与商业活动的发展史。从以口头叫卖、店铺招牌为主的古代广告，到以报纸杂志为主、图文并茂的近代广告，再到以各种影视图像全方位、立体化的现代广告，广告所借助的媒体形式越来越多，诉求方式的艺术性越来越强，对消费者的心理影响也越来越大。本单元主要探讨现代广告策略对消费者的心理影响力。

一、广告心理机制与过程

中国古代兵法中有攻心为上一说，广告好做而创意难得。难就难在攻心上。心理策划即针对消费者最为敏感的心理领域，挖掘和引发人情、人性因素，用适宜的广告形式和手段表现出来，达到宣传和促销产品的目的。

（一）人性化广告的特点

（1）变“商业化”为“人情味”。传统的广告在商言商，所以给人以“王婆卖瓜”的感觉，容易引起消费者本能的反感心理。人性化广告将商业目的诉诸人的情感，体现人性和人情，往往会唤起人们内心的记忆和想象，从而引发情感的波动。

（2）变“推销式”为“服务式”。强力推销所带来的负面影响是粗俗、浅薄、令人生厌，而运用人性化的广告方式，有助于改变消费者对产品的感觉，由被动接受推销为主动寻求服务，消费者心理需要的满足，导致了整个营销模式的改变。

（3）变“灌输式”为“诱导式”。不厌其烦地宣传产品和企业如同一种居高临下的说教，它常常无视消费者的心理感受，是广告效果大打折扣的一个重要原因。而是人性化的广告，则是从人的内在需要、欲望和想象出发，不仅出售产品，更主要的是满足消费者的心理体验，美国一位广告学家说，要想卖牛排，先卖吱吱声。

（二）广告创意的心理原则

一则广告的创作和一段文案的撰写，从创意筛选到遣词造句都涉及营销心理学的问题。创意不仅是新、奇、特，而文稿也不单纯是美和雅，更重要的是能否抓住消费者的心。一个好的广告制作是应用心理学的原则而产生的创意精华，它必须能使潜在顾客对广告内容产生良好的反应，能激起意识的流动，才能达到产品广告的目的。广告创意中常用的心理原则有：

（1）同情心理。同情心是人类普遍共有的一种心理。广告中适当运用会取得很好的效果。“第一次不来是你的错，第二次不来是我的错”；“如果你不进来吃，我们俩都要挨饿”。

（2）逆反心理。在广告泛滥、无孔不入的情况下，消费者的感觉渐趋麻痹。采取与众不同的表现手法，欲迎还拒、正话反说就是为了迎合这种逆反心理。

（3）求美心理。爱美之心人皆有之。广告不仅是技巧，更是一门艺术，所以一则成功的广告，所有要素都要能激发人们的美感，创造优美的意境，使受众感觉愉悦。

（4）好奇心理。人人都有好奇心，利用消费者好奇、猎奇的心理来进行广告创作，就要求我们别出心裁、另辟蹊径，而不能拾人牙慧，落人窠臼。

（5）名人心理。利用消费者对社会名人的崇拜和对名人生活方式的向往，进行产品的宣传。名人广告是一种屡试不爽、常用常新的手段。

广告创作是一门综合性的艺术，这些原则的运用是要有扎实的文学功底和艺术创作技巧的，而且还需要我们不断地在实践中锻炼提高。

二、广告策划与设计心理

广告作为一种重要的营销手段，也成为现代企业竞争的最有力的武器。品牌的创建、新产品的上市、新客户的开发、购买的诱惑、销售的促进，处处表现出极大的实用价值。但是我们对广告含义的理解需要不断地拓展。

（一）口碑是最好的广告

广告的最初形式就是口头叫卖，所谓告诉也是首指用语言传递信息。随着直销和“一对一”的营销模式被商家越来越多地采用，口碑在广告中的重要地位也逐渐为人们所认识。

1.“社交圈二百五”法则

世界著名推销大师乔·吉拉德提出了口碑影响的“社交圈二百五”法则。其含义是一个人一生中经常往来的大约有250人，同一个社交圈的人可能具有某种共同需求。一个产品好坏，一个人的口碑可能影响250人的态度。研究表明，如果产品由亲友及其他熟悉的人向潜在的客户推荐，影响力高达80%。向由现在顾客推荐的新顾客推销产品，成交率比向没有人推荐的新顾客推销高3~5倍。

2.“中心开花”法则

中心开花法则是将二百五法则的涵义作进一步的推广。它是指利用口碑广告的作用，在某一特定的范围内发展一些具有影响力的中心人物或组织，来消费自己的产品通过他们的影响，把该范围内的其他个人或组织变成自己的新客户。一般来说，中心人物是消费者中的意见领袖，诸如政界要人、企业界名人、知名学者、专家或影视明星等，利用他们的购买、使用来产生示范作用和先导作用，起到广告所要达到的“光晕效应”。

3. 猎犬法则

猎人在打猎的过程中常常要借助猎犬，广告与营销为了达到更好的宣传效果，也需要借助有关人士的帮助。猎犬法则要求推销人员在企业外部选聘一批与产品关系密切的人员协助自己寻找顾客、宣传产品、传递信息。这种委托助手的方法就是猎犬法。

4. 二八法则

是意大利经济学家帕累托提出的。他发现经济现象虽然整体分割的比例不一定是2∶8,但却常具有2∶8的不平衡性。也就是说，关键的少数和次要的多数比率约为2∶8。许多产品的消费也是如此，20%的男性消费80%的啤酒；20%的烟鬼抽掉80%的香烟等。20%的消费者消费了总价值80%的产品，而其余80%的人只消费总价值20%的产品，20%的媒体广告吸引了80%的顾客，而另外80%的广告费只对20%的消费者产生影响。

（二）黄金法则与白银法则

1. 黄金法则

即3B法则：美女、动物、婴儿。

（1）美女加爱情。美女与性感并不完全等同，但却有异曲同工之妙。美女广告有利于操作，又最能吸引人们的注意，所以统计的结果显示，所有广告中的50%以上是美女的面孔和身段。根据不同的商品定位，产品的代言人形象也是不一样的。世界名表的形象代言人都是高贵、典雅、有着天使般美丽气质的大明星来作为广告模特。而大众化的洗涤用品，则根据不同的定位聘请不同的美女做广告，对消费者的心理暗示是：用这种产品你也可以如此美丽。

心理学研究表明：通常人们更愿意索取，而不愿给予。但面对所爱之人，则给予会比索取带来更大的愉悦，这就是爱情的逻辑。所以美女所代表的产品由于更能激发起人们的爱美之心，而使得价格的昂贵被人忽视。

（2）动物加情趣。基于人对于亲近大自然的渴望，由动物来作为广告模特能够消除消费者与广告诉求之间的隔阂，让人与产品之间产生亲近感。动物的活泼可爱、憨态可掬通常会让消费者在开心一笑之后，产生良好的记忆并愿意购买。被用作广告模特的动物除了老虎、狮子、熊猫等外，还有动画中的各种动物如小白兔、大公鸡、大笨熊等。动物与情趣的结合能够给消费者带来更多的乐趣，尤其是得到儿童的喜爱，因此越来越多的广告使用这种手段。

（3）婴儿加亲情。世界上最伟大的爱是母爱，广告抓住这一点让浓浓的母爱延伸到了产品之中，引起了消费者的巨大共鸣。这也是广告人性化的成功。

2. 白银法则

广告中的白银法则就是指名人效应。

名人广告不仅是时尚，其实古已有之。伯乐相马就是说名人意见对消费者的影响力。人在青少年期都有作为“追星族”的经历，对娱乐和体育名人的崇拜，使他们的消费习惯带有明显的模仿性。往往一个名人的一个广告，就会导致一件产品一夜走红。

三、广告实施心理

（一）广告的心理效果

广告的心理效果主要表现为顾客对广告产生的心理反响，如注意、关心、追忆、诉求、行动等心理反应。广告产生效果的过程是：

引起注意→启发联想→增进情感→增强记忆→实现购买

1. 引起注意

注意是心理活动对一定事物的指向和集中。广告宣传产生作用第一步就是引起消费者对所宣传产品的关注。如果引起消费者的注意，则产品的销售已经成功了一半。

2. 启发联想

联想有助于消费者加深对产品的认识，激发对产品购买的兴趣，形成一定的态度和为行动做好准备。

3. 增进情感

由于广告手段的运用和广告模特对产品形象的代言，消费者对产品的认识会发展成好感、热情甚至演化成激情。所以成功的广告必须能够增进消费者的积极情感，并抑制消费者的消极情感，这对促成购买行为是至关重要的。

4. 增强记忆

消费者的购买行为并不能完全被贴广告所左右，购买与否，或在何时购买还会受到许多因素的影响。但成功的广告应当让消费者对产品产生深刻的记忆，当有一天消费者产生现实的购买需要的时候，他能够从记忆中寻找到广告的例印记。

（二）广告心理效果测定指向

由于广告的心理效应是抽象地、潜在地影响广告效果，所以往往不能直接通过市场上商品的销售量来测定其效果，而是通过一些间接的软性的指标来测定。

（1）注意度。主要是了解广告播放后消费者是否接触到、或广告作品的吸引力如何。

（2）知名度。主要了解消费者中有多少人知道产品的品牌和品质。

（3）收视、收听率。主要了解有多少消费者通过特定的媒体了解产品广告。

（4）记忆度。主要了解接触到广告的消费者对广告的印象深刻程度。

（5）理解度。主要了解接受广告的消费者对广告作品的熟悉和理解程度。

（三）广告心理效果测定方法

1. 广告评分法

抽查或邀请一定范围、一定人数的受众、专家来议价广告内容。将广告内容分为吸引力、可读性、认知性、亲和力、引起行动等若干项目，逐一打分。

2. 组织测试法

它主要用来比较表现方式不同的广告，或对不同媒体的传播能力进行测试和评价。要求选定特定的对象，以询问的方式来进行测试。

3. 实验室法

这种方法以心理上的反应来测量广告的潜在效应。要用电子仪器根据人的脑电波的变化来作出分析。对广告发布后的效果测试一般用回忆测验、认知测验和随机测验等。

单元五　企业形象与顾客心理

一、企业形象概述

（一）企业形象的概念

1. 企业性状

企业性状是指一个企业客观实在的特征与状况。例如，一家拥有几万平方米营业面积的商场属于一大型商场；一家实力强、讲信誉的企业资信度高；一家工厂生产的产品质优价廉、适销对路，等等，这些都是企业的客观实在。

2. 企业形象

企业形象是指企业的特征与状况（即性状）在顾客与公众内心的抽象反映。从本质上说，企业形象是公众意识中的一种反映，即一种主观印象，是公众对企业的特征与行为做出的概括和评价。但这种印象是以客观实在为基础的，是对客观实在的企业性状所作的反映，具有相当的客观性。

3. 企业形象与企业性状

企业形象是广大顾客对企业性状的心理反应，二者不一定完全一致，因为主观反映与客观实在之间很可能有出入。这样，就存在一个塑造企业形象的问题。一个企业具有好的自身性状，还必须通过有效的推广手段，实现有效传播，才能得到广大公众较为理想的评价，才能树立起好的企业形象。

（二）企业形象的心理功能

1. 增强认知

企业形象是公众对企业正确认知的结果，企业一旦形成了良好的形象，又会反过来帮助公众更好地认知企业。树立好的企业形象，有利于企业的信念在公众中进行有效传播，不断扩大企业的知名度和美誉度。许多顾客往往是先有了对企业的良好印象，然后才详细认知其产品或服务的。

2. 亲和公众

企业有好的形象，也就是广大公众对企业有普遍良好的印象，可以使企业的广大顾客、社区民众、合作者与竞争者、新闻媒体、政府官员等产生亲和感和认同感，愿意在思想和行动上关心企业、支持企业。这样，就会使企业广结良缘，赢得良好的经营环境，保证事业的大发展。

3. 惠顾购买

企业形象好，顾客对企业的信任通常都会转到对企业产品与服务的信任上，使顾客们买了放心，用了称心，并形成惠顾性购买。在现代商战中，企业形象已成为营销的最有效武器和促进顾客惠顾购买的最佳手段。

4. 激励员工

企业形象不但对广大外界公众有显著的影响，而且，对本企业的员工，也具有重要的心理作用。企业形象好，会使本企业的员工增强自豪感、归属感、凝聚力和主人翁意识，从而会大大激发员工的奉献精神和事业心、责任感，提高员工的工作积极性。

二、企业形象塑造心理

（一）企业形象塑造的基本途径

1. 企业形象的决定因素

（1）企业性状。这是指企业自身的特征、行为与状况。这是企业形象所反映的客观存在，是决定企业形象的前提与基础。

（2）传播。这是指有关企业性状的信息是怎样传播给公众的。世界如此之大，“酒香不怕巷子深”的观点是站不住脚的。同样的企业性状由于传播的方式、手段、效果不同，其在公众心目中的反映会有很大的差别。传播过程是决定企业形象的重要因素。

（3）公众。企业形象在本质上是一种公众的心理反应，因此，以顾客为主体的公众自身的因素也将成为影响企业形象的重要方面。

2. 企业形象塑造的途径

由于公众这一因素是企业只能研究而不能改变的因素，企业塑造形象的途径就只有两条：一是改变企业性状，加强企业自身形象建设；二是实行有效沟通，加强企业形象传播。

（1）加强企业自身形象建设。企业塑造形象，首先必须在加强自身建设和促进发展壮大上下工夫。企业要加大改革力度，提高自身素质，推出高质量的产品和服务，全面承担社会责任。这样，企业的知名度和美誉度就会不断提高。加强自身形象建设是塑造企业形象的根本途径。

（2）加强企业形象传播。企业在认真分析公众心理的基础上，有针对性地进行传播，科学地设计交流信息，选择传播方式、手段和媒介，提高传播功效，就会使良好的企业形象尽早地在公众心目中树立起来。

(二) 企业形象建设心理

企业形象建设是从企业自身提高与发展的角度进行研究。这个建设过程一方面涉及企业员工对本企业形象建设的认同心理，另一方面又涉及以顾客为主体的公众对企业形象的期望心理。

1. 对企业形象的期望

（1）公众对企业形象的期望。具体包括：公众心目中理想的企业形象应该是什么样的？公众所关注的因素有哪些？这既是公众评价企业形象的尺度，又是企业形象建设的目标。离开了公众的期望，甚至与这些期望相悖，企业就不可能在公众心目中树立起良好的形象。

（2）企业形象期望变量。公众对企业形象的期望可用两大基本变量或指标反映，即知名度与美誉度。知名度表示公众对企业形象的知晓程度；美誉度则表示对企业形象评价好坏程度。良好的企业形象，应是知名度大、美誉度高。知名度和美誉度还可以有很多具体的衡量指标，这些指标又可以归纳为两大类：一是企业实力；二是企业信誉。

（3）企业实力。在顾客心目中，企业实力是形成印象的基础。人们总是认为实力强的企业是可信任的。顾客在衡量实力时，首先是看规模的大小、名气的大小和创新程度；在深入考察时，可将企业实力细分为经济实力、技术实力和管理实力。

（4）企业信誉。在形成企业形象的过程中，企业信誉是起核心作用的内容。顾客在衡量企业信誉时，主要看以下几方面：

1）产品质量，即企业产品的质量，包括其结构、功能、外观形象。

2）服务，即企业为顾客所提供的服务范围、内容、态度和水平。

3）价格，即所提供的产品和服务的价格是否合理，是否低廉。

4）守信，即信守时间，兑现承诺等。

5）文明，即企业的文明风貌程度，包括对顾客的尊重礼遇程度。

6）社会责任，即企业承担社会责任，为社会、为社区作贡献的状况。

2. 企业员工对企业形象建设的心理反应

企业员工，包括其领导者对企业形象的各种心理状况，是加强企业自身形象建设的心理基础和动力源。研究并有效影响员工关于企业形象的心理，是加强形象建设的重要途径。在企业形象建设中，企业员工的心理可具体划分为以下类型：

（1）关注型。这是指关注本企业形象建设的心理。持这一心理的员工充分认识到企业形象的重要性，并在思想上表现出对企业形象建设各方面的关心。关注型心理主要是由以下心理促成的：

1）责任心理。担当企业一定领导职位的管理者，出于职务和责任考虑而高度关注企业形象。

2）关联心理。即员工是出于与自己切身利益相关而关注企业形象建设的。包括与自身利益关联的心理，如认为企业形象好，效益好，本人收入也高；也包括代表心理，如认为自己所在的企业名气大，自己也感到自豪，从而关注企业形象的建设。

3）利他心理。即员工是出于高尚的思想境界和高度的社会责任感，而为顾客着想，为企业集体着想，从而关注企业形象建设。

（2）麻木型。这是指员工对企业形象建设麻木不仁，漠不关心。持这种心理的员工自然在行动上也不愿积极参与形象建设活动。这类员工的麻木心理主要由以下因素促成：

1）盲目心理。即员工根本不了解企业形象的重要性，认为企业形象无关紧要。

2）利己心理。凡事只从自己利益出发，对建设企业形象需要自己付出不情愿。

3）消极心理。此类员工思想消极，对什么事都没有兴趣，没有工作积极性，这样，就更不会积极参与企业形象建设活动。

（3）损坏型。这是指员工以消极、反感的情绪对待企业形象建设，有时甚至自觉不自觉地损坏企业形象。这种态度主要由以下心理促成：

1）对抗心理。即这类员工由于某种原因而对企业产生明显的对抗心理，甚至为了发泄不满，有意识地损坏企业的形象。

2）挫折心理。即员工由于某方面遭受挫折，产生一种不健康的心理，在碰到企业形象相关问题时，不能控制自己的不满情绪，而自觉或不自觉地损坏企业的形象。

3）利己心理。有的员工私心重，有时为了个人一己私利的获得而损坏企业的形象。例如，有的营业员为多得收入，在出售商品时掺假，缺斤少两，严重损害企业形象。

（4）行动型。这是指企业员工不但高度重视企业形象建设，而且，以实际行动，扎扎实实地参与企业形象建设。这种态度主要是由以下心理促成：

1）职位心理。即占据一定职位的管理者，基于职权、职责因素而积极参与企业形象建设的心理。

2）成就心理。即员工出于成就事业，做出贡献，能以有所建树的心理而积极参与企业形象建设。

3）服从心理。即员工出于对组织和上级指令的服从心理而参与企业形象建设。企业为树立良好形象，制定一系列规范和要求，并对违反者加以制裁，这样，会使绝大多数员工严格要求自己，认真地参与企业形象建设。

（三）企业形象建设中的心理策略

1. 树立全员形象意识

从管理者到每个员工，对本企业形象有较高的认知与重视程度，这是企业加强自身形象建设的思想基础。

（1）企业领导者的形象意识是搞好建设的关键。现代企业管理者必须高度重视企业的形象，真正把企业形象看成最重要的软资产，是企业生存与发展的生命线。

（2）全体员工的形象意识是搞好形象建设的思想基础。企业形象是靠所有员工共同努力树立起来的。如果员工认为树立企业形象是领导者的事，与己无关，那么，企业就不可能树立起良好的形象。每个员工都必须提高对企业状况与发展的关注度，树立明确的形象意识，只有这样，企业形象建设才有了广泛的群众基础。企业的形象是靠全体员工共同努力树立的，有时个别员工的言行会起着至关重要的作用。

2. 全方位企业形象建设行为的有效激励

企业的全员形象意识必须体现在从企业管理者到每位员工的一言一行、一举一动之中。企业的良好形象是靠企业全体成员的实际努力建设起来的。而且，这种企业形象建设的活动应是全方位、全过程的，应渗透到企业活动的所有领域，贯穿于全部过程。

从心理学角度看，主要是如何对全方位、全过程企业形象建设行为进行有效激励的问题。主要激励方法有：

（1）形象目标激励，即明确各级各类人员在建设企业形象方面的职权和工作目标，并授予其独立运作的权力，使其为实现目标而努力工作。

（2）工作内容激励，即通过有关企业形象建设的工作设计，增强员工对完成此类工作的兴趣，激发他们完成工作的积极性、责任感和成就感，并及时反馈建设成果，使他们从形象建设工作中获得满足。

（3）利益关联激励，即让员工知晓他们的收入、社会地位与企业形象的关联性，并从管理体制到分配政策上保证职工的收入和社会心理满足程度与他们推进形象建设工作的成效紧密挂钩，从而激励全体成员自觉地为企业形象建设贡献力量。

三、态度与企业形象

（一）态度是企业形象的核心内容

企业形象作为在以顾客为主体的公众心目中的反映，归根结底，是以公众对企业的态度为核心内容的。公众如何认识与评价企业，形成何种情感，具有怎样的行为倾向，这是企业形象好坏的根本所在。

（二）强化或改变态度是企业形象塑造的关键环节

公众态度是企业形象的核心内容，能否树立良好的企业形象，关键在于强化有利于企业的公众态度，扭转或改变对企业不利的态度，通过多种有效方式或手段，使顾客形成对本企业积极、肯定和全力支持的态度。所以，企业要树立其形象，就必须善于抓公众，特别是顾客态度的强化或改变这个关键环节。

要点概述

本模块通过营销心理概述、营销环境与消费心理、销售服务与消费心理、广告宣传与消费心理、企业形象与顾客心理五个单元，探讨了营销心理学的有关问题。研究营销心理学就是研究销售过程中人们的心理活动规律，通过学习可以了解顾客的一般心理，具备基本的专业知识，学习如何采用适当的营销策略，为顾客提供优质的服务，以便将来更好地完成工作业绩，为事业发展奠定良好的基础，在未来的商业竞争中增强竞争力。

复习思考题

13-1　商店选址需要注意的哪些问题？

13-2　销售人员对“多疑型”的顾客应如何提供服务？

13-3　试述售后服务的重要性和策略。

13-4　如何理解“口碑是最好的广告”这句话。

第十四章　消费中的心理学

消费心理学是研究消费者在消费过程中的心理活动产生、发展、变化规律的一门科学。消费心理学是一门新兴学科，是心理学的一个重要分支，它是从消费者心理角度，研究人们在生活消费过程中，在日常购买行为中的心理活动规律及个性心理特征。消费心理学是消费经济学的组成部分。研究消费心理，对于消费者，可提高消费效益；对于经营者，为企业制定营销策略提供依据，可提高经营效益。

单元一　消费心理学概述

“贝贝”牌尿布的起死回生

当宝洁公司在日本推出“贝贝”牌尿布，它迅即创造了一个一次性尿布市场。在日本销售的“贝贝”牌尿布完全是宝洁在美国所销售尿布的翻版，其宣传时所采用的理性诉求方式亦如出一辙。然而，日本的竞争企业很快推出类似产品，使宝洁公司的市场份额萎缩到不足10%。宝洁的一位高层主管自叹对日本消费者缺乏了解。在精心调查消费者之后，宝洁重新设计其一次性尿布，使其更薄，尿布的颜色也作了变动。男孩子用的是蓝色，女孩子用的是粉红色。对理性的广告诉求方式也做了改动。广告画面由显示尿布能一次性吸干一杯水转为尿布与咿呀学语的小孩之间的有趣对话，许诺使用贝贝尿布不会渗尿，也不会引起皮疹。另外，宝洁公司的名字被置于包装上十分突出的位置。和美国人不同，日本人认为公司形象与声誉十分重要。通过一系列改进，现在宝洁的一次性尿布在日本市场占有率超过20%，居同行业第二位。

消费是人类社会经济活动的重要行为和过程，是社会进步、生产发展的基本前提。消费的主体是人，人有七情六欲，有思想意识，会生老病死，需衣食住行，且生活在复杂多变的社会环境中。因此，研究消费不能脱离对消费活动中人的研究。对人类消费活动中的心理规律和行为表现的研究，构成了消费心理学研究的基本内容。

一、消费心理学的研究对象

（一）消费心理学的对象

20世纪90年代以来，中国商品经济进一步发展，推动着中国市场日趋活跃。中国传统“卖方市场”向现代“买方市场”发展的态势，使所有生产、销售企业不得不费尽心思研究市场、商品、消费等问题。众所周知，在商业经营活动中最有意义的是最终的售卖活动，在“买方市场”，市场供求的状况归根结底要看构成市场供应的各种因素能否符合消费者的需求及满足消费者心理的程度。消费者成为市场经营活动的主体，这就决定了消费心理学研究的中心是消费者心理现象。

消费者都是一个个具有不同心理过程和个性心理特征表现的个体，他们的购买活动总是在一定的心理规律的支配和调节下进行的。也可以说，一切经营活动都离不开消费者的心理活动。在商品经济发展的情况下，消费者要实现自己的消费行为总是与购买一定的商品或劳务分不开的，也就是说，消费离不开购买。因此，消费心理学的研究对象应是消费者心理活动产生、发展、变化的规律以及营销活动与消费者市场心理之间的关系。消费心理学试图揭示消费者的心理活动和消费活动的规律。

（二）消费者含义

人人都需要吃、穿、住、行，人人都是消费者。消费者心理，人皆有之。消费者通常有狭义和广义两种解释。狭义的消费者指消耗商品使用价值或劳务的人。广义的消费者包括对商品或劳务的需求者、购买者和使用者。消费中常有这么三种互相关联的活动，一是产生需要的活动过程；二是寻找和购买商品的活动过程；三是使用体验商品的活动过程。在这当中，参与各个活动过程的人，可以是几个不同的人，也可以是同一个人。如老人们享受着儿女送的滋补品；学生们吃着食堂师傅做的可口饭菜；孩子们穿着父母购买的衣服；科技人员阅览着从资料室借阅的各种书籍等等。凡是参与了消费活动的任何一个过程或全部过程的人，都是广义的消费者。

（三）消费者的分类

为了研究的需要，可以根据不同的标准对消费者进行分类：

（1）根据对某种商品的消费状况，可将消费者分为现实消费者、潜在消费者和非消费者。现实消费者是指对某种商品在目前有所需要，并通过市场交换活动获得商品或亲自使用并从中受益的人。生产经营企业主要是为这类消费者服务。潜在消费者是指当前尚未购买或使用某种商品，但在将来的某一时间有可能转变为现实消费者的人。生产经营企业应该特别重视这类消费者，因为他们是企业开拓新的市场，在竞争中保持并提高市场占有率的潜在力量。非消费者是指当前和将来都不可能需要、购买和使用某种商品的人。如皮大衣和丝棉被这类御寒商品，生活在热带地区的人就是非消费者。企业在生产、经营中，要通过调查研究，把非消费者排除在企业的目标市场之外。否则，生产和经营将是徒劳的。

（2）根据消费的目的可将消费者分为个人或家庭消费者、集团消费者和企业消费者。个人或家庭消费者是指为满足个人或家庭的需要而购买和消费商品的人。集团消费者是指为满足团体的各种不同需要而购买和使用商品的组织。包括政府机关，文艺、教育、科技、卫生等事业机构。企业消费者是指为了转卖或进行产品加工而购买、消耗某些商品的经济实体。包括产品制造企业、批发商业企业、零售商业企业、代理商等。

二、消费心理学的几个基本概念

为帮助了解什么是消费心理学，应弄清楚消费及有关的几个概念在本学科中的指向性。

（一）消费的概念

广义的消费，包括生活消费和生产消费两个方面。

1. 生产消费

生产消费是指生产资料和劳动力在生产过程中的使用和消耗，也即直接生产过程本身。显然，生产消费不属于本学科所研究的消费的范围。

2. 生活消费

生活消费又称个人消费，是指人们为满足生活需要而消耗各种物质资料、精神产品和劳务的过程，是人们生存和发展的必要条件。通常所说的消费，就是指生活消费，也即是个人消费，是消费心理学要涉及的主要范围。

（二）消费资料

消费资料与消费的关系最为直接，对消费的影响也最大。消费资料又可分成生存资料、享受资料和发展资料。这是因为人们的消费有不同目的，以及客观上存在的三个不同层次的需要。由于社会生产力从低向高发展，人们的消费目的，从维持生存发展到为了享受；由于体力和智力的发展，人们的需要也由单层次、少层次逐步演进到多层次。

1. 生存资料

生存资料是人类维持生命和延续后代所必需的消费资料，它的主要作用是保证人们体力的恢复和生命的维持。所以，生存资料是人类在生产和再生产中最起码的生活资料。

2. 享受资料

享受资料是使人们的生活过得方便、舒适和丰富多彩的消费资料。只有当社会生产力发展到一定程度，即一个人的劳动所得不仅能养活自己，而且有多余之时，才会提出享受的要求，才会出现满足享受需要的享受资料。社会生产力的发展使一部分原先的生存资料提高了质量、变换了面貌，成为享受资料；另一些新生的享受资料则可以帮助或代替人的活动，并且做得更好。享受资料进入人们的消费领域，拓宽了人们的消费构成，是消费水平提高的重要标志。

3. 发展资料

发展资料旨在使人们德、智、体、美能获得充分提高和全面发展而出现的更高层次的消费资料。书籍、报刊、影视等是基本的发展资料，它的作用是提高人们的素质和精神境界。社会主义精神文明的建设，离不开发展资料消费水平的提高，只有通过这种提高，才能培养一代有理想、有道德、有文化、守纪律的社会主义新人。

以上三种消费资料的界限既是相对的，又是绝对的。一般而言，生存资料偏重于满足人们物质生活方面的需要，发展资料偏重于满足人们精神方面的需要，享受资料则可以说是两者兼而有之。

（三）消费行为

消费行为主要指消费者寻找、购买、使用和评价消费品及劳务的行为。人们的消费行为不仅表现在购买各种物质商品方面，也表现在对精神文化的需求方面。如旅游，车船费花了一大笔，不过是为了赏心悦目。随着人民生活的提高，在精神文化方面消费所占的比重将会越来越大。

（四）消费水平

消费水平，从广义上讲，是指社会供给广大消费者的消费品和劳务的数量和质量，它表明人们的物质文化需要得到满足的程度。即人均消费各种消费资料和劳务的数量。从狭义上讲，是指消费者个人或家庭的收入或支出的水平。衡量消费水平的高低可用两种方式表示。

1. 实物表示法

实物表示法也称实物指标。人们的需要是用供生活消费的物质产品来满足的，因此消费水平要用人均拥有的物质消费品数量来表示，这是衡量人们消费水平的核心指标。实物消费主要包括食物、服装、日用工业品、住房等几个主要方面。

2. 价值表示法

价值表示法也称价值指标，是整个社会消费水平的综合反映。通常所采用的具体指标是：社会总消费额和人均消费额，社会平均每人每年的实际收入，人均国民生产总值拥有量。

（五）消费结构

消费结构，是指人们在消费过程中所消耗的各种消费资料（含劳务）的组成和比例关系。

1. 消费结构的分类

消费结构可以从不同的角度来分类：从满足需要的程度看，可分为生存资料、享受资料和发展资料；从满足需要的不同效能看，可分为吃、穿、住、用等；从满足需要的消费品的价值看，可分为低档、中档和高档；从满足需要的方式看，可分为个人消费和社会公共消费；从满足需要的行为看，可分为物质的、精神的和劳务的消费等等。

2. 恩格尔系数

在所有的消费资料中，食物是最重要的和最基本的。因此，消费结构一般用食物支出占消费总支出的百分比表示。根据国际流行的观点，收入越少，总支出中用于购买食物的费用所占的比重越大。这是19世纪中叶德国统计学家恩斯特恩格尔最先提出的，故称“恩格尔系数”（也称恩格尔定律）。就一般规律来讲，恩格尔系数越低，生活水准越高；恩格尔系数越高，生活水准越低。就一个国家来讲，一个国家越穷，消费者平均用来购买食品的支出占总收入的比例就越大；一个国家越富，消费者平均用来购买食品的支出占总收入的比例就越小。

单元二　消费决策与行为

一、消费者购买决策的特点

许多学者对于消费者购买决策有不同的描述，总结了消费者购买决策的一些特点，为消费者购买决策模型的分析与构建提供评价参照系和理论依据：

（1）消费者购买决策的目的性。消费者进行决策，就是要促进一个或若干个消费目标的实现，这本身就带有目的性。在决策过程中，要围绕目标进行筹划、选择、安排，就是实现活动的目的性。

（2）消费者购买决策的过程性。消费者购买决策是指消费者在受到内、外部因素刺激，产生需求，形成购买动机，抉择和实施购买方案，购后经验又会反馈回去影响下一次的消费者购买决策，从而形成一个完整的循环过程。

（3）消费者购买决策主体的需求个性。由于购买商品行为是消费者主观需求、意愿的外在体现，受许多客观因素的影响。除集体消费之外，个体消费者的购买决策一般都是由消费者个人单独进行的。随着消费者支付水平的提高，购买行为中独立决策特点将越来越明显。

（4）消费者购买决策的复杂性。心理活动和购买决策过程的复杂性。决策是人大脑复杂思维活动的产物。消费者在做决策时不仅要开展感觉、知觉、注意、记忆等一系列心理活动，还必须进行分析、推理、判断等一系列思维活动，并且要计算费用支出与可能带来的各种利益。因此，消费者的购买决策过程一般是比较复杂的。决策内容的复杂性。消费者通过分析，确定在何时、何地、以何种方式、何种价格购买何种品牌商品等一系列复杂的购买决策内容。

购买决策影响因素的复杂性。消费者的购买决策受到多方面因素的影响和制约，具体包括消费者个人的性格、气质、兴趣、生活习惯与收入水平等主体相关因素；消费者所处的空间环境、社会文化环境和经济环境等各种刺激因素，如产品本身的属性、价格、企业的信誉和服务水平，以及各种促销形式等。这些因素之间存在着复杂的交互作用，它们会对消费者的决策内容、方式及结果有不确定的影响。

(5) 消费者购买决策的情景性。由于影响决策的各种因素不是一成不变的，而是随着时间、地点、环境的变化不断发生变化。因此，对于同一个消费者的消费决策具有明显的情景性，其具体决策方式因所处情景不同而不同。由于不同消费者的收入水平、购买传统、消费心理、家庭环境等影响因素存在着差异性，因此，不同的消费者对于同一种商品的购买决策也可能存在着差异。

二、消费者购买决策过程

消费者意志过程的三个阶段：

(1) 购买决策阶段。它主要表现在购买动机的冲突、取舍及购买目的的确定上。例如，消费者在进行有目的的购买活动之前，已经确定了购买目标，但这个目标可能很具体，如对商品的样式、质量、价格等都有一个具体的模式，有时又可能不够具体，在众多的商品中，还要进行选择，比较商品的牌号、商标、价格、质量、包装、款式、厂家等特点，这些都是在做出购买决策阶段进行的。

(2) 执行购买决策阶段。执行购买决策阶段是消费者购买商品时的实际行动阶段。是消费者根据既定的购物目标采取行动，把主观意识转化为实现购买目的的实际行动。意志坚定的消费者会以积极的行动去克服各种困难，从而完成购买活动。

(3) 评价购买决策阶段。这一过程属于消费者购买后的反省阶段。它表现在通过对购来的商品的使用及旁人的评价来反省检验自己的购买行为是否明智，所购商品是否理想，并因此而考虑是否重复购买或扩大购买，是鼓动别人购买还是劝阻别人购买。因此，在商品销售中，应重视顾客的购后感受，随时调整自己的销售策略，做好售后服务工作，使顾客作出满意的评价，并产生信任感从而扩大销售。

单元三　社会文化对消费心理的影响

一、主文化与亚文化

人的群体生活形成和创造了文化，而文化又进一步强化了人的群体行为。消费行为同人的其他一切行为一样，受到文化的极大影响。

(一) 文化的概念

文化的概念涵盖三方面的内容：最表层的生活方式，即衣食住行；其次是生活方式，它包括生活习惯、风土人情和人际关系；最深层次的是价值观念，即对事物判断的准则。是指导一个特定社会的所有成员行为的信念、价值和行为习惯的综合。文化是一个社会的人格。消费文化是一个特定的社会群体中共同形成的指导消费的信念、价值和习惯的行为模式。

（二）文化的特征

（1）文化的影响是自然和无意识的。不同的文化价值观和习惯往往植根于人们的心灵深处。

（2）文化与民族具有不可分割性。一定的文化总是一定民族的文化。

（3）文化是从社会环境中通过熏陶得来的。文化习得的途径有三种：正式学习，非正式学习，专门学习。

（4）文化具有共享性。它是一种把团体所属成员联系在一起的团体习俗，培育和传递共同的价值和信念的途径有四种：家庭、教育机构、工作单位和大众媒体。

（5）文化是一种动力机制。人的需求除了一小部分产生于生理性的需要之外，绝大部分来自文化活动的需求。

（三）中国文化的核心价值观

（1）人道主义："仁"、"兼爱"、"仁爱孝悌"、"遵长爱幼"。

（2）先以后利："先以而后力者荣，先利而后义者辱"、"正其义而利自在，明其道而功自在"。

（3）理性优先："君子谋道不谋食，君子忧道不忧贫"。

（4）诚信知报："言必行，行必果"、"投之木瓜，报之桃李"、"滴水之恩，当涌泉相报"。

（5）贵和尚中：做事不走极端，着力维护集体利益，求大同，存小异，保持人际关系的和谐。

（6）修己内圣：确立人格理想，追求人格完善。

（7）自强不息："天行健，君子以自强不息"、"人穷志不短"、"刀子不磨要生锈，人不学习要落后"。

（8）求是务实："学而时习之"、"知之为知之，不知为不知"。

（四）中国人的消费行为特点

（1）朴素的民风和节欲的消费观。反对超前消费，节制个人欲望。

（2）重视人情和从众求同的消费动机。以社会上大多数人的一般消费观念来规范自己的消费行为。

（3）含蓄的民族性格和审美情趣。以内敛、柔和、淡雅、朴素、庄重、和谐作为审美标准。

（4）以家庭为主重直觉判断的购买准则。个体消费更顾及整个家庭需求，购买决策重视模糊思维和直觉判断。

（五）亚文化

亚文化是社会文化的细分和组成部分。通常情况下，一个国家或社会内部并不是整齐划一的。其中，若干个社会成员因民族、职业、地域等方面具有某些共同特性而组成一定的社会群体或集团。同属一个群体或集团的社会成员往往具有共同的价值观念、生活习俗和态度倾向，从而构成该社会群体特有的亚文化。亚文化既有与社会文化一致或共同之处，又具有其自身的特殊性。由于每个社会成员都生存和归属于不同的群体或集团，因此，亚文化对人们心理和行为的影响更为具体和直接，这一影响在消费行为中体现得尤为明显。

1. 亚文化的分类

通常，可以按种族、民族、阶层、宗教信仰、地域、年龄、性别、职业、收入、受教育程度等因素，将消费者划分为不同的亚文化群。

从年龄亚文化看，不同年龄的亚文化群往往有着不同的价值观念和消费习惯，对商品有不同的偏好。老年亚文化群比较自信和保守，习惯于购买自己熟悉的商品，求实、求利的购买动机较强，对新产品易持怀疑态度；青年亚文化群则追求新颖、奇特、时尚，乐于尝试新产品，容易产生诱发性和冲动性购买行为。

从地域亚文化看，消费者的生活方式和消费习惯由于地理环境的不同而有所不同。例如，我国南方、北方就属于两个不同的亚文化群，由于南方和北方的地理位置、气候等自然条件的差异，使得南方人和北方人在生活习惯、饮食、衣着及性格特点等方面具有很大的差异。

从民族亚文化看，每个民族在长期生存和繁衍过程中都逐步形成了本民族独有的、稳定的亚文化，并在生活方式、消费习俗和偏好禁忌中得到强烈体现，从而形成该民族特有的消费行为。我国是一个多民族国家，各个民族都有自己独特的消费习惯。例如，回族的饮食较严格，只吃牛、羊和某些家禽等肉类；朝鲜族则喜食大米、辣椒、狗肉汤。在穿着上，回族人习惯戴白帽或黑帽；朝鲜族男子习惯穿坎肩、肥腿裤，妇女穿小袄、长裙。

2. 亚文化的特征

从以上分析可以看出，亚文化消费者群具有如下基本特点：

（1）他们以一个社会子群体出现，每个子群体都有各自独特的文化准则和行为规范。

（2）子群体与子群体之间在消费行为上具有明显的差异。

（3）每个亚文化群都会影响和制约本群体内各个消费者的个体消费行为。

（4）每个亚文化群还可以细分为若干个子亚文化群。

对企业而言，研究亚文化的意义在于，消费者行为不仅带有某一社会文化的基本特性，而且还带有所属亚文化的特有特征。与前者相比，亚文化更易于识别、界定和描述。因此，研究亚文化的差异可以为企业营销人员提供市场细分的有效依据。例如，地处广州的中美合资亨联有限公司，自 1985 年投产以来，所生产的亨联系列食品畅销国内市场。其原因在于公司在投产前，先后在我国各地城市的 2 000 个不同类型的家庭进行了关于产品外形、口味、价格、何处购买等问题的全面调查，然后据此划分若干细分市场，针对不同地区、不同年龄的婴幼儿情况采取了不同的产品配方。比如，针对南方儿童患缺铁性贫血，佝偻病较多的情况，他们在南方市场销售的食品中增加钙铁含量，使其较同类产品高近三倍；北方儿童缺锌的较多，他们就在北方市场销售的食品中增加了锌的含量。由此，亨联产品处处受到消费者的欢迎，从而保证了较大的市场占有率。

二、消费习俗与消费心理

（一）消费习俗的特点

（1）社会性。消费习俗是在共同的社会生活中，互相影响产生的，是社会生活的组成部分，带有社会性的共同色彩。即生活消费受社会的影响，才能形成习俗。

（2）长期性。消费习俗都是在漫长的生活中，逐渐形成和发展的消费习惯，它对人们日常生活消费的影响作用也是长久而相对稳定的。

(3) 地区性。消费习俗是在特定的地区产生的，带有强烈的地方色彩。

(4) 非强制性。消费习俗并非通过强制手段推行的，而是由无形的社会性行为约定俗成的。消费习俗虽然不具有强制性，但却有强大的影响力，使生活于该习俗范围内的人们自觉或不自觉地遵守习俗，用习俗来约束自己的消费行为。

(二) 地域习俗对消费的影响

(1) 饮食消费习俗。

(2) 服饰消费习俗。

(3) 住宿消费习俗。

(三) 节日习俗

传统的节日在丰富人们的精神生活、调节生活节奏的同时，还深刻地影响到人们的消费心理和行为。

(1) 气候性节日，春节、中秋节、端午节等。

(2) 国家的节日，国庆节。

(3) 民族性的节日，如日本的樱花节、巴西的狂欢节。

(4) 宗教性的节日，如圣诞节、复活节。

(5) 国际性的节日，如劳动节、儿童节、妇女节等。

(6) 其他类型的节日，教师节、母亲节、情人节等。

节日来临的时候，消费行为的特点：满足平时无法实现的消费欲望；节日消费行为容易出现模仿现象；节日的专用商品的消费量大增；节日旅游消费急速增长。

(四) 宗教习俗的影响

(1) 影响消费者对商品种类的选择。

(2) 影响消费者对商品式样及外观等方面的选择。

(3) 影响消费者选购商品的行为方式。

(4) 影响消费者禁忌商品的类型。

(5) 影响宗教信仰者对宗教用品的选择。

(五) 消费习俗对消费心理的影响

(1) 使消费心理具有相对的稳定性的特点。消费习俗是长期形成的，而且对社会生活、消费习惯的影响是巨大的。消费者长期受习俗的影响，自然会对符合消费习俗的商品产生偏爱，会常常购买这些商品，从而形成稳定的消费心理。为企业带来了具有明显规律的商机。

(2) 使消费行为具有普遍的一致性。

(3) 使消费心理的变化减慢。消费习俗导致了人们消费行为的同质化，消费者的个性被消费习俗所取代，而且新的生活方式产生后，由于消费习俗的惯性作用，使消费心理的变化时间延长了，速度减慢了。

消费流行按照不同的划分标准又可分为不同的类型，具体包括：按商品的性质分类，可分为吃的商品、穿的商品和用的商品等。按消费流行的范围分类，有世界性、全国性、地区性的消费流行。按消费流行的速度分类，有迅速流行、缓慢流行和一般流行。

消费流行与消费心理二者具有相关性。消费心理对消费流行的影响表现在以下几方面：个性意识的自我表现对消费流行的影响，从众和模仿心理对消费流行的影响，崇拜名人、追求名牌心理对消费流行的影响。反过来消费流行对消费心理也会产生影响，包括以下几方面：顾客认知态度的变化，顾客购买心理的反向变化，顾客购买驱动力的变化，顾客消费习惯与偏好的变化。

消费习俗是指世代相传而形成的消费习惯。是社会风俗的主要组成部分，是人们在日常生活消费过程中由于自然的、社会的各方面原因而形成的各具特色的风俗习惯。

消费习俗具有以下特点：特定性、长期性、社会性、非强制性。

消费习俗又可分为不同的类型，具体包括：一是物质类消费习俗，又包括饮食消费习俗、服饰消费习俗、住宿消费习俗；二是社会文化类消费习俗，又包括喜庆性的消费习俗、纪念性的消费习俗、宗教信仰性的消费习俗、社会文化性的消费习俗。消费习俗随着经济的发展会受到相关因素的影响，缓慢地发生变化。

消费习俗影响着人们的消费心理，继而影响人们的消费行为，是通过以下几方面去影响的：消费习俗给一些消费者心理带来了稳定性，消费习俗强化了消费者的心理行为，消费习俗使消费心理的变化减慢。

三、流行趋势与消费导向

在人们的日常生活中，发现一种重要的经济文化现象，即消费时尚。时尚以流行为特点，也就是说，某种产品或某种消费活动在某个区域范围内成为大多数人使用或追求的对象，这种带有明显特征的消费方式逐渐演变成为一种风行一时的流行趋势，这种商品成为流行商品，色彩成为流行色，样式成为流行款式。

（一）时尚的概念与特点

所谓消费时尚，是指在一定的时期内相当多的消费者或者某些群体中普遍流行的消费趣味、消费观念和行为模式。

（1）时尚与流行的关系。由于消费时尚是因为某种商品或消费方式具有新颖性和独特性而受到众多消费者的青睐和追捧，在短时期内广泛流行起来的，因此，消费时尚与流行是同一个事物不可分割的两个方面，正因为如此，也有人把这两个概念等同起来。但二者还是有区别：时尚处在流行的高端和前沿，流行更倾向于大众化，而时尚更倾向于前卫和时髦。

（2）时尚流行的特点：

1）循环原则。今天正在流行被视为时尚的事物，明天就可能过时，变得陈旧，而后天又可能“死灰复燃”再度成为时尚。克鲁伯在研究妇女时装变化规律时得出结论：时装的变迁大概以5~25年为一个循环周期。而且是作“极端运动”，即宽到极端又回到紧，紧到极端又回到宽。

2）从众原则。由于流行的时尚总是由那些影视明星及引领潮流的公众人物发起的，作为消费者群体来说，他们常常是一般大众的参考群体甚至是渴望群体，所以时尚的追随者往往在无形中体验到一种殊荣和优越感。人们认为，凡是合乎时尚的就是好的和美的，反之，就是落伍的和不合时宜的。这就为众人对时尚的模仿和追求制造了一种无形的压力，迫使人们参与对时尚和潮流的追逐。

3）求新原则。从某种意义上来说，时尚就是标新立异、追新猎奇的同义语，时尚的领导者为了表现自己独特的个性和领先众人的审美情趣，总是力求做得与众不同，求新就成为时尚的最重要的元素，没有新颖性，时尚也就失去了存在的理由。

4）价值原则。由于流行的制造者们大都具有较高的社会地位和声望，因此时尚总是表现出某种特定的珍贵性。所以人们习惯于认为，消费时尚中流行的商品就是高档、有价值的，流行的就是先锋、前卫的，值得推崇与羡慕。这与人们崇尚时尚的心理有关。所以，流行与时尚的产品在款式、造型、色彩等方面比较讲究的同时，一般都可以通过高价格获得超额利润。

5）常态曲线原则。消费时尚的流行遵从统计学上的“常态曲线原则”，即是一个由上升、高峰和下降三个阶段组成的常态曲线展开的过程。就人数的变化而言，首先是极少数时尚的倡导者发动消费观念的变革，然后是少数追逐者开始推波助澜，最后，大多数人随着消费潮流的演变而转移，只有极少数保守的消费者熟视无睹。就时间过程而言，先是缓慢地兴起，逐渐积累能量，然后发展到顶峰；势头逐渐减弱，直到彻底消失。

6）样式差异化原则。时尚在广泛流行的过程中，会因为群体与地区的差异而最终导致样式的变异。消费时尚存在一种位势的差异，即流行总是从经济发达的地区向经济较落后的地区转移，在这个过程中逐渐形成流行样式的差异：一是品质和功能的差异，即在发达地区流行的质地优良、功能完善的产品，在落后地区则演变成外形类似、功能较少的产品；二是时间的差异，即先在发达地区流行并基本普及，再过渡到一般发达地区，最后才转移到落后地区；三是价格差异，即在发达地区，时尚产品发轫于高端市场，属于昂贵商品，而在较落后的地区则以低廉价格出现，仿冒产品流行。

（二）时尚流行方式与心理定势

1. 消费时尚的流行方式

消费时尚的流行方式大致有三种：

（1）自上而下的流行。由社会上有地位、有身份、有经济实力的上层人士率先倡导或者实行，然后逐渐向下传播，最终形成流行的时尚。这就是我们通常所说的“上行下效”。如明星时装、发型。

（2）自下而上的流行。由社会下层消费者最先使用，逐渐扩散，为社会各个阶层所接受，最终演变成一种时尚。如牛仔服。

（3）横向传播流行。由某一阶层、某一地区率先推出，引起其他阶层和地区的响应而形成流行时尚。如意大利皮装。

2. 时尚表现的心理定势

时尚作为在一定时期内一定消费者群体中流行的生活样式，它具有反常规的特点，一方面，往往以“新”和“奇”吸引消费者的注意，另一方面又具有时间性，在流行一段时间后会被另一种时尚所代替，所以俗语中又把它称之为“时兴”。时尚本身不是心理定势，但在时尚背后推动时尚形成和流行的、由一定的心理活动所形成的准备状态才是心理定势。这种心理定势的特点是同中求异和异中求同。

（1）同中求异，指的是人们不满足已有的生活样式，想在某些方面有所突破，这是时尚形成的起始原因。在那些满足了基本生存需求的人们，都存在着一种创造新生活的愿望与冲动。但只有那些勇于创新、处在时代潮流前列的佼佼者才能成为倡导时尚潮流，引领生活方式的先锋人物。

（2）异中求同，一种兴起的时尚和原已习惯的生活模式出现差异的时候，人们普遍存在害怕成为落伍者，害怕被人瞧不起而向新的时尚趋同，这是时尚之所以成为“流行”生活样式的真正原因。

在市场营销的过程中，关注流行的趋势、洞察时尚的走向成为企业的一项战略任务。我们曾经把它概括成“人无我有、人有我新、人新我廉、人廉我转”的经营之道，这里的“人无我有、人有我新”就是一种对时尚的利用。只有把握了消费时尚与流行的心理定势，理解时尚背后消费者的同中求异、异中求同的心理特点，才能做到顺应时尚而不是盲从，把握趋势而有创新。

（三）消费流对消费心理的影响

研究消费时尚与流行，不仅要看到消费心理对消费流行形成与发展的影响，同时也要看到消费流行如何引起消费心理的变化。

1. 消费流行的三个阶段

消费流行的阶段与产品生命周期相互联系但又有所区别。时尚的周期性循环是以产品的生命周期为基础的。每一个产品都要经过“导入—成长—成熟—衰退”这样 4 个阶段，流行则要经过“兴起—热潮—衰退”三个阶段。

第一阶段：兴起期。在产品的导入期，流行商品由于其鲜明特色和优越性能吸引了有名望、有社会地位的顾客和具有创新消费心理的消费者，他们对商品的使用产生强烈的社会示范效应。

第二阶段：热潮期。流行商品的一个重要特点是能很快形成消费热潮。由于有明星人物的示范作用，产品能在极短的时间内流行起来。许多热衷时尚的消费者纷纷模仿，甚至形成抢购风，市场销售增长率呈直线增长趋势，对市场形成巨大冲击。

第三阶段：衰退期。流行商品与一般商品的最大不同是市场成熟期十分短暂，当新产品在市场大量普及之时，流行的势头已经开始减弱，随即市场进入衰退期。所以产品成熟的同时即意味着衰退期的到来，成熟期与衰退期是交织在一起的。

2. 消费心理对消费流行的影响

对消费流行产生影响的主要是以下几个社会阶层：第一，高收入阶层。金融业者、企业家、成功商人等。这一阶层人士生活消费支出有很大的选择自由，生活消费表现为高层次、多样化，对购买新商品的态度坚定。他们以强劲的购买力和追求高端产品享受成为流行的制造者。第二，知名人物阶层。演员、歌星、艺术家等，这些人由于职业特点对新商品比较敏感，勇于购买使用，他们追求的是较高审美价值的商品所带来的心理愉悦。是时尚品牌价值的发现者。从消费心理角度考察，这部分人中那些具有较高的商品认知能力，购买商品追求新颖、美观、名牌，对制造时尚和流行的影响作用很大。第三，迅速致富的中等收入阶层。个体户、富家子弟及高级白领等。这些人往往为平衡自己的社会地位而表现出较强的炫耀性消费心理，或者具有攀比消费、模仿消费心理，这种消费带有圈套的盲目性，当一种新的商品进入市场后，他们会紧跟第一、第二种人的购买行为，由此带动消费流行的发展。

3. 消费流行引起消费心理的变化

在消费流行的冲击下，消费心理会发生许多微妙的变化，考察这些具体变化，也就成为研究营销心理，搞好市场营销的重要内容。

第一，认知态度的变化。按照正常的消费心理，顾客对一个新事物，一种新产品，往往开始持怀疑态度。但消费流行的出现，会导致认知心理的变化，首先是怀疑态度的取消，其次是肯定倾向的强化，最后是唯恐落后消费潮流。

第二，驱动力的变化。正常情况下人们购买是出于消费需求，购买动机是比较稳定的，但在消费流行的驱使下，购买的动力会产生改变，如求新、求美、求名、从众等。

第三，价值观念的变化。正常情况下，消费者要对商品比值比价，力求购买经济合算、价廉物美的产品，但在消费时尚和流行浪潮的冲击下，消费者会放弃这些基本原则，明知价格被抬高还是乐意购买，甚至以买高价格的商品为荣。

第四，心理动机的变化。在购买过程中，有些顾客具有惠顾和偏好的心理动机，即对长期使用的产品产生信任感，而形成固定购买的习惯。但在时尚和流行趋势的裹挟下，消费者会放弃这种偏好的心理动机，转而趋向于使用流行性商品以炫耀或表明是跟上潮流的，而非是墨守成规的落伍者。

单元四　社会群体对消费心理的影响

一、消费者群体心理

（一）不同年龄消费者购买动机的心理分析

1.少年儿童消费心理分析

（1）购买目标明确，购买迅速。少年儿童购买商品多由父母事前确定，决策的自主权十分有限，因此，购买目标一般比较明确。加上少年儿童缺少商品知识和购买经验，识别、挑选商品的能力不强，所以，对营业员推荐的商品较少异议，购买比较迅速。

（2）少年儿童更容易参照群体的影响。学龄前和学龄初期的儿童的购买需要往往是感觉型、感情性的，非常容易被诱导。在群体活动中，儿童会产生相互的比较，如“谁的玩具更好玩”、“谁有什么款式的运动鞋”等，并由此产生购买需要，要求家长为其购买同类同一品牌同一款式的商品。

（3）选购商品具有较强的好奇心。少年儿童的心理活动水平处于较低的阶段，虽然已能进行简单的逻辑思维，但仍以直观、具体的形象思维为主，对商品的注意和兴趣一般是由商品的外观刺激引起的。

（4）购买商品具有依赖性。由于少年儿童没有独立的经济能力和购买能力，几乎由父母包办他们的购买行为，所以，在购买商品时具有较强的依赖性。父母不但代替少年儿童进行购买行为，而且经常地将个人的偏好投入购买决策中，忽略儿童本身的好恶。

2. 青年消费者购买动机心理分析

在我国，青年消费者人口众多，也是所有企业竞相争夺的主要消费目标。因此，了解青年消费者的消费心理特征，对于店铺的经营和发展具有极其重要的意义。一般来说，青年消费者购买动机的特征具有以下几点：

（1）购买动机具有时代感。青年消费者内心丰富，感觉敏锐、富于幻想、勇于创新，敢于冲破旧的传统观念与世俗偏见，易于接受新鲜事物，追随时代潮流。他们的购买行为中趋向求新求美，喜欢购买富有时代特色的商品，来装饰自己和家庭，展现其现代化的生活方式，以博得他人的赞许和羡慕。因此，投放市场的新产品，社会流行的某一商品，都会引起他们极大的兴趣和购买欲望，购买动机也会随之形成。

（2）购买范围广泛、购买能力强。青年消费者有一定的经济来源和购买经验，加之没有较重的经济负担，所以购买商品的范围十分广泛。各种商品，不论高档、低档、一般、特殊，都是他们购买的对象。随着人们消费观念由保守型向开放型转变，青年人消费的时代感也愈加强烈，表现在追求衣、食、住、行、学各方面现代化的生活方式。因此，凡是能够满足他们这方面消费的商品，都能引起他们的兴趣、需求，促发其购买动机。

（3）具有明显的冲动性。青年人的心理特征一方面表现出果断迅速，反应灵敏，另一方面也表现出感情冲动，草率从事。因此其购买动机具有明显的冲动性特点。首先讲究商品美观、新异，其次才注意质量、价格，而不能冷静地分析商品的各种利弊因素，许多人凭对商品的感情与直觉判断商品的好坏、优劣，形成对商品的好恶倾向。

（4）购买动机易受社会因素的影响。商品的社会流行性，直接决定了青年人的购买行为。如流行穿西装时，青年人首当其冲，成了西装消费的带头人。影视明星、体育明星的发型、服装以至鞋帽，都会成为他们模仿消费的对象，形成旋风式的购买热潮。

3. 中年消费心理分析

中年人的心理已经相当成熟，个性表现比较稳定，他们不再像青年人那样爱冲动，爱感情用事，而是能够有条不紊、理智分析处理问题。中年人的这一心理特征在他们的购买行为中也有同样的表现。

（1）购买的理智性胜于冲动性。随着年龄的增长，青年时的冲动情绪渐渐趋于平稳，理智逐渐支配行动。中年人的这一心理特征表现在购买决策心理和行动中，使得他们在选购商品时，很少受商品的外观因素影响，而比较注重商品的内在质量和性能，往往经过分析、比较以后，才做出购买决定，尽量使自己的购买行为合理、正确、可行，很少有冲动、随意购买的行为。

（2）购买的计划性多于盲目性。中年人虽然掌握着家庭中大部分收入和积蓄，但由于他们上要赡养父母，下要养育子女，肩上的担子非常沉重。他们中的多数人懂得量入为出的消费原则，开支很少有像青年人那样随随便便、无牵无挂、盲目购买。因此，中年人在购买商品前常常对商品的品牌、价位、性能要求乃至购买的时间、地点都妥善安排，做到心中有数，对不需要和不合适的商品他们绝不购买，很少有计划外开支和即兴购买。

（3）购买求实用，节俭心理较强。中年人不再像青年人那样追求时尚，生活的重担、经济收入的压力使他们越来越实际，买一款实实在在的商品成为多数中年人的购买决策心理和行为。因此，中年人更多的是关注商品的结构是否合理，使用是否方便，是否经济耐用、省时省力，能够切实减轻家务负担。商品的实际效用、合适的价格与较好的外观的统一，是引起中年消费者购买的动因。

（4）购买有主见，不受外界影响。由于中年人的购买行为具有理智性和计划性的心理特征，使得他们做事大多很有主见。他们经验丰富，对商品的鉴别能力很强，大多愿意挑选自己所喜欢的商品，对于营业员的推荐与介绍有一定的判断和分析能力，对于广告一类的宣传也有很强的评判能力，受广告这类宣传手段的影响较小。

（5）购买随俗求稳，注重商品的便利。中年人不像青年人那样完全根据个人爱好进行购买，不再追求丰富多彩的个人生活用品，需求逐渐稳定。他们更关注别的顾客对该商品的看法，宁可压抑个人爱好而表现得随俗，喜欢买一款大众化的、易于被接受的商品，尽量不使人感到自己花样翻新和不够稳重。由于中年人的工作、生活负担较重，工作劳累以后，希望减轻家务负担，故而十分欢迎具有便利性的商品。如减轻劳务的自动化耐用消费品，半成品、现成品的食品等，这些商品往往能被中年顾客认识并促成购买行为。

4. 老年消费者购买动机的特点

（1）购买动机是在追求舒适与方便的心理状态下形成的。老年人视觉、听觉、味觉、嗅觉、触觉等能力较年轻时明显下降，反应迟缓，记忆力减退，睡眠减少，对冷暖等外界刺激较为敏感，容易疲劳、厌倦等，这使得他们对消费品的需求，从范围广泛、品种繁多渐渐集中到他们最需要、最感兴趣的商品上。而这些商品主要是指能够弥补老人身体方面的某些缺陷与不足，有助于老人身体健康，给老人的生活带来更多的方便与舒适的各种商品。如有营养、易消化的食品，各种滋补品，家用治疗保健器械；以及各种消遣性的商品。购买动机形成与否常取决于这些商品给他们带来的方便与舒适的程度。

（2）购买动机具有较强的理智性与稳定性。老年人在选购商品时，喜欢凭过去的经验、体会来评价商品的优劣，并对老牌子的商品、名牌商品有深刻的记忆，多年养成的固定消费习惯行为，使购买动机有较强的理智性与稳定性，不易受外界因素的干扰，也不为商品的某一特点所动。而是全面评价、综合分析商品的各种利弊因素，再做出购买决策。动机一旦形成，不轻易改变，或迟或早总会导致购买行动。

（3）品牌忠诚度较高。老年消费者在长期的生活过程中，已经形成了一定的生活习惯，而且一般不会作较大的改变，因为他们在购物时具有怀旧和保守心理。他们对于曾经使用过的商品及其品牌，印象比较深刻，而且非常信任，是企业的忠诚消费者。

（二）不同性别的消费心理分析

1. 男性消费者购买动机的特点

（1）动机形成迅速、果断、具有较强自信性。男性善于控制自己的情绪，处理问题时能够冷静地权衡各种利弊因素，从大局着想。具有较强的独立性和自尊心的特点直接影响他们在购买过程中的心理活动。因此，动机形成果断迅速，并能立即导致购买行为，即使是处在比较复杂的情况下，也能够果断处理，迅速作出决策。

（2）购买动机具有被动性。就普遍意义讲，男性消费者购买活动远远不如女性频繁，购买动机也不如女性强烈，比较被动。在许多情况下，购买动机的形成往往是由于外界因素的作用，如家里人的嘱咐，同事、朋友的委托，工作的需要等等，动机的主动性、灵活性都比较差。

（3）购买动机感情色彩比较淡薄。男性消费者在购买活动中心境变化不如女性强烈，不喜欢联想、幻想，感情色彩比较淡薄。所以，当动机形成后，稳定性较好，其购买行为也比较有规律。男性消费者在购买某些商品上与女性的明显区别就是决策过程不易受感情支配，如购买汽车，男性主要考虑商品的性能、质量、名牌、使用效果，转售价值和保修期限。如果上述条件符合他的要求，就会做出购买决策。而女性则喜欢从感情出发，对车子的外观式样、颜色严加挑剔，并以此形成自己对商品的好恶。

2. 女性消费者购买动机的特点

（1）具有较强的主动性、灵活性。女性较多地进行购买活动的原因是多方面的。有的是迫于客观需要，如操持家务；有的则是为满足自己需要；有的把买商品作为一种乐趣或消遣等等，所以购买动机具有较强的主动性、灵活性。动机的灵活性也时常体现在购买具体商品上，如原打算购买某种商品，但商店无货，这时男性往往放弃购买行为，而女性会寻找其他适合的替代品，实现购买行为。

（2）具有浓厚的感情色彩。女性心理特征之一是感情丰富、细腻，心境变化剧烈，富于幻想、联想，因此购买动机带有强烈的感情色彩。如看到某种儿童服装新颖漂亮，马上会联想到自己孩子穿上这套服装会是什么样子，从而引起积极的心理活动，产生喜欢、偏爱等感情，促发购买动机。

（3）购买动机易受外界因素影响，波动性较大。女性购买动机的起伏波动较大。这是因为女性心理活动易受各种外界因素的影响，如商品广告宣传，购买现场的状况，营业员的服务，其他消费者的意见等。例如，许多商店为了招徕顾客，用耀目大字标明“减价商品”、“处理商品”等，这些往往对女性具有特别吸引力。

二、社会阶层与消费心理

（一）社会阶层的特点

社会阶层是指某一社会中根据社会地位或受尊重程度的不同而划分的社会等级。从最低的地位到最高的地位，社会形成了一个地位连续体。不管愿意与否，社会中的每一成员，实际上都处于这一连续体的某个位置上，由此形成高低有序的社会等级结构。

社会阶层有以下特点：

（1）等级分布。从地位低到地位高呈纵向连续分布的等级排列体系。人们不一定清楚划分这些等级的相关依据，但都知道这种等级的存在，并确定自己处于哪个社会等级，同时通过对别人所处社会等级的认识来决定与其交往的方式。

（2）多维性。决定一个人位于哪个阶层不是单一由某个因素决定的，而是由多个因素决定的，这些因素包括受教育程度、职业、经济收入、家庭背景、社会技能甚至住房档次以及居住的地理位置等，其中受教育程度、职业和经济收入最为重要。当然，在不同的社会里，上述各因素的相对重要性可能有差异。比如，对中国来说，经济收入和父母的社会地位相对比较重要，而对英国人来说，他们可能更看重世袭成分在社会地位中的作用。

（3）对成员行为的约束性。在同一阶层内，人们在价值观、态度和行为模式等方面存在着一致性，而在不同的社会阶层之间则有着明显的差异。因此，在现实生活中社会交往较多发生在同一阶层之内，而不是不同阶层之间。

（4）同质性。即同一阶层的社会成员在价值观和行为模式上具有共同点和类似性。这种同质性很大程度上由成员共同的社会经济地位所决定，同时也和他们彼此之间更频繁的互动有关。

（5）动态性。个体的社会阶层是会发生变化的。随着时间的推移，同一个体可能从原来所处的阶层跃升到更高的阶层，也可能跌入较低的阶层。社会越开放，社会阶层的动态性表现得越明显；反之，则个体从一个阶层进入另一个阶层的机会就越小。个人的努力程度和社会条件的变化是促使社会成员在不同阶层之间流动的主要原因。比如，由于个人的努力或自甘堕落，或社会制度的变革改变了人们的生活方式或价值观念，或由于违法犯罪等原因剥夺了某些人的权利等。

（6）相对稳定性。通常在一个较长的时间段内，社会阶层不会有太大改变，因此具有相对稳定性。

（二）我国现阶段的社会阶层的划分

1. 划分依据

（1）职业因素。职业因素对社会阶层分化的影响主要表现在两个方面。一是体力与非体力劳动者之间的社会经济差异扩大，二是管理者与非管理者之间的社会经济差异扩大，这两个方面的表现都是工业社会的技术进步和阶层组织发展所导致的必然结果。

（2）制度因素。包括所有制、户籍制度、部门差异以及国家在资源配置中的强有力的作用。

（3）生产资料所有权。这也是市场经济社会的普遍特征。

（4）经济体制转轨因素。在过渡时期的利益调整中，大部分人的收入和生活水平会逐渐提高，同时也会有一部分人因为收入和生活水平相对下降而落入社会底层；另外，在过渡时期还会出现阶层位置不确定的边缘性群体。

2. 当代中国社会阶层结构的基本形态

根据这种分层原则，勾画了当代中国社会阶层结构的基本形态，它由十个社会阶层和五种社会地位等级组成。

（1）十个社会阶层：

1）国家与社会管理者阶层。

2）经理人员阶层。

3）私营企业主阶层。

4）专业技术人员阶层。

5）办事人员阶层。

6）个体工商户阶层。

7）商业服务业员工阶层。

8）产业工人阶层。

9）农业劳动者阶层。

10）城乡无业失业半失业者阶层。

（2）五种社会等级：

1）社会上层：包括高层领导干部、大企业经理人员、高级专业人员及大私营企业主。

2）中上层：包括中低层领导干部、大企业中层管理人员、中小企业经理人员、中级专业技术人员及中等企业主。

3）中中层：包括初级专业技术人员、小企业主、办事人员、个体工商户。

4）中下层：包括个体劳动者、一般商业服务人员、工人、农民。

5）底层：包括生活处于贫困状态并缺乏就业保障的工人、农民等。

（三）社会阶层对消费者行为的影响

在社会生活中，每个消费者都归属于一定的社会阶层，他们的消费观念、生活方式必然要受到所属阶层的制约与影响，因而同一阶层的消费者在消费心理与行为上会有许多相似之处，而不同阶层的消费者则表现出明显的差异。这种心理差异会直接影响到消费者的行为选择，具体表现如下。

1. 社会阶层对支出模式的影响

消费者在选择和使用产品时，尤其是在住宅、服装和家具等能显示地位与身份的商品的购买上，不同阶层消费者的差别非常明显。例如，许多人将拥有某类商品作为身份和地位的象征。此外，下层消费者的支出行为在某种意义上带有“补偿”性质。一方面，由于缺乏自信和对未来并不乐观，他们十分看重眼前的消费；另一方面，教育水平普遍较低使他们容易产生冲动性购买。而且，基于向上攀升的“高攀心理”，一些低级阶层者宁可省吃俭用，也要购买象征高阶层的商品，以此获得“我是有钱人”的暂时的满足感。

2. 社会阶层对休闲活动的影响

一个人所接受或偏爱的休闲活动通常是同一阶层或临近阶层的其他个体从事的某类活动，他采用新的休闲活动往往也是受到同一阶层或较高阶层成员的影响。例如，基于希望被同一阶层成员接受的“认同心理”，一些自认为是“上等阶层”的人，不管是否真心喜欢，都倾向以打高尔夫球、钓鱼、打桥牌等为主要的休闲活动，以配合其上层身份。虽然在不同阶层之间，用于休闲的开支占家庭总支出的比重相差不大，但休闲活动的类型却差别很大。

3. 社会阶层对信息接收和处理的影响

随着社会阶层的上升，消费者获得信息的渠道会随之增多。低层的消费者在购买过程中可能更多地依赖亲友提供的信息，中层消费者则比较多地从媒体上获取信息。不仅如此，特定媒体和信息对不同阶层消费者的吸引力和影响力也有很大的不同。电视媒体对越高层的消费者影响越小，印刷媒体则正好相反。

4. 社会阶层对购物方式的影响

研究表明，消费者所处的社会阶层与某商店的社会阶层定位相差越远，他光顾该商店的可能性就越小。高社会阶层的消费者喜欢到高档、豪华的商店去购物，从而产生优越感，得到心理上的满足。例如，基于避免向下降的“自保心理”，一位自认为是有名望的富翁，可能会认为跟普通百姓坐在一起吃路边摊上的食物是一件非常“有失身份”的事情。而低社会阶层的消费者在高档、豪华的商店则会产生自卑、不自在的感觉。当然，尽管同一阶层的消费者，在价值观念、生活方式以及消费习惯等方面都表现出基本的相似性，但因各个消费者在经济收入、兴趣偏好和文化程度上存在具体差别，因而在消费活动中也会表现出一定程度的差异。

三、家庭对消费心理的影响

家庭是指建立在婚姻关系、血缘关系或收养关系基础上，由夫妻和一定范围的亲属结合而成的亲密合作、共同生活的人类社会生活的基本单位。家庭是消费者参与的第一个社会群体，又是现代社会生活的细胞。父母、子女是家庭的基本成员。

在家庭经济生活中，消费占有极其重要的地位。家庭的消费活动不仅包括家庭成员共同的消费活动，也包括家庭中个别成员即每一位消费者的消费活动。

（一）家庭周期及消费心理与行为

虽然每一个家庭由于民族、文化、习惯等不同，消费心理和行为有很大差异，但作为一个由组建到解体的家庭周期过程，的确有其共同特征。一般可以把家庭周期分为青年单身、已婚无子女、青年夫妻子女较小、子女长大尚未独立、老年夫妻子女独立、家庭逐步解体六个时期。

1. 青年单身时期

单身青年主要是指已长大成人但尚未结婚者。在这一时期，单身消费者的消费心理多为自我中心消费观，即以为自己未来的家庭作物质准备，或通过物质消费与精神消费来达到表现自我目的为特点的消费心态。这部分人的最大特点是在交往中表现得大方、慷慨、阔绰，呈现出明显的炫耀心理。同时，这部分消费者的个性特征及爱好表现突出，很舍得花大钱以满足自己的爱好。由于这一时期的消费者大多没有经济负担，又有较多可供支配的货币，所以，他们的消费弹性最大，稳定性较差，因此，这部分消费者也是市场经营者们最好的争取对象。

2. 已婚无子女时期

这一时期的家庭主要是指已婚但尚未养育子女的青年夫妻家庭。这种家庭多属于独立生活，经济也独立，一般无过重负担，如果父母尚在工作，就不需要子女赡养，并且可以帮助子女，经济状况多为较富裕时期。这一时期的消费心理多为以小家庭或以夫妻为中心的消费观，即以规划和发展自己的小家庭为目的的消费心理。这时的消费仍较多地带有浪漫色彩，吃的支出相对较低或不受重视，而用的比重较大，如家庭的装饰和美化，衣着的支出也较大，如服装的时尚性，新、奇、美等。特别是精神消费多是这一时期的主流，如外出旅游及用于文化、体育方面的消费等。这一时期仍是以炫耀为主的消费心理。

3. 青年夫妻子女较小时期

这一时期多指自子女出生至上中学时期。这一时期的家庭比前一时期有明显变化：家庭的经济负担开始加重，尤其以工资为主要生活来源的家庭更为突出。由于独生子女及育儿观念的转变，子女的生活开支在家庭消费支出中的比例日趋加大。据北京的随机调查，在独生子女家庭，子女的生活费用开支一般超过一位家长的固定工资。在这一期，家庭消费多是以子女为中心的消费观，即以子女的一般生活费用和子女的教育，保健费用为主，教育投资的比重逐年加大。夫妻的原有消费退居第二位，浪漫色彩的消费已大减弱，对自身消费表现为务实或求实的消费心理。培养子女、望子成龙的强烈愿望使孩子们能得到超高的消费，而家长的消费水平由于经济原因往往很难提高，有时甚至是下降的。

4. 子女长大尚未独立时期

这一时期的家庭多指子女在大学、中学读书或较早参加工作的家庭。这一时期家庭的基本消费状况如上一时期，但以子女消费为中心的观念已稍有淡化。其表现形式也同于前一时期，这时父母对子女的日常花费常有一定的约束和限制，以培养子女未来的自主生活能力。同时，父母开始为子女的预期消费作更充实的准备，如为子女的结婚或进一步深造作资金上的筹备。再者，家中的老一代如果健在，也已到了古稀之年，自理能力的减弱、保健支出的增加都使原有家庭的消费支出比例发生变化。这一时期往往也是中年人最艰难的时期。这一时期的日常消费最突出求实心理甚至求廉心理，而储蓄意识是这一时期最明显的特点。

5. 老年夫妻子女独立时期

在这一时期，子女均已建立了自己的小家庭，开始独立生活；夫妻也已近老年已近退休。这时的家庭经济状况一般较好，其消费观念往往表现为两种不同类型：一类继续以子女甚至下一代子女为消费的着眼点，但实际支出比例已大为下降；另一类则基本上与子女无过多经济往来，较为重视自身的存在价值，消费也趋向以营养、保健、舒适为标准更多地体现老年人的消费情趣。

6. 家庭逐步解体时期

这一时期的家庭多以夫妻双方一方去世或生活自理能力极大下降为前提，进而转向对子女的依靠；由于自身生活能力不足，消费行为也随之减低，甚至没有购买能力。这时的消费基本上以吃和保健为主，穿、用方面的消费则更低。而对于有较多退休金的老人，这时的嗜好心理往往趋于增强，同时也舍得花较多钱以满足嗜好心理，如养花、养鱼、养鸟或读书、作画、书法、收藏等。

以上家庭周期的变化所反映出的心理特征及购买与消费的特点和规律，对企业细分市场、确定目标市场具有重要的意义。

（二）家庭角色及购买行为

1. 家庭角色自然分工倾向

家庭角色自然分工倾向是指家庭成员间由自然因素、社会因素、经济收入水平、成员的个性心理特征及成员自身的观念等形成的自觉或有意识承担的责任。家庭是一个具体的消费单位，但是，在家庭的每一次购买决策或每一项实际购买行为中，不同家庭成员所“扮演”的角色是不同的，而每一个角色的担任都与“家庭角色自然分工倾向”有关。

在家庭的购买行为中，由于家庭自然分工倾向的影响，其角色位置可以做如下划分：

（1）倡议者，即首先提出或想要购买某种商品或劳务的家庭成员。

（2）影响者，即对最终购买决策有直接或间接影响的家庭成员。

（3）决定者，即最终决策购买与否的家庭成员。

（4）购买者，即实际从事对商品或劳务购买的家庭成员。

（5）使用者，即消费或使用某种下品或劳务的家庭成员。

这种角色分工是典型理论意义上的划分，它对于分析家庭消费行为与心理有重要作用。但在实际生活中，某一家庭成员既可是某一角色的“扮演者”，同时又可以是两个、三个甚至全面角色的“扮演者”。

2. 家庭决策角色与行为

在家庭购买决策中，充当决策角色的家庭成员可有以下几种类型：

（1）丈夫决策型，即家庭主要商品的购买决策由丈夫决定。这在有较强中国传统的家庭中是常见的。这种家庭的特点是：旧的传统观念较强，文化水平相对较低，家庭的主要经济来源仍以丈夫为主。在我国广大农村，这种模式的家庭仍是家庭决策的主要形式，因此，男性的购买行为与心理在很大程度上代表了家庭的购买行为。同时，还有另一类丈夫决策型家庭，即丈夫的生活能力大大高于妻子，有较高的理家购物能力，这也形成另一特色的丈夫决策型家庭。

（2）妻子决策型，即家庭主要商品的购买决策由妻子决定。这种类型的家庭成因是较复杂的。一类是由于丈夫忙于工作和事业，家务劳动从决策到具体购买多由妻子承担。这种情况在较高层次的家庭中较为多见，如政府官员、高级研究人员或其他高层次人物。另一类是家庭收入很高，消费支出的决策已不构成家庭生活的主要话题。生活内容是家庭成员关心的对象，而在这一类家庭中，消费支出的货币量已不是家庭成员关心的对象。再一类是妻子生活、购物、理家能力大大超过丈夫，也形成此类家庭。前两类妻子决策型家庭在购买行为上是比较随意的，并且机动性较大，是经营部门较易吸引的对象；而后者的购买则是很精明的，往往是市场上的挑剔购买者。

（3）共同决策型，即决策角色不再由一人为主，而是由家庭成员主要是夫妻双方共同协商决策。这种形式在现代城市家庭中较为普遍。这种家庭的主要特点是：夫妻双方关系融洽，有良好的教育基础，思想开放，适应时代潮流，家庭中有良好的协商环境。这类家庭的购买决策往往较为慎重、全面，购买中的理智型特征较为明显，冲动较少。

（4）夫妻自主决策型，即构成家庭的夫妻双方在经济上相对独立，各自都能自主地作出决策而对方也从不过多干预。这种类型多属开放型家庭，一般在经济收入较宽裕、层次较高的家庭中较为常见。这类消费者在购买中，自主性和随意性都比较强，因为其购买行为既不受经济收入的限制，也不受家庭成员的约束。

单元五　商品因素对消费心理的影响

一、商品命名和包装

（一）商品命名的心理原则

（1）名实相符。如椴树蜜、枣花蜜、紫云英蜂蜜、五味子蜂蜜、洋槐蜜等。

台湾有个发明家王兴钦，他发明了一个两用刷：一面是刷子，一面是肥皂，还可接在水龙头上，使用很方便，他煞费苦心地给它起个名字称为“鸳鸯刷”，非常浪漫，经豪华包装后推向市场，可销路甚差。后经别人提示方才发现，人们误将此刷当刷背的刷子。原来问题出在名字上，人们联想到“鸳鸯戏水”，用作刷背实在太硬，自然销路不好。可见名实相符是多么重要。

（2）便于记忆。产品名称一般不超过四个音节，因为笔画少的字，公众记起来方便，“少、短、响”是确定名称成功的条件之一，诸如日本的三洋、日立、东芝、索尼、德国的奔驰（Benz）都是短名响亮的典范。如日本三菱公司的“三菱”商标，对这个图形我们可以一下叫出“三菱”。

我国红豆集团公司前身是太湖针织制衣厂。原是一家设在破庙里的乡镇企业，推出“红豆”牌服装，在国外英文译名为“爱的种子”（love seed），畅销不衰，扬名四海。因为红豆集团扎根于源远流长的华夏文化，借助于人们早已熟悉和热爱的“红豆生南国，春来发几枝”的意境而取胜。“红豆”商标采用的是优秀传统文化的移情手法。像“康师傅”方便面，一下抓住顾客的心，暗示出明显有吃了有益健康的意境。

（二）具有心理意义的命名方法

（1）效用命名法。如“去污粉”、“洗发精”、“自行车”、“洗衣机”、“缝纫机”、“感冒灵”、“毛发再生精”、“脚气水”、“止痛膏”等等。这种命名方法常用于日用工业品和医药用品，它能直接反映商品的主要性能和用途，使消费者一目了然，容易理解也好记住。

（2）成分命名法。如“五粮液”、“八宝饭”、“人参蜂王浆”、“参茸大补丸”、“裘皮大衣”、“增白粉蜜霜”、“珍珠霜”等这种命名方法既能使商品明显区别于其他同类商品，又能突出商品本身的特色和价值。它主要应用在营养食品、化妆品和医药用品。

（3）产地命名法。如“茅台酒”、“龙井茶”、“北京烤鸭”、“孝感麻糖”、“青岛啤酒”，又如“湖笔”、“宣纸”、“徽墨”、“端砚”等。这种命名方法多用于土特产品，突出它的独特地方风味和悠久的历史。

（4）人名命名法。“王致和臭豆腐”是北京著名特产，创始于清朝康熙八年（公元1669年），至今已有300多年历史。创始人王致和是安徽省的穷秀才，他赴京考试不第，在生活无着落时，操起做豆腐生计，其制作豆腐不但受到平民百姓的喜爱，而且受到慈禧太后的垂青。王致和特地邀请前清状元孙家鼐写了两副对联挂在门口。

一曰：致君美味传千里，和我天机养寸心。

二曰：酱配龙蟠调芍药，园开鸡跖锤芙蓉。

这两副对联的头一个字，横读组成店名“致和酱园”。可惜的是，这些珍贵的文物在“文革”中被当成“四旧”给扫除了，但是“王致和臭豆腐”却一“臭”万年，至今已有332年历史。

这种命名方法或者将特定的人物与特定的商品联系，或者突出某种独特的加工过程。以这种方法命名的商品，给人以货真价实、质量可靠、工艺精良、历史悠久，是传统名牌的感觉。

（5）制作命名法。如二锅头烧酒、精制油等。

这种命名方法目的在于提高商品的威望，增强消费者对该商品的信任。

（6）形容词命名法（根据美好寓意命名）。这种命名方法通过褒义词语或适当的文学夸张、比喻、暗示商品的性能和质量。如“美加净”、“神功元气袋”、“百岁酒”、“老头乐”、“万家乐”、“万宝”、“的确良”、“永久”、“夏利”等等。

用这种方法命名商品可以借助吉祥如意的良言美语宣传商品，激发消费者的积极的心理感受，使之乐于接受。

（7）外文译音命名法。德国的Benz轿车出口中国后起个中文“奔驰”商标后，十分受中国人的青睐，CocaCola“可口可乐”、Kodak“柯达”。如“阿司匹林”、“盘尼西林”、“摩托”、“沙发”、“吉他”、“三明治”、“比萨”等等；另一类是根据外文发音，选择谐音且寓意良好或与商品本身功能、特点相符的汉字构成商品的中文名称。如：“可口可乐”、“维他命”、“奔驰”、“彪马”、“飘柔”等等。还有的则基本上脱离了原名的发音，只是根据其意译成中文。如“七喜”、“随身听”等。

这种命名方法可以使消费者感受到一种新奇、陌生、神秘的异国风味，唤起消费者高品位的联想，满足消费者求新、求变、求异的心理。

（8）根据商品的外形命名。如“动物饼干”、“宝塔糖”、“大雪人雪糕”、“绿茵白兔饺”等。

这种命名方法多用在食品、工艺品和儿童用品。这种命名方法突出了商品的优美造型，容易引起消费者的注意和兴趣，尤其适合于儿童用品的命名；一些食品、菜肴用这种方法命名还会给人以加工精细、考究的感觉，所谓御膳食品常用这种方法命名。

（三）包装

1. 包装的概念

包装是货物的盛载物、保护物和宣传物，是货物运动过程中的有机组成部分。它能保护货物质量完好无损，美化宣传商品，达到促进销售的目的。包装一般被分成运输包装和销售包装两大类。需要特别注意的是，这里的包装具有双重含义：一是指盛载物；二是指买卖合同中的一项交易条件，卖方交付的货物未按合同规定的方式装箱或包装，则构成违约。不仅要给以经济赔偿，还可能因此而失去客商。

现代产品的概念，包装是不可分割的组成部分，包装是产品功能的延伸，包装形象是产品形象的补充。品牌包装是形成品牌形象系统的一个必备应用项目，也是促进品牌营销的重要项目。

2. 包装的类别

商品包装按流通领域所经历环节的不同可分为小包装、中包装和外包装。其中小包装是指单个商品包装形式；中包装是指商品的内层包装，它们通称为商品的销售包装。外包装主要是为保护商品、方便运输的包装，又称为运输包装。

3. 包装的功能

包装的基本功能是保护商品，其具体功能与作用，表现在以下几个方面：

（1）广告宣传的功能。在商品包装上大多数都标示着商品品牌、品种、规格、产地等，有些商品包装，还标示着原料成分、性能特点、功能用途、使用方法以及保管储藏方法等，从而达到介绍商品、宣传商品的目的，发挥了广告宣传的功能作用。

（2）促进销售的功能。包装本身就具有装饰商品、美化商品的功能，它直观地展示被包装物的性能特点、质量特性等，同时通过包装显示商品的风采和活力，向消费者传递商品信息，达到诱导、激发消费者的购买欲望和兴趣，并为消费者提供了解商品、识别商品和选购商品的充足条件。从而达到指导消费、促进销售的作用。

（3）美化产品形象诱导消费的功能。包装是商品优美的外衣造型，新颖的包装，会让人们喜爱。许多商品内在质量本来很好由于包装档次低，产品的魅力显现不出来，故价值受到影响。商品包装可提高人们对商品价值观的认识和直观感觉。好的商品包装，消费者的认可率就高，商品自然受消费者欢迎。同样，生产受消费者欢迎的产品的企业，也必然得到消费者的赞誉。

（4）保护商品质量，降低消耗费用的功能。商品从生产领域进入流通领域，再由流通领域进入消费领域，总是经过空间位移、时间延续的周转过程。商品在运输、储存和销售过程中，由于受各种自然因素的影响，致使产品质量发生变化，甚至丧失商品使用价值。由于人为因素的影响与作用，常使商品出现破损、碰撞，失去使用价值。实施科学的商品包装以增强商品的防护能力，减少商品损失，提高商品的有效利用率，达到降低消耗费用的目的。

（5）提高商品附加价值的功能。商品包装不仅用于保护商品体，还要通过商品包装设计和定位来表现商品的价值和使用价值。因此，商品的款式设计、外观造型是体现商品最重要的包装设计。

4. 包装设计的心理功能

购买心理一般依次经历认知过程、情感过程和决策过程三个阶段。其中注意是认知的开始，也是整个购买心理过程的基础。注意可以分有意注意和无意注意。

（1）激发消费者的购买动机。具有名贵感、时代感、艺术性很强的商品包装，往往能深深地吸引消费者的视觉，唤起浓厚的兴趣。同时，好的商品包装还能提高商品的外观质量，形成对商品的良好印象，从而刺激消费者的需求。

（2）指示及便利功能。包装是商品的显示器。很多包装及包装上的图案、文字等都直接或间接反映商品的形象和特性，具有指示功能。

（3）信任功能。商品包装上的商标、厂名、执行质量标准及质量认证等有关说明，使消费者一目了然，客观上成为一种有效的广告媒介，可以不断加深消费者对商品的印象与信任。

（4）美化及联想功能。商品包装设计必须充分调动各种装饰艺术表现手法，创造出具有美感，有吸引力和感染力的艺术形象。而包装艺术形象中的文字、构图、色彩等都会引发消费者产生不同的联想。

二、新产品的开发与设计

新产品主要是指采用新原理、新结构、新技术，在世界范围内第一次发明的产品。

（一）新产品的分类

从市场营销的角度看，凡是企业向市场上提供的过去没有生产过的产品都可以称为新产品，具体说来、新产品可分为以下四类：

（1）全新产品。是指使用新原理、新技术、新材料制造的前所未有的产品。

（2）换代新产品。是指适合新用途、满足新需要，在原有产品的基础上采用新技术而制造出来的新产品。

（3）改进新产品。不是由于科学技术的进步而导致产品的重大革新，只是对现行产品的品质、性能、款式等作一定的改进。

（4）仿制新产品。是指市场上已有的产品，本企业模仿而生产，也是企业的新产品。从市场竞争和企业竞争上看，仿制在新产品发展中是不可避免的。

（二）新产品开发策略

新产品开发是一项艰巨的任务，既要有适应的技术水平，又要有足够的投资和较高的管理水平，还要预测所承担的风险性。同时，企业还要考虑供应市场的及时性、适应性等，因此必须重视研究新产品开发的策略。一般新产品开发的策略有以下几种：

（1）技术引进的方式。

（2）改进现有产品的方式。

（3）扩大现有产品品种的方式。

（4）引进技术与企业技术相结合的方式。

（5）独立研制的方式。

（6）综合性开发策略。

（三）消费者对新产品的心理要求

1. 对新产品功能的需求

消费者在购买商品时，首先考虑的是商品的使用价值，他们希望所购商品能用，并且性能稳定，功能齐全，用起来舒适方便。

2. 表现威望的需求

有的消费者会将某些商品的使用与自己的某种愿望相比拟。如以某类商品的购买和使用来表现其个人成就、地位和财富，以满足对威望的需求。

3. 表现归属的需求

每个人都生活在一定的群体中，也都有一种归属的愿望和要求。由于经济状况、社会地位、职业、年龄、性别及受教育程度等的差异，每个群体都有其独特的消费特征。人们希望使用和其所属群体相协调的商品，以得到别人的承认和尊重，这就是消费者对产品的归属需要。

4. 表现时代特色的需求

人们大都有一种趋向时尚的心理，希望自己的行为能符合时代精神。在不同的历史时期，人们的审美标准不同，因此对商品的需求也是不同的，人们要求商品能体现时代特色，具有时代精神，如采用先进的技术设备和流行的原材料，具有新颖的款式和流行的色彩等。由于时尚由模仿引起，所以，进行新产品设计时，必须注意了解模仿现象产生的心理因素，同时，应注意研究时尚运动变化的规律，把握好时机。

5. 满足精神上的需求

随着经济的发展以及人们文化素质的提高，消费者对精神方面的需求日益强烈，在购买和使用商品时，不仅要求得到物质上的满足，还要求能满足其某些精神上的需求，有时甚至以精神上的需求为主。因此，在新产品设计时，应注重商品造型、式样及色彩搭配的美观及寓意的美好，以满足消费者精神上的需求。

（四）新产品设计的心理因素

新产品设计包括商品的性能、结构、外形等的设计。在新产品设计中应注意应用新的科学成果，提高商品质量，以满足消费者不断变化发展的需求。商品质量包括商品的外在质量和内在质量。商品的外在质量是指商品的外形、结构、色泽、气味、音色、新鲜度及触感等的优劣程度的综合；商品的内在质量是指商品的化学成分、化学性能及物理机械性能等的优劣程度的综合。因此，新产品设计时，应同时考虑提高商品的外在质量和内在质量，使之符合消费者心理要求。

1. 根据实用性原则设计新产品

所谓商品的实用性，是指商品的可用性和商品使用的舒适性两个方面。商品设计如能符合人们使用该商品的基本要求，就具有使用价值。如设计冬衣要有保暖防寒功能，夏衣要散热性能好。另外，消费者不仅希望商品能使用，而且还希望商品使用方便舒适，特别是在生活水平不断提高的时候，需要达到的要求更高。

2. 根据审美原则设计新产品

消费者除了要求商品具有理想的使用价值，还希望商品具有审美价值，满足人的审美需求。

（1）以商品美打动消费者。商品美主要通过商品的原料、色彩、构图（图案、造型）等方面来表现。

（2）适应消费者对时尚美的追求。人的审美观念不会一成不变，而是具有时尚性，不同时期、不同环境会有不同的美的追求。这就要求新产品设计者密切关注流行的动态，把握其运行规律，引导时尚的兴起。

3. 根据消费者的不同需求设计新产品

消费者的需求是多方面的，对不同类型的产品会有不同的要求。消费者是千差万别的，对于同类产品，不同的消费者也会有不同的要求。一般来说，日常生活用品设计应力求经济耐用，方便使用；娱乐类商品设计侧重于新奇有趣；表现地位身份的商品设计应选用高贵的材料，款式豪华、做工精美、价格昂贵。而对于同类产品（主要指用途相同的产品），则应根据不同层次消费对象的不同需求进行多种设计。从商品的选料，工艺过程及包装的差异可以分出不同的档次，满足不同层次消费者的不同需求。

4. 根据市场变化进行设计

由于人们普遍存在着求新心理，任何商品都不可能永远具有生命力。企业应密切关注消费心理的变化、科研及工艺等动态，运用新科技、新原料以及新工艺设计生产能满足消费者需求的新产品。

要点概述

本章通过消费心理学概述、消费决策与行为、社会文化对消费心理的影响、社会群体对消费心理的影响、商品因素对消费心理的影响五个单元的内容，探讨了消费心理学的基本理论和应用。主要学习消费者心理与行为的基本理论知识，指导学生运用心理学有关理论，分析、评价消费者的消费行为，为在实际工作中准确把握消费者的脉搏，提高工作效率和业绩打好基础。

复习思考题

14-1　分析讨论小品《卖拐》中范伟的消费心理过程。

14-2　以你最近一次购买活动为例，分析购买商品的心理活动过程，并写出分析报告。

14-3　消费习俗与消费流行如何影响消费心理？

14-4　家庭消费有什么特征，家庭周期与消费者行为有什么关系？

第十五章　旅游中的心理学

《旅游心理学》是以心理学、旅游学理论为基础，来研究旅游活动中人们的心理及行为规律以及旅游企业如何针对旅游者的心理及行为开展有效的服务与管理的基本原理与方法的一门应用性学科。

单元一　旅游与心理学

新加坡一无奇特的自然风景，二无著名的历史古迹，全国人口约316万。但新加坡的入境旅游人数和旅游收益却不断创出新高。其原因是新加坡十分重视调查研究各类旅游者的心理，并采用各种方式展开宣传攻势，不遗余力地推广新加坡。

影响旅游业发展的因素很多，如通货膨胀、石油危机和政治动乱等，但在一般情况下，人为的因素是主要的，其中包括政府和地方组织的积极性，旅游资源的开发和利用，旅游设施的改善，尤其是旅游服务质量的提高，无不体现着人的心理因素。又如旅游交通、食宿、游览等方面，怎样使游客感到舒适、满意；怎样使游客觉得不虚此行，对旅游留下难忘的印象，并有再次前来旅游的愿望，都需要从心理学方面去研究和探索。因此，旅游业的发展离不开心理学。

一、旅游心理学的发展

（一）旅游业的发展

现代旅游作为一种广泛的社会现象自19世纪中期出现以来，已经走过了一个半世纪还要多的历程。中国旅游业20世纪70年代末开始发展，在30多年的时间里，中国已经从一个旅游资源大国发展成为亚洲旅游大国，迈向世界旅游强国之列。在很多地方，旅游业已成为拉动地方经济发展的支柱产业、优势产业或先导产业。旅游业在中国国民经济中的地位不断得到提升。

（二）旅游业的发展需要心理学

旅游业是一个新的行业，人们对旅游业的认识也经过了一个不断深化的历程。从文化事业逐步被认为是一个经济产业。旅游业与其他产业相比，具有很强的特殊性。

1. 旅游业的对象是人

旅游业的性质决定了当它出现于人类社会时，就围绕着其如何更好地为游客服务这一根本问题开辟了自己的道路。从事这一行业的经营者、服务者总是以通过招徕、接待游客，组织旅游活动，为游客提供食、宿、行、游、购、娱等优质服务并取得赢利为其宗旨。游客也因经营者为其提供安全、方便、舒适和愉快的服务而获得生理和心理上的满足。因此，旅游业的工作对象不同于工农业等物质生产的产品，而是有血有肉的活生生的人，是来自四面八方的、形形色色的、具有不同心理过程和不同个性心理的游客。

旅游业的经营者和服务者只有懂得旅游工作的特殊性，了解游客的心理特点，才能为自己的工作对象提供优质的服务，才能显示旅游业强大的生命力。

2. 旅游业的发展需要心理学

心理学是一门研究人的心理现象及其规律的科学，旅游业的工作对象也就是心理学的研究对象，两者之间的密切联系，能有效地促进旅游业的发展。

随着世界经济的发展和人们生活水平的提高，旅游已经成为人们休闲度假的主要选择方式之一。旅游业也已经成为一些国家和地区国民经济的重要组成部分。旅游业的发展是这些国家和地区繁荣经济、赚取外汇、解决就业问题的重要渠道同时也是各国、各地区人民友好往来的重要途径。但世界各国、各地区旅游业的发展是不平衡的，有些国家旅游业相当发达，游客甚至超过了本国人口数，在国民经济中占举足轻重的地位；有的国家则在一度兴旺后又出现衰退。其原因虽然是多方面的，但主要是心理方面的问题。

2000 多年前，我国就有就有“仁者乐山，智者乐水”的说法，折射出人们出游的心理动机。旅游业形成以后，尤其是现代旅游业的发展，促使人们加强对旅游心理活动理论的研究，总结旅游心理规律。从实践角度看，旅游主体是人，即游客和旅游从业人员，要更好地发展旅游，为游客提供服务，就要知己知彼，既要研究游客心理，也要研究从业人员心理，于是旅游心理学便应运而生。

二、旅游心理学的概念

旅游心理学属于应用心理学的分支，产生于 20 世纪 80 年代。1981 年，美国 CBI 公司出版了由佛罗里达中心大学老迪克 · 波普旅游研究所所长小爱德华 · J · 梅奥和商业管理学院副院长兰斯 · P · 贾维斯编著的《旅游心理学》。该书第一次从心理学角度分析研究游客的旅游行为，揭开了旅游心理学研究的序幕。我国旅游心理学研究开始于 20 世纪 80 年代，在国民旅游大发展时期担负着越来越重要的责任。

旅游心理学运用心理学的研究方法，从个体心理和群体心理的不同视角，研究心理学基本理论和旅游活动的关系。

游客是旅游活动的主体，是旅游业发展的命脉，对游客心理的研究和认识，有助于旅游服务质量的提高；有助于提高旅游企业的经营管理水平；有利于科学合理地开发旅游资源和安排旅游设施。

单元二 旅行社游客心理分析

游客是旅游活动的主体，游客的心理决定了对旅游活动的满意度，在一定程度上会影响旅游质量的评价；而旅游活动中导游及旅游产品的设计者、旅行社营销等等方面均会对旅游活动产生不同程度的影响。本单元主要讨论现代游客心理、导游服务心理、游客对旅游服务的心理需求等。

一、现代游客心理

（一）阶层差异产生的不同心理特征

社会阶层是指由于收入水平、接受教育的程度、职业、身份、地位等综合因素的影响，社会中的个体形成的相对稳定、相对独立的不同层次的社会群体。在一个社会中，社会阶层是按等级次序构成的，每个阶层成员具有类似的价值观、兴趣爱好和行为方式。

（二）年龄差异产生的不同心理特征

人随着年龄的增长变化，旅游行为也呈现出明显的变化规律。年龄的划分一般分为青年、中年、老年三种构成，结合家庭周期理论，我们也把年龄与游客的旅游需求与旅游行为的关系大致分为以下三个主要阶段：青年阶段、中年阶段、老年阶段。

（三）性别差异产生的不同心理特征

一般来说，男性游客在旅游活动过程中较为独立，遇到问题喜欢独立思考，并且能从实际出发，不会带有很强的个人情绪，同时具有较强的自我控制能力。但是男性游客往往考虑问题不够周全，较为粗枝大叶，在一些旅游活动中爱出风头，喜欢表现自己。在旅游活动的选择上，男性游客更偏向于一些带有一定的冒险性的，需要消耗较大体力的项目，此外，那些具有较强知识性的旅游项目也更容易受到他们的青睐。

相对于男性游客而言，女性游客在旅游活动过程中表现为依赖性较强，并且感情丰富易受感染。在旅游消费中，女性游客极易因为旅游产品的特色、品位和环境气氛产生消费欲望；在参观游览过程中，她们也会因为导游富有表现力的讲解而情绪起伏。由于心细，女性游客在旅游活动过程中更善于观察，考虑问题也更全面周到，处事也更严密。此外，女性游客和男性游客在体力和意志上也存在一定的差别。因此，女性游客更喜欢参加一些休闲度假或是购物休闲，具有较强观赏性的旅游活动。

（四）东西方文化差异产生的不同心理特征

在中国，传统的“天人合一”思想，塑造了中国人“天人合一”的旅游观。这种旅游强调人与自然的交融，游客乐于亲近自然，回归自然。近年来不断升温的生态旅游、绿色旅游越来越吸引人们的关注和参与，致使许多旅游产品都强调自己的绿色属性、生态属性，正是迎合了当今游客的普遍心理。其次，重视家庭的传统观念，使家庭旅游较为流行，产生了中国人偏爱举家出游的现象。此外，中国是一个以小农经济为主体的国家，长期的小农经济形态，导致了中国人求稳怕变，缺乏冒险精神，身处异乡更是谨小慎微，生怕有意外发生，这种对安全的过分关注，是阻止人们出游的重要因素之一。因此，我国游客在旅游过程中，求安全的心理显得非常突出。此外，中国人一般比较爱面子，具有明显的社会取向或他人取向，重视他人对自己的行为的看法。在旅游活动方面，重视身边其他人的看法，力图和自己身份、地位一样的人选择相同的旅游产品与服务。这种心态，有时候会造成游客“死要面子活受罪”的不良行为。

在西方，旅游被认为是一种重要的精神文化活动。人们已经把旅游纳入了生活方式，如果有钱有时间不出去旅游，反而会让人觉得很奇怪。其次，西方人把旅游当作健康投资。日常生活中生活节奏加快，工作压力很大，造成很多人的身心长期处于亚健康或不健康状态。由于外出旅游可以消除人的身体和精神的疲劳，很多在日常生活中工作忙碌的人们，就充分利用旅游的时间，放松身体和精神。此外，西方人还把旅游视作时尚，旅游成为西方人生活的重要组成部分，代表着其气质、性格、品位、身份认同。因此，旅游从业者应该努力进取，不断更新旅游产品与服务，引导旅游消费时尚，创造多种旅游消费热点，满足具有不同价值观的游客的需要。

二、游客对导游服务的心理诉求

导游应具备的心理素质如下：

（1）广泛的兴趣爱好。游客来自社会的各个阶层，他们所受教育的水平也不尽相同，甚至有很多游客来自不同的国家。因此，在参加旅游活动的过程中，游客会对景点景区的风光，风土人情等向导游提出这样那样的问题，作为一名导游，就必须有足够的知识储备，做到有问必答，言之有物，才能适应游客的这一需求。

随着时代的发展，现代旅游活动更加趋向于对文化知识的追求。人们出游除了消遣度假外，还想通过旅游来增长见识，扩大阅历，获取教益，这就对导游提出了更高的要求。为了适应游客的这种日益增长的需要，导游就必须做到知识面要更广，要有真才实学。只有这样，导游的讲解才能以渊博的知识做后盾，做到内容丰富。广泛的兴趣是导游必备的心理品质。

（2）外向乐观的性格特征。导游特殊的工作性质要求他们必须具备外向乐观的性格特征。导游的服务对象是来自四面八方的游客，每个人的背景、性格都不尽相同，因此，导游应当是一个活泼型、外向型的人，具有爱他人、乐于同各种类型的游客打交道的热情性格。只有这样，导游才能与所带团队的每一位游客建立起融洽和谐的人际关系，使游客感到亲切，并且乐于接受服务。

（3）处危不惊的意志品质。意志是人的积极性的特殊形式，它是人们自觉地调节行为去克服困难以实现预定目标的心理过程。良好的意志品质是导游成功地带领游客完成旅游活动的重要因素。导游必须在游客面前表现出充分的自信心和抗干扰能力。

（4）较强的能力品质：

1）良好的语言表达能力。在导游过程中，导游的各种心理品质主要是以言语体现出来的，导游活动的过程也主要是与游客言语交往的过程。此外，导游讲解就是通过导游的语言表达，向游客传达各种信息，使之从中陶冶情操，增长见识。因此，具备较好的语言表达能力是做好导游服务工作的关键。

2）良好的感知力和观察力。导游应有良好的感知力和观察力，要善于观察游客并敏锐地感知其不同的心理反应，及时调整导游讲解和相应服务，采取必要的措施、运用多变的手法，保证旅游活动的顺利进行。

3）灵活机动，有一定的预见能力。导游应善于从各种现象或得到的各种信息中预见可能会出现的困难或是危险，以平静的心态，审时度势，并且灵活机动地采取相关措施以避免和消除可能发生的意外事故。

三、游客对旅游服务的心理需求

不同旅游阶段的游客心理如下：

（1）初期的安全心理和新奇心理。一般来说，人们选择到异国他乡旅游，大多是为了摆脱了日常紧张的生活、烦琐的事务，成为一个无拘无束的自由人，希望自由自在地享受欢乐的旅游生活。因此，游客初到某个旅游地，往往都会显得比较兴奋激动，并且会对当地的任何事物都感到新奇，什么都想看、想要问、都想知道，一些当地人司空见惯的平常事在游客眼里可能就是一件新鲜事，有强烈的追求新奇、增长知识的心理需求。

（2）中期的放松心理和求全心理。在一系列的旅游活动过程中，随着游客与导游以及游客之间相互接触的增多，相互之间也越来越熟悉，同时游客在旅游初期阶段由于环境、周围的人和事的陌生等原因而出现的求安全心理和戒备心理也得以逐渐消除，游客感觉到的是轻松、愉快，开始出现一种平缓、悠闲、放松的心态。因此，游客的性格开始逐渐暴露，如自行其是、个性解放，没有时间概念，集体意识差，在一系列的参观游览活动中自由散漫，比较懒散。在这一阶段，由于游客之间彼此的人生观、价值观以及生活习惯的不同，团队内部成员间的矛盾也会日益显现。

与此同时，大多数游客在这一阶段还会出现一种求全心理，对自己所参加的旅游活动要求过于理想化。认为自己既然是花钱外出，那么旅游活动中的一切都应是理想而美好的，从而产生生活和心理上的过高要求，对旅游服务和旅游产品横加挑剔和指责，一旦其提出的要求得不到满足，就会出现强烈的反应，甚至是过火的言行。此外，游客在这一阶段提出的问题范围更广泛也更深刻，甚至还会有一些不友好以及带有挑衅性质的问题。

（3）后期的忙乱心理和回顾心理。一般来说，在旅游活动的后期阶段，游客的心理是较为复杂的，情绪波动很大，可以说是既兴奋又紧张。兴奋的是在整个旅游过程中自己增长了见识，放松了心情，另外旅游活动结束后，马上就可以返回自己的家乡，见到自己的亲人和朋友，和他们分享自己此次旅游的经历见闻；但是在这一阶段游客也会出现紧张和忙乱心理，如觉得时间过得太快，还有部分纪念品未买，担心行李超重等等，此外有些游客还觉得意犹未尽，对尚未结束的游览恋恋不舍，甚至对当地产生依恋之情。

在旅游活动的后期阶段，导游应留出相对来说较为充分的时间让游客来处理自己的各种事务，本着认真负责的态度，尽力解决游客在这一阶段的困难，满足其要求。

四、导游服务的心理对策

（一）做好接团前的心理准备

导游在接受导游任务后，除了进行一些必要的物质准备工作，如认真查阅接待计划及相关资料，了解所接旅游团的全面情况，注意掌握该团重点游客情况和该团的特点，以及相关的语言知识和形象准备之外，还应做好相应的心理准备工作。

（二）树立良好的个人形象

1. 服饰端庄舒适

导游的着装要符合本地区、本民族的着装习惯和导游的身份，衣着大方、整齐、得体、简洁，要方便导游服务工作；佩戴首饰要适度，化妆和发型要适合个人的身体特征和身份，并与之追求的风格和谐统一，不浓妆艳抹，不用味道太浓的香水，要尽量避免让人用“太”字来评价自己的衣着打扮，不要因为自己太光彩而夺取了客人的风采，也不要衣冠不整而让游客对你丧失信心；上团时应将导游证书佩戴在正确位置。

2. 谈吐亲切文雅

导游亲切文雅的谈吐，能够很好地满足游客自尊心理的需求，有效地消除游客在旅游初期极易出现的陌生感和紧张感，缩短导游与游客之间的情感距离，也能增进导游和游客双方的理解。

3. 态度和蔼可亲

和蔼而亲切的态度对于做好旅游服务工作具有十分重要的心理功能，导游同样也应以良好的服务态度对待每一位游客，为他们提供友善、热情和积极的服务。对每一位游客，导游应不分其种族、国籍、民族、宗教信仰、贫富，一视同仁，以礼待人；应尊重游客的民族习俗和宗教信仰，不损害民族尊严。

（三）提供心理服务的一般方法

1. 营造尊重氛围

求尊重的需要人类的基本需要。在旅游活动中，游客的这一需求显得尤为突出。

他们都希望在其旅游的过程中，在与每一个人的交往中，其人格都能得到尊重，所提出的观点能得到别人的认同。因此，导游在接待游客时，应不论游客的肤色、宗教信仰和个人收入以及消费水平的高低，一视同仁地尊重他们。特别是对于那些出游的主要目的就是为了抬升自身的社会地位，寻求社会尊重的游客来说，尊重氛围的营造就显得更为重要。

2. 保持微笑服务

导游若想向游客提供成功的心理服务，微笑服务是其中一个非常重要的环节。要想把友好的信息传递给游客，开展并保持微笑服务是非常重要的，它能使游客消除陌生感，缩短导游与游客的距离。对于导游来说，真诚而愉快的微笑就是他们很好的欢迎词，是友谊的象征，也是信赖之本，是尊重对方的示意，是情感沟通的桥梁，是美的象征。

3. 协调客我关系

导游服务工作的基本内容就是与各类游客打交道，通过与游客的交往与之建立融洽的感情。因此，导游和游客之间关系的协调就显得非常重要。协调客我关系的关键是导游必须尊重游客，并以此来赢得游客的尊重。

4. 提供个性化服务

个性化服务，是指导游在做好旅行社接待计划要求的各项规范化服务的同时，针对游客的个别要求而提供的服务。个性化服务是一种建立在理解人、体贴人基础上的富有人情味的服务。

提供个性化服务的必要性是由于导游的服务对象是千差万别的人，游客的一些特殊需求往往不是按标准服务所能完全解决的。

（四）掌握服务中的心理策略

1. 预测游客的心理

实践证明，导游在接待前预测游客的心理是非常必要的，也是做好迎客服务工作的重要依据。

导游应根据游客的基本情况，如年龄、性别、国籍、民族和职业等，分析游客的一般心理需求和行为特点，接待前的心理预测应尽可能做得细致而全面，从而为制定接待计划和安排导游日程提供有效而重要的参考依据。

2. 激发游客的兴趣

导游应善于调整游客的情绪，激发其游兴。旅游期间，游客往往处于既兴奋又紧张的状态之中。紧张感容易使游客疲劳，影响游兴，而兴奋感则促使他们随导游去探新猎奇、寻觅美好的事物。导游应学会激发游客的游兴，让游客有不虚此行的感觉。

3. 调节游客的情绪

一般来说，当客观现实符合人的需要时就会产生积极的情绪；反之，人们就会产生忧伤甚至是恐惧等消极的情绪。作为导游来说，应努力成为游客情绪的组织者和调节者，尽可能地满足游客的需要，使每一位游客的情绪都能一直处于积极的状态之中，从而保证旅游活动的顺利进行。

4. 满足游客的需求

尽最大可能地满足游客的需求是导游服务的基本原则，贯穿于导游服务的始终。如果游客提出的个别要求是合理的，并且经过努力是可以办到的，导游就应努力满足游客的要求。

满足游客的各项合理要求是导游服务工作的一个重要方面，为了更好地满足游客的各种需求，导游在为游客提供优质服务时，应随时关心游客，了解他们的个别需求，将规范化服务和个性化服务结合起来，做到在“合理而可能”的情况下既满足游客的一般需求，又在此基础上满足其个别要求，以提高游客的整体满意度。

五、游客对旅行社其他岗位的心理需求

（一）*游客对销售接待的心理需求*

游客在前台的消费行为一般分为四个阶段：注意阶段、产生兴趣阶段、产生欲望阶段、行动阶段。一般而言，旅行社前台销售人员要热情接待前来咨询的游客，与其进行初步的沟通后，依据其咨询意向，应尽快出示自己所拥有的相关旅游线路产品供其选择，使游客看到旅游产品，引起其兴趣，并使其产生联想，发掘其购买需求和兴趣，刺激其购买欲望。接待步骤如图 15-1 所示。

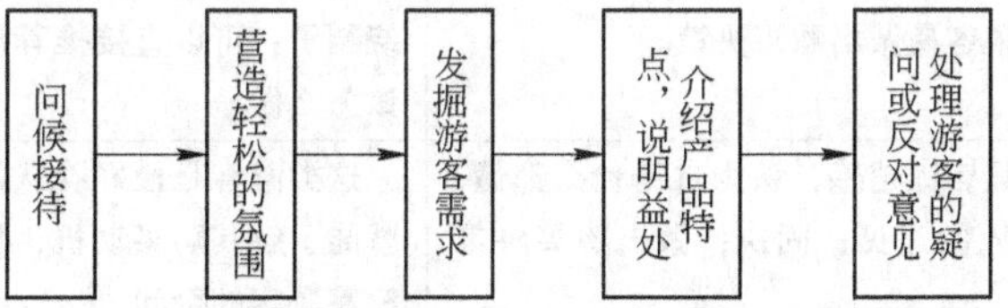

图 15-1　旅行社销售接待游客工作步骤

一般来讲，根据游客心理需求，出示和说明旅游产品的方法有以下几种：

（1）示范法。展示旅游产品。旅行社销售人员通过展示旅游产品，使游客对产品的特点有一个直观具体的了解，避免对产品产生疑义，增加对产品的兴趣。

（2）感知法。尽可能地设置情景，如针对性地为游客出示旅游照片，运用感知法通过生动的故事对旅游景点展开详细的讲解，让游客想象、感受、体验旅游产品，进一步激发游客兴趣。

（3）多种类出示法。旅行社销售人员在为游客进行咨询服务的时候，根据游客的购买意向出示符合其要求的不同类型的旅游产品来确定客人的购买范围。

（4）说明旅游产品。在出示旅游产品的同时应向游客提供与旅游产品相关的信息，供游客参考。

在初步的旅游产品示范过程中，要始终注意、分析游客对旅游产品的关注点和兴趣点，并且充分发挥自己的专业知识特长为游客说明旅游产品。在初步示范结束后，根据游客的购买需求和兴趣，确定好目标产品，详细展示并进入报价阶段。

影响游客做出购买决策的因素除了旅游产品本身的价格、旅游时间、旅游目的地的选择、交通方式的选择等旅游要素之外，还有内部动机（自身状况、感知、态度、学习等）、外部动机（角色与家庭、文化与亚文化等）方面的影响，还取决于游客的个性和生活方式。针对不同的游客，旅行社销售可以有以下对策，如表 15-1 所示。

表 15-1　针对不同个性游客的促成交易技巧

游客类型	表现特征	应对策略
挑剔型	一直试图寻找产品的缺陷，总是不同意报价	对于旅游产品中被指出的缺陷不予反驳，对正确指责表示适当的肯定；在价格上旅游产品的独特价值和服务质量来表明物有所值
犹豫型	她可能对你的产品和服务都满意，可是说到价格时就犹豫不决了，也可能并不完全因为价格问题	一定要了解游客真实的旅游动机；对拿不准主意的消费者要帮助其选择旅游产品，甚至帮助游客做出购买决策；把握最后的交易机会和物质奖励刺激
感情型	这类游客对个人感情看得极重，依照自身的感觉来决定是否认可产品	热情主动与之沟通，他就会撤去伪装和防范；要给他表现机会和做出暗示，和这类游客逐渐熟悉，要以自己的人格魅力吸引游客
果断型	这类游客很自信，知道自己要购买什么样的旅游产品	这类游客不需要门市人员太长的线路解说，对必要的细节进行说明，严格忠于产品事实
冲动型	这类游客很容易做出购买决策	旅行社销售人员可以直接进入购买程序，不需要绕圈子；可以直接推荐旅游产品，但不要告诉他应该怎么做
自我中心型	这类游客具有优越感，认为自己什么都懂，不愿意听别人的意见；固执；做出购买决策时比较急躁	这类游客是最好确认需求的，只要让他畅所欲言就能了解其购买动机，提供适合的旅游产品，耐心解答游客的疑问

（二）计调服务心理

计调在旅行社的整体运作中发挥着极其重要的作用，在旅游行业中，一直就有“外联买菜，计调做菜、导游带游客品尝大餐”的说法。可见，外联、计调、导游各司其职，都是旅行社业务中十分重要的角色。计调人员犹如饭店里的厨师一样，其素质与水平的高低，直接决定着旅游行程的服务质量，所以有人把“计调”比喻为“旅游行程中的命脉”。

1. 计调工作的重要性

（1）计调是旅游行程中的命脉。计调部会根据团队客人的特点和要求，进行用车的调配、行程的安排、饭店的落实、票务的预订、景点的确认等，然后交给接待部门，派导游去执行。可以说，旅行社是通过计调人员的有效运作，使各部门形成完整、互动的经营体系的。而在这一系列的计调运作中，任一环节疏忽，都会严重地影响团队质量。

（2）计调是旅游活动的幕后操纵者。计调人员是旅游活动的幕后操纵者，是旅行社完成地接、落实发团计划的总调度、总指挥、总设计。可以说，“事无巨细，大权在握”，具有较强的专业性、自主性和灵活性，而不是一个简单重复的技术性劳动。

计调是旅游活动得以圆满完成的重要保障，也是处理旅游活动中出现突发问题的消防员。虽然游客与计调面对面接触的机会很少，但是随着个性化旅游的需求越来越旺盛，计调工作也越来越被更多的游客认知，并渐渐从幕后走到台前。

2. 计调工作技巧

根据游客的需求，计调工作的技巧如下：

（1）人性化。计调人员在讲话和接电话时应客气，礼貌，谦虚，简洁，利索，大方，善解人意，体贴对方，养成使用“多关照”，“马上办”，“请放心”，“多合作”等“谦词”的习惯，给人亲密无间，春风拂面之感。每个电话，每个确认，每个报价，每个说明都要充满感情，以体现你合作的诚意，表达你作业的信心，显示你准备的实力。书写信函，公文要规范化，字面要干净利落，清楚漂亮，简明扼要，准确鲜明，以赢得对方的好感，以换取对方的信任与合作。

（2）条理化。计调人员一定要细致地阅读对方发来的接待计划，重点是具体时间，人数，用房数，是否单双间，小孩是否占床，早餐，政府税如何缴纳；抵达大交通的准确时间和抵达口岸，核查中发现问题及时通知对方，迅速进行更改。此外，还要看看人员中有否少数民族，或宗教信徒，饮食上有无特殊要求，以便提前通知餐厅；如果发现有在本地过生日的游客，记得要送他一个生日蛋糕以表庆贺。如人数有增减，要及时进行车辆调换。条理化是规范化的核心，是标准化的前奏曲，是程序化的基础。

（3）周到化。“5定”（定房、定票、定车、定导游、定餐）是计调人员的主要任务。尽管事物繁杂缭乱，但计调人员头脑必须时刻清醒，逐项落实。这很像火车货运段编组站，编不好，就要“穿帮”，“撞车”，甚至“脱节”。俗话说：“好记性不如烂笔头”。要做到耐心周到，还要特别注意两个字：第一个字是“快”，答复对方问题不可超过24小时，能解决的马上解决，解决问题的速度往往代表旅行社的作业水平，一定要争分夺秒，快速行动。第二个字是“准”，即准确无误，一板一眼，说到做到，“不放空炮”，不变化无常。回答对方的询问，要用肯定词语，行还是不行，“行”怎么办，“不行”怎么办，不能模棱两可，似是而非。

（4）多样化。组一个团不容易，往往价格要低质量要好，计调人员在其中往往发挥很大作用。因此，计调人员要对地接线路多备几套不同的价格方案，以适应不同游客的需求，同时留下取得合理利润的空间。同客户“讨价还价”是计调人员的家常便饭。有多套方案，多种手段，计调就能在“变数”中求得成功，不能固守“一个打法”，方案要多，要细，要全，你才可“兵来将挡，水来土掩”，纵然千变万化，我有一定之规。

（5）知识化。计调人员即要具有正常作业的常规手段，还要善于学习，肯于钻研，及时掌握不断变化的新动态，新信息，以提高作业水平，肯下工夫学习新的工作方法，不断进行“自我充电”，以求更高、更快、更准、更强。如要掌握宾馆饭店上下浮动的价位；海陆空价格的调整，航班的变化；本地新景点，新线路的情况，不能靠“听人家说”，也不能靠电话问，应注重实地考察，只有掌握详细，准确的一手材料，才能沉着应战，对答如流，保证作业迅速流畅。计调人员不仅要“埋头拉车”，也要“抬头看路”，要先学一步，快学一步，早学一步，以丰富的知识武装自己，以最快的速度从各种渠道获得最新的资讯，并付诸研究运用，才可以“春江水暖鸭先知”。虚心苦学，知识化运作其实是最大的窍门。

（三）外联营销人员服务心理

1. 外联营销人员应具备的心理素质

在市场经济大潮中，外联营销人员必须具备良好的心理素质，才能在竞争中处于有利的地位。外联营销人员应具备的良好心理素质主要有以下五点：

（1）情感素质。是营销人员对经营对象所产生的肯定与否定的心理过程，它通过处理业务流露出来，情感素质直接关系到业务洽谈的成败。

（2）意志素质。是营销人员在业务活动过程中表现出来的自觉地组织自己的行为，并克服困难，排除干扰的素质。

（3）性格素质。是营销人员在对待经营对象的态度和行为上所表现出来的个人心理特点。不同营销人员具有不同的素质，如有的坦率、刚直，有的温和、软柔等等，性格素质与后天的教育和学习关系很大。

（4）气质素质。是营销人员所固有的较为稳定的心理动力特点，可以反映营销人员的个人风格。气质素质与先天遗传因素关系较大。

（5）能力素质。是营销人员在掌握知识过程中表现出来的思维活动的严密性和灵活性，既包括人的一般能力，又包括保证经营活动顺利进行的专业能力。

2. 外联营销人员服务心理素质培养

作为一名现代外联营销人员要想自己走向事业的高端，就必须从以下五个方面着重培养自身素质：

（1）正视人生发展坐标，不断提高自身业务素质。端正人生坐标，不满足与现有成就，持之以恒、不断突破。行业的竞争如同逆水行舟不进则退。要想取得暂时的成绩不难，难在不断突破，不断创新。要在外联营销队伍中保持领先位置就必须对自身业务素质有更高的要求，恃才傲物终会被淘汰的。

（2）具有吃苦耐劳精神。世上没有免费的午餐，天上更不会自己掉下馅饼，一个人的成功和荣耀必然是由辛勤的汗水浇灌而成，只有那些在工作中不怕吃苦，乐于奉献的人才可能做生活上和事业上的强者。一个懒惰成性，害怕困难的人，我们又怎么敢奢望他做出优异的成绩呢！

（3）培养集体主义感。一个公司犹如一首乐曲由众多不同的音符所组成，这些音符有机和谐地组成在一起就构成一首美妙动听的音乐，反之则不然。现代外联营销人员要为组织奉献才智和力量，把自己的经验与同事们一块分享。把经验掩藏在心里只会加深自己和同事之间的隔阂，而且别人也不会把自己的经验与你共同分享，整个组织就会变得冷落无情。没有一个良好的工作氛围就不会取得长足的发展。

（4）积极与公司领导和同事交流。要把问题和建议积极地提交领导，并提出自己的坚决办法。不要喋喋不休的抱怨，要知道任何公司和产品都不可能是完美无缺的。而且抱怨只会产生负面效应，它会使你的心态处于一种与公司或领导的对抗之中，这种心态往往会扰乱你的正常工作。对同事要善意地提出意见，交流心得，搞好正常的同事关系。要知道良好的人缘对一个外联营销人员的成败有不可忽视的作用。拥有良好的人缘它会让你如鱼得水，否则将使你孤掌难鸣。

（5）要有良好的职业道德，处处维护公司形象。优秀的营销人员会把公司看作是自己的第二个家，时时处处都要维护这个家的形象，更不能像案例中的诸良一样泄露原公司的机密。因为这个世界圈子很小，尤其同一行业的圈子就更小了。即使离开了原有的公司也不要背后乱发表对其有负面影响的言论，要知道好事不出门，坏事传千里。一旦新的工作单位了解了这种行为，谁还敢重用这样心态扭曲之人。

单元三　旅游饭店游客心理分析

旅游饭店是旅游活动的重要组成部分，也是游客感知最为敏感、最为直接的重要环节，掌握了解游客对旅游饭店各部门的心理需求，能为旅游企业更好地提供服务、获得长足发展等提供有力帮助。该单元分为游客对前厅、客房、餐厅和康乐四个部分的心理需求分析。

一、游客对酒店的心理需求

（1）可靠性。酒店可靠地、准确无误地完成所承诺服务的能力，是酒店服务工作的核心内容和关键部分。游客希望得到可靠的服务来获得美好的经历，而酒店业也把服务的可靠性作为树立企业信誉的重要手段，例如，必须兑现向游客承诺的客房或餐厅包间；保证清洁、舒适、方便、安全、公平等。

（2）反应性。酒店业准备随时帮助游客并提供迅速而有效的服务愿望。反应性体现了酒店业服务传递系统的效率，并反映了服务传递系统的设计是否以游客的需求为导向，是否以客人的利益为重，同时尽量缩短客人在消费过程中的等待时间，如客人在酒店办理住宿登记的等候时间、就餐等候的时间等。

（3）保证性。酒店的员工所具有的知识技能、礼貌礼节以及所表现出来的自信与可信的能力。

（4）移情性。自始至终以客人为核心，关注他们的实际需求，并设身处地为他们着想。

（5）有形性。酒店工作具有无形性特征，因此必须通过某些有形的物质实体来展示服务工作，例如酒店通过装饰材料、色彩、照明、温度、湿度、背景音乐等来塑造高贵而又富有情调的氛围，员工得体的服装、高雅的举止会给客人带来精神上的享受。游客在酒店的心理需求具体表现在以下部门。

二、前厅服务心理

游客踏入饭店前厅不仅期望服务员热情接待，人格、习俗及信仰得到尊重，而且期望在办理住店、离店手续，解决休息、饮食等问题时快速高效，实现高兴而来，满意而归的愿望。

（一）前厅服务的首因效应和近因效应

游客在进住饭店的最开始，都会不自觉地用感觉器官去感知前厅的环境和服务进而对饭店做出最初的也是最重要的心理评价。在这个感知饭店的过程中，最早给游客留下印象的前厅的环境和前厅的服务人员，往往“先入为主”，对后继发生的对饭店的印象起着强烈的影响，这就是首因效应（即“第一印象”）。

游客最后结账离店也是在饭店的前厅部完成。在进住饭店的知觉过程中，最后为游客提供服务的前厅工作人员，最后在游客脑海中的前厅的映像，都会给游客留下深刻的印象，也都会对后来的饭店评价产生强烈的影响，这是近因效应。

饭店在接待工作中要尽可能做到：一方面预防这两种效应的消极影响；另一方面在一定条件下发挥这两种效应的积极作用。例如，游客初到饭店，个性鲜明的前厅布局、装饰和优质的服务可强化首因效应，加深游客对饭店的印象。如果服务过程中有不尽如人意的地方，引起游客的不满或投诉，则要利用近因效应亡羊补牢，“硬件不硬，软件补；软件不行，感情补”，从不同角度冲淡或改变游客的不良印象。

（二）游客在前厅的心理需求

前厅是饭店的神经中枢，在前厅活动的不仅有办理入住或离店的游客，还有住店期间于此作短暂逗留或办理事务的游客，也有游客的来访客人等，游客在前厅逗留的时间虽然短暂，但是在心理感受上却十分丰富，印象也极为深刻，游客在前厅的心理需求主要有以下几个方面。

1. 求尊重心理

游客在步入饭店大厅时求尊重的心理特别强烈和敏感，希望看到的是服务人员热情的笑脸，听到的是礼貌友好的语言，期望服务人员尊重自己的人格和愿望，尊重自己的习俗和信仰，尊重他们的要求和意见，同时也尊重他们的朋友和客人，期望服务人员充分重视他们，期望服务人员与游客真正是"主人与客人、服务与被服务、尊重与被尊重"的关系，同时也希望自己永远是"对"的，也希望服务员能将"对"让给自己。

2. 求效率心理

游客在前厅无论是办理入住、结账，还是委托代办，都不希望在总台停留太长时间，都希望总台有高效率的服务。游客在经过长途旅行后在开房入住环节迫切需要服务员能快速地为客人办理登记手续入住登记、验证证件和信用卡等服务环节后入住客房休息，如果服务人员效率不高，做事拖沓，则极容易引起客人的厌烦情绪；同样，游客急于赶赴机场（车站）时强烈需要退房结账手续越快越好。

3. 求沟通心理

（1）饭店提供的相关服务的沟通。游客从异国他乡来到旅游目的地，对所入住饭店的环境必然会产生相对的陌生感。因此，服务人员应视本饭店的具体情况来向游客作介绍，如客房的分类、等级与价格，饭店餐饮的服务项目、特点与价格，以及饭店所具备的其他服务项目与设施情况等，使客人尽快消除陌生感，尽早熟悉饭店的环境，以方便其在本饭店的生活。

（2）语言的沟通。游客到了异国他乡，人生地不熟算不了什么大事，语言和思想的沟通成为优势需求，游客希望饭店前厅的服务人员与之没有沟通障碍，至少能彼此借助英语沟通。

（3）个性化服务的沟通。游客也希望有些需求尚未开口，前厅服务人员就能给予满足，如刚下车的游客有的内急、有的急需补妆，善解人意的主动指示介绍往往让游客十分满意。

4. 求方便心理

游客在饭店和在旅行中有大量的零星及预想不到的事务，都希望能在前厅得到解决，游客通常在前厅时就想了解该饭店的名气、服务项目、餐饮特色、娱乐场所等，也想了解这个城市的风景名胜、民风民俗、文化特色、购物网点、市内交通等。有些信息游客希望自己从资料上获取，有的信息则希望立即从问询处获得。因此，饭店的总服务台应备有完善的资料供游客参考，同时每位前厅服务人员都应对这些情况了如指掌，随时准备应答。此外，也可通过将前厅服务与旅行社、航空、铁路等部门的业务结合起来，准备与其服务项目和产品相关的宣传资料，以供客人咨询、索取、使用。

（三）前厅服务心理策略

前厅是给顾客第一印象和最后印象的部门，客人可以通过前厅判断饭店的整体环境、员工素质、服务质量，因此，要从以下方面做好接待客人的准备工作。

1. 环境

（1）饭店大门。大门是游客看到的饭店的第一个重要部分，所以饭店的大门的外观要新颖、有特色，能对游客产生较强的吸引力。为了方便客人出入以及保温等效果，饭店一般至少选用旋转门、推拉门等两种形式的门，同时，大门门面显眼的地方应有醒目的中英文店名牌、店徽、星级标志。大门前，应有供游客上下车的空间及回车道和停车场，使游客进出方便安全；无障碍通道的设计体现了饭店对残疾人的尊重；正门前的小花园或喷泉，有助于提升饭店的人文气息、加深游客良好的第一印象。

（2）大厅。大厅是游客进入饭店后映入眼帘的第一个室内空间，大厅的风格、灯光、面积及绿化美化都会影响游客的第一印象，如为方便游客入住登记，接待处应有足够的空间供游客活动，为给营造“宾至如归”的感觉，大厅的灯光就不要设计为冷色调，大堂副理处以雅静为宜，桌上摆插花或盆花，配以柔和的台灯灯光，给人以“闹中取静”的感觉。同时，大厅里应有公用电话等公用设施（较高档饭店应有触摸式电脑），供游客方便地查询有关饭店服务设施位置、气象、市内交通等常用信息。

2. 人员

（1）外在形象。员工的外在形象，是指前厅服务人员的仪容、仪表、仪态。仪容、仪表指的是人的外表，它包括容貌、服饰等，是人的精神状态的外在体现。总体来说，前厅人员要面容整洁、妆饰淡雅、饰物适当、服饰美观合体、讲究个人卫生。首先人力资源部要以“五官端正、身材适度、视力正常、口齿清楚、行动敏捷、体态苗条…”标准进行招聘，而后，通过一定的培训，强化服务人员的容貌美和形体美。其次，前厅服务人员要服饰美观合体，饭店应根据不同岗位设计各异但又统一的制服，使游客容易辨认，为游客提供方便。再次服务人员要进行适当的外貌修饰，如头发男士“前不过眉、侧不过耳、后不过领”，不佩戴饰物，不留长指甲，不涂有色指甲油等。

仪态，包括工作中的站姿、坐姿、走路的步态、对客人的态度、说话的语气、音调及面部表情等。首先，前厅服务人员双手插入衣袋、抱在胸前或叉腰，都会给游客一种懒散的不良印象；背朝游客，甚至服务人员交头接耳，都容易使游客起疑心。前厅服务人员的站、坐、走要稳重、端庄，态度要热情、真诚，语气要平和，音调要适中，面部表情要亲切、自然。这样，前厅服务人员既可以通过良好的个人形象和精神面貌，给游客留下优雅、大方的感觉，又能以自己自然礼貌、端庄大方的举止反映出良好的素质和修养，以及对工作的自信和责任感，为客人留下良好的第一印象和最终印象。其次，与客人交谈时，服务人员手势不宜过多，动作不宜过大，规范的手势能给人一种优雅、含蓄、彬彬有礼的感觉。再次，服务人员要注意“微笑服务”，热情、大方、沉着冷静、耐心周到，从容不迫，面带微笑，给游客良好的印象。正确的服务礼节是好的开始，它使客人倍感舒适。微笑、眼光的接触，在和客人打交道时很重要。微笑的眼光和问好的语言在公共场所意思是一样的。如果对面一个陌生的外国客人走来向你微笑，你也向他微笑，他就会说“嗨”或“你好”，这只是一种礼貌，并不表示他会停下来和你交谈。这里要注意的是：中国传统老盯着人看是不礼貌，而不正视美国人他会以为你躲躲闪闪不诚恳，认为你不可信赖。

（2）语言表达。饭店的服务人员面对的不是冰冷的机器，而是有生命和情感的人，所以服务人员的沟通能力是至关重要的，而语言是人类主要的沟通工具。

首先，前厅服务人员必须掌握交谈的原则和技巧，遵守交谈的基本礼仪，用规范礼貌的语言来影响客人的心理，使客人感到在陌生的环境中得到了尊重与关注。在与客人交谈时，态度要热情诚恳，语气要礼貌谦和，措辞要规范准确，语音要清晰悦耳。其次，前厅服务人员还要尽量多了解不同国家、民族的风俗礼仪，熟练掌握多种语言，以便与不同国家、地区的客人进行沟通交流。

(3) 服务技能。饭店是借助硬件设施销售软件——服务的企业，因此，员工的服务尤其重要。而前厅部的服务人员是游客接触的第一个人，通过预订入住的客人首先接触了预订处，Walk-in 客人则直接接触了接待处，可见，前厅部员工的服务体现了饭店的管理服务规格，进而体现了饭店的管理水平。

1）为游客提供规范服务。

门童：面带微笑对游客表示欢迎以给其愉悦的心理体验，为乘车抵达的游客开门、护顶、卸行李等。

行李员：亲切、热情的问候客人，动作敏捷、轻拿轻放搬运客人行李，引领游客、介绍饭店服务项目时都应注意满足游客求尊重、求效率、求知和求方便的心理。

前台接待员：为客人提供入住登记等服务，不只做好游客认为分内的事，而且还能主动为客人提供“分外”的服务，给游客满意之外还要给游客惊喜。

收银员：认真细致地为游客提供正确的账务服务。

2）为客人提供的服务需要注意细节。尊重客人的私人空间。一般来说，和外国客人讲话时要保持彼此身体间的距离，半米的尺度比较好。如果和客人交谈时他一直往前进，可能你离他太远了些；如果他一直往后退，你可能靠得他太近了。

了解表示疲劳、烦躁的手势。一般客人，特别是有时差反应的游客在等待入住或结账时，短短几分钟便可能到疲劳或烦躁，客人的脚这时会做出小幅度的摆动，而且据调查，大多数人在 15min 后都会有这种动作。

察觉客人的紧张和不安。客人初次来到酒店，难免会产生陌生感。通常客人合拢双臂放在胸前，代表紧张或防卫，这时服务员要以自己的热情去感染客人，在与客人交谈时，要非常注意客人用手指头或铅笔“咚咚”敲打桌面的动作，这是表示不同意的信号。在纸上乱涂乱画也有相同的意义。

体语露真情。身体语言通常会表达最真实的思想感情，因为一个人说句谎言容易，但是想让体语说谎则非常困难。当我们正确了解客人的意图时，就可以采取相应的行动。

脚上透露出来的信息。在酒店大堂或宴会厅里，两位客人站着谈话。如果俩人彼此面对面，十分靠近着交谈，则可说他们之间的关系极为亲密。这个时候除非有要紧的事，否则不要打扰客人。反之，两位客人的皮鞋位置呈直角，或是带有 60°左右的角度而分开站立的话，可视为他们的关系并不太深，充分保留着第三者能介入的余地，这时服务员可适当介入。

3）为游客提供个性化服务。规范化服务是为满足游客的大众化需求，而对于游客的特殊需求则需要前厅服务人员为其提供个性化的服务。

三、客房服务心理

客房是酒店的重要组成部分，是饭店的主体，是游客在旅途中的“家”，是饭店向游客提供住宿、休息的主要设施，是游客进行社交、商务等活动的场所。游客期望在酒店的一切基本需求能在客房生活期间得到满足并受到热情周到的服务，获得物质和精神上的享受。客房已不单单是卧室，客房的设计与陈设应该有利于游客使用。要使游客有“宾至如归”的感受和体验，首先要了解游客在客房心理需求的共同之处。

(一) 客房心理需求

1. 求卫生心理

清洁卫生是游客对客房最普遍的、最重要的心理需求，也是游客选择饭店的第一要素；它不仅是游客在外旅游期间生理上的需要，而且能使游客在心理上产生舒适感、安全感。客房的各项设施重复使用率高，所以客人特别在意客房卫生条件，尤其对同自己身体直接接触的各种用具（如浴缸、脸盆、马桶、拖鞋、被褥、口杯等）更加敏感，希望得到彻底的消毒与清洁，是可以让人放心使用的，同时也希望客房环境优雅，空气清新。

如今，环保观念已深入人心，人们的环保意识也日益增强。游客不但希望客房室内的空气不受建筑材料的污染，床上用品、沐浴液、洗发水等不刺激皮肤，房间内的家具也不会引起过敏等症状。同时，他们还希望客房的设备设施节能环保，既能方便客人的居住生活，也能更好地节省能源。

2. 求安全心理

“一路平安”承载了家人朋友对外出游客的最真挚的祝福，可见“追求安全”在客人心理的位置，在马斯洛的需要层次理论中，安全需要仅次于生理需要，是必须要得到满足和保障的。保护游客的生命财产安全和饭店的财产安全是饭店义不容辞的责任，而客房是饭店的基本设施和主题建筑，是饭店安全问题的主要发生地。客房部的安全管理，如防火、防盗等，也就成为饭店安全管理的主要任务之一，客服部要在日常管理中采取各种积极有效的措施，防患于未然。

安全包括财产安全和人身安全。游客外出旅游，带有钱财和行李，最担心丢失或被盗，而给自己的生活、旅游与返家带来经济上的困难，所以希望客房他们希望在住宿期间自己的人身与财物得到安全保障，能够放心地休息和游玩。

3. 求舒适心理

客人参观游览或进行商务活动之后回到饭店，都希望有一个安静舒适的休息环境，舒适程度是客人评价和选择客房的主要标准之一。

4. 求方便心理

游客外出旅游，酒店的客房就是他们临时的“家”，他们希望客房能提供像“家”一样的方便服务。如备有常用的生活、文化用品，代客洗衣、缝补、代熬中药，代管婴儿等。而且由于时间关系，游客希望要求一旦提出，尽快就能实现。

5. 求尊重心理

客人在客房与在前厅一样，也希望获得尊重，希望看到服务人员真诚的微笑，听到服务人员亲切的语言，得到服务人员热情的服务，希望服务人员尊重自己对客房的使用权，尊重自己的生活习惯，尊重自己的客人。在未得到客人允许的情况下，服务人员不得擅自进入房间，以免造成客人尴尬，也不能乱翻乱动客人的私人物品，更不能未经客人同意扔掉客人东西，使客人感受到充分的尊重和关心。

(二) 客房服务心理策略

1. 干净整洁营造绿色环境

干净整洁是领班查房的重要标准之一，也是游客评价客房的标准之一。所以，一方面要求服务员按标准对客房进行及时的清扫整理：房间墙面、地面、设备用品表面无灰尘、污垢；卫生间内无垃圾、头发，马桶、浴缸、脸盆无污渍，卫生间用品（如牙刷、香皂、浴液、浴帽、浴巾、手巾等）及床单、被套、枕巾、脚垫巾等及时更换。另一方面要使客人在心理上感受到清洁、卫生，如在马桶盖上使用“已消毒，请放心使用”封条，使客人在心理上得到满足。

为使客人安静休息，客房应避免噪音。如客房设计时应将走廊两旁的门错开，加厚墙壁并使用隔音材料以减少相邻房间噪音的传播，地板和顶棚使用吸声材料以减少楼上楼下的噪音污染，采用双层、密封玻璃以减少噪音由室外传递到客房。同时，规范服务减少服务人员的噪音，如服务人员自身在打扫卫生或提供其他服务时，要做到“三轻”，即走路轻、说话轻、动作轻，其次服务人员要严格控制好各种设备发出的噪声，如空调机噪声、窗帘启合声、浴缸放水声、马桶漏水声、浴室排气扇噪声等。

为客人提供绿色环保的生活环境。如设立无烟客房楼层；房间内的牙刷、梳子、小香皂、拖鞋等一次性用品和毛巾、枕套、床单、浴衣等客用棉织品，按顾客意愿更换，减少洗涤次数，棉织品采用无污染原料；房间内无装饰装修污染，放置对人体有益的绿色植物，空气质量符合国家标准等。通过营造绿色环境，增强客人的环保意识，使其积极加入到保护环境的行列中来。

2. 舒适安全打造放心空间

客房内外配备健全的保安设备，如走廊的监控摄像头、自动备用电源、显眼的“安全出口”牌、房顶的火警报警、自动喷淋灭火装置、房门后的“逃生图”、书写桌上的“安全须知”、豪华客房的保险箱等等，配备以上设备都能给游客产生安全系数较高的放心感。

舒适主要包括：室内空气清新、灯光柔和、卧具柔软、噪音较小、各种生活用具齐备完好，服务人员能够始终如一地提供优质服务，以保证自己能够充分休息以减轻疲劳。

3. 文明礼貌充分尊重客人

对客人的尊重是从服务员文明礼貌的行为举止上表现出来的。

（1）及时满足客人需求。注意房门上的“请勿打扰”和“请速打扫”牌，不打扰正在休息的客人，立即清扫客人需要清扫的房间。

（2）注意礼貌礼节、充分尊重客人。微笑服务，称呼客人使用尊称，与客人讲话使用礼貌用语。游客住宿期间对其房间拥有使用权，服务人员应客人要求进房服务应注意礼节，经允许方可进入，不可通过门缝偷窥客人；不可嘲笑用错客房设备的客人，更不可嘲笑或嘲弄有生理缺陷的游客；对于损坏设备或企图带走客房用品的游客，应婉转、礼貌的告知饭店的规定，不可伤害客人的自尊心。

1）给错了的客人一个体面的台阶。服务员追上企图逃账的客人：“对不起，先生，我忘记给您结算房费了。”客人付账后，服务员又说：“谢谢，耽误您时间了，欢迎下次再来我们宾馆。”显然，服务员既避免了宾馆的损失，又给客人一个体面的台阶，客人会在心里感激服务员的。但是，如果服务员抓住客人指责他企图逃账，客人很可能为了面子死不认账，反而投诉你污辱了他的人格，给解决矛盾带来了麻烦。

2）给并无恶意的客人一些体谅。一位外宾，用十分笨拙的汉语对为他忙前忙后的服务员说：“小姐，我爱你。”训练有素的服务员当即分析外宾这个“爱”字，除了友好和称赞之外并无恶意，只是没弄清含义和用法。于是，她微笑着说：“谢谢您，我也‘爱’您，爱所有的客人。”周围的人提着的心这时一下就放下了。可见对客人一些不恰当举动要分析主观原因，做好语言处理避免冤枉并无恶意的客人。

3）给道歉的客人一份安慰。客人因为误会了服务员而深感内疚，于是当面道歉。服务员真诚地说："没关系，您不是有意的。"这些宽慰的话，让他不安的心理得到了抚慰，体现了服务人员的豁达、周到。

4）不要轻易说"不"。

（3）加强自身修养、不卑不亢。在客房工作，偶尔会遇到无理的客人，服务人员要做到自尊自爱、临辱不怒。要求服务员在服务时要稳重、热情而有度，遇到无理客人时沉着冷静、以文雅对无理、维护饭店和国家的荣誉。

4. 热情周到、提供超常服务

热情周到是指服务员要把服务工作做在客人开口之前，主动迎送客人、主动与客人打招呼、主动照顾老弱病残等，想客人之所想，急客人之所急。所谓"超常服务"就是超过常规服务的服务，为客人提供规范外的额外服务，这也是优质服务的主要表现形式。

四、餐厅服务心理

"民以食为天"，人类生活领域中最起码、最基本的活动就是饮食。对于饭店来说，餐厅是饭店的重要服务部门，也是增加饭店收入的主要渠道之一，一般来说，餐厅的营业收入占饭店收入的35%左右，优质的餐饮服务不仅影响饭店的形象和声誉，而且还影响客人的心理需要。

（一）游客餐厅心理分析

1. 求安全卫生的心理

游客在餐厅用餐，人身安全和财物安全是游客的最基本要求，主要包括卫生和财产安全两个方面。"病从口入"，游客最担心的就是在餐厅吃到不干净的、受污染的食物，客人只有处在清洁卫生的就餐环境中，才能产生安全感和舒适感。在餐厅用餐，游客也希望他们带进餐厅的财物、孩子不因自己的粗心或者服务人员的疏忽而丢失或者受到伤害。客人要求餐厅干净卫生的心理首先表现在希望餐厅的整体环境要整洁干净、空气清新，使人心情舒畅；其次希望餐厅对餐具能够进行消毒处理，菜品的制作工艺和服务人员的各项操作能够符合卫生规范，使客人吃得放心。

2. 求尊重的心理

在餐厅服务中，要注意满足客人的受尊重的需要。尊重需要作为人的一种较高层次的需要，贯穿于整个旅游活动中，在餐厅服务心理中表现得尤为突出。常言道："宁喝顺心汤，不吃受气饭"。若游客在餐厅中未得到尊重的满足，再好的美味佳肴也会食之无味。如果服务上的不慎或怠慢，餐厅的其他努力都是无效的。如果服务员记住了客人的某种爱好则会使客人因感动而成为常客。

客人的选择需要受到尊重：服务员不能因为客人选择了廉价的菜品而怠慢客人。

客人的饮食习惯需要受到尊重：不歧视客人特殊的饮食习俗，客人的特殊习俗包括：信仰伊斯兰教的人不吃猪肉、信仰佛教的人吃素等。

客人的行为活动受到尊重：要求服务员面带微笑迎送客人，及时满足客人的合理要求。

3. 求快速的心理

客人来到餐厅、点菜后，都希望餐厅能够快速上菜，而不希望长时间的等待。其原因有以下几个方面：

（1）因为现代生活的快节奏使人们形成了一种紧张感，养成了快速的心理定势，加之有些游客行程安排较紧张，过慢的节奏使人不舒服，也不适应。

（2）一些客人就餐后还要做其他的事情，如继续旅游、赶车（飞机），所以他们要求提供快速的餐饮服务。

（3）心理学的研究表明，期待目标出现前的一段时间使人体验到一种无聊甚至痛苦。从时间知觉上看，对期待目标物出现之前的那段时间，人们会在心理上产生放大现象，觉得时间过得慢，时间变得更长。

（4）客人饥肠辘辘时如果餐厅上菜时间过长，更会使客人难以忍受。当人处于饥饿时，由于血糖下降，容易发怒。最后，客人就餐完毕后，也希望及时快速地结账，尽量少浪费时间。

4. 求公平的心理

公平合理也是客人对餐厅服务的基本要求。只有当客人认为在接待上、在价格上是公平合理的。才会产生心理上的平衡，感到没有受到歧视和欺骗。按照斯塔西·亚当斯的公平理论，人们的公平感是通过比较而产生的，因而是相对的。客人在用餐期间存在以下几种情况：

（1）同一餐厅的不同客人之间、同类型、同等档次的餐厅在价格上、数量上以及接待上的不同都会引起客人对“公平”的评判。如果客人在就餐的过程中，因为外表、财势或消费金额上的不同而受到不同的接待，他就会觉得不公平合理，就会不满意。

（2）客人根据餐厅的收费和其所提供的服务权衡自己的付出是否物有所值、这种交易是否公平。

5. 求新求知的心理

游客在餐厅用餐，除了满足其生理需求外，品尝美味佳肴及中国传统的地方特色食品也是他们的需求之一，如北京的全聚德烤鸭、天津的狗不理包子、沈阳的老边饺子、山西的刀削面、陕西的羊肉泡馍都吸引着游客慕名而来。心理学的研究指出：凡是新奇的事物总是引人注目，激起人们的兴趣，引发人们的求知欲。游客在品尝菜肴时还希望了解特色菜品的来历、制作方法、营养价值等，有的顾客还会对喜欢的菜肴拍照，对厨师的制作过程进行摄像等，这都是游客求新求知的心理。

（二）餐厅服务心理策略

1. 打造清洁卫生的就餐环境

客人对餐厅卫生的要求体现在环境、餐具和食品几方面：

（1）环境卫生。良好的卫生环境会给人以安全、愉快、舒适的感觉。餐厅是供客人就餐的场所，应该随时都整洁卫生，要做到空气清新，地面洁净无污垢杂物，并铺有防滑地毯，墙壁无灰尘、无污染，窗明门净，餐桌餐椅整齐干净，台布、口布洁净无瑕，厅内无蚊无蝇无害虫，游客用餐后及时清桌翻台。只有这样客人才能放心地坐下来就餐，否则，他们将会重新选择就餐的场所。

（2）餐具卫生。餐具应无缺口、破损，餐巾干净整洁，餐厅必须配有与营业性质相适应的专门的消毒设备，同时要有足够的可供周转的餐具，以保证餐具件件消毒，满足客人卫生需求，使客人放心用餐。

(3) 食品卫生。餐饮部要严格执行《中华人民共和国食品卫生法》，在采购、验收、制作、销售等环节上把好关，不让腐败变质受污染的食品流入餐厅。厨具卫生，特别是凉拌菜要用专用的消毒处理工具制作，防止生、熟、荤、素菜直接的交叉污染。食品饮料一定要在保质期内，坚决禁止供应过期食品。餐厅服务人员在为游客上菜前，要把好最后一个关口，用感观检查菜肴是否符合卫生要求，如颜色、气味是否正常，菜肴中是否有异物等。

(4) 按卫生操作规范提供服务。服务操作是游客在场的服务，餐厅人员在餐台布置、餐桌准备、餐中的服务上菜、配菜、倒酒等方面，都应按卫生的操作规范提供服务。如上菜时应使用托盘，手指切忌触碰食物，为客人送杯具时，手指不可接触杯口等，不然容易引起客人心理上的不卫生感甚至厌恶感，降低食欲。

2. 满足客人的自尊心理

为迎合游客在餐厅求尊重的强烈心理需求，可采用如下的心理策略：

(1) 微笑、热情迎送游客。到餐厅就餐的客人首先接受到的是服务人员热情接待。对于第一次来店的客人，服务员要热情迎接、礼貌称呼，对于常客，服务员要直呼其名和尊称，如黎经理等，使客人在亲朋好友面前获得较大的自尊满足。如果有较多的客人同时到达，服务人员不能一一应接，在展现亲切的微笑时眼睛最好呈“散光”状态面向所有的客人，使每个人都感到受到尊重，不能顾此失彼。

(2) 领座恰当。客人到餐厅就餐，服务员应根据客人的特殊性和客人的意愿安排合适的座位，在领座过程中，要征询客人的意见，由客人决定坐在什么位置，如将夫妻或情侣安排到僻静的地方。

(3) 尊重习俗。服务人员在介绍菜单、帮助上菜倒酒和派菜等服务上除应注意服务技巧外，还应尊重客人的风俗习惯、生活习惯。这就要求服务人员熟悉有关的知识，精心准备各类传统食品，只有这样才会让客人有“宾至如归”的感觉，他们会因自己受到服务人员的尊重而满意。

(4) 使用敬语。在整个服务过程中都不能离开“请”、“谢谢”、“对不起”等敬语，在使用敬语时要谦恭、得体，让游客从服务员的语调和口气中感觉到态度的诚恳。在餐厅服务中，若多用“请”字，往往使客人感到尊重的满足。如顾客临门，服务员主动招呼“请进，欢迎光临用餐”；进门后，服务人员引领客人到位后说“请坐”、“请点菜”；上菜前先招呼客人“请用茶”；当一盘菜上桌时招呼“请用餐”；若有顾客感到菜淡或要辣味时，服务人员就立即取来调料并说“请自己适量添加”。客人进入酒店餐厅，若服务人员“请”字不离口，顾客进餐一次便多食了若干个“请”字。这样的饮食、精神双饱食正是客人所渴望的。

3. 满足游客求快速的心理

(1) 提供安客茶。客人点菜后往往不能马上上菜，这时需要服务人员献上“安客茶”和小吃碟，让客人边喝茶边等待，这样就使客人不会觉得等待无聊，从而缩短客人的心理等待时间。

(2) 备有快餐食品。对急于就餐的客人，服务人员应向其介绍一些现成的菜品、烹制速度较快的食品。如现在比较流行的快餐盒饭、方便面、熟菜、烧好的各种混合菜等可满足这类游客的需要。

（3）反应迅速，简化手续。游客一进入餐厅，服务人员应及时安排好他们的座位并递上菜单。在席间服务时要反应迅速，及时发现客人的需求，随叫随到，尽快满足客人的需求，以迎合客人求快的心理需求。

（4）尽快结账。游客用餐完毕，账单应及时送到，如果因付账而等待，也许刚才吃得很愉快的那种美好情绪完全遭到破坏，甚至激恼客人。所以，为满足食客求快的心理，既不应使客人饿着肚子等，也不能让客人吃饱了等。

4. 提供超值服务

游客到餐厅用餐都希望物有所值，一方面希望物美价廉，另一方面希望获得超值服务。

（1）明码标价，让游客明明白白消费，消除其受欺骗的感觉。

（2）推出促销活动，如部分菜品折让销售、累计消费固定金额可获得赠品、付账后发还一定金额的代金券，让游客感到实惠。

（3）提供个性化超值服务，将服务工作做在客人开口之前。如泉州酒店要求服务人员：

1）虽然游客碟中尚有食物，但他抬头看一眼或筷子放下，服务人员应知道他不想吃了，上前去收碟子。

2）有时游客用完一道菜，往自己面前的餐具看了看，似乎在寻找什么，服务人员要想到他可能需要牙签，应立刻递上。

3）游客用餐过程中用香巾擦额头，应询问是否要将空调开大。

4）游客听电话时有手势比划，应及时送上纸和笔。

5）游客在用餐过程中，突然站起，走几步后又似乎要向服务人员发问，服务人员应估计到游客想上洗手间，要快步上前，轻声告之或带游客去。

6）当游客坐在茶几边，取出一支香烟后，摸了又摸口袋，他多半是找不到打火机了，服务人员应迅速把火柴送上，并摆上烟灰缸。

5. 满足游客求新求知心理

（1）创立地方特色菜肴、名点，满足客人求新心理。餐厅的经营应在特色上下工夫，创建本地、本餐厅的特色食品和名菜、名点，引导游客慕名而来，食之有趣、有味，满意而归。如黑龙江的猪肉炖粉条、南京的板鸭、北京全聚德的烤鸭等。另外，如果把统一的餐具换成专门为不同餐厅定制的配套餐具，把“永不变色”的台布和餐巾、三餐一律的菜单作一些周期性改变，在食品上推出些逆时令反季节品类，在风味、装饰、音乐和促销方式上作些有特色的创新，将会大大提高游客的兴味。

（2）服务员掌握菜品的制作方法和相关典故，满足客人的求知心理。中国是世界三大烹饪王国之一，中国菜在世界烹饪艺术园地上也是一枝独秀，菜品灵秀精巧、精雕细刻的造型工艺，色、香、味、形、器、名浑然一体的和谐美，充分展现了东方饮食文化艺术的魅力，常常令海外游客惊叹不已。因此，服务员应熟练掌握本餐厅菜单内各式菜肴的用料、配料、烹制方法、营养价值、食用方法以及名称的寓意等知识，特别是当餐厅推出的特色菜，服务人员应事先熟练掌握，以便在游客点菜时作充分的介绍。游客特别是外宾常对艺术拼盘和工艺名菜赞不绝口并拍照留念，服务人员要能从最佳角度帮助拍照或赠送事先已准备好的相关图片。

五、康乐服务心理

（一）游客在康乐活动中的心理需求

（1）安全保障的心理需求。客人计划去某一康乐场所消费时，首先考虑的是安全问题。客人会注意康乐场所是否拥有良好的防火防盗设施与环境。另外，客人在娱乐、健身设施上也会对安全问题非常敏感。

（2）保健心理需求。客人想通过康乐活动达到保健身体、保持活力的目的。同时包含对康乐项目趣味性、新奇性、健身性、高雅性的需求。

（3）同步心理需求。由于社会时尚、潮流、风气等社会因素的影响，客人会产生从众心理，导致迎合某种消费时尚的同步心理。

（4）求实心理需求。客人抱有求实心理，希望得到价值上的心理平衡，即在消费某些康乐项目时感到物有所值。

（5）爱美的心理需求。爱美之心人皆有之，这就是人们在康乐消费中追求美的心理。随着科技发展和经济生活水准的提高，人们对美的追求会更加强烈，而且审美观念会不断发生变化。

（二）康乐服务的心理策略

（1）服务员应认真仔细地检查设施、设备，保持各种设备的完好，随时掌握健身客人的异常情况，在娱乐、健身设施上充分考虑安全问题，满足客人求安全保障的心理需求。

（2）康乐场所因地、因店、因时制宜配备康乐项目，提供健身房、游泳、网球等体育项目，要满足客人求健康的心理需求。

（3）康乐场所应设立能迎合社会时尚与潮流的康乐项目，满足客人求同步的心理需求。同时注重康乐服务人员的素质培养，从业人员具有娴熟的技能，能为客人提供专项服务、专项咨询、保护服务。

（4）康乐服务员应在服务中体现康乐服务项目的物有所值，满足客人求实的心理需求。

（5）康乐场所应设立各种康体项目，如桑拿浴、按摩、美容化妆等能使客人的身心和肌肤达到美的效果，满足客人爱美的心理需求。还要做好饮料销售等细微服务工作。

单元四　旅游投诉心理分析

旅游投诉是客我冲突的一种表现形式。从游客的角度来讲，首先是一种主观上的判断，认为自己的旅游权益受到侵害，或者认为被投诉者的工作有进一步改善和提高的必要，而向有关人员和部门进行反映或要求给予旅游服务工作者处理。投诉是不可避免的，旅游企业积极解决投诉能够消除客人不良情绪，并提高企业服务和管理水平。

一、旅游投诉原因的心理分析

旅游投诉主要是因为游客在旅游消费过程中遇到了风险，而且这种风险足以使游客感到精神失落、心情不佳。为了弥补和平衡这种心理上的不适，游客会采用投诉的方式解决。

（一）旅游投诉的原因

（1）因旅游质量引起的投诉。主要表现在对交通工具、饭店、餐饮等不满。对旅游日程、线路不满。

（2）因服务不当引起的投诉。主要表现在服务人员的服务恶劣。联系事项、信息不准确，经常变更活动日程。导游服务质量差，如语言、态度粗暴，不遵守时间，轻易改变或削减活动项目，对不同的客人礼遇有别，对特殊游客的过分亲近等，会伤害游客自尊心，引起他们的反感和心理不适。

（3）因旅途中的外界因素引起的投诉。主要表现在战争、天灾、罢工突然爆发。交通事故、火灾等偶发事件影响旅游活动。游客发生伤害、生病、被盗事故。

（4）除我国《旅游投诉暂行规定》外，违反下列国际惯例的也会引起游客的投诉。在旅行社对游客享受的服务标准不作任何口头或文字说明的情况下，游客至少能享受在本国所能享受的最起码的标准服务，否则即可投诉。

旅行社的旅游说明材料必须对所提供的旅游服务作真实、清楚和全面的说明，其中包括对饭店评价的重要标准。如果所作说明与实际情况不符，也将导致游客的投诉行为。

（二）旅游投诉时的心理特征

游客感到不满而投诉，实际上是一个循序渐进的发展过程：先是因不满而产生抵触心理，如闷闷不乐、爱搭不理等，这是冲突的潜在阶段；然后会因为心理上的挫折和损伤无法得到补偿而愤愤不平，感情抵触上升为行为抵触，或投诉、或冲突，达到纠纷的爆发阶段和高潮阶段。从旅游投诉的原因中，可以看出旅游投诉具有明显的心理特征，概况如下：

（1）求保护的心理。游客的旅游投诉，是旅游主题的觉醒，是游客自我法律保护意识增强的具体体现。游客勇于用法律武器进行旅游投诉，从根本而言，主要出资游客寻求法律保护的心理需要。

（2）求尊重的心理。游客因为没有受到尊重，没有得到解释，没有得到赔礼道歉，没有辨明是非曲直，所以他们希望通过投诉的方式，求得尊重，获得同情。

（3）求发泄的心理。游客一旦遇到心理挫折，会愤愤不平，心情抑郁。他们希望通过投诉，是自己的不满和抑郁情绪得到发泄，以便让自己的负面情绪有所缓解。

（4）求补偿的心理。寻求尊重的心理和寻求发泄的心理，主要属于精神方面的内容，而寻求补偿的心理则主要属于物质方面的内容。游客在旅游过程中，因旅游经营单位的过错或过失造成了一定的经济损失，如意外交通事故，保管财务被盗，食物中毒等，就希望通过投诉获得经济和精神上的补偿。

二、旅游投诉时的处理

旅游投诉是旅游工作的延续，接待客人投诉的过程也是向客人进行补救性的心理服务的一个重要组成部分，所以，必须耐心而诚恳地接待客人的投诉。

（一）旅游投诉的功能

（1）消除不良情绪。通过解决旅游投诉，可以消除投诉者的不良情绪，达到为游客构建美好经历的目的，为旅游企业挽回声誉。

（2）改进服务工作。游客的投诉可以使企业知道的服务与产品在哪些方面尚待提高，有助于提高服务质量，最终赢得客人的满意。

（二）旅游投诉处理的原则

（1）要早。要早发现、早预防、早解决。旅行企业的每个员工都必须具有敏锐的洞察力，及时发现工作中存在的问题，从而在最早的时间里进行改正，使事故防患于未然，将主动权牢牢掌握在旅行社自己手中。

（2）要快。反应要快、效率要高。旅行企业在接到投诉后，在第一时间与客人取得沟通，以高效的工作作风拉近旅行社与客人之间的距离，才能不断提高客人对旅行社服务的感知度。

（3）要诚。诚实、诚信、坦率。“态度决定一切”，诚信的态度是企业形象的展示，要做到“言必行、行必果”，以坦诚的心态面对客人投诉。

（4）要恒。时刻警惕、长久执行。旅游企业不可能一朝一夕就把客人投诉控制为零。有旅游消费就会有不满，当企业刚刚把某个共性的投诉解决时，另一个问题可能又会发生。因此，企业经营者只有思想认识到位才能持之以恒，不断健全企业制度，发扬团队精神，提高员工素质，减少责任投诉的发生。

（三）旅游投诉处理的步骤

（1）立即向客人认错、表示道歉。游客投诉，无非是为了讨回一个公道，讨回一些面子，他们既然来了，被投诉者就应该想办法满足他们这种心理需要。加入投诉事实比较清楚，是非分明，而且的确错在自己，被投诉者的领导和上级主管部门就应该主动诚恳地向客人道歉，并对客人表示感谢。

有些投诉常常起因于误会，如果是客人误解了，接待者仍然可以表示歉意，不要阻拦对方提出自己的要求，更不要指责或暗示客人错了，也不要马上进行自我辩解，与客人争吵时绝对不会取胜的。客人比较容易接受旅游工作者采取表示歉意的态度。即使客人真的错了，辩解也毫无益处，而道歉是不需要成本的，道歉使投诉者觉得你态度诚恳，能够消除客人的怨气，怒气消下去了，客人是会意识到自己是不对的。不管如何，客人的意见总是对我们改进工作的一种帮助，因此，同样应该向客人表示感谢。

需要注意的是，在表示道歉时，要表示出一种诚意。心里如果不服气，虽然嘴上说着道歉的话，脸上还是会流露出不满的表情，所以道歉必须是发自内心的才能使客人接受。

（2）对客人表示安慰和同情。前来投诉的客人一般总是觉得自己受到了伤害，要求主持公道的。这时，旅游工作者必须对客人表示安抚和同情。这是抚慰投诉者已经受伤的心灵的最好办法，也是把他的注意力引向解决问题，而不是拘泥于令人烦恼的细节和令人沮丧的情绪的唯一途径。

（3）抓住申诉的核心内容。旅游工作者应倾听客人的陈述并正确理解客人讲的话，要想办法使客人申诉的具体、客观一些，要抓住客人申诉的核心，并可以提出一些问题来澄清事实。旅游工作者要对客人对他的信任表示感谢，并将申诉内容提纲挈领地总结和重复一下，看是否与客人的申诉相一致。

（4）采取积极的行动，尽快找到解决问题的办法。应在尽可能短的时间内处理好客人的投诉，让失望的客人能得到满意的回答。如果处理只需短时间的考虑，或者客人只限定两小时的期限，旅游工作者应在谈话结束时把下次碰头的地点和时间告诉客人。如果不能立即提出解决办法，那旅游工作者必须设法弥补客人等待的时间。为使客人能很好地度过这段等待时间，旅游工作者应提出有吸引力的建议，如参观名胜古迹、看体育比赛、健身等。

(5) 妥善解决问题，继续服务。问题解决后要把解决问题的方法步骤和最后结果用书信便条或电话通知有关客人，要确保诺言的兑现，并追踪一下确定客人是否真正满意事情的处理结果，同时感谢客人的谅解和协作，继续为其提供热情周到的服务。

(6) 事后总结，做好记录。总结分析对积累经验、改进工作大有好处。对被投诉的对象，只有清醒地认识到工作中存在的问题和不足，不断加以改进，才会使服务质量大大提高，避免投诉，增强满意度。

(四) 旅游投诉处理的技巧

1. 热情接待

无论是电话投诉、网络投诉或是上门投诉，被投诉单位都应该热情接待。特别是上门投诉，投诉接待人应该请客人坐下，或者陪伴客人到宁静、舒适和相对隔离的地方去，如前台办公室或游客关系部办公室，以避免顾客投诉的激烈情绪在公共场合传播。为了使顾客有平等、亲切的感觉，要与顾客一起坐在沙发上，彼此之间不要有办公桌的间隔，以营造促膝谈心的气氛。最好能给客人倒上一杯茶，使顾客有一种被尊重的感觉，建立易于沟通的基础。接待投诉的工作人员尽量不要安排小年轻，否则容易给投诉者敷衍了事的感觉。如果遇到一些重要的投诉，要尽可能请被投诉单位的高层领导亲自接待，使旅游投诉者有收到尊重的感觉。经验表明，旅游投诉接待是否热情、是否重视，是能否妥善处理旅游投诉者的基础。如果旅游投诉接待得好，旅游投诉者会因为受到尊重，心情就变得轻松舒畅。

2. 耐心倾听

旅游投诉者大多性格外向，性情急躁，仿佛有倒不尽的苦水，说不完的委屈，加上投诉时大多心情激愤，所以，难免出现说话颠三倒四的现象。对此投诉接待人员应该予以理解，耐心而又认真地倾听，弄清楚事情的来龙去脉，必要时还可以用适当的手势和表情来表示你对顾客讲话的内容很感兴趣。

让客人说话，鼓励对方把事情经过说出来，绝不要打断对方的诉说。要有礼貌，有耐心，专注地聆听，千万不要让客人感到他的投诉无足轻重。要敏感地洞察对方感到委屈、沮丧和失望之处，不能无视对方的情绪。要设身处地为客人着想。有效引导对方明白，如果想使问题得到解决，与其与你争吵不如与你建立起在互相支持、互相宽容的基础上的合作。

3. 书面记录

为了表示对游客投诉的尊重，旅游投诉接待人员还可以进行必要的书面记录。这样，既可以让旅游投诉者感到他的意见得到重视，同时也可以让游客急躁的情绪因记录速度的放慢而得到缓解和放松。进行记录，必要时可以用自己的语言重复一遍客人的投诉。重复对方的话有几个好处：首先可以使客人知道你在认真倾听并了解了他的问题；其次可以避免冲突，平息客人的不满情绪；第三可以为自己赢得思考问题的时间。这样的反馈能够降低客人的抱怨，为顺利解决问题奠定基础。

4. 保持冷静

在整个旅游投诉的接待中，旅游投诉接待人员应该自始至终抱着冷静和沉着的态度，做一个“忠实”的听众。不要过多地打断插话，更不要轻易地分辨、反驳或顶撞客人，即使客人态度蛮横、出言不逊，也要以容忍的态度保持冷静。我们相信，即使旅游投诉者脾气极端暴躁，但只要旅游接待人员始终以冷静诚恳的态度对待，久而久之，旅游投诉者也会觉得自讨没趣而不得不压抑自己过于激动的情绪。

5. 恰当处理

游客投诉，总要有个结果，有些当场可以出结果，有些却要等真相弄清以后才能给出，但不管什么时候，恰当是原则。只有处理得当，旅游投诉者才会愤愤而来，满意而去。处理有些投诉，不但要向客人道歉，而且还要做出补偿性的处理，而这种补偿性处理必须符合客人的意愿。例如，客人投诉菜肴变质问题，处理者就不能简单地向客人道歉之后就单方面自作主张换上一盘。应该先征求一下客人的意见，并提出选择方案，如换一盘、或退掉、或赠送果盘、或赠送代金券等，以供客人选择参考。

遵循以上处理原则、步骤及技巧，多数投诉可以圆满解决。对于游客的投诉，作为被投诉者的主管部门和旅游投诉管理机构，应该把它看做是改进自己工作中存在的不足的推动力和促进力，持以诚恳且欢迎的态度，而不应敷衍了事。如果投诉时处理不当，旅游纠纷不仅不能和解，而且还会进一步激化，甚至最后不得不诉诸法律。为了避免上述情况的发生，旅游企业和旅游工作者必须慎重处理投诉。

要 点 概 述

本章通过分析旅游环节的心理过程、宾客入住酒店的心理过程、旅游投诉心理以及会议会展心理，具体的包括游客心理、导游心理、旅行社计调心理、旅行社销售心理、旅行社外联心理、酒店各部门心理、旅游投诉心理等，通过分析客人消费心理以及服务环节心理，来寻找工作技巧和对策，从而达到为服务人员认识工作、认识服务对象以及正确为自己定位、正确开展工作等方面奠定基础。

复习思考题

15-1　导游如何针对现代游客心理特征展开服务？

15-2　游客在旅游活动不同阶段有什么心理变化，导游有哪些心理对策？

15-3　如何针对不同客人开展门店销售活动？请举例说明。

15-4　在酒店前厅、客房、餐厅、康乐等部门，如何针对宾客心理开展服务？

15-5　处理旅游投诉的技巧有哪些？

第十六章　服务中的心理学

服务心理学是心理学理论在服务工作中的应用，是一门应用心理学学科。学习服务心理学，一方面使服务人员了解服务业对从业人员的心理素质的要求，适应职业需要，利于市场竞争。另一方面，使服务人员掌握在工作实践中如何与客户交往，了解客户需求，树立服务意识，提高服务质量。

单元一　服务与心理学

服务的姿态决定服务的最终接受度

一位教育心理学家在散步时，发现一个小女孩趴在草丛中正神情专注地喃喃低语，心理学家站在小女孩旁边观察了好一会，也没有发现小女孩这样做的原因，于是心理学家同小女孩一样趴下来，发现小女孩正在与草丛中的蚂蚁对话，于是理解了小女孩的行为。这就是蹲跪效应。

有位家长双休日领着三岁的孩子逛商场，家长逛得兴趣盎然，而孩子却撅着嘴不愿意逛，妈妈很奇怪，觉得商场这么热闹孩子为什么不愿意逛，就在她蹲下来问孩子的一刹那间，她自己找到了答案。因为孩子很小，在他的高度看到的都是人的大腿。这位妈妈赶紧把孩子抱起来，孩子顿时有了精神和笑脸，说："妈妈，商场有这么多好看的东西啊！"

这两个故事运用到服务中来，告诉大家服务人员如果总是以俯视的姿态去对待客户，不了解客户的认知特点，不能站在客户的角度去考虑问题，尽管你是正确的，但效果却常常不佳。不论多么强大、富有实力，都必须蹲下来、跪下来，和富裕的平凡的甚至贫穷的客户对话，这样才能深入地了解客户的需求，从而建立长久的、忠诚的客户关系。

一、服务业

（一）服务业界定

服务业是国际上通行的产业分类概念，指那些以提供非实物产品为主的行业。在我国，服务业通称为第三产业，是指除第一、第二产业外的其他各行业，基本可以分为以下四类：

（1）基础服务。包括通信服务和信息服务，信息服务又包括信息技术服务和信息内容服务等。

（2）生产和市场服务。包括金融（银行、证券、保险）、物流、批发、电子商务、农业支撑服务以及包括中介和咨询等专业服务。

（3）个人消费服务。包括教育、医疗保健、住宿、餐饮、文化娱乐、旅游、房地产、商品零售等。

（4）公共服务。包括政府的公共管理服务、基础教育、公共卫生、医疗以及公益性信息服务等。

(二) 我国服务业发展现状

服务业是市场经济的基础产业和经济国际化的先导产业，其发展水平已经成为衡量一个国家和地区经济社会发展水平高低和现代化程度的重要标志。改革开放以来我国服务业发展迅速，服务业增加值在国民生产总值中的比重不断提高，服务业就业人数不断增加，已经成为吸纳就业的主渠道。

但是我国服务业发展水平还相对滞后，同发达国家有着较大的差距。主要体现在服务理念、服务态度以及服务质量等方面。

二、服务

(一) 对服务的认识

服务是指为他人做事，并使他人从中受益的一种有偿或无偿的活动。不以实物形式而以提供活劳动的形式满足他人某种特殊需要。活劳动（ living labour ）指在物质资料生产过程中发挥作用的能动的劳动力，是劳动者加进生产过程的新的、流动状态的劳动。活劳动是创造价值的劳动，是价值的唯一源泉，它作为新的劳动，不但物化成新的价值，还保存了原先存在于生产资料的价值并将其转移到产品中去，马克思把活劳动这一作用称为它的“自然恩惠”（《马克思恩格斯全集》第23卷，第665页）。

1. 作为一种精神现象的服务

服务是人类特有的一种精神现象，是人类进步的必然产物。许多组织无法提供全面的品质服务，并不是因为领导人不知道达成目标所需的观念和技术条件，而是他们不知道全面品质服务的关键在于精神层面而不是物质层面，如果把服务制度化，人则只是完成某项工作的工具。

2. 作为一种人生态度的服务

在服务优异的组织中，服务不是标签或技术，而是一种生活方式。以人为本，把人作为服务对象，以发展并完善人的个性为宗旨，真正快乐的是那些寻求并发现如何服务他人的人，成功的企业能够为他们提供良好的环境和条件。

3. 作为一种竞争策略的服务

在服务经济时代，为赢得竞争优势，把服务作为企业竞争策略是重要手段，越来越多的企业把服务作为利润的支柱，制定服务战略，提升服务理念，创建服务导向的组织文化，只有以优质服务为顾客提供丰富价值，加强与顾客之间的联系，提高他们的满意度，才能取得长久的竞争优势。

4. 作为一种审美艺术的服务

在这个层面上，服务是一种工作标准、流程的组成部分，是一种再创造的过程。服务人员的服务艺术是服务人员的外在形象和内心在心灵美的和谐统一，是良好的服务态度和高超的服务技能的自然结合。

5. 作为取悦顾客的一种技能服务

服务技能的研究是服务管理中的热门，它具有实用性和功能性。主要包括现有的服务经验、规律、模式和技能。在具体的实践中，一个富有服务个性、服务的人生态度的人，一旦想为顾客提供优质服务，必须要了解服务技能，并且能够不露痕迹、挥洒自如地运用这些技能，所以这也是服务人员必须具备的素质。

（二）服务的特性

1. 基本性质

（1）无形性：无法捕捉、无法实现评估。

（2）并发性：大多是生产与消费同步的。

（3）异质性：服务很难标准化。

（4）易逝性：不被储存、转让、退回。

2. 特有属性

（1）主观性：服务是人际互动的行为，服务人员和顾客都影响服务质量。

（2）整体性：强调各环节紧密相扣。

（3）过程性：强调组织内相互协调、相互支持、相互衔接。

（4）开放性：发挥顾客作为服务过程参与者的作用，提高服务质量。

（三）服务标准

一般的服务企业都有服务标准，无论是旅游服务、交通服务、商业服务、市场服务、信息服务。具有共性的是：

（1）我为人人，人人为我。

（2）诚实守信。

（3）以顾客为中心。

（4）顾客至上，服务第一。

（5）一视同仁。

（6）主随客便。

（7）不断适应。

（8）不断创新。

随着我国市场化改革的逐步深入，服务对于第三产业中主要是以服务为主的行业显得越来越重要，它不仅仅是行业竞争的一种手段、措施，为客户提供其所需要的一切服务，正在成为服务行业从业人员的自觉理念和努力方向。

三、服务心理学的发展

服务心理学是心理学理论在服务工作中的应用，是一门应用心理学，主要研究客户在接受服务过程中心理发展变化的一般规律，以及研究服务人员自身在提供服务过程中心理的发展与变化。

（一）服务心理学产生的理论基础

心理学为服务心理学的研究提供了最基本的理论和方法，掌握好现代心理学主要学派的基础知识，是研究服务心理学的重要前提。服务心理学产生的理论基础是行为主义心理学；精神分析心理学和人本主义心理学。

（二）学习服务心理学的意义

服务行业现已成为国民经济中的一个重要的支柱产业。随着服务行业的飞速发展，对服务心理学的学习和研究提出了越来越高的要求。学习和研究服务心理学有助于提高服务质量，进而提高人们的生活质量；有助于提高服务行业的经营和管理水平，进而促进服务行业的发展；有利于科学、合理地开发服务资源和安排服务设施。

西方认为服务就是SERVICE

S—Smile（微笑）：其含义是服务人员应该对每一位宾客提供微笑服务。

E—Excellent（出色）：其含义是服务人员将每一服务程序，每一微小的服务工作都做得很出色（向右的咖啡杯）。

R—Ready（准备好）：其含义是服务人员应该随时准备好为宾客服务。

V—Viewing（看待）：其含义是服务人员应该将每一位宾客看作是需要向其提供优质服务的贵宾。

I—Inviting（邀请）：其含义是服务人员在每一次接待服务结束时，都应该显示出诚意和敬意，主动邀请宾客再次光临。

C—Creating（创造）：其含义是每一位服务人员应该想方设法精心创造出使宾客能享受其热情服务的氛围。

E—Eye（眼光）：其含义是每一位服务人员始终应该以热情友好的眼光关注宾客，适应宾客心理，预测宾客要求及时提供有效的服务，使宾客时刻感受到服务人员在关心自己。

四、服务心理学的研究内容

服务心理学是研究客户与服务提供者在服务交往活动中心理现象、行为规律以及交往技巧的一门新兴应用心理学。学习服务心理学目的是以掌握客户心理为前提，提升服务者的服务能力及心理素质，提高服务质量，推动服务业整体健康发展。

客户进入服务场所，无论是用餐还是住宿，是娱乐还是购物，或是开会参观，或是外出旅游，他们都是进行消费活动。这些活动都是心理活动和行为的表现。服务心理学的研究内容就是客户在消费活动中的各种心理变化及其规律。服务业离不开服务员，服务质量的优劣，在极大程度上取决于服务人员心理素质的高低。因此，服务心理学另一个研究内容就是服务员心理素质的培养。服务是在客户与服务员之间进行的，研究它们之间相互作用时的心理特点及规律也成了服务心理学的研究内容。

单元二　客户心理与服务

一、感知觉与服务工作

（一）树立良好的个人形象

客户在消费过程中，往往追求一种比平常生活更高标准的享受。客户最先感觉到的就是服务人员，服务人员的形象如何，将给客户留下不同印象。

（1）外表要求。五官端正，能显示健康活力。因为优美的身体容貌可以使人在视觉上产生舒适感，在心理上产生亲切感。

（2）服饰要求。色彩和式样和谐，色彩搭配和谐，式样简单大方，与工作内容协调。无论着什么服饰都要求整洁，便于工作，不能高贵，给客人以庄重的感知觉。

（3）语言要求。使用礼貌用语，合适称呼，友好得体，回答问题语言精练、生动。

（4）举止神态。要求服务员所做的事符合职业道德标准，符合服务员这个特定的角色，站、走要符合规范。微笑具有较强的感染力，最能给客人留下美好的感知觉。

（二）形成良好的服务态度

1. 服务态度的作用

服务态度是指服务员对客户在言行、表情、行为举止方面所表现出来的一种心理倾向。服务态度不仅具有浓厚的职业色彩，而且还具有浓厚的感情色彩，对客户的心理和行为产生重要的作用和深刻的影响。首先态度具有感召与逐客的功能。良好的服务态度对客户会产生吸引力，它犹如黏合剂，使客户与服务员更加亲近，吸引客户再次回顾；而劣质的服务态度会给客户造成心理反感，使客人心灰意冷，望而却步，另辟蹊径。其次服务态度具有感化和激化功能。良好的服务态度能化解客户的不满情绪和转变态度的方向；而劣质的服务态度不仅使客户情绪波动，产生不安、烦躁，甚至还会使客户理智失控，发生矛盾。因此，任何一种服务行业都应该将培养服务员良好服务态度作为重点工作。

2. 形成良好服务态度的方法

（1）提高服务意识。服务员必须明确服务工作的特点，热爱本职工作，没有自卑感和厌恶感。

（2）加强修养。一名文化修养、职业道德修养和心理素质很好的服务员，眼界开阔，心襟宽广，理智感强，会自觉形成并保持良好的服务态度。

（3）完美服务行为。服务行为是服务态度的具体表现形式，他要求服务员有愉快的表情，有发自内心的自然微笑，站立姿势要挺直、自然、规矩，行走时要平稳、协调、精神，语言要规范、和气、文雅、谦逊，仪表要端庄，举止要稳健、自然，符合职业身份。

（三）创建良好的服务环境

根据感觉的原理，创建良好的内部环境，使客户产生美好的感知觉和愉快的消费情绪，从而留下难忘的印象，形成晕轮效应。

二、记忆、注意与服务工作

（一）记忆与服务工作

良好的记忆对每个人的学习、工作和生活都十分重要。在服务工作中，良好的记忆力能帮助服务人员及时回想出在服务环境中所需要的一切知识和技能，是优质服务的智力基础。服务人员应努力培养自己良好的记忆力。

（1）明确记忆的目的和任务，树立记忆的信心。

（2）及时复习，防止遗忘。

（3）合理安排记忆时间。

（4）利用科学记忆的方法去记忆。

（二）注意与服务工作

1. 根据客户注意的特征做好服务工作

（1）注意美化环境。环境要给人常新的感觉。体现意境美、整体美、装饰陈设美，特别是别具一格的地方更容易吸引注意。

（2）注意清洁卫生。一切设施、一切供应、内外环境都要保持卫生整洁。

（3）讲文明礼貌。客户有自我尊重的需要，十分注意服务员对自己的态度。

（4）价格公平。价格是否公平，服务是否公平，这是客户十分注意和敏感的问题。

(5) 设施新颖先进。对客户来说，新鲜的、好奇的事物很容易成为注意的对象；而刻板的、千篇一律的东西就不容易引起人们的注意。

2. 服务员要培养良好的注意品质

(1) 培养广泛而稳定的兴趣。兴趣和注意有密切的关系，它是培养注意力的一个重要的心理条件。服务员如果对工作有兴趣，就能提高注意力，从而提高服务质量。

(2) 努力提高注意的稳定性。明确工作的目的和重要性，将注意力集中在工作上，避免差错，排除干扰，培养坚强的意志力。

(3) 努力扩大注意的范围。服务员经常面临较复杂的场面，需要眼观六路耳听八方的本领。首先要熟悉工作，其次要不断积累知识和经验，在工作中锻炼自己，不断扩大注意范围。

(4) 提高注意的分配能力。服务员工作中常常要同时从事两项及以上工作，这就要求能合理的注意分配。注意的分配是有条件的，首先同时进行的活动中有一种是相当熟练的，接近自动化的程度，其次同时进行的活动应该是相互关联的，不能互相排斥。因此平时要训练基本功，使工作技能达到十分熟练的程度，才能进行合理的注意分配。

三、需要动机与服务工作

(一) 需要与服务工作

人的需要多种多样，有自然需要和社会需要之分；有物质需要和精神需要之别。客户在消费过程中，同时存在各种需要。服务中应充分了解客户的需求，采取针对性的服务。

1. 清洁卫生及安全第一

据资料表明，无论是对有形设施和对无形服务，清洁卫生都是客户最为重视的生理需要和心理需要。清洁卫生的环境、设施、设备和用具，服务员良好的清洁卫生习惯，都会给客户生理和心理上产生安全感和放心感。

2. 安静舒适及环境优美

安静、舒适、优美的环境，是衡量服务质量的重要标准之一。安静舒适的环境不仅可以满足客人休息、用餐、会客、洽谈等活动的需要，而且能产生愉快、满意的情绪，形成一种美的综合享受。

3. 方便快捷及高效服务

服务永远没有被动语态，它要求各部门向客人提供的服务应该在客人提出之前做到，并尽量为客户提供方便，即超常服务，以减少客户的困难，满足其特殊需要，从而使客户觉得方便、愉快，愿意成为回头客。

4. 主动热情及耐心周到

热情是一种强有力的、稳定而深厚的情感体验。对客户接待热情亲切，可以缩小交往的距离，减少客户的陌生感、疑虑感，促进情感融洽，便于交往。热情亲切的体现就是服务员的微笑，没有服务员的微笑便不会有客户的微笑和满意。

5. 以人为本及尊重为先

对客户尊重是服务行业的职业道德和职业意识。表现在对客服务中不掺杂个人情感；在服务交往中注意自己的职业身份；不参加客人的聚会和交谈；不答允与服务无关的要求；不打听客人隐私等。这不仅尊重客人，同时也尊重了自己，还树立了企业形象，传播了社会文明。

6. 公平合理及一视同仁

客户在接受服务时，对接待程序、服务项目、服务质量、价格收费等方面要求公平合理、平等相待，这不单是为了满足生理方面的需要，更是为了满足自尊和自我实现的需要。

（二）动机与服务工作

1. 保持客户消费兴趣的途径

兴趣是人们力求认识某种事物或爱好某种活动的一种心理倾向。兴趣可以促进心理性消费动机的形成；兴趣可以发展成爱好从而形成习惯性消费。激发和保持客户消费兴趣的方法很多。

（1）努力开发具有自身特色的产品和服务。多种经营。

（2）加强自身管理与服务，提高质量。

（3）加强宣传。

2. 巩固客户信念的服务方法

信念是坚信某种现实的正确性并支配个体行为的个性倾向。信念的基础来自人对客观事物的认识，经过自己的深思熟虑，确信正确才产生的。

（1）服务员要有丰富的知识，在对客服务过程中能够满足客户的求知欲望。包括专业知识和一般知识，此外多掌握几种特殊语言，比如哑语、方言等。

（2）服务员要向客户提供发自内心的热情周到、礼貌快捷的服务。这种高质量的服务会使客户作出肯定的态度，内心会产生感谢、满意、愉快等积极的情感体验，从而形成并巩固对服务的信念。

四、服务阶段心理分析及服务对策

（一）初始阶段

1. 需求分析

（1）客人对安全方便的期待。

（2）客人对服务态度的期待，需要亲切感、自豪感。

（3）客人对服务效果的期待。

2. 服务对策

给客人良好的第一印象，采用“一站式服务”。当客人走到你身边时，需要你的帮助，在你这里就要解决这个问题，满足心理需要。

（二）中间阶段

1. 需求分析

（1）客人对主动服务的要求。

（2）客人对热情服务的要求。

（3）客人对周到服务的要求。

（4）客人对友好交往的要求。

2. 服务对策

开展主动服务，将服务做在客人要求之前；开展热情服务，展现精神饱满、热情好客的面貌；开展周到服务，指服务内容和服务项目上想的细致入微，处处方便客人，体贴，千方百计地帮助客人排忧解难。

(三) 最终阶段

客人即将离去，服务人员与客人交往即将结束，这段时间分析客人的心理特点，“回顾和评价服务”要使客人肯定最后印象。

“最后印象”送客阶段可以使以往工作不足得到弥补，以酒店服务为例，首先帮客人做好离店工作，检查客人入住期间委托代办服务以办妥，第一时间检查客人是否有遗留物品，看客人是否需要叫车服务，说好最后一句话，管理人员可以主动征求客人的意见，但要注意态度诚恳，认真记录，衷心感谢。

单元三　客户满意心理分析

一、客户满意的概述

(一) 客户满意概念

客户满意是指客户对其明示的、通常隐含的或必须履行的需求或期望已被满足的程度的感受。满意度是客户满足情况的反馈，它是对产品或者服务性能，以及产品或者服务本身的评价；给出了（或者正在给出）一个与消费的满足感有关的快乐水平，包括低于或者超过满足感的水平，是一种心理体验。

客户满意度是一个变动的目标，能够使一个客户满意的东西，未必会使另外一个客户满意，能使得客户在一种情况下满意的东西，在另一种情况下未必能使其满意。只有对不同的客户群体的满意度因素非常了解，才有可能实现100%的客户满意。

(二) 客户满意心理分析的意义

(1) 客户满意是评估企业经营综合效益的重要指标。在供大于求的市场中，以产品为导向的经营理念已被以客户为导向的理念所代替。要保住老客户，一个最重要的方法就是增加客户的满意度，也是企业以人为本观念的最好体现。所以，衡量企业的一个重要生产指标就变成了客户满意度。作为一项新型的经济质量指标，客户满意度可以广泛运用于对产品质量和服务质量的评估，也可以运用于对企业业绩的评价。

(2) 客户满意是企业永恒追求的目标。93%的CEO认为客户管理是企业成功和更富竞争力的最重要的因素。首先，满意度高的客户会增加购买本公司产品或服务的频率和总量；其次，满意度高的客户更为忠诚，具有较高的客户保持率；最后，满意度高的客户更乐于将该公司的产品或服务推荐给别人，为该公司带来新的客户。

二、客户满意心理层次的划分

客户满意层次指客户在消费相应的产品或服务之后，所产生的满足状态层级。

如前所述，客户满意度是一种心理状态，是一种自我体验。对这种心理状态也要进行界定，否则就无法对客户满意度进行评价。根据客户满意的层次不同，客户满意可以分为以下三个层次。

(一) 物质满意层次

物质满意层次，是指客户对提供的商品产生的满意。物质满意层次的基础是商品的使用价值，如功能、质量、设计、包装等。物质满意是构成客户满意的基础因素。没有过硬的商品质量就谈不上客户满意，只有优质上乘、功能独特、造型优美、包装新颖、使用便捷、价格适当的商品，才能令客户满意。

（二）精神满意层次

精神满意层次，是指客户对提供的商品形式层和外延层产生的满意，即在商品售前、售中、售后以及产品生命周期的不同阶段中，公司采取的服务措施令客户满意。其基础是商品的外观、色彩、品位和服务等。这主要是在服务过程的每一环节上都能设身处地的为客户着想，做到有利于客户、方便客户。

（三）社会满意层次

社会满意层次，是指客户在对提供的商品和服务消费过程中所体验到的对社会利益的维护方面的满意。主要指客户整体社会满意，它要求企业经营活动要有利于社会文明进步。

对客户满意的这三个层次的充分认识，是公司研究客户满意的基础。需要说明的是，客户满意虽有层次之分，但毕竟界限模糊，从一个层次到另一个层次并没有明显的界限。之所以进行客户满意层级的划分，目的是供企业进行客户满意程度的评价之用。

单元四　服务人员心理素质

一、服务人员品质素质要求

（一）忍耐与宽容是优秀服务人员的一种美德

忍耐与宽容是面对客户尤其是无理客户的法宝，是一种美德。服务人员需要有包容心，要包容和理解客户。真正的客户服务是根据客户本人的喜好使他满意。客户的性格不同，人生观、世界观、价值观也不同。即使这个客户在生活中不可能成为你的朋友，但在工作中他是你的客户，你甚至要比对待朋友还要好地去对待他，因为这就是你的工作。你要有很强的包容心，包容客户的一些无理，包容客户的一些斤斤计较、蛮不讲理甚至胡搅蛮缠。

（二）不轻易承诺说到就要做到

对于服务人员，通常很多企业都有明确要求：不轻易承诺，说到就要做到。服务人员不要轻易地承诺，随便答应客户做什么，这样会给自己的工作造成被动。但是服务人员必须要兑现自己的诺言，一旦答应客户，就要尽心尽力地去做到。

（三）勇于承担责任

服务人员需要经常承担各种各样的责任和失误。出现问题的时候，同事之间可能会相互推卸责任。对客服务是一个企业的服务窗口，应该去化解整个企业对客户带来的所有损失而造成的矛盾。因此，客户服务部门代表的是整个企业，一旦出现问题，对客不能推说这是别的部门的责任，一切的责任都需要通过你把它化解，这就叫勇于承担责任。

（四）拥有博爱之心真诚对待每一个人

拥有博爱之心，真诚地对待每一个人。这个博爱之心是指要达到“人人为我，我为人人”的那种思想境界。做到这一点的人不是很多。日本企业在对应聘服务人员进行面试的时候，就专门聘用有博爱之心的人。

（五）谦虚是做好服务工作的要素之一

拥有一颗谦虚之心是人的美德。一个服务人员需要有很强的专业知识和专业技能，什么都要做，什么都要会，就有可能不谦虚，就会认为客户说的话都是外行话。特别是对做维修的人员来说，谦虚更为重要。比如说 IT 行业的服务人员，多数都需要上门提供维修服务，靠的是专业知识，靠技能提供服务。在这个领域，你是专家，客户可能会说出很多外行的话。如果服务人员不具备谦虚的态度，就会在客户面前炫耀自己的专业知识，而揭客户的短，这是客户服务中很忌讳的一点。服务人员要求有很高的服务技巧和专业知识，但不能去卖弄，不能把客户当成傻瓜。

（六）强烈的集体荣誉感

对客服务强调的是一种团队精神。企业的服务人员，需要互相帮助，必须要有团队精神。人们常说某个球队特别有团结精神，特别有凝聚力，这主要是指每一个球员在赛场上不是为自己进球，所做的一切都是为了全队获胜。服务人员也是一样，你所做的一切，不是为表现自己，而是为了能把整个企业的对客服务工作做好。这就是团队集体荣誉感，这就是团队精神。

二、服务人员心理素质要求

（一）要有"处变不惊"的应变力

所谓应变力，是指对一些突发事件的有效处理的能力。作为服务人员，每天都面对着不同的客户，很多时候客户会给你带来一些真正的挑战。例如，在宾馆、零售店、呼叫中心工作的服务人员，都有可能遇到一些具有挑战性的情况。有时会遇到一些蛮不讲理的客户来争吵，这个时候，作为服务人员应该怎么办？有些年轻的服务人员可能一下子就被吓哭了，而一些非常有经验的服务人员就能很稳妥地处理这件事情。这就需要服务人员具备一定的应变力。特别是在处理一些客户恶性投诉的时候，要处变不惊。

（二）要有挫折打击的承受能力

服务人员有可能遭受什么样的挫折打击呢？比如说，会不会被客户误解？联想的服务人员就是这样，需要上门给客户解决问题。因为整个电脑瘫痪，一个作家，写了一年的稿子存在电脑里边，一下子统统没有了。这个问题可能不是联想的问题，可能是因为他接收在 E-mail 的时候接收了病毒。但是这台机器是由联想负责维修的，那么服务人员过来了以后，客户会怎么样，会不会迁怒于服务人员？因为客户遭受到了太大的打击，所以需要有一个发泄的渠道。而很多服务人员，每天都要面对各种各样客户的误解甚至辱骂，这就需要有承受能力。更有甚者，客户越过服务人员直接向其上级主管投诉。有些投诉可能是夸大其词，本来这个服务人员没有做得那么差，但到了客户嘴里其工作就变得很恶劣，恶劣到应该马上被开除的地步，那么主管在客户走了以后就会找该服务员谈话。因此，你需要有承受挫折和打击的能力。

（三）要有情绪的自我掌控及调节能力

情绪的自我掌控和调节能力指什么？例如，每天接待 100 个客户，可能第一个客户就对你态度恶劣，因此你的心情会变得很不好，情绪很低落。你也不能回家，后边 99 个客户依然在等着你。这时候，你会不会把第一个客户带给你的不愉快转移给下一个客户呢，这就需要掌控和调整自己的情绪，因为对于客户，你永远是他的第一个服务人员。特别是一些客户服务呼叫中心的在线服务人员，一天大约要受理 400 个咨询或投诉，只要中间有一个环节出了差错，跟客户有了不愉快的口角，就很难用一种特别好的心态去面对后面所有的客户，这就需要对每一个客户都保持同样的热情度，因此，优秀的服务人员的心理素质非常重要。

（四）要有满负荷情感付出的支持能力

服务人员需要对每一个客户都提供最好、最周到的服务，不能有所保留，并且，对待第一个客户和对待最后一个客户，同样需要付出非常饱满的热情。对每一个客户而言，服务人员都是第一次对其提供服务。客户不知道你前面已经接了200个电话，只知道你现在接的是我的电话，并不理解你已经很累了。每个人的这种满负荷情感的支持能力是不同的，一般来说，工作时间越长的服务人员，满负荷情感付出的支持能力就越强。

（五）要有积极进取、永不言败的良好心态

服务人员在自己的工作岗位上，需要不断地去调整自己的心态。遇到困难、遇到各种挫折都不能轻言放弃。例如，24h呼叫中心的呼叫座席会经常收到一些骚扰电话，这时完全是客户的责任。很多时候，有的服务人员就打退堂鼓了，觉得干不下去了。因此，服务人员需要有一个积极进取、永不言败的良好心态。这些和团队的氛围有很大关系，如果整个服务团队是一个积极向上的团队，员工在这种良好团队氛围当中，很多心里的不愉快就能很自然地得到化解，如果不是，那这就要靠自己去慢慢化解。

三、服务人员技能素质要求

不同服务岗位对服务人员的技能素质要求不同，综合起来，企业对服务人员的技能素质要求如下：

（1）良好的语言表达能力。良好的语言表达能力是实现客户沟通的必要技能和技巧，这项技能在导游、客服、销售等行业尤为重要，而在一些突出个人手工技术的行业要求可以稍微弱化。

（2）丰富的行业知识及经验。丰富的行业知识及经验是解决客户问题的必备武器，不管做哪个行业都需要具备专业知识和经验。不仅能跟客户沟通、向客户赔礼道歉，而且要成为掌握产品知识的专家，能够解释客户提出的相关问题。如果服务人员不能成为业内人士，不是专业人才，有些问题可能就解决不了。作为客户，最希望得到的就是服务人员的帮助，因此，服务人员要有很丰富的行业知识和经验。

（3）熟练的专业技能。熟练的专业技能是服务人员的必修课。每个企业的服务人员都需要学习多方面的专业技能。

（4）优雅的形体语言表达技巧。掌握优雅的形体语言表达技巧能体现出服务人员的专业素质。优雅的形体语言表达技巧指的是一个人的气质，内在的气质会通过外在形象表现出来。举手投足、说话方式、笑容都能反映出你是不是一个专业的服务人员。

（5）思维敏捷，具备对客户心理活动的洞察力。对客户心理活动的洞察力是做好对客服务工作的关键所在，思维要敏捷，要具备对客户的洞察力，洞察顾客的心理活动，这是对服务人员技能素质的起码要求，也是服务过程中的技巧所在。

（6）具备良好的人际关系沟通能力。服务人员具备良好的人际关系沟通能力，跟客户之间的交往会变得更顺畅。

（7）良好的倾听能力。它是实现客户沟通的必要保障，也是服务过程得以顺利开展的必要条件。

四、服务人员综合素质要求

（一）“客户至上”的服务观念

“客户至上”的服务观念要始终贯穿于服务工作中，只有这样才能将高质量的服务贯穿始终，因此，服务人员需要具备一种客户至上的服务观念，整体的服务观念。

（二）工作的独立处理能力

优秀的服务人员必须能具备工作的独立处理能力。一般来说，企业都要求服务人员能够独当一面，也就是说，你要能自己去独立处理很多客户服务中的棘手问题。

（三）各种问题的分析解决能力

优秀的服务人员不但需要能做好客户服务工作，还要善于思考，能够提出工作的合理化建议，有分析解决问题的能力，能够帮助客户去分析解决一些实际问题。

（四）人际关系的协调能力

优秀的服务人员不但要能做好客户服务工作，还要善于协调同事之间的关系，以达到提高工作效率的目的。人际关系的协调，是指在对客服务各部门中，如何和自己的上司、自己的同事协调好相互的关系。有的时候，同事之间关系紧张、不愉快，会直接影响到对客服务的工作效果。

单元五　服务人员心理保健

“人生不如意十之八九”在生活中随时都会遇到难以克服的困难。人们在日常生活和工作中很少是一帆风顺的，总会遇到这种或那种的障碍和干扰，碰到大的或小的困难，从而受到挫折。

挫折对人有利有弊。从利的方面来说，它促使人从挫折中总结经验，汲取教训，增强心理承受能力和解决问题的能力，引导人们以更好的办法去满足需要，“吃一堑，长一智”就是这个道理。但是，挫折也有弊的方面，如果挫折太大，也可能使人们产生情绪波动和行为偏差，甚至引起种种疾病。

服务人员生活在复杂的社会群体中，难免会发生一些心理失调，严重时还会产生心理障碍，影响心理健康的因素来自方方面面，十分复杂。因此，如何维护服务人员心理健康和提高健康水平，就必须结合这些因素进行考虑，采取相应的方法和措施，才能达到预期的目的。

一、心理保健的原则

为了保障人们的健康心理状态，必须要进行心理保健。心理保健可以通过心理卫生科普宣传、讲课及定期心理咨询等方法进行。进行心理保健时应注意以下几项原则：

（1）保持自我意识良好。自我意识就是对自己、对“我”的认识。自我意识良好的核心就是做到自知和自爱。自知就是通过自我观察、自我评价来了解自己能力的真实水平，对各种行为都要“量力而行”。自爱就是爱惜自己，保护自己，重视自己。真正做到自知和自爱在实际生活中应注意以下几点：

1）通过和别人比较来培养自知力，但绝不应把这种比较作为衡量自己的唯一尺度。

2）扩大自己的生活领域，多接触人和事，认真积累生活经验，从而体现现实中自己的品质与才能。

3）认真对待自己的功与过。

4）对理想与现实之间的差距，应该随时调整，否则易产生挫折感或自卑心理，这是对身心健康极为不利的。

（2）保持社会功能良好。所谓社会功能良好，即为对社会适应自如。

(3) 保持良好的人际关系。在与人交往时还应注意：真诚的鼓励和赞美而不是阿谀奉承；要从团结的愿望出发，善意地指正；尊重别人人格，不把意见强加于人。

(4) 要积极参与劳动实践，扩大人际交往。劳动促进个体的发展，包括躯体和心理两方面。通过劳动实践从而保持和现实的紧密联系，通过劳动实现理想，纠正不必要的忧虑和摆脱过分的自我注意，使生活内容丰富而充实。劳动的成功与成果，使人们认识到自己生存的价值，因而对生活充满信心。

二、心理保健的方法

如前所述，个体的心理健康受到各种客观因素影响，可能导致个体心理健康水平的较低阶段，甚至出现心理疾病，如何维护员工心理健康并提高他们的心理健康水平，就要用到各种心理保健方法。进行心理保健的方法也有很多，较为重要的有以下几种：

(1) 对心理障碍、心理异常或心理疾病等应正确认识。一般人对心理障碍、心理异常或心理疾病等认识不够，因而不是对之过分恐慌，就是对峙讳莫如深，所以正确认识是进行心理保健的基础。

从心理健康的观点看，至少要有以下基本认识：

1) 心理疾病可以预防。虽然心理疾病的产生有遗传因素的影响，但一般来说，主要是由后天环境影响引起的。长期焦虑是形成心理异常的主要原因，而焦虑又是由挫折和冲突引起的。因此，管理者要注意减少员工挫折与冲突的机会，培养员工适应环境的能力，培养员工多方面的兴趣，建立正确的生活态度等是非常重要的。人们生活在竞争激烈的社会里，固然不能遇事退却，但也不能过分强求自己，要量力而行。对人对事要拿得起、放得下，才不至于患得患失，使自己整天处于紧张、焦虑、防卫精神状态中。

2) 心理疾病可以治疗。虽然从一方面看，心理疾病的原因不易确定，疗效不显著，但从另一方面看，心理疾病不易危害生命，且有“不治而愈”的可能。生理上的疾病多靠医术和药物，心理上的疾病则多靠患者自己的了解、信心和毅力。

3) 心理疾病并非可耻之病。所谓失常，只是在某些行为上有偏差的程度之分，并无种类之别。严格地说，任何人在某时某地都会有某种程度失常的表现，并且任何人都无法预料自己将来是否会遇到挫折而导致心理失常。从大方面看，心理失常者不仅是个人的不幸，而且也是社会的损失。因此，对失常者应该给予同情和协助，使其获得安全和自救的机会。

(2) 坚持健康、协调的生活方式。生活方式是指人们在日常生活的活动中所遵循的行为规范，即习惯化了的生活活动形式。不健康、不规律的生活方式会对人体健康带来严重的危害，相反，健康的生活方式有利于促进人的身体健康水平。西方有句著名的谚语：“健康的精神寓于健康的身体”，诚然，疾病丛生、神不守舍，精神健康也就无从谈起。

(3) 增强情绪的自我调控能力，及时排除各种不良情绪。生活中矛盾和事件所引起的心理反应主要是情绪反应，所以心理调节和控制的最基本点，可以说是调节和控制情绪，使之推迟发作或发作适可而止。但这种调节又与个体对客观的认识和评价以及自我评价密切有关。因此，学会善于掌握自我，善于控制和调节情绪对适应社会发展、维护身心健康是至关重要的。因为情绪活动可以说是心理刺激中对健康影响最大、作用最强的成分。人的任何活动莫不以情绪为背景，伴有情绪色彩的。因此我们要注意培养健康的情绪生活。

要注意情绪表现的适当性及情绪的紧张适度。情绪的适当紧张不仅使人们生活富有节奏和情趣，而且能高效地发挥人们的潜能，从而获得身心和谐和心理健康。此外，培养乐观的态度、幽默感，都能保持自我感觉良好，即使环节心理紧张。心理调节是以正确的认识和评价个人所处的环境，尽力消除那些不愉快的心理刺激和生活事件，理智接受非个人能力能改变的现实，从而去良好地适应并使情绪积极而稳定，保持自我意识良好，达到保持身心健康的目的。

（4）培养和完善健全的人格。人总是按照自己既有的人格来观察外界事物，思考问题，产生相应的态度和情绪体验；同时对外界环境刺激采取一定的对付策略，并做出一定的行为反应。这样，具备了健全的人格，就能有助于人们正确地评价客观事物，采取恰当的态度，体验正常的情感情绪，做出正确合理的行为反应，因而有助于人们顺利地进行社会交往和人际关系的正确处理，更能有助于人们有效地去适应变化着的社会生活环境，从而不断提高心理健康水平。

（5）积极参与社会活动，扩大人际交往。人际交往不仅能使人交流经验、增进理解、开阔视野、开阔心胸，还可以取得更多的社会支持；更重要的是，可使人感受到与集体融为一体，不可分离的体验以及重组的社会安全感、责任感、信任感和激励感，大大加强了个人对工作和生活的信心和力量，最大限度地减少了心理压力和心理危机感。

生活中的心理学

身体健康不等同于健康的人

传统观念中人们往往将健康等同于身体健康，认为只要身体强壮无病就是健康。但是随着现代社会的发展，这种观念已经被新的健康观念所代替。世界卫生组织关于健康的定义是：健康不仅是躯体没有疾病，还要具备心理健康、社会适应良好和有道德。也就是说，健康这一概念的基本内涵应包括生理健康、心理健康和社会适应良好三个方面。

一个健康的人，首先他的身体各部位应是发育正常的，各项身体机能健康，没有疾病。其次，他应该有一个坚强的体质，能够抵抗疾病的侵袭，并且能够担负各种艰巨繁重的任务，经受各种自然环境的考验，时刻保持清醒的头脑，精神贯注，思想集中，对工作、学习都能保持较高的效率；最后，一个健康的人还应该是情绪正常、意志坚定、精神愉快、乐观豁达的人，有一个良好稳定的心理状态。

健康=（情绪稳定+运动适量+饮食合理）/（懒惰+嗜烟+嗜酒）。分子越大越健康。

要点概述

在第三产业蓬勃发展的当今社会，服务业涵盖的范围越来越广，本章通过分析服务业的内涵、服务心理学的发展、会议会展服务过程心理、服务人员的素质要求以及员工的抗挫折能力和心理健康等内容，来研究如何最大限度地调动服务人员工作的积极性、主动性，也让人们认识到积极主动的工作是提高服务质量的关键，企业员工的工作态度和工作方法会直接影响服务对象的情绪，影响企业的经济效益。在提高工作效率的基础上，服务人员还要具备较强的抗挫能力，为此，加强心理保健工作是非常必要的。

复习思考题

16-1　服务行业存在于社会的哪些方面？

16-2　作为一名服务人员应该具备哪些素质？

16-3　压力过大会带来什么后果，请举例说明。

16-4　个体面对工作压力，可以用哪些应对策略。

16-5　针对不同会议类型及参会者心理需求，在会场安排时需要掌握哪些技巧？

第十七章　人际交往中的心理学

生活中，有许多事情常常是让人颇费脑筋，尤其是在人际交往中，常常会因为不知道到底该如何与人相处而伤神；夫妻之间，朝朝暮暮，常常会因彼此牵挂过紧而神疲心累；热心助人为朋友两肋插刀，常常又会把自己搞得焦头烂额，与人相处，能够做到既把持好心理边界，又不伤害彼此的和谐关系的确是一门艺术。

单元一　人际沟通

有这样一个小伙子，他爱上了一个姑娘，向姑娘求婚遭到了拒绝。姑娘后来恼怒地说："他竟在离我 8 英尺（约 2.5 米）的地方谈这种事。"自然这种社交距离不是谈婚论嫁的场合。人际交往的空间距离不是固定不变的，它具有一定的伸缩性，这依赖于具体情境、交谈双方的关系和社会地位。

一、沟通的概念

沟通指信息的传递和交流的过程，包括人际沟通和大众沟通。人际沟通是个体与个体之间的信息，以及情感、需要、态度等心理因素的传递与交流过程，是一种直接的沟通形式。大众沟通，也称传媒沟通，是一种通过媒体（如影视、报刊、网络）中介的信息交流过程。

二、沟通的结构

沟通过程由信息源、信息、通道、信息接受者、反馈、障碍与背景七个要素构成，如图 17-1 所示。

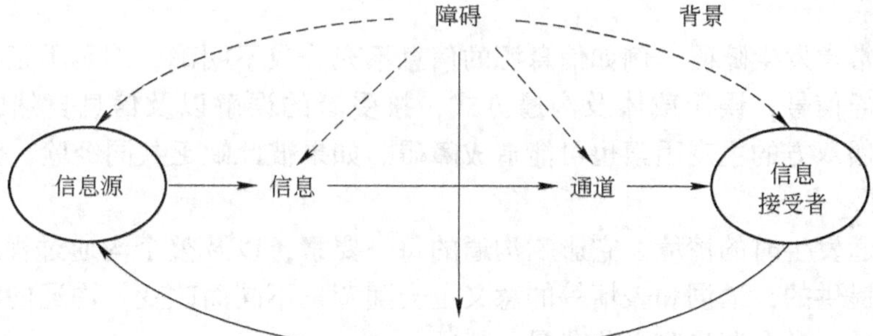

图 17-1　沟通模式

（资料来源：《心理咨询师培训基础知识》. 北京：民族出版社，2005 年 7 月第一版，第 146 页）

（一）信息源

在人际沟通中，信息源是具有信息并试图沟通的个体。他确定沟通对象，选择沟通目的，发动沟通过程。沟通前人们一般需要一个准备阶段，个体明确需要沟通的信息，并将它们转化为信息接受者可以接受的形式，比如口语、文字、表情等。沟通的准备过程，实际上是个体整理思路，对自己的身心状态更明确化的过程。

（二）信息

信息是沟通者试图传达给他人的观念和情感。个体的感受要为他人接受，就必须将它们转化为各种不同的可以为他人觉察的信号。在沟通使用的各种符号系统中，最重要的是语词。语词可以是声音信号，也可以是形象符号（文字）；面对面沟通除了语词本身的信息外，还有沟通者的心理状态的信息，这些信息可以使沟通双方产生情绪的互相感染。

（三）通道

通道是沟通过程的信息载体。人的各种感官都可以接受信息。人接受的信息中，通常视听信息的比例较大，人际沟通是以视听沟通为主的沟通。日常的人际沟通以面对面的沟通为主，但也可以通过广播电视、报刊、网络、电话等媒介进行沟通。在各种沟通方式中，影响力最大的还是面对面的沟通形式。因为面对面的沟通除了语词信息外，还有交流双方的整体心理状态的信息，并且沟通者和接受者还有互动和反馈，这些因素综合起来，保证沟通的顺利进行。

（四）信息接受者

信息接受者是沟通的另一方。个体在接受带有信息的各种音形符号后，会根据自己的已有经验把它“转译”为沟通者试图发送的信息或态度、情感。由于信息源和信息接受者是两个不同的经验主体，所以信息源发送的信息内容，与“转译”和理解后的信息内容是有差异的。沟通的质量取决于这种差异的大小。

（五）反馈

反馈使沟通成为一个双向的交互过程。在沟通中，双方都不断把信息回送给对方，这种信息回返过程叫反馈。反馈可告知发送者，接受者所接受和理解信息的状态。此外，反馈也可能来自自身，个体可以从发送的信息过程或已经发送的信息中获得反馈。这种自我反馈，也是沟通得以顺利进行，达到最终目的的重要前提。

（六）障碍

人际沟通常常发生障碍。例如信息源的信息不充分或不明确，编码不正确，信息没有正确转化为沟通信号，误用载体及沟通方式，接受者的误解以及信息自然的增强与衰减等。此外，沟通双方的主观因素也可能造成障碍。如果彼此缺乏共同经验，会难以沟通。

（七）背景

背景是沟通发生时的情境。它影响沟通的每一要素，以及整个沟通过程。沟通中，许多意义是背景提供的，语词和表情等的意义也会随背景不同而改变。沟通的背景包括心理背景、物理背景、社会背景和文化背景。

三、沟通的功能

（1）沟通是获取信息的手段。

（2）沟通是思想交流与情感分享的工具。

（3）沟通是满足需求、维持心理平衡的重要因素。

（4）沟通是减少冲突、改善人际关系的重要途径。

（5）沟通能协调群体内行动，促进效率的提高与组织目标的实现。

四、人际沟通分类

人际沟通分类如下：

（1）正式沟通与非正式沟通。按组织系统可分为正式沟通与非正式沟通。前者是通过组织规定的通道进行的信息的传递与交流；后者是在正式通道外进行的信息传递与交流。正式沟通的优势是信息通道规范，准确度较高；非正式沟通形式灵活，传播速度快，但存在着随意和可靠性差的弱点。

（2）上行沟通、下行沟通与平行沟通。按信息流动方向可分上行沟通、下行沟通及平行沟通。上行沟通是下情上达，下行沟通是上情下达，平行沟通是在组织的同级间（非上下级关系）的沟通。

（3）单向沟通与双向沟通。这是以信息源及接受者的位置关系来区分的，二者位置不变的是单向沟通，而不断变化位置的是双向沟通。

（4）口头沟通与书面沟通。这是两种基本的语词沟通形式。前者是面对面的口头交流，如会谈、讨论、会议、演说、电话联系等；后者是文字形式的沟通，如布告、通知、报刊等。

（5）现实沟通与虚拟沟通。现实沟通是沟通双方对对方的身份和角色都有比较清楚的把握的沟通，面对面的沟通是最普遍的现实沟通形式。有时候，双方通过媒体比如电话来沟通，但好像对方站在面前一样，这也是现实沟通。

虚拟沟通是随着互联网发展起来的一种沟通形式，在网络上，沟通的双方可以匿名，每个人都可以扮演各种他喜欢的角色，每个人都在和他自己想象的个体在沟通。虚拟沟通中，沟通双方对对方的身份和角色往往是不清楚的，沟通的进程主要受自己的主观感受和想象来引导。

五、沟通网络

人际沟通往往有群体背景。群体成员间的沟通模式组合起来形成沟通网络。

（一）正式沟通网络

在正式群体中，成员之间的信息交流与传递的结构称正式沟通网络。正式沟通网络一般有5种形式。即链式、轮式、圆周式、全通道式和Y式。其中O代表信息传递者，箭头表示信息传递方向，假设沟通是在5人群体中进行的双向信息交流。比较5种沟通网络的质量的常用指标有信息传递速度、准确度、接受者接受的信息量及其满意度。研究表明，全通道式的沟通网络，信息的传递速度较快，群体成员的满意度比较高。

（二）非正式沟通网络

群体中的信息交流，不仅有正式沟通，也存在着非正式沟通的各种情况。有学者通过对“小道消息”的研究，发现非正式沟通网络主要有三种典型形式：流言式、集束式和偶然式。非正式沟通网络信息传播迅速，影响力大，一则谣言可以一夜之间传遍城市的大街小巷。但信息通过非正式沟通网络传播时，也容易出现失真和歪曲。

虚拟沟通与网络成瘾

由于网络具有跨时空性、便利性、匿名性和实时交互性等特点，使得通过网络进行的虚拟沟通成为当前发展最迅速的一种沟通形式。在网络上，每个人都可以不顾现实的限制，尽情地扮演自己希望的各种角色，逃避现实生活的压力。网络成瘾是过度利用网络，对网络形成高度的心理依赖的现象。网络成瘾的种类大体上可以分为网络交友成瘾、网络游戏成瘾、网络色情成瘾、网络信息收集成瘾、计算机成瘾和其他网络强迫行为（如不可抑制地发表文章、网络拍卖）等。网络成瘾会使个体角色混乱，人格扭曲，道德感弱化，学习工作受到极大影响。极端情况下，成瘾者不再清楚虚拟空间和现实世界的区别，他们的人际关系和社会生活变得混乱不堪，往往选择逃避现实生活，在虚拟世界越陷越深。网络成瘾对人的身体健康也危害很大，它会造成机体的植物神经功能紊乱，导致失眠、紧张性头痛等；还可使人情绪急躁、抑郁和食欲不振。长时间的依赖性使用网络会造成人体免疫机能的下降。网络成瘾已经成为影响社会秩序和公众身心健康的重大公害，对它的研究和干预有许多工作要做。

六、体语沟通

体语即身体语言。体语是非语词性的身体符号，包括目光与面部表情、身体运动与触摸、姿势与装饰、身体间的空间距离等。人们可以通过身体语言表达丰富的意义。通过身体语言实现的沟通称为体语沟通。专门研究体语沟通的学科是身体语言学。

（一）目光与面部表情

1. 目光

眼睛是心灵的窗户。眼睛是最有效地显露个体内心世界的途径。人对目光很难做到随意控制，人的态度、情绪和情感变化都可以从眼睛中反映出来。观察力敏锐的人，能从目光中看到一个人真实的心态。但对大多数人来说，准确地观察他人目光的微妙变化是很困难的事情。

个体的情绪变化，首先反映在瞳孔的变化上。人的情绪由中性向愉悦改变，瞳孔会不自觉地变大；看到让人厌恶的刺激物，人的瞳孔会明显缩小。人的情绪状态由“晴”转“阴”时，亦会有同样的反应。可以说，眼睛是内心情感的灵敏指示器。

目光接触是最重要的体语沟通方式，其他的体语沟通也与目光接触有关。人际沟通如果缺乏目光接触，会成为一种令人不悦的困难过程。当然，持续“盯人”，长时间的凝视，也会让对方感到压力甚至不快。

2. 面部表情

面部表情是另一种可完成精细信息沟通的体语形式。人的面部有数十块表情肌，可产生极其复杂的变化，生成丰富的表情。这些表情可以非常灵活地表达各种不同的心态和情感。来自面部的信息，很容易为人们所觉察。但经过训练，人能较为自如地控制自己的表情肌，因而面部表情表达的情感状态有可能与实际情况不一致。

面部表情可表现肯定与否定、接纳与拒绝、积极与消极、强烈与轻微的情感。它可控，易变，效果较为明显。个体可通过面部表情显示情感，表达对他人的兴趣，显示对事物的理解，表明自己的判断等。因而，面部表情是人们运用较多的体语形式之一。

任何一种面部表情都是由面部肌肉整体协同变化的结果，但面部某些特定部位的肌肉对于表达某些特殊情感的作用更明显。一般地说，表现愉悦的关键部位是嘴、颊、眉、额；表现厌恶的是鼻、颊、嘴；表现哀伤的是眉、额、眼睛及眼睑；表现恐惧的是眼睛和眼睑。

一般情况下，人们的目光与面部表情是一致的，均与其内在心态对应；但在特殊情况下，个体的目光与面部表情会出现分离，此时表达个体真实心态的有效线索是目光而非面部表情。

（二）身体运动和触摸

身体运动是最易为人发现的一种体语。其中手势语占有重要位置。聋哑人借助于手语，实现与他人沟通。正常情况下，个体都会用手语来表达态度和情感。一些常见的身体运动形式有：

摆手：表示制止或否定。

双手外推：表示拒绝。

双手外摊：表示无可奈何。

双臂外展：表示阻拦。

搔头或搔颈：表示困惑。

搓手、拽衣领：表示紧张。

拍头：表示自责。

耸肩：表示不以为然或无可奈何。

触摸是人际沟通的有力方式。人在触摸和身体接触时情感体验最为深刻。日常生活中，身体接触是表达某些强烈情感的方式。

个体都有被触摸的需要。这是一种本能，婴儿接触温暖、松软物体感到愉快，他们喜欢被拥抱和抚摸。对于恋爱中的成年人，触摸会使感情迅速深化。触摸不仅使个体感到愉快，还使他们对触摸对象产生情感依恋。

（三）姿势与服饰

姿势是个体运用身体或肢体的动作表达情感及态度的体语。这也是常见的体语沟通方式。有的学者研究姿势的意义，发现尽管姿势及其意义与文化有一定的关系，但通过姿势进行沟通的适应范围还是较广泛的。如图 17-2 所示可以看出，其中有些姿势是全世界共同的身体语言。

服装、化妆、饰品和携带品，也都能透露一个人的情趣、爱好、情感、态度、社会角色等多方面的信息，在人际沟通中发挥重要的作用。

（四）人际距离

人际距离是沟通与交往时，个体身体之间的空间距离。由于人们的关系不同，人际距离也相应的不同。美国学者霍尔 E. T. 根据对美国白人中产阶级的研究提出了四种人际距离的概念。

（1）公众距离（12~25 英尺）或（3.66~7.62 米）。在正式场合、演讲或其他公共场合沟通时的人际距离，此时沟通往往是单向的。

（2）社交距离（4~12 英尺）或（1.2~3.6 米）。彼此认识的人之间的交往距离。商业谈判多发生在这个距离上。

（3）个人距离（1.5~4 英尺）或（0.5~1.2 米）。是朋友之间交往的距离。此时，人们说话温柔，可以感知大量的体语信息。

（4）亲密距离（0~18 英寸）或（0~0.5 米）。这是亲人、夫妻之间的沟通和交往距离。在此距离上双方均可感受到对方的气味呼吸、体温等私密性刺激。

图 17-2　各种身体姿势及意义

（资料来源：《心理咨询师培训基础知识》．北京：民族出版社，2005 年 7 月第一版，第 152 页）

影响人际距离的因素主要有性别、环境、社会地位、文化、民族等。

（注：1 英尺=0. 3048 米，1 英寸=25. 4 毫米）

单元二　人 际 关 系

一、人际关系的概念

人际关系是人与人在沟通与交往中建立起来的直接的心理上的联系。其特点是：

（1）个体性。人际交往的双方的社会角色会影响彼此的人际关系。但社会角色关系与人际关系不同，在人际关系中，社会角色退居到次要地位，而对方是不是自己所喜欢或愿意亲近的人成为主要问题。

（2）直接性。人际关系是人们在面对面的交往过程中形成的，个体可切实感受到它的存在。没有直接的接触和交往就不会产生人际关系。人际关系一旦建立，就会被人们直接体验到。在心理距离上的趋近，个体会感到心情舒畅；若有矛盾和冲突，则会感到孤立和抑郁。

（3）情感性。人际关系的基础是人们彼此间的情感活动。情感是人际关系的主要成分。人际间的情感倾向有两类：一类是使彼此接近和相互吸引的情感；另一类是使人们互相排斥和疏离的情感。

二、人际关系的建立与发展阶段

一般来说，良好人际关系的建立与发展要经过定向、情感探索、情感交流和稳定交往4个阶段。

（1）定向阶段。包括注意、选择交往对象，与交往对象进行初步沟通等方面的心理活动和行为。

（2）情感探索阶段。在此阶段，双方探索彼此在哪些方面可建立情感联系。随着双方共同情感领域的发现，彼此沟通越来越广泛，此阶段有一定程度的情感卷入。

（3）情感交流阶段。人际关系发展到这一阶段，双方关系的性质发生重要的变化。双方的信任感、安全感开始建立；沟通的深度和广度有所发展并有较深的情感卷入。此时，双方会提供评价性的反馈信息，进行真诚的赞许和批评。

（4）稳定交往阶段。在此阶段，交往的双方在心理相容性方面进一步拓展，允许对方进入自己的私密性领域，沟通与自我暴露广泛而深刻。

图17-3是对人际关系状态的直观描述。

三、自我暴露与人际关系的深度

自我暴露就是把自己私人性的方面显示给他人。奥特曼等人发现，良好的人际关系是在自我暴露逐渐增加的过程中发展起来的。随着信任程度和接纳程度的提高，交往的双方会越来越多地暴露自己。因此，自我暴露的广度和深度是人际关系深度的一个敏感的“探测器”，想了解对别人的接纳程度，通过了解自我暴露水平就可以。对别人的接纳越多，也要求对方对我们暴露的越多越深。但要注意，无论关系多深多密切，每个人都有自己不愿意暴露的领域。不能因为关系亲密或者是情侣、是夫妻、是亲子，就要求对方完全敞开心扉，更不应该随意侵犯对方不愿意暴露的隐私。否则，会让对方产生强烈的排斥情绪，从而导致接纳性下降。

自我暴露的程度，由浅到深，大致可以分为4个水平。首先是情趣爱好方面，比如饮食习惯、偏好等；第二是态度，如对人的看法，对政府和时事的评价等；第三是自我概念与个人的人际关系状况，比如自己的自卑情绪，和家人的关系等；第四是隐私方面，比如个体的性经验，个体不为社会接受的一些想法和行为等。

一般情况下，关系越密切，人们的自我暴露就越广泛、越深刻。但有一个特例，就是彼此没有任何关系的人，可能达到完全的自我暴露。比如在网络聊天的时候，素不相识的网友可以把自己连最亲密的人都不告诉的隐私和盘托出。究其原因，是因为虚拟沟通的情境下，人们觉得对方没有可能介入到自己的现实生活，风险体验下降，尴尬和羞耻感也降低。

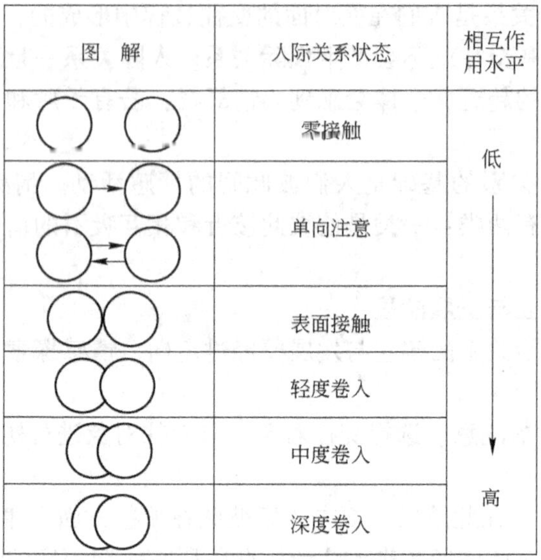

图 17-3　人际关系状态及其相互作用水平
（资料来源：《Social Psychology》. D. O. Sears 等（1985），第 5 版，第 230 页）

四、良好人际关系的原则

（一）相互性原则

人际关系的基础是彼此间的相互重视与支持。任何个体都不会无缘无故地接纳他人。喜欢是有前提的，相互性就是重要的前提，喜欢那些也喜欢我们的人。人际交往中的接近与疏远、喜欢与不喜欢都是相互的。

（二）交换性原则

人际交往是一种社会交换过程。交换的基本原则是：个体期待人际交往对自己是有价值的，在交往过程中的得大于失或得等于失，至少是得别太少于失。人际关系的发展取决于双方根据自己的价值观进行的选择。

（三）自我价值保护原则

自我价值是个体对自身价值的意识与评价。自我价值保护是一种自我支持倾向的心理活动，其目的是防止自我价值受到贬低和否定。由于自我价值是通过他人的评价而确立的，个体对他人评价极其敏感。对肯定自我价值的他人，个体对其认同和接纳，并反过来予以肯定与支持；而对否定自我价值的他人则予以疏离，与这种人交往时可能激活个体的自我价值保护动机。

（四）平等原则

交往双方的社会角色和地位、影响力、对信息的掌握等方面往往是不对等的，这会影响双方形成实质性的情感联系。但如果平等待人，让对方感到安全、放松与尊严，我们也能和那些与自己在社会地位等方面相差较大的人建立良好的人际关系。

五、人际关系的三维理论

心理学家舒茨以人际需要为主线提出了人际关系的三维理论。他称自己的理论是基本人际关系取向（FIRO）理论。其要点是：

（1）人有三种基本的人际需要：

1）包容需要。与他人接触、交往、相容的需要。

2）支配需要。控制他人或被他人控制的需要。

3）情感需要。爱他人或被他人所爱的需要。

（2）人际需要决定了个体与其社会情境的联系，如果不能满足可能会导致心理障碍及其他严重问题，比如精神崩溃等。

（3）对于这三种基本的人际需要，人们有主动表现和被动表现两种满足方式。这样，三种基本的人际需要再加上主动与被动的满足方式，就构成了六种基本的人际关系取向。

（4）六种人际关系取向：

1）主动包容式。主动与他人交往，积极参与社会生活。

2）被动包容式。期待他人接纳自己，往往退缩、孤独。

3）主动支配式。喜欢控制他人，能运用权力。

4）被动支配式。期待他人引导，愿意追随他人。

5）主动情感式。表现对他人的喜爱、友善、同情、亲密。

6）被动情感式。对他人显得冷淡，负面情绪较重，但期待他人对自己亲密。

（5）童年期的人际需要是否得到满足以及由此形成的行为方式对个体成年后的人际关系有决定性影响。

1）包容需要。如果儿童与双亲交往少，会出现低社会行为，如倾向内部言语，与他人保持距离，不愿参加群体活动等；如儿童对双亲过分依赖则会形成高社会行为，如总是寻求接触，表现忙乱，要求给予注意；如果儿童与父母适宜地沟通、融合，会形成理想的社会行为，无论群居或独处都会有满足感，并能根据情境选择自己的行为方式，人际关系较好。

2）支配需要。如果双亲对儿童既有要求又给他们一定自由，使之有某种自主权，会使儿童形成民主式的行为方式；双亲如果过分控制，则易于形成专制式行为方式，如儿童倾向于控制他人，易独断独行；或者形成拒绝支配式的行为方式，表现顺从，不愿负责，拒绝支配他人；或者焦虑过重，防御倾向明显。

3）情感需要。如果儿童在小时候得不到双亲的爱，经常面对冷淡与训斥，长大后会出现低个人行为，如表面友好但情感距离大，常常担心不受欢迎，不被喜爱，从而避免有亲切关系；如果儿童生活在溺爱环境中，长大后会表现出高个人行为，如强烈寻求爱，希望与人建立亲密的情绪联系；如果儿童能获得适当的关心、爱护，就会形成理想的个人行为，长大后既不会受宠若惊，也没有爱的缺失感，能恰当地对待自己。

舒茨用三维理论解释群体形成与群体的解体，提出了群体整合原则。群体形成过程的开始是包容，而后是控制，最后是情感，这种循环不断发生。群体解体的过程顺序相反，先是感情不和，继而失去控制，最后难以包容，导致群体解体。

人际关系与幸福

追求快乐和幸福大概是人生活的最重要的目的。但怎么样才能得到幸福或者说幸福的最重要的支持因素是什么呢？日常生活中，金钱、地位、名誉、成功等似乎与个人的生活质量关系较大，因此许多人认为幸福是建立在这些要素的基础上的。但心理学家却否认了这种观点。心理学家通过广泛的调查和研究发现，良好的人际关系，尤其是亲子、夫妻、亲密朋友之间等关键的人际关系的融洽，才是人生幸福的最重要的决定因素。金钱买不来幸福，成功、名誉和地位也带不来幸福。幸福从某种意义上说是一种生活态度和生活方式，只要对人真诚、友爱，对人关怀、体贴，对人理解和宽容，就可能收获良好的人际关系，并最终收获幸福。

单元三　人际吸引

一、人际吸引的概念

人际吸引是个体与他人之间情感上相互亲密的状态，是人际关系中的一种肯定形式。按吸引的程度，人际吸引可分为亲和、喜欢和爱情。亲和是较低层次的人际吸引，喜欢是中等程度的吸引，爱情是最强烈的人际吸引形式。本单元只讨论喜欢，爱情将在爱情、婚姻与家庭中予以阐述。

二、影响人际吸引的因素

（一）熟悉与邻近

熟悉能增加吸引的程度。此外如果其他条件大体相当，人们会喜欢与自己邻近的人。熟悉性和邻近性二者均与人们之间的交往频率有关。处于物理空间距离较近的人们，见面机会较多，容易熟悉，产生吸引力，彼此的心理空间就容易接近。常常见面也利于彼此了解，使得相互喜欢。但交往频率与喜欢程度的关系呈倒 U 形曲线，过低与过高的交往频率都不会使彼此喜欢的程度提高，中等交往频率时，彼此喜欢程度较高。

（二）相似性

人们往往喜欢那些和自己相似的人。相似性主要包括：

（1）信念、价值观及人格特征的相似。

（2）兴趣、爱好等方面的相似。

（3）社会背景、地位的相似。

（4）年龄、经验的相似。

实际的相似性很重要，但更重要的是双方感知到的相似性。

（三）互补

当双方在某些方面看起来互补时，彼此的喜欢也会增加。互补可视为相似性的特殊形式。以下三种互补关系会增加吸引和喜欢：

需要的互补；社会角色的互补；人格某些特征的互补，如内向与外向。

当双方的需要、角色及人格特征都呈互补关系时，所产生的吸引力是非常强大的。

（四）外貌

容貌、体态、服饰、举止、风度等个人外在因素在人际情感中的作用也是很大的。尤其是在交往的初期，好的外貌容易给人一种良好的第一印象，人们往往会以貌取人。外貌美能产生光环效应，即人们倾向于认为外貌美的人也具有其他的优秀品质，虽然实际上未必如此。

(五) 才能

才能一般会增加个体的吸引力。但如果这种才能对别人构成社会比较的压力，让人感受到自己的无能和失败，那么才能不会对吸引力有帮助。研究表明，有才能的人如果犯一些“小错误”，会增加他们的吸引力。

(六) 人格品质

人格品质是影响吸引力的最稳定因素，也是个体吸引力最重要的因素之一。美国学者安德森研究了影响人际关系的人格品质。表 17-1 是主要研究结果。我们可以看出，排在序列最前面、喜爱程度最高的六个人格品质是：真诚、诚实、理解、忠诚、真实、可信，它们或多或少、直接或间接同真诚有关；排在系列最后受喜爱水平最低的几个品质如说谎、假装、不老实等也都与真诚有关。安德森认为，真诚受人欢迎，不真诚则令人厌恶。

表 17-1 影响人际吸引的主要人格品质

最积极品质	中间品质	最消极品质
真诚	固执	古怪
诚实	刻板	不友好
理解	大胆	敌意
忠诚	谨慎	饶舌
真实	易激动	自私
可信	文静	粗鲁
智慧	冲动	自负
可信赖	好斗	贪婪
有思想	腼腆	不真诚
体贴	易动情	不善良
热情	羞怯	不可信
善良	天真	恶毒
友好	不明朗	虚假
快乐	好动	令人讨厌
不自私	空想	不老实
幽默	追求物欲	冷酷
负责	反叛	邪恶
开朗	孤独	装假
信任	依赖别人	说谎

资料来源：《Social Psychology》. D. O. Sears 等 (1985)，第 5 版，第 212 页。

单元四 人际互动

一、人际互动的概念

人际互动就是人际相互作用。人的相互作用可能是信息、情感等心理因素的交流，也可能是行为动作的交流。

互动是一个过程，是由自我互动、人际互动和社会互动组成的。人际互动专指人们在心理和行为方面的交往、交流，它在结构上更强调角色互动。

二、人际互动的形式

人际互动的主要形式是合作与竞争。

（一）合作及其基本条件

合作是个体与个体，群体与群体之间为达到共同目的，彼此互相配合的一种行为。其基本条件是：

（1）目标的一致。

（2）共识与规范。合作双方对共同的目标、实现目标的途径有基本一致的认识，并在合作过程中遵守双方共同认可的社会规范。

（3）相互信赖的合作氛围。

（二）竞争及其基本条件

竞争是个体与个体、群体与群体争夺一个共同目标的行为。其基本条件是：

（1）目标较为稀有或者难得，并且双方对同一目标进行争夺才能形成竞争。

（2）争夺中可能出现赢和冲突（一方赢，另一方输），也可能出现双赢结局。

（3）竞争是有理性的，按照一定的社会规范进行。

显然，竞争各方双赢或多赢，实行共赢的局面，是比较理想的人际互动形式。只要各方遵守竞争规则，充分考虑别人的利益，共赢是可以做到的。

三、目标手段相互依赖理论

社会心理学家多伊奇提出了一种解释竞争与合作的理论——目标手段相互依赖理论。该理论认为，个体行为的目标或手段与他人行为目标与手段之间如存在相关或依赖关系，他们之间就会产生相互作用。当不同个体的目标与手段之间存在积极的、肯定性关系时，即只有与自己有关的他人采取某种手段实现目标时，个体的目标和手段才能实现，他们之间是合作关系，比如足球队球员的关系。当不同个体的目标手段存在消极或否定性的依赖关系时，即只有与自己有关的他人不能达到目标或实现手段时，自己的目标和手段才能实现，他们之间是竞争关系，比如拳击一类的竞技体育比赛。

四、社交情绪

社交情绪是人际交往中个体的一种主观体验，是个体的社会需要是否获得满足的反映。人的社会需要获得满足，就会伴随积极的情绪体验；否则就会引起消极的情绪体验。

（一）社交焦虑

社交焦虑是一种与人交往的时候，觉得不舒服、不自然，紧张甚至恐惧的情绪体验。严重的情形是，社交焦虑症患者，每天的各种活动：走路、购物、社会活动甚至打电话都是对他们很大的挑战。他们不仅与“权威人士”交往困难，与普通人交往也出现障碍。

社交焦虑的人不仅在现实情境中体验焦虑情绪，而且在离开使他焦虑的社会情境后，还在头脑中不断分析和“回放”焦虑情境，使社交焦虑情绪获得强化。

社交焦虑的个体与他人交往的时候往往还伴随有生理上的症状，如出汗、脸红、心慌等。人们为了回避导致社交焦虑的情境，通常是减少社会交往，选择孤独的生活方式。社交焦虑是一种消极的情绪体验，它的形成过程比较复杂。成长过程中经常受挫折、缺少社会支持、自我意识感强、自卑、模仿与暗示都可能强化社交焦虑。根据美国心理学家的研究，社交焦虑是仅次于抑郁和酗酒外，第三大危害人类的心理健康问题。如何减少社交焦虑，是心理卫生专家面临的一个很大的挑战。

（二）嫉妒

嫉妒是与他人比较，发现自己在才能、名誉、地位或境遇等方面不如别人而产生的一种由羞愧、愤怒、怨恨等组成的复杂情绪状态。嫉妒情绪的特点：

(1) 具有针对性。嫉妒总是针对具体的个体或群体。如果个体体验到自己与他人在某些他认为重要的方面（如才能、吸引力）现实的或未来可能出现的劣势，个体就可能出现嫉妒情绪。

(2) 具有持续性。嫉妒情绪一旦产生，就不容易摆脱。能持续影响个体的思想、情感和行为。

(3) 具有对抗性。嫉妒者心胸狭隘，希望别人朝坏的方向发展。如果别人成功，他们就会不满和愤恨，并可能用极端的手段来破坏或伤害他人。

(4) 具有普遍性。嫉妒是人类普遍存在的社交情绪。人在现实生活中，或多或少会体验这种情绪。当然这种情绪也是可以克服的。

（三）羞耻与内疚

1. 羞耻

羞耻是个体因为自己在人格、能力、外貌等方面的缺憾，或者在思想与行为方面与社会常态不一致，而产生的一种痛苦的情绪体验。羞耻的个体往往会感到沮丧、自卑、自我贬损、自我怀疑、绝望等，认为自己对事情无能为力。公开的情境会易化羞耻感，所以减少羞耻最容易的一个办法就是自我孤立，让自己远离他人。人们也可以通过积极地努力，改善自己的行为表现来减少羞耻感。

健康的羞耻感是个体心理发展的自然结果，是人适应社会生活、改善自己的一种重要方式；而过少或者过多的羞耻感都是不健康的，都对个体发展不利。

2. 内疚

内疚是个体认为自己对实际的或者想象的罪行或过失负有责任，而产生的强烈的不安、羞愧和负罪的情绪体验。内疚者往往有良心上和道德上的自我谴责，并试图做出努力，来弥补自己的过失。

健康的内疚感是心灵的“报警器”，是人类良心的情绪“内核”，会提醒我们照顾他人的利益和感受，调整人际关系，有利于个体适应社会生活；过少或者过多的内疚感都是不健康的。特别是过多的内疚感是心灵的“毒药”，会使个体长期生活在压力、紧张和痛苦中，这样不利于身心健康。

生活中的心理学

人际互动哲学

人际互动的形式有合作与竞争。但在合作和竞争关系中，不同的人，不同的时间和场合，面对不同的对象，可能会采纳不同的人际互动哲学。

(1) 利人利己：助人也利己。助人一臂之力，自己也成长。

(2) 损人利己：你死我活，打压他人，获得自己成长的资源。

(3) 利人损己：燃烧自己，照亮别人。

(4) 损人损己：鹬蚌相争，最终两败俱伤。

(5) 不损人利己：无涉他人，独善其身。

(6) 利人不损己：举手之劳，济人于急难。

除了极端的对抗性的情境，比如，战争和部分竞技体育项目，日常的经济和社会生活中，大多数情况下人际互动是可以达到双赢和多赢效果的，要多做利人利己的事情，尽可能不做损人利己的事情，绝不做损人也损己的事情。

要点概述

人际关系是人与人在沟通与交往中建立起来的直接的心理上的联系。其特点是：个体性、直接性、情感性。人际关系的建立与发展要经过定向、情感探索、情感交流和稳定交往4个阶段。

社会心理学家对人际关系进行了大量的研究，研究发现了促进人际关系的因素，这些因素包括：背景和态度的相似性，身体的吸引，互补性，接近性，亲密性。人际关系是复杂多变的，社会心理学只是帮助人们认识最基本的建立人际关系的方式。人际关系十分重要，随着时光的流逝，亲密情侣会逐步融合，彼此依赖。

复习思考题

17-1 沟通的分类有几种，你如何与他人进行沟通？

17-2 什么是人际吸引，如何使自己在社交中更具魅力？

17-3 良好人际关系的原则是什么，不良人际关系有什么危害？

17-4 根据所学的内容，谈谈如何搞好人际关系？

第十八章　爱情心理学

爱情是世界上最复杂的情感现象。几乎在所有的文化中，最美丽的故事和传说都是有关爱情的。人们渴望爱情，甚至为它生，为它死。那么爱情到底是什么呢？这是个很难回答的问题。

单元一　爱　情

爱情在20世纪70年代以前的很长时间里基本上都是文学歌颂的主题，而不是科学的研究对象。著名的爱情研究学者哈特菲尔德说，在她进斯坦福大学做研究生的时候，对浪漫爱情开始感兴趣，但她的同学们都在研究老鼠，热衷于建立老鼠学习的数学模型。并警告她说，爱情是社会心理学的禁区和陷阱，根本不可能研究。但她坚持下来了。正是有一批与她一样的社会心理学工作者的锲而不舍，才使今天对爱情这一神秘而又令人激动的情感形式有了一些初步的了解。

一、爱情的概念

爱情是人际吸引最强烈的形式，是身心成熟到一定程度的个体对异性个体产生的有浪漫色彩的高级情感。其特点是：

（1）相异性。爱情一般是在异性之间产生的，狭义的爱情专指异性恋，不含同性恋。

（2）成熟性。爱情是在个体身心发展到相对成熟阶段时产生的情感体验，幼儿没有爱情体验。

（3）高级情感。爱情是一种高级情感，不是低级情绪。

（4）生理性。爱情有生理基础，包括性爱因素，不是纯粹的精神上的依恋。

（5）利他。爱情的基本倾向是奉献。衡量一个人对异性有无爱情、强度如何，可以通过“是否发自内心，帮助所爱的人做其期待的所有事情”这个指标来衡量。

二、爱与喜欢

与爱情最容易混淆的一种人际吸引形式是喜欢。社会心理学家鲁宾对爱情和喜欢的关系进行了系统的研究，他发现爱情不是喜欢的一种特殊形式，爱情与喜欢根本就是两种不同的情感。确实，生活中“我喜欢他（她），但不爱他（她）”的现象经常发生。

爱情与喜欢的区别主要在三个方面。

（一）依恋

卷入爱情的双方在感到孤独时，会高度特异性地去寻找对方来伴同和宽慰，而喜欢的对象不会有同样的作用。

（二）利他

恋爱中的人之间会高度关怀对方的情感状态，觉得让对方快乐和幸福是自己义不容辞的责任。在对方有不足时，也会表现高度的宽容。最自我中心、自私自利的人，在恋爱中也会表现出某种理解、宽容、关怀和无私。

（三）亲密

恋爱的双方，不仅对对方有高度的情感依赖，而且会有身体接触的需求。性是爱情的基础，是爱情的核心成分。

通常情况下，社会化水平比较高的成年人能区别喜欢和爱情，但个别成人，特别是相当部分的青少年，不能很好地区分依赖、尊重、喜欢与爱情。

三、爱情的发展阶段

社会交换论者视求爱者为理性主义者，人们总是选择能给自己带来更多利益和幸福的人做伴侣，而所有导致爱情的因素均可归结为利益和价值。利益和价值两者都既有物质的、经济的因素，也包括社会的、心理的因素。

据此理论，爱情发展大致经历四个阶段。

（一）取样与评估

男女双方在某一群体中选择愿意交往的对象时，所考虑的主要因素是交往的收益与成本及其相抵消后的盈余。如果收益及盈余超过自己期待值，则对方成为自己追求的目标。

（二）互惠

在此阶段，双方尽可能交换收益，既为对方提供收益，也从对方获益，同时力求降低成本。如一起聊天，互赠礼品，共同讨论有兴趣的话题等，但避免进入对方的私密性领域。在交换中，双方互惠，两个人亲密感随之加强。

（三）承诺

双方认为从对方得到的收益大于从其他异性那里得到的，因此停止与其他异性的交往，双方关系相对固定，开始一对一频繁交往。

（四）制度化

随着亲密感的不断加强，双方都觉得离不开对方，又担心对方离开自己，希望能通过契约形式将双方关系制度化，如订婚、办理结婚手续等。契约使双方的关系具有排他性，彼此忠诚。

四、爱情的形式

（一）爱情的产生

为什么会对异性产生爱恋之情？究竟喜欢异性的什么地方，研究发现，女性漂亮的外表和男性英俊的长相是恋爱初期使对方陷入情网的十分关键的因素。

研究恋爱心理的心理学家松井丰分析了在恋爱的不同时期，分别占主要地位的吸引异性的因素。

1. 相遇阶段吸引异性的因素

第一种是身处对方的附近（邻近性）是一个十分重要的因素。如果双方没有接触，那就什么也不会发生。有很多夫妻是一个年级的同学、同一个学生团体的成员，或者是工作单位的同事、青梅竹马的好朋友等。

另一种是两个人每天都会在路上或者公共汽车上遇到。随着见面次数增多，有时就会不知不觉地对对方产生一种好的印象和亲切感。在心理学上，这被称为“单纯接触效果”。

如果你有喜欢的异性，那么就多制造一些与他接触的机会，哪怕什么话都不说。如果你给对方第一印象不好，这样做就会适得其反，就会越见越讨厌。在这里多强调一下，第一印象十分关键，一定要把握住。

2. 进展阶段吸引异性的因素

在进展阶段邻近性和接触次数等表面上的东西已经不重要，取而代之的是另外的一些因素。比如，在戏剧和电影作品中有一种非常著名的“罗密欧与朱丽叶效应”，就是指双方的恋爱越是遭到双方父母和亲友的反对和阻挠，双方的关系就会越牢固。这是由于双方在这种情况下要面对“共同敌人”，在这个过程中亲密程度进一步加强。

（二）爱情的形式

对于男女之情我们笼统地称之为恋爱，但是有各种各样的男性和女性，就会产生各种各样形态的爱情关系。加拿大心理学家约翰·李等人总结了六种常见的爱情形式。

（1）浪漫式。双方初次见面即互相吸引，一见钟情。

（2）好朋友式。爱情是一种深情厚谊，是长时间培养出来的。

（3）游戏式。爱情像游戏，“有时我不得不回避我的情人们，以免他们互相发现。”

（4）占有式。“如果我怀疑我爱的人跟别人在一起，我的神经就紧张。”

（5）实用式。找能满足自己的基本或实际需求的人。

（6）利他式。“我宁愿自己吃苦，也不让我爱的人受苦。”

以上六种爱情形式并不互相排斥，比如任何一种爱情都会有一定程度的占有成分。只不过，一定时期或者情境下，人们的爱情可能会以某种形式为主。

另一种对爱情的分类是哈特菲尔德等人做出的。他们认为爱情主要有激情爱和伙伴爱两种。激情爱是个体希望和对方融为一体的强烈的情感状态，处于激情爱的人春风沉醉，心无旁骛，不能忍受爱人的冷落和背叛。伙伴爱是对与自己生活在一起的伴侣的一种深刻的卷入感，彼此理解、尊重，互相依赖，像亲人一样，比起激情爱容易动荡的特点来说，伙伴爱稳定一些。一般来说，恋爱的初期激情爱的成分多一些，随着彼此关系的稳定，特别是结婚以后，双方的情感会转变为伙伴爱。

五、爱情的三角形理论

斯坦伯格认为，爱情是由亲密（重视彼此的喜欢、理解与期待）、激情（魅力与性吸引）以及承诺（决定发展稳定的关系）三因素组成的三角形，如图18-1所示。

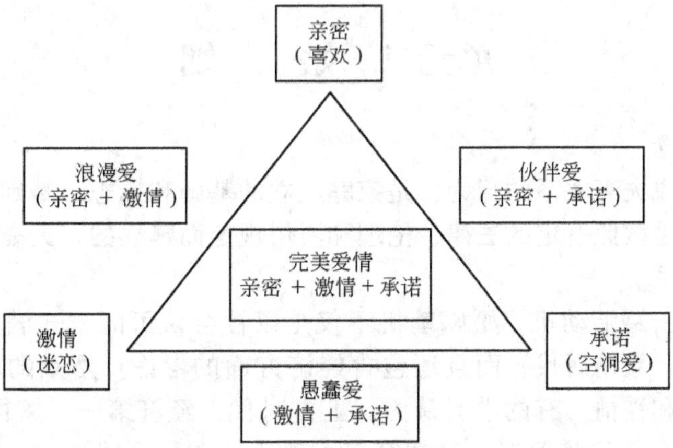

图18-1　爱情三角理论

从图 18-1 可以看出，三角形的三个顶点及三条边和三角形内共有七种类型的爱情。根据三因素的平衡程度，三角形可以是正三角形（三因素完全平衡），也可以是非正三角形（以一因素为重点的不平衡三角形），按强度又可分高强度爱情三角形和低强度爱情三角形。

哈特菲尔德认为激情爱的实质是个体的紧张和唤起的状态被贴上了的标签。爱情是生理唤起和心理标签相互作用的结果。

根据沙赫特的“情绪二因素理论”，情绪=生理唤起×认知标签。不同情绪的生理的反应可以非常相似，比如恐惧、焦虑、开心的时候，人们的心跳都会加快、手会颤抖。但由于人们对这些反应的解释不同，就可能会体验到完全不同的情感。个体如何解释情境、解释自己的生理反应，往往与外部的线索和“诱因”有关系。英雄救美女，容易演绎出爱情佳话。就是因为在危急状态下，美女生理上高度唤起，这时候如果英雄从天而降，就很容易被美女解释为是她紧张的理由。于是危险过后，美女会觉得温情和吸引油然而生。

加拿大温哥华北部的千山万壑中有一座卡皮兰诺吊桥，建在湍急的河流上面 230 英尺（1 英尺 = 0. 3048 米）的空中，非常危险。但这座桥并不像人们想象的那样是“索命桥”——几乎没有人在这。

激情和浪漫能持续多久

相识、相知、相爱，让浪漫的爱坚贞不渝、地老天荒，这是每个人都有的梦想。但现实生活中能做到吗？常识告诉我们很难。社会心理学的研究也证明了，激情和浪漫爱会随着时间而冷却，而共同的理想、共同的兴趣、共同的价值观以及宽容和习惯等因素在维持感情中的重要性会与日俱增。

印度学者古普塔等人的一项研究很有说服力。他们访问了印度西北部城市斋浦尔的 50 对夫妻，发现由爱情结合的夫妻婚后 5 年，彼此爱的情感会不断减少；与此形成鲜明对照的是，由家庭之命而结合的夫妻，开始的爱情水平并不高，但他们的感情会慢慢增加，5 年后大大地超过了因爱而结合的夫妻们。

单元二　婚　　姻

一、婚姻的概念

婚姻是男女结成夫妻关系的行为，是家庭成立的基础和标志。婚姻关系的本质在于它的社会性，即婚姻是按照一定的法律、伦理和习俗规定而建立的。夫妻关系是一种特定的人际关系和社会关系。

婚姻行为决定于婚姻动机。婚姻动机不仅是以社会认可的方式满足夫妻双方的性需要，继而生儿育女、繁衍后代，而且还包含经济方面的考虑。婚姻的动机一般来说有三种，即经济、繁衍和爱情。有的学者认为，上古时代，经济第一、繁衍第二、爱情第三；中古时代，繁衍第一、经济第二、爱情第三；现代社会，爱情第一、繁衍其次、经济第三。现代社会，由于妇女地位发生了变化，个人自由成为社会生活的主要追求，爱情变成婚姻的主导动机，而后是繁衍和经济动机。

二、夫妻关系的类型

（一）爱情型

它有两种类型，一类是由美貌与性吸引而导致的结合。这种类型潜伏着一种风险，美貌及性魅力会逐渐减退，假如婚姻缺乏其他基础，或不能过渡到以双方人格相似性为基础的爱情，那么这种婚姻往往迟早出现危机；另一类是人格型夫妻，是以人格的相似性或互补性为基础的结合。由于人格具有相对稳定性，不像体型、性魅力那样易变，这种结合一般能使婚姻平稳而幸福。

（二）功利型

功利型的婚姻是以爱情之外的出身、学历、财产、社会关系等条件为基础的结合。当双方收益与成本基本平衡时，婚姻能持续，双方感到满足。其风险是，如双方收益与成本不平衡，往往出现不满，导致危机；其次，由于夫妻关系的理性色彩浓厚，难以获得爱情享受，往往双方关系紧张时，一方寻找婚外情，从而导致关系破裂。

（三）平等合作与分工型

前者夫妻双方平等分担家务，后者是双方根据各自特点分工，料理家政。这两种类型的共同点是，双方均进入自己的角色，又对对方有相应期待，彼此都认识双方在家庭中的价值，有较强责任感，家庭生活较为和谐、稳定。

（四）建设性

这种类型的夫妻，双方在共同目标下勤勤恳恳生活和工作。他们有创家立业、教育子女等共同目标，并围绕这些目标密切合作。达到一个目标后又追求新的目标。生活中勤奋肯干，能抑制家庭消费；在共同努力中感受生活的意义，使婚姻维持与发展。他们可能遇到的问题是，精神生活不够丰富；当达到目标后，一方可能变得满足继而懒散，以致出现裂痕。

（五）惰性型

这种类型的夫妻，迅速对婚姻失去热情。他们不能发现需要解决的问题，不愿进行新的尝试，只希望按老样子生活。没有紧张、冲突，也没有乐趣，缺乏享受和乐趣会对婚姻有涣散作用。

（六）失望型

失望型夫妻在新婚时百般努力，力求建立美满的婚姻生活，对婚姻有很高的期待。但他们不久就发现，婚姻生活中有种种不满意，“现实不理想，理想不现实”，对方的表现也远非当初所料，因此感到失望。

（七）一体型

这种类型的夫妻在较长的共同生活中相互体贴、合作，在性格、爱好、习惯上彼此适应，融为一体。双方均把对方看成是“自己”的一部分，相敬如宾、心心相印。此型关系稳定、美满。不足之处是较为封闭，如一方离去，另一方寂寞难忍。

三、离婚

离婚是依法解除婚姻关系。夫妻彼此心理的不协调、背离或对立，会造成双方的心理冲突。心理冲突往往是离婚的原因和前奏，而离婚往往是心理冲突激化的结果。

（一）夫妻心理冲突

夫妻心理冲突多由下列因素引发。

1. 需求不满

婚姻是双方为互相满足需要而结成的伴侣关系，婚姻的稳定性取决于需要的满足程度。如果双方的需要均在共同生活中得到满足，任何一方都不觉得感情疏离和心理孤寂，这种婚姻就是稳定的。反之，某些需要得不到满足（欲求不满）则会感到心情不舒畅，产生不良情绪，导致争吵和持续的冲突。欲求不满包括：

（1）自我价值得不到对方承认，自尊心受损。

（2）一方或双方在性方面的需要得不到满足。

（3）一方或双方正当的感情需要，如温存和体贴的需要得不到满足。

（4）家庭经济需求得不到正当满足，如因种种原因支出过多、入不敷出；或过于奢侈，正当生活没有保障；或一方或双方无经济来源等。

（5）在休闲、爱好等方面，双方的需要与兴趣差别太大。

2. 价值观念不一致

价值观念的不一致常常表现在言语沟通中。如有个例子，丈夫把社会看成一个竞技场，把人与人关系说成是“弱肉强食”，而妻子信奉天主教，认为应该与人为善，双方在价值观念上的冲突，必然表现为经常的激烈的争吵。表现为行为方面的价值观念的冲突更具有实质性，其后果更为严重。只要一方不放弃自己的某些价值观念及相应行为，冲突就会存在。

对人生目的的看法，对幸福、成就的看法等核心价值观念上的分歧和冲突往往也是持续的。双方都认为自己是正确的，对方是错误的，在生活中碰到相关的问题，往往双方言语上互相指责，行动上背道而驰。

3. 远离的“自我”

自我包括自我意识、自我期待、自我取向等。婚姻不仅是双方在法律、经济、生理等方面的合三为一，也是两个“自我”的结合。夫妻心理冲突是由两个“自我”的远离而引起的。“自我”远离表现为：

（1）两个“自我”基本利益相异，各趋己利。

（2）夫妻的婚姻动机都是利己，爱是满足自己的需要，而不是为对方作贡献。

（3）遇到分歧，各持己见，互不相让。

（4）对方处于痛苦时，不安慰，不帮助，使婚姻具有的促使双方心理健康的功能丧失。

（5）双方心理调适过程缓慢，难以进入心理和谐状态。

4. 夫妻的性差异

夫妻在性欲及其满足方式方面差异较大，这可能是夫妻冲突的深层次原因。男性的性欲往往是性兴奋难以抑制，有较强的自主性，因而新婚时可能就能得到满足；女性的性欲则随性生活的增加、性体验加深而逐渐觉醒、增强，有的甚至到中年才达到较强水平。这样，由于配合的问题，在婚姻初期丈夫往往有性欲得不到满足的现象。

男性的性欲具有冲动性、征服性和求异性的特点，往往在婚后不久就对现有的性生活方式感到厌倦，特别在妻子容貌、言谈失去风采后。可这时候，往往妻子的性欲正处于较高水平。许多中年女士感到性欲不能满足。

在传统的性交关系中，男方处于主动地位。只要他愿意发生性关系就会对妻子积极挑逗，女方即使不喜欢或不愿意此时满足他，最终还是依从了；女方则很难做到这一点，她最多只能有挑逗，但主动权还是在男方，如果他不为所动，女方的性欲就不能获得满足。女方挑逗是否成功，还取决于自身的魅力。这里存在一个问题，女方往往只有在性欲水平较高的中年时期才可能积极挑逗，而此时她的魅力由于年龄、生育等原因大不如前，因此女方往往很难获得满足。

男方即使到了老年也会被年轻女子的性魅力所吸引，而且选择女性的标准也不大严格，有时只要能消除性欲不满足就可以。当他对现有配偶厌倦后，倾向于寻找婚外情。相应地，年轻女性对男性反应的范围较大，较容易接受与不同年龄层次的男性的感情和性关系，这样就使男性婚外情的可能性提高了。当然，女方也可能去寻求婚外情，但她们可能会比男方遇到的困难多一些。除了自己的因素外，女性倾向于只与自己感情好的男性有性关系，选择机会较小。加之，传统的社会舆论压力对女性相对较大。如社会上对失贞行为往往采用双重标准，对女性较严，对男性则较为宽容。男女性差异，如果调适好不会引起夫妻冲突。冲突的双方遇到问题时，可以求助于专业的性医学和性心理学专家。

（二）离婚的原因

离婚是常见的婚姻解体方式。婚姻存续期间，夫妻双方在生理、心理、经济、社会等方面不能调适，使婚姻失调。发展到极点，婚姻功能就丧失，只能依照法定程序解除婚姻关系。婚姻解体意味着家庭解体，这对家庭和社会往往产生负面影响。离婚对子女、尤其是未成年子女的影响是显见的、严重的。但是，作为一种最普遍的和制度化的婚姻解体形式的离婚，也是社会发展进步的一个标志。离婚自由是婚姻自由的重要组成部分，也是妇女解放的标志之一。

根据对离婚案例的统计分析，人们大致得出了一些通常的离婚原因，这些原因有经济、社会、生理方面的，也有心理方面及其他方面的原因。

从社会心理学的角度看，以下原因在导致离婚中占的比例较大（见图18-2）：

（1）结婚年龄较低的夫妻容易离异。

（2）因未婚先孕而结婚的夫妻，往往容易离异。

（3）短时相识就结婚的夫妻，由于彼此不够了解，婚后发现双方共同点很少也容易离异。

（4）父母离过婚的，子女也容易离婚。

（5）有婚前性经验的人容易离异，因为其倾向寻求婚外性生活。

（6）夫妻角色不平等、不适应的，容易离异。

（7）对性生活不满意的，容易离异。

要避免婚姻破裂，最重要的就是两个人在日常生活中要经常进行沟通与交流。如果你的婚姻生活出现了图中所列举的一些征兆，那么夫妻双方就应该马上好好谈一谈了。

预防婚后“爱情沉默症”

处于恋爱中的人总有说不完的情话，诉不尽的蜜语，而婚后的夫妻似乎在热恋时已把情话说完，日常生活中少了推心置腹的话语或者是温暖窝心的关切之语。甚至在婚后变得无话可说，这可能是患上了婚后“爱情沉默症”。

美国心理学家哈赞研究发现，爱情是大脑中的一种“化学鸡尾酒”激发出来的，这些化学物质是多巴胺、苯乙胺等。时间一长，即使是最容易对异性产生冲动情绪的人也会对三种化学物质产生抗体，因此人们就很难出现刚刚恋爱时的那种激情了。

爱情沉默症的主要表现：

(1) 常常觉得与爱人聊天是浪费时间。

(2) 喜欢一个人做事，不愿意与爱人商量。

(3) 认为故意取悦对方是庸俗的。

(4) 搞不清爱人对自己的感情如何。

(5) 遇到矛盾或问题，夫妻俩经常生闷气。

(6) 婚后很少坐下来交流感情。

(7) 爱人生气时常常置之不理。

(8) 有许多话不愿意与爱人说。

(9) 有时两人在一起时，常觉得无聊。

避免爱情沉默症，就要打破“婚姻是爱情的坟墓”这样的错误观念，夫妻之间多进行交流，寻找新的共同的兴趣爱好，理智化解各种大大小小的冲突。使爱情天长地久。

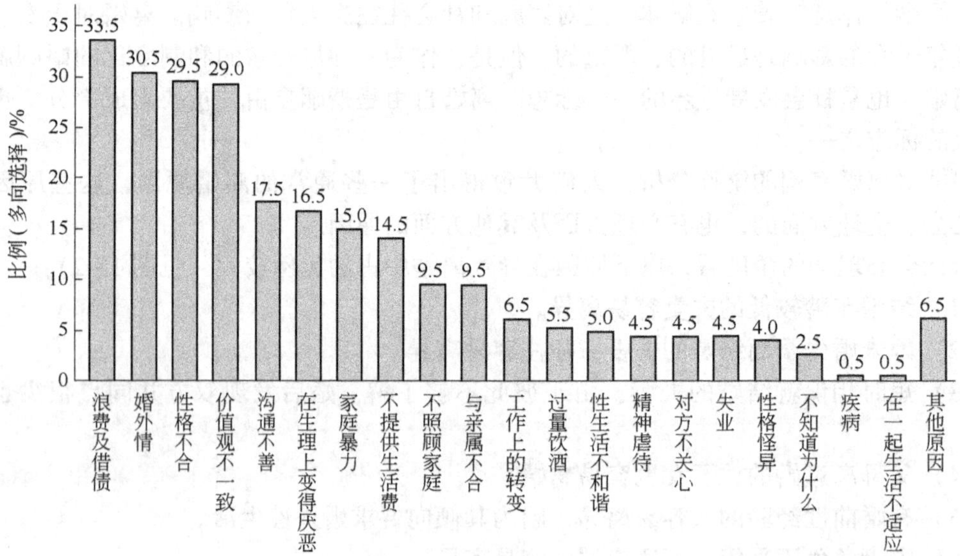

图 18-2 离婚的原因

（资料来源：《图解心理学》.［日］深崛元文著，侯铎译．海口：南海出版社，2010 年 5 月第一版，第 145 页）

单元三 家 庭

一、家庭的概念

家庭作为一个群体是社会的细胞，是社会生活的基本单位。家庭是由婚姻关系、血缘关系及收养关系构成的。其特点是：

（1）以婚姻、血缘关系为纽带。以婚姻关系为纽带的人与人之间的关系是姻亲；以血缘关系为纽带的人与人之间的关系是血亲（收养关系的是准血亲）。传统社会中，血亲重于姻亲，是由于传统社会注重传宗接代；现代社会注重婚姻质量，姻亲日益显得重要。

（2）家庭是一种初级社会群体，其成员间，有较多面对面的交往，有直接的互动与合作。

（3）与其他社会关系比较，家庭关系最为密切、深刻。它包括性、生育、赡养、生活、事业、经济、政治、伦理道德、教育等多方面的关系。

二、家庭结构与功能

（一）家庭结构

1. 结构要素

（1）家庭成员的数量。

（2）代际层次。在家庭代际关系中既有连续性又有间断性（由代际不同产生代沟）。

（3）夫妻数量。夫妻是家庭的核心，家庭中有几对夫妻就有几个核心。核心越多，家庭越不稳定。

2. 结构模式

（1）核心家庭。由夫妻和未婚子女组成的家庭。

（2）主干家庭。由夫妻和一对已婚子女，如父、母、子、媳组合而成。

（3）联合家庭。由夫妻与两对或以上的已婚子女组成的家庭，或兄弟姐妹结婚后不分家的家庭。

（4）其他家庭。上述三种类型外的家庭，如无子女家庭（丁克家庭）。

随着经济和社会的发展，核心家庭已成为社会的主要模式。

（二）家庭的功能

（1）经济功能。它是家庭功能的经济基础，包括家庭的各种经济活动，如生产、分配、交换、消费、理财等。

（2）性的功能。夫妻性生活是婚姻关系的生物学基础，夫妻间的性关系是社会（法律、伦理与道德）认可的性关系。

（3）生育功能。家庭是社会的生育单位，种族繁衍的保证。

（4）抚养与赡养功能。具体表现为家庭代际关系中的双向义务与责任。抚养是上一代对下一代的抚育培养；赡养是下一代对上一代的供养帮助。

（5）教育功能。包括父母对子女的教育以及家庭成员间的互相教育，其中前者最为重要。

（6）感情交流功能。感情交流是家庭精神生活的一部分，是家庭幸福的重要因素。

（7）休闲与娱乐功能。随着家庭生活水平的提高，休闲与娱乐从单一型向多元型发展，日趋丰富。

（三）影响家庭功能的因素

（1）社会与环境因素。社会政治、经济、道德风尚、人文环境以及所在的地域（社会）等，都会影响家庭的功能。

（2）家庭成员的素质。包括政治素质、法律素质、科学文化素质、道德素质、环境素质、生理与心理素质等。

(3) 家庭成员间的人际距离。如距离过大则交往沟通困难，相互关系疏远；如距离近，接触过于频繁，可能矛盾纠纷多。家庭成员既要有适当频率的接触又要保持一定的人际距离，使关系处于最佳状态，从而更好地发挥家庭功能。

三、家庭生命周期

这一概念反映了一个家庭从形成到解体的过程，是美国学者研究人口问题时提出的，对我们中国人的社会有一定的参考价值。家庭生命周期概念只适用于核心家庭。通常把它划分为六个阶段，如表 18-1 所示。

表 18-1 家庭生命周期

阶 段	起 始	结 束
(1) 形成	结 婚	第一个孩子的出生
(2) 扩展	第一个孩子的出生	最后一个孩子的出生
(3) 稳定	最后一个孩子的出生	第一个孩子离开父母家
(4) 收缩	第一个孩子离开父母家	最后一个孩子离开父母家
(5) 空巢	最后一个孩子离开父母家	配偶一方死亡
(6) 解体	配偶一方死亡	配偶另一方死亡

家庭生命周期概念对于社会心理学及心理咨询学等学科有较大意义。因为婚姻、生育、死亡这些人口过程都发生在家庭中，而且这些过程对个体的心理健康有明显影响。这一概念的局限性是忽视了诸如离婚、丧偶等因素对家庭的影响。因而它的范围不够宽泛，不适用于残缺家庭和无子女家庭。

生活中的心理学

婚外情心理

据美国出版的《金赛性学报告》显示：美国 37%的已婚男性至少有过一次婚外情。而发生婚外情最主要的原因是想追求新的刺激。在中国，婚外情的现象也很普遍。那么，如何去化解夫妻之间的危机呢？

婚外情的原因：结婚之后生活安定下来，夫妻二人在家庭中的角色分配也逐渐确定。两个人的关系变得比以前更加稳定，但是在这种稳定的局面下会有一些意想不到的因素改变两个人的想法。“不应该是这样的…”之类的想法会困扰着他们，面对现状他们产生了失落感。大多数夫妻都有过以上的经历，但是接下来会发展到什么地步，人与人之间就有所不同了。有一些男性有恋母情结，追求自己心目中永恒的圣母。他们渴望与成熟女性交往，但是由于能力有限，他们往往难以赢得对方的青睐。自身能力不足并不能阻碍他们的行为，他们往往把以往的失败原因归结到对方身上。他们要继续追求女性，并且渴望丰富多彩的恋爱生活。有一些婚姻是建立在功利的基础上，所以当双方收益与成本不平衡时，往往出现不满，导致危机；还有的夫妻，关系的理性色彩太浓厚，难以获得爱情享受，往往双方关系紧张时，一方寻找婚外情，从而导致关系破裂。另外价值观不一致、精神生活空虚、对婚姻期望太高都有可能在婚姻发展的不同时期出现危机，发生婚外情或离婚。

应对夫妻危机：“他原来是这种人”，“他跟我想得不一样”，如果有一天夫妻中的一方突然产生了这类的想法，那么可以说夫妻关系响起了警钟。日本的平木典子就夫妻关系有以下一些观点：“夫妻关系意味着一种没有形成文字的契约，两个人是有意识或者无意识地带着一系列的期望和约定结婚的。这些期望和约定大都没有具体地表现出来，也没有形成具体的意识，双方的很多期望和约定都是互相矛盾的。”契约意识的不一致，致使在婚后的日常生活中产生诸如：“不应该这样啊…”之类的情绪，这种情绪积累下来就会酿成夫妻间的冲突，最后导致严重的危机。日本的国分康孝提出了解决夫妻之间危机的10项建议：

（1）不要试图改变对方，而要试图理解对方。

（2）不要过分敏感地认为对方的语言、行为都是对自己的攻击。

（3）一味地自我批评不能解决问题。

（4）为了不再犯同样的错误，要想想以后该怎么做。

（5）即使别人讨厌自己，自己也不能讨厌自己。

（6）对于自己不爱的人，不要伪善地假装爱他（她）。

（7）预测一下对方将要做的事情，并以此为乐。

（8）根据情况需要，在心理上保持一定距离。

（9）不要急于提出自己的主张，慢慢来。

（10）在难以直接打破僵局的时候，根据情况采取一些迂回策略。

要点概述

爱情是人际吸引最强烈的形式，是身心成熟到一定程度的个体对异性个体产生的有浪漫色彩的高级情感。其特点是：相异性、成熟性、高级情感、生理性、利他。爱情形式包括浪漫式、好朋友式、游戏式、占有式、实用式、利他式。

婚姻是男女结成夫妻关系的行为，是家庭成立的基础和标志。婚姻关系的本质在于它的社会性，即婚姻是按照一定的法律、伦理和习俗规定而建立的。夫妻关系是一种特定的人际关系和社会关系。

离婚是依法解除婚姻关系。夫妻彼此心理的不协调、背离或对立，会造成双方的心理冲突。心理冲突往往是离婚的原因和前奏，而离婚往往是心理冲突激化的结果。

家庭作为一个群体是社会的细胞，是社会生活的基本单位。家庭是由婚姻关系、血缘关系及收养关系构成的。从建立到解体经历六个阶段。

复习思考题

18-1　什么是爱情，爱与喜欢有何区别？

18-2　试述爱情三角理论，你追求什么样的爱情？

18-3　如何使爱情天长地久？

18-4　离婚的原因是什么，如何避免？

18-5　谈谈你的家庭观念。

参考文献

[1] 彭聃龄．普通心理学［M］．北京：北京师范大学出版社，2004.
[2] 孟绍兰．普通心理学［M］．北京：北京大学出版社，2008.
[3] 黄希庭．心理学导论［M］．北京：人民教育出版社，2006.
[4]［美］理查德·格里格，菲利普·津巴多．王垒，王甦等译．心理学与生活［M］．北京：人民邮电出版社，2006.
[5] 王甦，汪安圣．认知心理学［M］．北京：北京大学出版社，1992.
[6] 林崇德．发展心理学［M］．北京：人民教育出版社，2008.
[7]［美］罗伯特·费尔德曼．苏彦捷等译．发展心理学（第 4 版）［M］．北京：世界图书出版公司，2007.
[8]［英］Darrin Hodgetts. 张荣华等译．社会心理学与日常生活［M］．北京：中国轻工业出版社，2012.
[9] 刘金花．儿童发展心理学［M］．上海：华东师范大学出版社，2006.
[10] 中国大百科全书．心理学［M］．北京：中国大百科全书出版社，1991.
[11] 中国大百科全书．社会学［M］．北京：中国大百科全书出版社，1991.
[12]［美］阿伦森．郑日昌等译．社会性动荡［M］．北京：新华出版社，2001.
[13]［日］深崛元文．侯铎译．图解心理学［M］．海口：南海出版社，2010.
[14] 苏陌．图解心理学［M］．北京：中国法制出版社，2011.
[15] 沙莲香．社会心理学［M］．北京：中国人民大学出版社，2002.
[16] 陶克涛．管理心理学［M］．北京：中国商业出版社，2001.
[17] 戴良铁．管理心理学［M］．广州：暨南大学出版社，1998.
[18] 王慧．现代管理心理学［M］．昆明：云南科技出版社，2002.
[19] 王凤彬，朱克强．管理学教学案例精选［M］．上海：复旦大学出版社，1998.
[20] 程正方．现代管理心理学（第 2 版）［M］．北京：北京师范大学出版社，1996.
[21] 张克昕，张凤林，翁毅．现代管理心理学—理论与实用［M］．北京：航空工业出版社，1998.
[22] 龚胤辉，陆符铭．新编实用管理心理学［M］．北京：经济管理出版社，1996.
[23] 梁劲泰．管理心理学［M］．西安：陕西人民出版社，2003.
[24] 刘纯．旅游心理学［M］．北京：高等教育出版社，2004.
[25] 马建敏．旅游心理学［M］．北京：中国商业出版社，2003.
[26] 孙喜林．旅游心理学［M］．大连：东北财经大学出版社，2004.
[27] 李一文．旅游心理学［M］．大连：大连理工大学出版社，2009.
[28] 邹益民，张世琪．现代饭店房务管理与案例［M］．沈阳：辽宁科学技术出版社，2003.
[29] 梁春燕，李琳．会议组织与服务［M］．北京：北京大学出版社，2010.
[30] 魏乃昌，魏虹．服务心理学［M］．北京：中国物资出版社，2006.
[31] 范运铭．客房服务与管理案例选析［M］．北京：旅游教育出版社，2000.
[32] 张永宁．饭店服务教学案例［M］．北京：中国旅游出版社，1999.
[33]［美］保罗·彼德，杰里·奥尔森．韩德昌译．消费者行为与营销战略［M］．沈阳：东北财经大学出版社，2000.
[34] 尹健．营销心理学［M］．北京：高等教育出版社，2007.
[35]［美］迈克尔·R·所罗门．张莹等译．消费者行为［M］．北京：经济科学出版社，1999.
[36] 刘国防．营销心理学［M］．北京：首都经济贸易大学出版社，2011.

冶金工业出版社部分图书推荐